Öffentliche Heizkraftwerke und Elektrizitätswirtschaft in Städten

Von

Dr.-Ing. E. Schulz
Berliner Städtische Elektrizitätswerke A.G.

Mit 171 Textabbildungen

Berlin
Verlag von Julius Springer
1933

ISBN-13: 978-3-642-98244-6 e-ISBN-13: 978-3-642-99055-7
DOI: 10.1007/978-3-642-99055-7

Softcover reprint of the hardcover 1st edition 1933

Vorwort.

Die Grundlagen der städtischen Elektrizitätsversorgung haben sich in den letzten 20 Jahren gewandelt. Kleinere Städte verzichten immer öfter auf die Eigenerzeugung und schließen sich Überlandzentralen an. Auch in größeren Orten — wie in der Elektrizitätswirtschaft ganzer Provinzen und Länder — setzte eine zunehmende Konzentration der Erzeugung ein. Damit sank die Werkszahl, wuchsen die Werksleistungen und vergrößerte sich die Entfernung zwischen Abnehmer und Lieferer. Aus der alleinigen Erzeugungsaufgabe wurde allmählich ein Verteilungsproblem. Der Stromtransport gewann zunehmende Bedeutung. Technisch wurde er glänzend gemeistert, jedoch spielte er eine immer wichtigere finanzielle Rolle und vereitelte in deren Auswirkung weitgehendst alle wirklichen Erfolge der Erzeugung. In klarer Erkenntnis dieses Zusammenhangs bekämpften die Elektrizitätswerke die finanzielle Auswirkung des Stromtransports hauptsächlich von der Tarif- und Werbeseite her. Ihre erfolgreichen Bemühungen wurden von einer leistungsfähigen Elektroindustrie bestens unterstützt. Aber es blieb auch bei diesem mehr kapitalmäßig orientierten Hilfsmittel.

Mit ihrem Zwiespalt zwischen Produktions- und Absatzkosten ähnelt die Elektrizitätswirtschaft manchen anderen Wirtschaftszweigen, denen gegenüber sie aber fühlbare Erleichterungen genießt, da ein meistens vorhandenes Ausschließlichkeitsrecht auf Lieferung Verkaufssorgen weitgehend beseitigt. Wegen ihres öffentlichen Charakters bleiben den Elektrizitätswerken dafür manche Wirtschaftlichkeitsmaßnahmen des privaten Kaufmannes versagt.

Hier setzt die Absicht vorliegender Schrift an. Sie will der städtischen Elektrizitätsversorgung ein Mittel zur Produktionsverbilligung empfehlen, das sich organisch dem gewohnten Erzeugungsverfahren eingliedert, den Vorteil niedrigsten Energieverbrauchs mit größter Vereinfachung des Stromtransports verbindet und von der Rohstoffseite her die Elektrizitätsversorgung beeinflußt: die öffentliche Heizkraftwirtschaft. Voraussetzung dafür ist der großzügige Übergang zur öffentlichen Wärmeversorgung.

Keinesfalls soll sie einer Autarkie örtlicher Stromversorgung im Sinne „Eigenerzeugung um jeden Preis" fürsprechen! Ich versuchte im Gegenteil die Grenzen der Heizkraftidee sehr scharf abzustecken, um dadurch ihre Vorzüge plastischer wirken zu lassen. Man hüte sich sehr wohl, die Heizkraftidee irgendeinem der auf experimenteller oder spekulativer Idee beruhenden Vorschläge gleichzuordnen, mit denen die Elektrizitätswerke vielfach bedacht wurden. Die energetische Verbindung von Heiz- und Kraftanlagen an sich gehört zum Postulat unserer technischen Erkenntnis. Insofern brauche ich mich um keine Aufklärung zu bemühen. Unbewiesen blieb bisher nur die wirtschaftliche Auswirkung einer Hintereinanderschaltung von öffentlichen Kraftwerken und Städteheiznetzen.

Trotz allem wächst — beinahe im Stillen — die Zahl der wärmeliefernden Werke ständig. Meines Erachtens bleibt der Elektrizitätswirtschaft eine ernsthaftere Stellungnahme zur Städteheizung künftig nicht erspart. Vielleicht ist die gegenwärtige Wirtschaftsstockung sogar der geeignete Anlaß und Zeitpunkt, sich mit Kommendem zu befassen. Hierzu will das Buch notwendige Unterlagen liefern. Dabei ist vorläufig mehr Wert auf die gedankliche Übersicht als die detaillierte Wiedergabe aller Unterfragen gelegt worden. Die bestehenden Städteheizwerke haben uns soviel Kenntnisse über Wesen und Möglichkeiten der Heizkraftwirtschaft vermittelt, daß ihre Gruppierung gerade in Elektrizitätswerkkreisen und Heizindustrie Interesse beanspruchen kann. Ich hoffe weiterhin, mit diesem oder jenem Wort die Stadtverwaltungen selbst, die Bauwirtschaft und Heiztechnik, den Städtebauer und Architekten anzuregen, ihrer aller Mitarbeit wird benötigt. Denn das Ziel der öffentlichen Heizkraftwirtschaft liegt nicht allein auf elektro- oder wärmewirtschaftlichem Gebiet, sondern bedeutet wirtschaftlichste Energieversorgung unserer Städte. Damit rückt sie an die erste Stelle aller Versorgungsprobleme überhaupt und dürfte auch überragenden Einfluß auf die Finanzwirtschaft der Städte gewinnen.

Ich schilderte bewußt die parallelen Bestrebungen in 6—8 anderen Nationen, die mir aus eigener Anschauung, aus beratender Tätigkeit, aus schriftlichem Meinungsaustausch bekannt sind. Das Gesamtmaterial entstammt rd. 95 öffentlichen Heizkraftwerken oder Wärmeverteilanlagen. Der Leser soll die Empfindung gewinnen, daß ein Bagatellisieren der Idee heute schon unberechtigt ist und zu technischen und wirtschaftlichen Fehlern führen kann. Dabei ist es mir angenehme Pflicht, allen namentlich genannten Werken, Gesellschaften, Vereinigungen und Firmen für die freundliche Unterstützung meinen aufrichtigen Dank auszusprechen. Insbesondere gebührt er auch Herrn Direktor Dr.-Ing. e. h. M. Rehmer vom Vorstand der Berliner Städtische Elektrizitätswerke Akt.-Ges. (Bewag), deren reiches Material mir zur Verfügung stand und deren Heizkraftanlagen ich selbst schaffen konnte.

Berlin, im März 1933.

E. Schulz.

Inhaltsverzeichnis.

I. Entwicklungslinien der Energieversorgung in Städten.

Nur wenige Jahrzehnte hat es gedauert, daß sich auf allen Gebieten menschlicher Betätigung eine ausgeprägte Abkehr vom Handbetrieb zum Maschinenbetrieb, von der kräfteerfordernden Einzeltätigkeit zu ihrer systematischen Hintereinanderschaltung und Vervielfältigung im Sonder- oder Großbetrieb vollzog. Menschliche und tierische Muskelkraft wichen mehr und mehr der Wärme-, Wind- und Wasserkraft. In der gesamten erzeugenden und verarbeitenden Industrie, im Handel und Verkehr unserer Zeit sind leistungsfähige oder erfolgreiche Betriebe ohne maschinellen Antrieb fast nicht denkbar. Daneben gewinnt dieser Umstellungsprozeß zusehends auf dem ältesten Gebiet der Menschenarbeit, in der Landwirtschaft Raum, umfaßt heute schon die kleinsten Arbeitsstätten in Handwerk und Gewerbe und erobert als neuestes Betätigungsfeld den Haushalt und die Wohnung. Fahrstühle, motorisch betriebene Haushaltgeräte, Zentralheizung, Warmwasserversorgungs- und Kühlanlagen bilden schon in vielen Fällen die Normalausstattung.

Die Feststellung vom Vormarsch der Technik gilt für alle Nationen und Länder gleichermaßen. Abstufungen sind natürlich vorhanden. Wir begnügen uns hier aber mit der allgemeinen Registrierung, ohne nach den Entwicklungsgründen zu forschen. Es bleibe auch dahingestellt, ob die Problematik unserer Zeit in diesem Vorgang letzten Endes einen Gewinn für die menschliche Entwicklung sieht oder nicht. Heute steht fest, daß jeder die Erleichterung der Tagesarbeit durch technische Hilfsmittel gern erstrebt und keiner, der sie je genoß, wieder missen möchte. Ja, das Fehlen von Bahnen, Telephon, Rundfunk, Automobilen, Motoren, zentraler Wärmeversorgung, Elektrizität, Gas usw. in unserem Dasein ist praktisch unvorstellbar, so innig ist die Bindung von öffentlichem Leben und persönlichen Bedürfnissen mit den Produkten der Technik geworden. In der Zunahme des Energieverbrauches-, der Kraft- und Wärmeversorgung wird dies besonders sichtbar. Da beide zusammengekuppelt werden sollen, wollen wir uns mit wenigen markanten Ziffern zunächst einen Überblick über ihre Größenordnung verschaffen.

a) Kraftversorgung[1].

Rund 50 Jahre dauert nunmehr das sog. „Zeitalter der Maschine". Eine völlige Strukturwandlung der Wirtschaft vollzog sich in ihm[2]. Für Deutschland ist sie aus den Ziffern der amtlichen Berufsstatistik abzulesen.

Aus dem überwiegenden Agrarstaat (1882: 42 vH aller Erwerbstätigen und rd. 40 vH der Gesamtbevölkerung in der Landwirtschaft, 1925: 30 bzw. 23 vH) ist ein überwiegender Industriestaat geworden, dessen gewerbliche Berufsbevölkerung sich nahezu verdoppelt (1882: 5,7 Millionen Erwerbstätige, 13,9 Millionen Berufszugehörige; 1925: 13,2 bzw. 25,7 Millionen), dessen Handelsbevölkerung

[1] Soweit folgend allgemein von Krafterzeugung und Kraftbedarf gesprochen wird, ist vornehmlich an die Erzeugung und den Verbrauch elektrischer Arbeit gedacht.

[2] Ausschuß zur Untersuchung der Erzeugungs- und Absatzbedingungen der Deutschen Wirtschaft (Enquete-Ausschuß), 1. Unterausschuß. Bd. 2: Die innere Verflechtung der deutschen Wirtschaft. Berlin: Mittler u. Sohn 1930.

sich nahezu verdreifacht hat. Beide Wirtschaftsgruppen verdanken ihr Wachstum zum guten Teil der zunehmenden Verstädterung der Bevölkerung[1]. Mit ihr ging eine Vermehrung der Haushalte bzw. Veränderung der Wohnungs-, -Kauf- und Lebensgewohnheiten, eine Ausdehnung des Produktionszwischenhandels, die Schaffung neuer Verbrauchsgüter, ein mit allen Mitteln der Werbetechnik gesteigerter spezifischer Konsum einher, während der Produktions- und Konsumgüterumfang durch die Bevölkerungszahl an sich ständig gehoben, durch stetige Verbesserung, Änderung der Methoden, Rationalisierung u. a. verbilligt und marktfähiger wurde.

Die motorische Antriebsleistung zog daraus Vorteile; im Zeitraum 1907—1925 vergrößerte sie sich in Deutschland von 6,6 Millionen PS auf $18{,}6 \cdot 10^6$ PS. Auf jede beschäftigte Person kamen 1925 in der Produktionsmittelindustrie bereits 2,114 PS, in den Konsumgüterbetrieben 0,782 PS. Dieser Industrialisierungsprozeß dauert noch an. Ganze Gewerbezweige wurden erst mit der Verwendung von Arbeitsmaschinen wettbewerbs- und lebensfähig. Die Maschine hat in manchen Fällen die menschliche Arbeit erfreulicherweise aber nur erleichtern und verfeinern, nicht ersetzen können.

1. Kraftbedarf einzelner Wirtschaftsgruppen.

Aus dem technischen Wettbewerb der möglichen Antriebskräfte hat die Elektrizität bei weitem den Sieg davongetragen. Der Kraftbedarf der Wirtschaft wird heute vornehmlich durch Elektromotoren gedeckt. Verbrennungs- und

Zahlentafel 1. Elektromotorennennleistung in der deutschen und amerikanischen Industrie.

Gewerbegruppe	1925 PS überhaupt	1925 vH	Vermehrung gegenüber der Zählung 1907 vH	Von 100 PS überhaupt entfielen auf Elektromotoren 1907	1925
1. Bergbau, Salinen, Torfgrabung .	2614268	19,0	986,8	18,2	52,6
2. Industrie der Steine und Erden	608711	4,4	419,3	19,6	56,9
3. Eisen- und Metallgewinnung .	3178163	23,1	1315,3	23,9	74,3
4. Herstellung von Eisen-, Metall- und Stahlwaren	564890	4,1	519,4	25,9	84,5
5. Maschinen-, Apparate- und Fahrzeugbau	1456727	10,6	817,6	32,2	88,7
6. Elfenbeinindustrie, Feinmechanik, Optik	489141	3,5	839,2	48,5	97,2
7. Chemische Industrie	898545	6,5	1110,5	25,9	72,1
8. Textilindustrie	809116	5,9	760,5	10,6	55,2
9. Papier- und Vervielfältigungsgewerbe	678390	4,9	454,4	21,9	62,2
10. Leder- und Linoleumindustrie .	134328	1,0	583,6	26,0	76,5
11. Kautschuk- und Asbestindustrie	79999	0,6	1340,9	20,1	78,2
12. Holz- und Schnitzstoffgewerbe	662393	4,8	571,8	20,4	58,5
13. Musikinstrumenten- und Spielwarenindustrie	37321	0,3	469,2	36,2	76,9
14. Nahrungs- und Genußmittelgewerbe	1168591	8,5	571,7	14,9	56,3
15. Bekleidungsgewerbe	119903	0,9	476,9	32,6	81,2
16. Baugewerbe einschließlich Baunebengewerbe	261719	1,9	990,0	15,1	48,4
Summe:	13762205	100,00	803,0	20,2	65,4
USA.-Industrie[2] 1925	35772628	100,00	—	73,0	
„ 1927	38825681	100,00	—	78,2	
„ 1929	42931061	100,00	—	81,8	

[1] Die Bevölkerungsstatistiken aller Länder mit starker industrieller Entwicklung zeigen die gleiche Tendenz. [2] Nach El. World.

Dampfmaschinen bewährten ihre Lebensfähigkeit nur auf Einzelgebieten (direkter Antrieb, Fahrzeugmaschinen, Verkehrswesen). Das ist nicht weiter verwunderlich, denn keine andere Energieform ist so vielgestaltig, teilbar, verwendungs- und transportfähig wie der elektrische Strom. Die sekundäre elektrische Antriebskraft (Elektromotoren) betrug in den Hauptindustriegruppen Deutschlands 1907 1,524 Millionen PS, das sind in Anbetracht der Genauigkeit solcher Erhebungen etwa 20—23 vH der Gesamtleistung, 1925 bereits rd. 65 vH. Zahlentafel 1 vermittelt hierüber einen Überblick, nach Gewerbegruppen bzw. Ländern unterteilt.

Das gleiche Bild gewinnt man beim Studium der Motorisierung bzw. Elektrifizierung in der Landwirtschaft, im Handwerk, Verkehr und im Haushalt. Von der Vermehrung der installierten PS profitierte im wesentlichen die elektrische Antriebskraft. Nahezu ausschließlich ist dies in städtischen Berufen der Fall. Immerhin erhöhte auch die deutsche Landwirtschaft ihren Stromverbrauch innerhalb 1925/28 von 470 auf 644 Millionen kWh. Über 90 vH der maschinellen Antriebskraft im Handwerk sind Elektroantrieb; die Leistung je Betriebseinheit ist naturgemäß klein und lag 1925 bei rd. 3 kW je Handwerksbetrieb[1]. Ein erstaunlich hoher Betrag von rd. 115 kWh/Kopf, also etwa ein Drittel der in Groß-Berlin oder Paris abgesetzten Strommenge geht an die öffentlichen Verkehrsunternehmen (elektrische Stadt-, Straßen- und Untergrundbahn). Vornehmlich erheischt aber der Haushaltstromverbrauch unsere Aufmerksamkeit, da im wesentlichen Wohngebiete für die Kupplung in Betracht kommen werden.

2. Stromverbrauch im Haushalt.

Besonders stark wuchs in den letzten Jahren Zahl und damit Stromverbrauch der elektrifizierten Haushalte, mit eine Folge der Umstellung im Bauwesen und der Wohnungskultur[2]. Neubauten ohne Elektrizitätsanschluß gibt es einfach nicht mehr. Ist die Wohnung erst einmal elektrisch beleuchtet, halten auch bald einzelne der praktischen und geschmackvoll ausgeführten Haushaltsgeräte im bestechend einfachen Wege des Steckkontaktanschlusses ihren Einzug. Erhebungen aus Berlin zeigen, daß knapp 70 vH aller Haushalte inzwischen Stromanschluß haben; dabei hält die deutsche Reichshauptstadt den Vergleich mit anderen Weltstädten noch nicht aus (s. Zahlentafel 2 u. 3). Auf dem Gebiet der Haushaltsstromversorgung (Finanzierungsmethoden, Kundendienst, Tarifwesen) waren und sind die Vereinigten Staaten und die Schweiz durchaus führend. Wie weit man die Möglichkeiten dieser Versorgungsart in USA. einschätzt und schon ausgenützt hat, beweisen die Erhebungen aus 57 amerikanischen Elektrizitätsgesellschaften[3] (s. Zahlentafel 4). Fraglos ist die erreichbare Sättigung des Absatzgebietes stark von den wirtschaftlichen Verhältnissen und der Wertschätzung abhängig.

Zahlentafel 2. Elektrifizierte Haushaltungen in Berlin.

Jahr	In vH der Gesamtzahl
1925	24,2
1926	29,4
1927	40,7
1928	53,0
1929	60,0
1930	66,0
1931	67,1

Der Stromverbraucher „Haushalt“ hat die wertvolle Eigenschaft, erheblich konjunkturfester als sonstige Abnehmergruppen zu sein[4]. Die gut unterteilte amerikanische Elektrizitätsstatistik aus den 3 Krisenjahren (s. Zahlentafel 5) zeigt z. B. eine 11,5prozentige Verbrauchsminderung der großindustriellen Abnehmer,

[1] Enquete-Ausschuß. — Mittel aus 23 Handwerksgruppen.

[2] Der Stromverbrauch für Fahrstühle, Hausnummernbeleuchtung, elektrisch betriebene Waschküchen usw. gehört dem Grunde nach gleichfalls zum Haushaltstrom.

[3] Electr. Wld., Bd. 93 Nr. 21. — Mittelwert des Haushaltsverbrauchs war 1930: 550 kWh/Haushalt; 1928: 512 kWh/Haushalt; 1924: 341 kWh/Haushalt.

[4] Auch der Wärmeverbrauch im Haushalt hat diese Tendenz (siehe S. 115 f.).

Zahlentafel 3. Elektrifizierung der Haushalte in verschiedenen Großstädten[1].

Land	Stadt	Elektrifizierte Wohnungen an der Gesamtzahl der Wohnungen			
		1930 vH	1929 vH	1928 vH	1927 vH
1. Dänemark	Kopenhagen	90,7	90,3	90,2	89,7
2. Deutschland	Berlin	68,0	60,0	54,8	50,0
	Breslau	34,0	31,8	—	—
	Hamburg	80,0	78,0	65,0	61,0
	Köln	92,0	85,6	82,4	78,0
	München	75,0	65,0	64,0	60,0
	Stuttgart	95,6	92,2	89,5	82,4
3. England	London	—	65,0	—	—
4. Frankreich	Paris	75,0	70,0	67,3	63,8
5. Holland	Amsterdam	98,0	96,9	95,5	95,0
	den Haag	96,8	95,9	98,4	—
6. Österreich	Wien	78,0	75,0	70,0	64,0
7. Schweden	Stockholm	93,5	97,4	92,4	88,8
8. Schweiz	Basel	99,9	99,9	99,8	99,6
	Zürich	99,8	99,7	99,4	99,3
9. Ungarn	Budapest	71,5	71,5	62,0	56,6
10. USA.	Chicago	96,4	96,3	96,3	96,3
	Detroit	95,5	95,1	93,5	90,2
	New York	92,0	91,0	90,0	89,0
	Philadelphia	91,5	91,0	90,4	89,6

Zahlentafel 4. Elektrizitätsversorgung des Haushaltes in USA. und seine Aussichten (Stand 1929).

	Gegenwärtig	Durch Werbung erreichbar (volle Sättigung)	Sättigung[2] jetzt vH	Sättigung[2] erreichbar vH
1. Gesamtziffern:				
a) Abnehmerzahl	19012670	21682670	—	—
b) Stromabsatz (kWh)	7605068	18243000	—	—
c) kWh/Haushalt (kWh)	400	840	—	—
d) Umsatz ($)	532354760	762665000	—	—
2. Kühlmaschinen:				
a) Zahl	1300000	3800000	6,84	17,5
b) Stromverbrauch (kWh)	715000000	2090000000	—	—
c) Einnahme ($)	35750000	125400000	—	—
3. Ölbrenner:				
a) Zahl	400000	850000	2,11	3,94
b) Stromverbrauch (kWh)	120000000	225000000	—	—
c) Einnahme ($)	7200000	15300000	—	—
4. Kochherde:				
a) Zahl	725000	3815000	3,82	17,6
b) Stromverbrauch (kWh)	1087500000	5725000000	—	—
c) Einnahme ($)	32625000	171675000	—	—
5. Wasserspeicher:				
a) Zahl	40000	950600	0,21	4,38
b) Stromverbrauch (kWh)	200000000	4753000000	—	—
c) Einnahme ($)	10000000	71290000	—	—
6. Lampen und kleine Apparate:				
a) Zahl der Abnehmer	19012670	21682670	87,70	100,00
b) Stromverbrauch (kWh)	4750000000	5420000000	—	—
c) Einnahme ($)	332000000	379000000	—	—

[1] Veröffentlichungen der Bewag-Reihe II, Bd. 11/12; Jahresberichte der Verkehrsdirektion; Statistik der Vereinigung der Elektrizitätswerke e.V., gleiche Quelle auch für Zahlentafel 6 u. 7.

[2] $\text{Sättigung} = \dfrac{\text{Zahl der Apparate}}{\text{Zahl der Abnehmer}}$.

Zahlentafel 5. Veränderung im Stromabsatz amerikanischer Elektrizitätswerke (unmittelbar an Verbrauchergruppen).

Abnehmergruppe	Monate Januar bis August in Million kWh			Veränderung in vH	
	1929	1930	1931	1931/30	1931/29
	10^6 kWh	10^6 kWh	10^6 kWh	vH	vH
1. Haushaltungen	6212	7115	7681	+ 7,9	+ 23,7
2. Gewerblicher Kleinverbraucher	8456	9095	9208	+ 2,4	+ 8,9
3. Gewerblicher Großverbraucher	29331	28442	25954	— 8,7	— 11,5
4. Öffentliche Straßenbeleuchtung	1272	1400	1467	+ 4,7	+ 15,2
5. Straßen- und Schnellbahnen	3358	3256	3114	— 4,4	— 7,2
6. Elektrische Vollbahnen	401	387	395	+ 2,1	— 1,5
7. Verschiedene Abnehmergruppen	275	328	308	— 6,1	— 10,7
Summe (8 Monate):	49305	50023	48127	— 3,8	— 2,5
8. Jahresstrommengen	92757	91957	88428	— 3,75	— 4,7

aber ein Steigen des kleingewerblichen Konsums um rd. 9 vH, des Haushaltsstroms gar um rd. 24 vH[1]. Ähnliche Verbrauchsbewegungen traten in zahlreichen europäischen und deutschen Werken ein, die daraufhin vielfach eine Neuorientierung ihrer Absatzwerbung vornahmen. Man will sog. Wärmestrom absetzen, insbesondere den Haushalt als Wärmeverbraucher gewinnen (Wasserspeicher, Kochen usw.) und so den Ausgleich für die zurückgehende Kraftwerksproduktion schaffen. Gleichzeitig soll der Talstrom[2] mit der Besserung der Belastungsverhältnisse die erwünschte Senkung der Gestehungskosten bringen.

Der Haushalt scheint das einzige schon vorhandene Absatzgebiet zu sein, auf dem dies möglich ist. Dabei muß die Elektrizität aber den Wettbewerb mit Gas und Kohle durchkämpfen. Solange der Stromabsatz zu Wärmezwecken die bestehenden Strom-Erzeugungs- und Verteilungsanlagen nur unwesentlich verändert, wird der billige Nachtstrom- oder Haushaltstarif als Wettbewerbsmittel ausreichen, wenn er auch manchmal unsozial anmutet. Darüber hinaus bleibt keinem Tariffachmann die Einsicht erspart, daß auch die Kochherd-kWh mindestens zum Verkaufspreis: Erzeugungskosten + voller Kapitaldienst + Gewinn zu kalkulieren ist, worauf man bislang teilweise verzichten konnte. Um die Erörterung einer vermehrten Wettbewerbsfähigkeit des Stromes im Haushalt kommt die städtische Elektrizitätswirtschaft nicht herum. In der Fragestellung „Vermehrter Wärmestromabsatz oder Aufgabe der Haushaltswerbung" wird das Heizkraftproblem einmal klärend wirken, da die völlige Eroberung des Haushalts als Verbraucher unter befriedigenden Bedingungen nur mittels der Heizkraftwirtschaft möglich erscheint.

3. Stromdichte.

Besonders deutlich prägt sich die geschilderte Entwicklung des Stromverbrauchs in den Stromerzeugungs- und Stromdichteziffern[3] der Länder und Städte aus (s. Zahlentafel 6 u. 7). Einen direkten Aufschluß über den Grad der Elektrifizierung (Sättigung) gestatten alle derartigen Zahlen leider erst, wenn die sehr unterschiedlichen, sozialen, ökonomischen, kulturellen, klimatischen wie geographischen Verhältnisse berücksichtigt werden. Doch deuten sie an, zu welcher Leistungszusammenballung und Herausbildung großer Wirtschaftskörper die Elektrizitätserzeugung vorgeschritten ist.

4. Leistungskonzentration.

Der Verbrauchstendenz steht eine parallele Entwicklung in der Stromerzeugung gegenüber, in erster Linie an der Leistungskonzentration der Erzeugerwerke

[1] Im Kalenderjahr 1930 nahm der Industriebedarf um 7,5 vH ab, während der Haushaltstromverbrauch um rd. 14 vH stieg.

[2] Absatz außerhalb der Spitzenzeit, im Belastungstal.

[3] Als Stromdichteziffern unterscheiden wir die Belastungsdichte (kW/Kopf, kW/qkm usw.) und Verbrauchsdichte (kWh/Kopf, kWh/qkm usw.). In gleicher Weise wird später von Wärmedichte gesprochen (siehe S. 190).

Zahlentafel 6. Stromerzeugung in Städten[1].

Stadt	Einwohner 10⁶		Anzahl der Zähler bzw. Abnehmer 10⁶		Höchstbelastung 10^6 kW		Abgegebene Arbeit 10^6 kWh		Belastungsdichte kW/Kopf		Verbrauchsdichte kWh/Kopf	
	1930	1929	1930	1929	1930	1929	1930	1929	1930	1929	1930	1929
New York	6,549	6,195	2,170	2,119	1,226	1237	3850	3624	0,187	0,200	588	585
London	—	4,550	—	—	—	—	—	1830	—	—	—	402
Paris	4,662	4,665	1,382	1,284	786	760	1710	1747	0,169	0,163	367	374
Berlin	4,337	4,315	1,085	0,975	582	600	1552	1595	0,134	0,139	358	370
Chicago	3,375	3,308	1,024	1,018	968	1002	3717	3822	0,287	0,303	1101	1155
Philadelphia	2,688	2,730	0,647	0,623	699	740	2734	2650	0,260	0,271	1017	971
Detroit	2,279	2,300	0,552	0,556	478	527	1929	2074	0,210	0,229	846	902
Wien	1,847	1,850	0,619	0,599	162	175	375	371	0,088	0,095	203	201
Hamburg	1,265	1,254	0,537	0,329	129	150	446	447	0,102	0,120	353	356
Budapest	1,005	1,080	0,236	0,222	88	89	254	251	0,088	0,083	253	232
Amsterdam	0,771	0,761	0,219	0,211	88	82	246	224	0,114	0,108	319	294
Köln	0,719	0,716	0,194	0,178	66	69	211	211	0,091	0,096	293	295
Kopenhagen	0,634	0,626	0,229	0,220	56	51	131	122	0,089	0,082	207	195
Stockholm	0,502	0,487	0,166	0,160	77	68	193	175	0,154	0,139	384	359
den Haag	0,443	0,432	0,120	0,115	52	49	132	122	0,119	0,113	298	282
Stuttgart	0,381	0,375	0,110	0,102	49	53	121	120	0,129	0,141	318	320
Zürich	0,263	0,250	0,107	0,097	44	41	165	148	0,167	0,162	628	592
Basel	0,156	0,156	0,076	0,071	26	26	117	114	0,170	0,167	750	732

erkennbar[2]. 1928 wurden in sieben deutschen Großkraftwerken mit je über 100000 kW Leistung rd. 30 vH der gesamten öffentlichen Stromerzeugung aufgebracht, in 188 Werken war über 90 vH der Gesamtleistung vorhanden. Besonders deutlich wird die Energiekonzentration der öffentlichen Betriebe, wenn man die Leistung ihrer Großkraftwerke dem Bedarf ganzer Industriegruppen entgegenhält. Das Großkraftwerk Klingenberg, Berlin, das jährlich zwischen 700—800 · 10^6 kWh erzeugt, würde für rd. die Hälfte des Strombedarfes in der deutschen Papierindustrie (1928 : 1210 · 10^6 kWh bei 328000 kW Spitze) oder der Eisen und Metall verarbeitenden Industrie (1928 : 586 · 10^6 kWh bei 439000 kW Spitze) ausreichen. In der erstgenannten Gruppe bestanden 1928 aber 166 Kraftzentralen, den Strombedarf der Eisenindustrie deckten gar 350 Kraftwerke. Der Werkszusammenschluß hält ständig an, vielfach mehr durch die

Zahlentafel 7.
Stromverbrauchsdichte in Städten 1930.

Stadt	kWh je Kopf: Allgem. Niederspann.[3]	Hochspannung	Verkehrsstrom
New York	261,1	284,2	42,6
London	119,1	116,0	167,3
Paris	116,7	131,6	118,5
Berlin	119,9	121,8	116,1
Chicago	320,7	506,4	274,4
Philadelphia	232,5	591,1	193,5
Detroit	446,1	362,9	37,4
Wien	81,2	67,9	53,8
Hamburg	123,3	157,7	71,6
Budapest	163,0		89,7
Amsterdam	214,0	76,5	28,5
Köln	253,7		39,4
Kopenhagen	145,3	32,5	29,3
Stockholm	195,4	132,1	57,6
den Haag	123,0	81,5	93,7
Stuttgart	116,0	131,5	69,8
Zürich	374,1	166,5	87,5
Basel	437,8	246,8	62,8

[1] Die Stromabsatzgebiete decken sich teilweise nicht mit dem Stadtgebiet; darauf weisen schon die Einwohnerzahlen hin.

[2] Enquete-Bericht; ferner H. Witte: Die Konzentration in der deutschen Elektrizitätswirtschaft. Verlag: Julius Springer, Berlin 1932.

[3] Über die Verbrauchsdichte in Wohnhäusern allein siehe auch Zahlentafel 28.

Finanznot der Städte als durch Rentabilitätsbetrachtungen herbeigeführt. Die Werkzahl sinkt, die Einzelleistung steigt, und zwar um anteilig mehr als durch den Konsum bedingt wäre. Im „Großkraftwerk" setzte sich eine Tendenz durch, deren äußeres Merkmal glänzende technische Leistungen sind. Zwar war sie durchaus nicht immer von einer Strompreisverbilligung ähnlichen Umfangs begleitet. Die Elektrizitätswerke konnten aber dieser oder jener Verbrauchergruppe, auf deren Wachstum sie Wert legten, leichter Vergünstigungen einräumen. Das hat zu Tarifformen mit kWh-Preisen geführt, die sich wie 1 : 5 — 1 : 10 verhalten. Geschäftlich bleibt der Unterschied begreiflich, insgesamt ist er aber nicht erfreulich.

5. Elektrizitätswirtschaft und Produktionswerte.

Die gelegentlich nach Statistiken der Stromerzeugung aufgestellten Wirtschaftsprognosen dürfen nicht verallgemeinert werden. Ihr Wert bleibt lokal begrenzt. Das läßt eine knappe Gegenüberstellung der Produktionswerte der Stromwirtschaft mit denen anderer Wirtschaftsgruppen erkennen, die volkswirtschaftlich recht aufschlußreich ist. Trotz technischer Vervollkommnung im „Zeitalter der Elektrizität" blieb und bleibt der Energieanteil am einzelnen Produkt relativ klein. Der Produktionswert der deutschen Elektrizitätswirtschaft betrug 1928 nur rd. 3 vH der deutschen Gesamtproduktion. Dabei sind noch die Verbrauchszahlen des Haushaltes, der Bahnen, zum Teil der öffentlichen Beleuchtung und die Verluste abzuziehen, um die in der Güterproduktion wirksame Strommenge zu erfassen (s. Zahlentafel 8). Der Anteil des elektrischen Stromes am Verkaufswert der einzelnen Warengattungen schwankt zwar stark,

Zahlentafel 8. Jährliche Produktionswerte[1].

Wirtschaftszweig	Jahr	Produktionswert in Milliard. RM.
1. Deutsche Elektrizitätswirtschaft	1928	1,82
2. Deutsche Landwirtschaft	1926/27	12,5
3. Deutscher Maschinen-, Apparate- und Fahrzeugbau	1928	4,00
4. Deutsche chemische Industrie	1927	3,60
5. Deutsche Handwerksgruppen:		
a) Sattlerhandwerk	1928	0,26
b) Schmiedehandwerk	1928	0,55
c) Tischlerhandwerk	1928	1,10
d) Zimmererhandwerk	1928	0,43
e) Elektroinstallateurhandwerk	1928	0,37
f) Klempner- und Gas-Wasserinstallateur-Handwerke	1928	0,55
g) Fleischerhandwerk	1928	6,17
h) Bäckerhandwerk	1928	2,68
i) Schneiderhandwerk	1928	1,89
k) Buchbinderhandwerk	1928	0,13
6. Deutsches Bekleidungsgewerbe	1925	2,83
7. Deutsche elektrotechnische Industrie	1925	2,10
8. Deutsche Eisen- und Stahlwarenindustrie	1927	1,93
9. Deutsche Zellstoff-, Holzschliff-, Papier- und Pappenindustrie	1929	1,41
10. Deutsche Lederindustrie	1928	0,94
11. Deutsche Margarineindustrie	1928	0,60
12. Deutsche Seifen- und Parfümerieindustrie	1928	0,57
13. Deutsche Porzellanindustrie	1928	0,20
14. Weltproduktion von chemischen Erzeugnissen	1927	22,0
15. Weltproduktion der elektrotechnischen Industrie	1925	12,07
16. Weltproduktion an Kunstseide	1927	2,00
17. Weltproduktion an Stickstoff	1927	1,50

[1] Nach Einzelberichten des Enquete-Ausschusses.

wird aber ebenfalls kaum höher einzuschätzen sein. Einer Aufstellung der V. d. E. W. vom Jahre 1926 ist zu entnehmen, daß von 79 erfaßten Industriebetrieben nur 7 über 10 vH kamen, 3—4 vH war ein guter Durchschnittswert.

Es ist einigermaßen verwunderlich, daß die Elektrizität trotz dieses relativ kleinen Produktionswertanteils vor allem auch die Industrie- und Wirtschaftskreise so stark interessieren konnte. Die Erörterung über das Thema: Eigenerzeugung oder Strombezug reißt nicht ab und hat in den letzten Jahren häufig zur Aufstellung eigener Dieselanlagen usw. geführt. Zugegeben, daß gelegentlich die Selbständigkeit sogar noch der sehr sicheren öffentlichen Versorgung vorzuziehen ist. Meistens verlieren die öffentlichen Tarife den Versorgungswettbewerb aber deshalb, weil der Abnehmer ein Heizkraftwerk betreiben kann. In der Kupplung von Strom und Wärme liegt in der Tat eine bedeutsame Ersparnismöglichkeit. Der Strom alleine hat keinen ausschlaggebenden Wert auf die Produktionskosten, auf die Lebenshaltung oder absorbiert sonderliche Anteile des Einkommens [1]. Er ist nur notwendig und wird immer unentbehrlicher. Das ist alles. Wohl aber haben Strom und Wärme den erforderlichen Einfluß, und das Interesse der Wirtschaft an der Energieerzeugung ist daher voll begreiflich. Hoffentlich verstärkt sich aus diesen und ähnlichen Erwägungen heraus bei unseren öffentlichen Werken die Neigung zur eigenen Heizkraftwirtschaft.

b) Wärmeversorgung.

Hierunter ist die öffentliche Lieferung von kalorischer Energie in Form von Flüssigkeiten, Gasen oder Dämpfen zu verstehen, die zur Durchführung von Heiz-, Koch-, Glüh-, Trocknungsprozessen usw. direkt verwertbar ist. Zu solchen Zwecken hat sich die Verteilung von Gas, Öl, Dampf und Warmwasser durchgesetzt, also von Energieträgern, deren Transport im Gegensatz zur Kraftversorgung nur durch Rohrleitungen üblich ist [2].

1. Verteilung von Gas.

Die Gasversorgung ist die älteste Art öffentlicher Energielieferung überhaupt (in Deutschland ungefähr seit 1820). 1930 betrug der Gasabsatz in Deutschland 4,5 Mia m^3, in England 9 und in USA. 14,5 Mia m^3. Rd. 75 vH des in Deutschland gelieferten Gases geht in die Haushaltungen, deren Anschlußziffer bei 86 vH der Gesamtzahl (in Berlin z. B. 97 vH) liegt (s. Zahlentafel 10). Die Gaslieferung stellt mehr eine Brennstoffversorgung dar, die überwiegend zu Wärmezwecken nutzbar gemacht wird. Unter anderem wird aus dem Brennstoff Gas auch Elektrizität in Gasmotoren erzeugt. 1928 beruhte z. B. 9,1 vH der deutschen Gesamtstromerzeugung auf Gas.

Die Versorgung ist technisch sehr hoch entwickelt, ermöglicht sowohl die Industrie- als Haushaltsbelieferung herunter bis zu den kleinsten Mengen, erfordert aber Feuerstellen. Der Energieträger ist giftig; wegen seiner Explosions- und Entzündungsgefahr sind sorgfältige Wartung und Handhabung erforderlich.

Nach unumwunden feststellbaren Verlust der Kraftversorgung und Beleuchtung (bis auf öffentliche Beleuchtung) an die Elektrizität hat das Gas seine Vorherrschaft in der Haushaltsversorgung bisher siegreich behauptet und in den letzten Jahren — insbesondere durch den kräftigen Impuls von der Ferngasseite her — verstärkten Absatz zu Industriezwecken finden können. Strom und Gas haben scheinbar

[1] Siehe auch S. 18.

[2] Eine öffentliche Kraftversorgung ist sowohl vom Kabelnetz wie aus Rohrleitungen möglich; letzteres ist allerdings sehr selten. So besteht in Paris eine öffentliche Druckluftversorgung zum Betrieb von Fahrstühlen, Stromerzeugern, Werkzeugen usw., die rd. 500 km Leitungslänge hat.

eine Verbrauchsumlagerung (Haushalt/Industrie) vor sich. Über die Größenordnung von Gaserzeugung, Kopfverbrauch, Rohrnetz und Zusammensetzung des Gasverbrauchs unterrichten Zahlentafel 9 u. 10. Man kann ihnen entnehmen, daß die städtischen Verbrauchsdichteziffern in m³ Gas und kWh zwischen 1 : 1,2 und 1 : 4 schwanken[1].

Ziemlich allgemein gültig ist die Feststellung, daß der kcal-Verbrauch zu Heizzwecken (industrielle Öfen und Raumheizungen usw.) normalerweise den größten Teil eines Energiekonsums darstellt. Er ist ungleich viel größer als der etwa gleichzeitig benötigte Energieverbrauch für den Kraftantrieb einer Produktion, eines Haushaltes, einer Stadt. Auf diese wichtige Tatsache wird noch mehrfach hinzuweisen sein, weil sie der Kraftwärmewirtschaft der Städte eine günstige Prognose bietet.

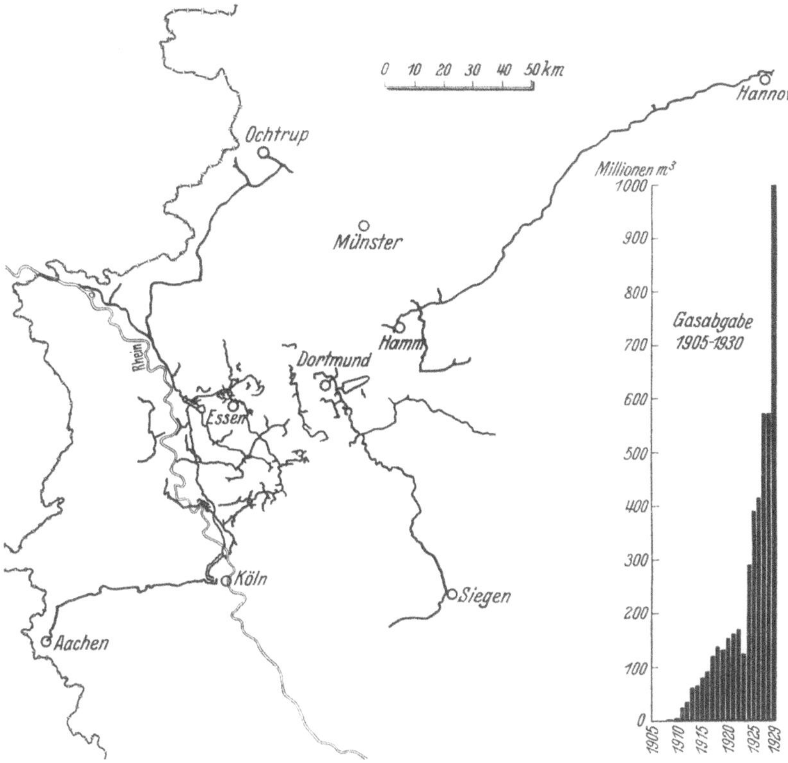

Abb. 1. Gasfernversorgung Westdeutschlands.

Die Gas-Wärmeversorgung hat in den Gruppengaswerken und Ferngasgesellschaften den Rahmen der einzelnen Stadt schon überschritten und ist dem Vorgehen der Überlandstromversorgung gefolgt (s. Abb. 1 u. 2).

Ob letzten Endes eine Beheizung oder Vollwärmeversorgung ganzer Städte oder Stadtteile mit Gas zu verwirklichen ist, hängt neben der konstruktiven Verbesserung der Gasapparate von der wirtschaftlichen Seite, dem Gaspreis ab. Bei der werkbedingten Kupplung von Gaserzeugung mit Koksanfall wird heute oft nur der Koksmarkt preislich gepflegt. Wollte man sich dem Heizgeschäft ernsthaft zuwenden, würde der Investitionsbedarf der Gaswerke sogleich stark ansteigen und andere Ansichten hinsichtlich Werksausbau, Rohrkapazität, Reserve in der Gaswirtschaft bedingen. Heizgaspreise von rd. 6—8 Pfg./m³ — und das

[1] Der größere Bereich stellt sich in den kleineren Städten und Wohnungen bzw. in Orten hoher Sättigung ein; siehe: Der Haushalt als Wirtschaftsfaktor. Verlag: Callwey, München 1928.

Zahlentafel 9. Gasversorgung deutscher und europäischer Städte[1].

Lfd. Nr.	Stadt	Gaserzeugung in 10^6 m³			Verbrauchsdichte m³/Kopf			Rohrnetzlänge km			Zahl der Abnehmer in 1000		
		1924	1927	1929	1924	1927	1929	1924	1927	1929	1924	1927	1929
1	Berlin	355,4	458,7	512,2	111	126	143	3364	3624	3674	850,6	898,2	921,8
2	Hamburg	147,5	169,5	206,6[2]	135	136	151	1121	1406	1840	266,8	285,1	315,8
3	Köln	67,9	66,0	74,7	94	92	95	657	688	754	111,1	112,6	114,7
4	Dresden.	66,8	77,0	81,2	109	103	110	1201	1313	1148	160,0	163,7	175,7
5	Breslau	59,2	67,6	74,3	96	110	112	465	550	664	131,9	130,0	148,1
6	Düsseldorf . . .	55,6	55,6	64,3	124	123	129	543	592	697	88,2	92,1	104,6
7	Stuttgart	54,3	58,8	78,4	149	150	170	405	672	449	90,7	99,5	97,0
8	Leipzig	51,8	59,2	65,3	75	83	94	902	945	988	165,0	—	—
9	München	50,3	55,6	60,3	72	75	81	589	646	720	143,2	145,8	160,3
10	Nürnberg	40,5	45,4	54,4	99	112	122	383	466	494	93,9	99,1	106,5
11	Barmen.	36,3	38,2	—	172	188	—	209	228	—	53,7	53,2	—
12	Chemnitz	33,7	37,2	42,2	81	85	98	354	389	404	87,3	93,6	98,0
13	Kiel	30,1	28,1	32,6	123	122	138	247	259	273	50,6	52,2	55,7
14	Altona	20,9	23,8	33,1	99	113	127	223	228	390	44,9	47,1	59,1
15	Halle	11,9	12,7	16,5	56	60	68	214	246	243	34,7	35,1	—
16	Bielefeld	10,3	11,5	15,8	111	120	163	134	141	171	20,6	21,6	23,9
17	Braunschweig . .	9,3	10,9	15,7	58	68	86	113	123	153	22,0	22,8	27,2
18	Meißen	3,8	4,2	5,3	81	98	96	95	101	107	—	14,0	13,8
19	Forst	3,6	3,7	3,9	92	97	100	53	60	68	10,3	10,6	11,3
20	Wien	224,0	268,6	335,0	112	138	165	1593	1623	1652	—	—	—
21	Amsterdam . . .	83,3	93,6	116,8	110	121	145	605	669	748	163,1	177,7	189,0
22	Budapest	—	88,1	95,6	—	84	91	—	832	866	—	82,7	95,5
23	Kopenhagen . . .	71,4	74,6	85,5	111	115	126	582	615	672	—	—	—
24	Stockholm . . .	53,7	61,6	78,7	116	133	152	410	436	467	104,7	116,2	137,6
25	Zürich	34,1	38,7	47,1	118	127	155	575	769	610	57,5	75,0	71,5
26	Helsingfors . . .	10,9	12,1	20,8	55	69	104	101	108	122	—	—	—
27	Brünn	7,4	7,5	9,6	41	38	37	257	165	208	12,0	14,1	18,5

[1] Statistische Zusammenfassung der Betriebsergebnisse, herausgeg. von der Vereinigung der Gas- und Wasserfachmänner e.V.

sind schon heute Vorzugstarife — sind für Raumheizzwecke allgemein nicht tragbar. Andererseits ist auch die reine kcal-Preisgleichheit von Koks und Gas oder Kohle und Gas falsch.

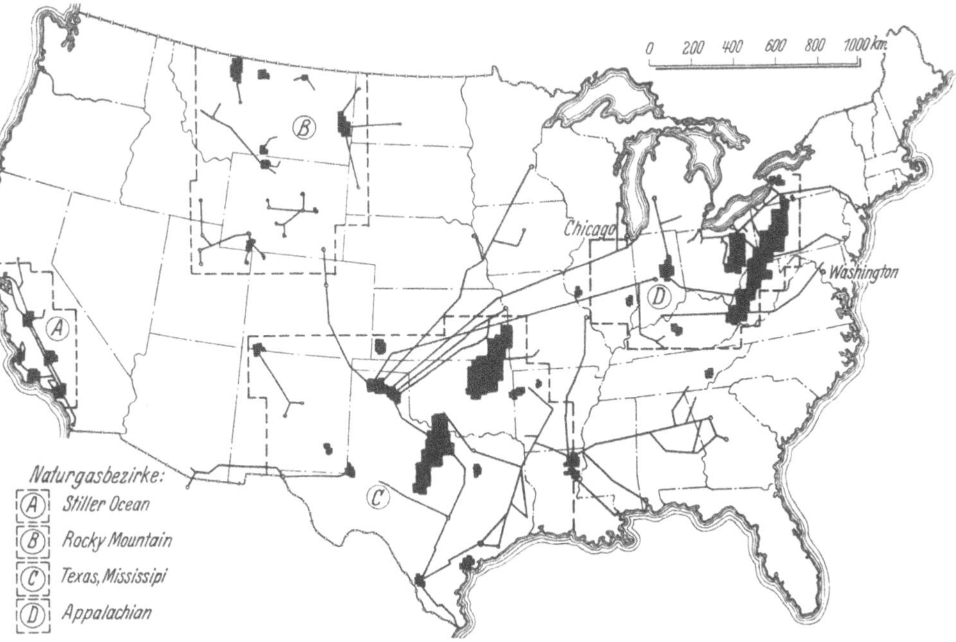

Abb. 2. Naturgas-Fernleitungen in USA. (nach Mech. Engng. 1931).

In deutschen Städten wird eine auf Gas beruhende Vollwärmeversorgung bestimmt keinen sonderlichen Umfang annehmen[1]. Auch die Statistik des Reichsverbandes der

Zahlentafel 10. Zusammensetzung des Gasverbrauchs.

Stadt	1926		1927		1928		1929		1930	
	10^6 m³	vH	10^6 m³	vH	10^6 m³	vH	10^6 m³	vH	10^6 m³	vH
a) Gelsenkirchen[2]										
1. Großabnehmer	2,9	18,0	4,1	22,4	4,3	21,9	—	—	4,4	22,0
2. Mittelabnehmer	7,2	44,7	7,8	42,6	8,1	41,4	—	—	} 13,5	68,0
3. Kleinabnehmer (Automaten) . .	4,0	24,8	4,4	24,1	5,2	26,5	—	—		
4. Straßenbeleuchtung	2,0	12,5	2,0	10,9	2,0	10,2	—	—	1,9	10,0
Summe:	16,1	100,0	18,3	100,0	19,6	100,0	—	—	19,8	100,0
b) Berlin[2]										
1. Haushalt (Priv.)	320,1	76,7	321,2	74,3	325,8	72,1	329,5	70,0	312,2	70,5
2. Behörden . . .	12,3	2,9	12,2	2,8	12,0	2,7	13,3	2,8	12,5	2,8
3. Industrieabsatz	45,3	10,9	57,6	13,3	68,4	15,1	79,1	16,8	75,9	17,1
4. Öffentliche Beleuchtung . . .	34,4	8,2	36,8	8,5	40,4	8,9	43,9	9,3	38,4	8,7
5. Eigenverbrauch	5,4	1,3	4,8	1,1	5,3	1,2	5,1	1,1	3,6	0,9
Summe:	417,5	100,0	432,6	100,0	451,8	100,0	470,9	100,0	442,6	100,0

[1] Nach G. Heise, 72. Jahresversammlung des Deutschen Vereins von Gas- u. Wasserfachmänner, Breslau 1931; jährlicher Heizgasabsatz in Deutschland derzeitig 40 Mill. m³ = 0,8 vH der deutschen Gesamterzeugung. Steigerung auf 8 vH möglich erachtet.

[2] Gas- u. Wasserfach 1930, S.-H., S. 45 und Geschäftsberichte.

Wohnungsfürsorgegesellschaften zeigt das, nach der von den Wohnungsneubauten 1929 nur 1 vH Gasbadeöfen, dagegen 16 vH Zentralheizungen, 47 vH Kachelöfen, 36 vH eiserne Öfen haben. Neben dem um etwa 10 bis 20 vH steigerungsfähigen Haushaltabsatz sollte sich ein zur Spitzendeckung von Heizwärme geeigneter Gaskonsum behaupten. Die Grundbelastung des städtischen Wärmebedarfs gehört aber anderen Wärmequellen.

Zahlentafel 11. Gasbeheizte Häuser in USA.

Gasart	Zahl der Anlagen insgesamt		Gasverbrauch in Millionen m³	
	1928	1929	1927	1928
1. USA. insgesamt:				
Stadtgas	63388	76369	—	—
Naturgas	55312	65402	—	—
Summe:	118700	141771	rd. 620	rd. 760
	1929	1930	1929	1930
2. Bericht von:				
a) 176 Stadtgasgesellschaften	39853	47853	342	343
b) 31 Naturgasgesellschaften	40712	66664	299	473
Summe:	80565	114517	641	916
3. Jährlicher Gasverbrauch:				
je Anlage m³ a)	—	—	8600	9250
b)	—	—	7340	7090
Mittelwert:	—	—	7960	8150

Dem entspricht auch die Entwicklung in anderen Großstädten wie Paris[1], wo in der Heizperiode 1929/30 zwar schon 1600 gasbeheizte Zentralheizungen, mit einem an sich aber spezifisch geringen und spitzenartigen Bedarf bestanden. Größere Möglichkeiten gewährte die Gas-Wärmeversorgung in USA.[2]. Die Zahl der Gasgesellschaften, die zur Gesamtversorgung der Häuser mit Wärme übergehen, steigt jährlich. 1929/30 konnten durchschnittlich 8000 m³ pro Anlage verkauft werden, bei rd. 150000 versorgten Anlagen.

2. Verteilung von Heizöl.

Diese Brennstoffversorgungsart beansprucht in Europa weniger Interesse als in USA. Es handelt sich nur um Transportleitungen zwischen den Ölfeldern und den Großverbrauchszentren, vor allem Hafenstädten und Raffinerien, die allerdings enorme Ausdehnung haben. Ein eigentliches Verteilungsnetz im Stadtinnern fehlt aber, die direkte Hausbelieferung ist nicht möglich[3]. Ähnliche Anlagen, wenn auch kleineren Umfanges, weisen europäische Erdöldistrikte auf. Eine der längsten Naphtha-Rohrleitungen in der U.d.S.S.R. besteht zwischen Grosny und der Ukraine mit etwa 1123 km Länge.

Vom amerikanischen Inlandsölverbrauch entfielen 1926 rd. 6 vH und 1927 rd. 8 vH auf industrielle und Hausheizungszwecke. Der Hausverbrauch steigt gleichfalls stark an, eine Folge der niedrigen Ölpreise und vielen, durchweg automatisch arbeitenden Ölbrennersysteme (s. auch Zahlentafel 4).

[1] Génie civ. 1930.

[2] Heating and Ventilating 1929 und 1931. — Begünstigend wirkten vornehmlich die großen Naturgasvorkommen.

[3] Neuerdings greift diese Verteilungsart auch auf die Beförderung von Benzin über (2180 km lange Benzinrohrleitung zwischen Oklahama, Kansas-City, Chicago).

Ferngas- und Fernölleitungen werden heute fast durchweg geschweißt. Nahtlos gezogenes Rohrmaterial von 12—14 m Länge, aber auch überlappt geschweißte Leitungen kommen zur Verwendung. Pumpendrücke bis zu 60 atm für den Öltransport sind nicht mehr ungewöhnlich. Die Pumpstationen folgen einander in 40—100 km Abstand. Größere Zwischenräume haben die Kompressorstationen der Ferngasleitungen (80—160 km), Gasförderdrücke bis zu 30 atm sind normal. Rohrnetze von 200—600 mm l. W. und vielen Hundert km Länge haben in jahrelangem Betrieb ihre Zuverlässigkeit bewiesen. Auch das größte deutsche Ferngasunternehmen, die Ruhrgas A.-G. verfügte 1931 bereits über ein Rohrnetz von rd. 920 km Länge mit einem Gesamtgasdurchsatz von rd. 800 Millionen m³.

3. Dampf- und Warmwasserverteilung-Städteheizung.

Die direkte Wärmeversorgung entstand und fand ihre größte Durchbildung in den Vereinigten Staaten. Als erstes Fernheiz- oder Städteheizwerk wurde 1878

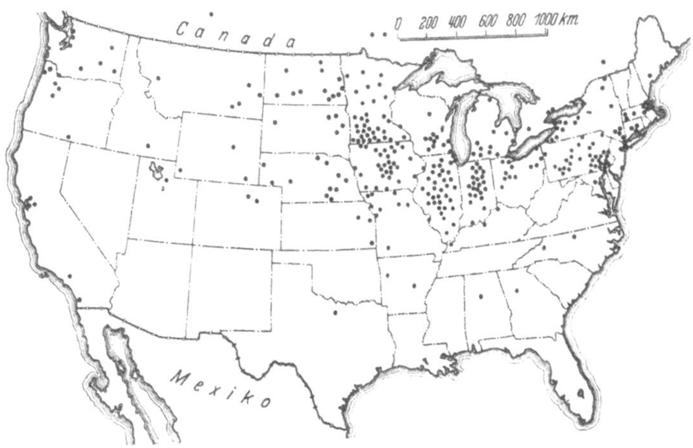

Abb. 3. Verbreitung von Städteheizwerken in USA. (aufgestellt von der Amer. District Steam Co.).

die Anlage in Lockport bekannt. Die Städteheizung ist also älter als die Stromerzeugung. Besonders zahlreich wurden die Wärmeversorgungsnetze in den letzten 20 Jahren, einem Zeitraum beispiellosen wirtschaftlichen Aufschwunges der USA.-Nation, ihrer Städte, ihres Bauwesens und ihrer Elektrizitätswirtschaft (s. Abb. 3). Nach Berichten der II. Weltkraftkonferenz[1] galt für 1929 etwa:

Zahl der größeren Städteheizwerke	161
Investiertes Kapital	rd. 237,1 Mill. $
Rohrnetzlänge	„ 1421 km
Dampfabsatz	„ $32{,}1 \cdot 10^6$ t/Jahr

Fernheizungen gibt es jetzt nicht nur in den großen Städten, sondern auch in Ortschaften von 5—10000 Einwohnern[2], nicht nur in den Ost- und Mittelstaaten mit ihrem mehr steppenartigen Klima, sondern auch in subtropischen Gebieten Kaliforniens. Bis auf die New Yorker Heizungsgesellschaft entstanden alle amerikanischen Heizungsgesellschaften vor 20—40 Jahren in Anlehnung an die Elektrizitätswerke. Es ist bemerkenswert, daß damals schon eine Kupplung von Wärme- und Kraftlieferung vorhanden war, die im 1. Jahrzehnt des 20. Jahrhunderts, als ein mächtiger Aufschwung der Elektrizitätswirtschaft einsetzte,

[1] E. Schulz: Kombinierte Energiewirtschaft. Arch. Wärmewirtsch. 1931 Heft 1 S. 19.

[2] Die Stadt Brookings (Dakota) (nur 4000 Einwohner) versorgt z. B. alle öffentlichen und privaten Gebäude der Hauptstraße mit Abdampf vom Elektrizitätswerk.

wieder verloren ging. Wohl gewann der Städteheizgedanke gleichfalls an Raum. Die Bindung mit den Elektrizitätswerken wurde sogar recht innig, weil der Wärmeverkauf zur Hebung des Stromabsatzes geradezu notwendig war. Neue, allein der Wärmeversorgung dienende Heizwerke entstanden, vorwiegend Frischdampfwerke. Die Hochhäuser Amerikas werden aus technischen Gründen überwiegend dampfbeheizt[1]. Man entschloß sich sogar zur Lieferung von hochgespanntem Kraftdampf (12 atm und mehr), da viele große Abnehmer für Aufzüge usw. Kraft-Dampf brauchten. Heute hat sich der Gedanke der Städteheizung in USA. allgemein durchgesetzt.

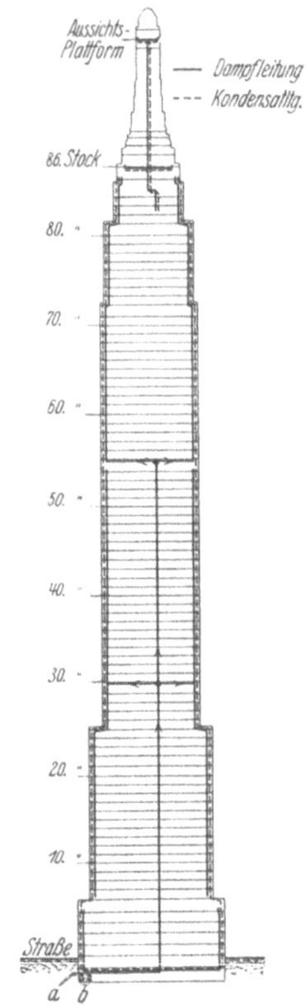

Abb. 4 u. 5. Ansicht und Heizdampf-Leitungsschema des höchsten Gebäudes der Welt (Empire State-Gebäude, New York[2]). *a* Fernleitungen der New York Steam Corp. *b* Kondensatpumpen.

Mit anderer Motivierung entstand die öffentliche Wärmelieferung in Deutschland und den europäischen Staaten nach dem Kriege. Als Vorläufer -- wenigstens hinsichtlich der technischen Durchbildung des Wärmetransportes — kann die zusammengefaßte Beheizung von Gebäudegruppen in Hochschulen, öffentlichen Heil- und Pflegeanstalten usw. bezeichnet werden[3]. Teils führte man brennstoffwirtschaftliche Gründe an, teils führte auch das Interesse der Elektrizitätswerke an der Heizkraftwirtschaft direkt zu Lösungen. So entstanden 1921/22 in Hamburg und Kiel[4] Fernwärmeversorgungen im Anschluß an ältere Elektrizitätswerke, die

[1] 1932 wurde als erstes Hochhaus mit Warmwasserheizung das 67 Stockwerke aufweisende Cities Service-Gebäude in New York errichtet. Bis dahin war sie in Gebäuden über 12 Stock-Höhe nicht vertreten.

[2] Von der Hamburg-Amerikalinie freundlichst zur Verfügung gestellt.

[3] 1884 Technische Hochschule Berlin, 1900 Fernheizwerk Dresden.

[4] Unter Führung der Firma R. O. Meyer, Hamburg und der örtlichen Elektrizitätswerke.

sich rasch vergrößerten, da das Absatzgebiet günstig lag. Margolis war damals einer der rührigsten Fürsprecher der Fernheizidee, die in einer Reihe anderer Städte rasch Wurzeln schlug, aber nach 4—5 Jahren und groben Fehlschlägen vorläufig zum Stillstand kam.

Man verkenne das psychologische Moment für die Ausbreitung einer öffentlichen Versorgung nicht! Die Elektrizität nähert sich den Abnehmern in elegantem, geschmackvollem Äußeren und tritt zu jedem gewissermaßen in persönlichen Kontakt. Wärme dagegen ist dem Abnehmer nicht begrifflich genug. Er hat sie notwendiger als elektrischen Strom, bei ausreichender Menge nötigt ihm der Heizkörper unter dem Fensterbrett aber kein Interesse ab. Die Fernwärmelieferung nimmt nur bei Geschäfts-, Groß- und Neubauten eine der Stromversorgung ähnliche konkurrenzstarke Stellung ein. In bebauten Vierteln hat sie einen mühseligen Werbefeldzug zu führen. Ihre Popularisierung wäre sogleich sicher gestellt, wenn billige und genaue Kleinwärmemesser[1] auf den Markt kämen. Unter gewissen technischen Voraussetzungen läßt sich dann — wie beim Strom — der Kleinabnehmer beliefern. Buchtechnisch und vertraglich wird das Wärmegeschäft dadurch zwar schwieriger als heute, wo allein mit dem Hauseigentümer abgeschlossen werden kann. Aber der psychologische Auftrieb wäre vorhanden, der sich recht bald in die stürmische Forderung umsetzen würde: Jeder hat nur die wirklich verbrauchte Wärmemenge zu bezahlen!

Heute hat sich der Gedanke durchgesetzt, daß unter europäischen Verhältnissen — im Gegensatz zu Amerika — das öffentliche Frischdampfheizwerk nur vereinzelt wirtschaftlich sein kann und daß öffentliche Wärme- und Stromversorgung zusammengehören. Eine allmähliche Abkehr von der Dampfverteilung zum Wasser als Wärmeträger ist zu verzeichnen, was sehr begrüßt werden kann, denn nur dem Warmwasserheizwerk kann eine günstige Prognose als zukünftigem, mitberechtigtem Träger der Elektrizitätserzeugung in Städten gestellt werden.

Insgesamt beweist die Existenz der bestehenden Gas-, Öl-, Dampf- und Warmwasserrohrnetze, daß ein kcal-Transport über viele km hinweg keine technischen Schwierigkeiten bietet[2]. Die Wärmeverteilung im Stadtinnern durch Dampf- oder Warmwassernetze unterliegt gewissen Einschränkungen, die aus der Temperatur des Wärmeträgers und der technischen Ausstattung der Häuser herrühren. So ist naturgemäß das Vorhandensein von zentralen Heizungs- und Warmwasserversorgungssystemen Voraussetzung. Hinsichtlich der Transportweite bestehen in der Fachwelt kaum noch Unklarheiten. Entfernungen von 6—8 km zwischen Abnehmer und Lieferwerk sind bei Dampf heute schon mehrfach überbrückt. Bei Warm- und Heißwassernetzen bilden selbst größere Entfernungen kein sonderliches Hindernis mehr. Hohe Netzdrücke der Fernleitungen lassen sich heute bequem von der Abnehmeranlage fernhalten. Mit 6 km Förderradius sind Städte von 200—300000 Einwohnern zu beliefern, höhere Ansprüche werden nie gestellt werden.

c) Heizkraftkupplung.

Solange eine Elektrizitätserzeugung aus Dampfkraft besteht, ist auch der Ruf nach Heizkraftkupplung nicht verstummt. Für die Heizkraftkupplung selbst bedurfte es keines Beispiels. In Industrieanlagen aller Länder wurde die Kupplung verwirklicht, nur nicht in der öffentlichen Elektrizitätswirtschaft. Nicht, daß man die theoretisch abzuleitenden und im Industrieheizkraftwerk beweisbaren

---

[1] Über Wärmemesser siehe M. Möller: Meßtechnische Überwachung von Städteheizungen. 13. Kongr. f. Heizg. u. Lüftg. München: Oldenburg 1930, S. 88f.; Erfahrungen mit einem Wärmemengenmesser. Arch. Wärmewirtsch. 1930 S. 364; H. Netz: Wärmemengenmesser. Arch. Wärmewirtsch. 1931 S. 345f. [2] Siehe auch Schneider: Braunkohle 1930 Heft 32 S. 717f.

Energievorteile leugnete[1]. Man behauptet nur, die Betriebsverhältnisse von öffentlichen Heiz- und Kraftanlagen ergänzen sich nicht; eine Kupplung sei infolge des Zeitunterschiedes beider Höchstbelastungen schlecht oder gar nicht möglich[2]. Sie führe deshalb sogar zu höheren Anlagewerten, schlechterer Ausnutzung und wirtschaftlichen Nachteilen. Unter der Kupplung leide die notwendige Unabhängigkeit jeder Energieart. Diese vor 10 Jahren noch berechtigten Behauptungen wurden bisher leider kaum geprüft. Dabei gibt es heute schon mehrere Heizkraftanlagen, aus denen die gänzliche oder überwiegende Strombelieferung der Einwohnerschaft im Wärmeabsatzgebiet erfolgt. Auch der Beweis der Versorgungssicherheit könnte leicht erbracht werden. Der Grund für die geringe Ausbreitung der Heizkraftwirtschaft liegt weniger darin, daß hier und da schlecht aufgezogene Fernheizwerke finanziell notleidend wurden[3] und abschreckten. Das möchte man eher als nützlich ansehen, um in Zukunft die öffentliche Wärmeversorgung vor gleichen Schäden zu bewahren. Gewiß gab vereinzelt auch mangelnde Einsicht den Grund ab. Entscheidender blieb, daß weder bei den Elektrizitätswerken, die bis zum Jahre 1930 einen beispiellosen Stromhunger zu stillen hatten, noch in der Heizindustrie Klarheit über die Grundlage einer öffentlichen Heizkraftwirtschaft herrschte.

Die Energiewirtschaft, insbesondere auch Elektrizitätswirtschaft ist mehr und mehr zum Finanzproblem geworden. Neben der energetischen Einordnung sind die folgenden Abschnitte daher völlig dem Gedanken unterstellt, die technisch-wirtschaftliche Grundlage und Richtlinien für die finanzielle Beurteilung der öffentlichen Heizkraftwirtschaft zu liefern.

d) Leitsätze für die öffentliche Heizkraftwirtschaft.

Für die Eingliederung der öffentlichen Heizkraftwerke in die Stromwirtschaft unserer Städte gelten auch heute vollinhaltlich die Leitsätze, die ich 1930 vor der Vereinigung der Elektrizitätswerke aufstellte[4]:

1. Unter allen auf Verbilligung der Kraftwerkerzeugung hinzielenden Verfahren (Höchstdruck, Mehrstoff-Verfahren usw.) verdient die Heizkraftkupplung den Vorrang. Sie arbeitet mit dem höchsten thermischen und energetischen Wirkungsgrad. An einfachen, lang erprobten Methoden des Kraftwerksbetriebes wird nichts geändert. Nur tritt an die Stelle Kondensationsanlage das unterirdische Rohrleitungsnetz.

2. Geeignete Wärmeabsatzgebiete in unseren Städten sind gewöhnlich auch Gebiete hoher Licht-, also Spitzenbelastungen. Das Heizkraftwerk, das schon mit Rücksicht auf sein Rohrleitungsnetz an kürzeste Entfernungen vom Absatzgebiet gebunden ist, soll in 1. Linie dessen Stromspitzen aufnehmen. Die Stromerzeugung nahe am Verbrauchsort wird wieder möglich. Die jetzigen Kondensationswerke werden von der Winterspitzenlast weitgehend befreit, ihr Belastungsfaktor und damit ihre Wirtschaftlichkeit stark gehoben.

3. Der Heizkraftbetrieb hat als wichtigste betriebstechnische Forderungen zu erfüllen: „Versorgungssicherheit bei genau vereinbartem oder natürlich sich ergebendem Belastungsverlauf". Das eine wird notwendig beim Parallelarbeiten mit anderen Elektrizitätswerken. Dem Idealfall genügt die 2. Fassung, bei der einem Heizkraftwerk die Strom-Wärmeversorgung des Bezirks allein obliegt. (Ideales Heizkraftwerk[5].)

---

[1] Die Eigenbedarfserzeugung moderner Kraftwerke erfolgt gleichfalls überwiegend im Wege der Heizkraftkupplung.

[2] Städteheizung S. 66, 67. Verlag: Oldenburg, München 1927.

[3] Schulz, E.: „Betriebs- und Wirtschaftsergebnisse von Städteheizungen". Ber. 13. Kongr. Heizg. u. Lüftg.

[4] Elektr.-Wirtsch. April 1930, Nr. 506.

[5] Bei idealer Heizkraftkupplung wird die Strombelastung des Wärmeabsatzgebietes voll gedeckt.

4. Richtige Auswahl und Dimensionierung des Wärmeabsatzgebietes ist erforderlich. Gelegentliche schroffe Strombelastungswechsel müssen aufgenommen werden. Auch soll es dem jährlich steigenden Energiebedarf des Kabelnetzes gewachsen sein, der bei idealer Heizkraftkupplung das Strom-Wärme-Mengenverhältnis laufend ändert.

5. Der Vorteile einer umfangreichen Heizkraftversorgung wird die Elektrizitätswirtschaft um so eher teilhaftig, je früher sie gemeinsam mit der Städteplanung und der Bauwirtschaft an die Energieprobleme der neuen Stadtviertel herangeht.

Bei der Gründung von Heizkraftwerken für bestehende Häuserviertel muß im allgemeinen die Wärmeversorgung dem gekuppelten Betrieb 2—3 Jahre vorangehen; das ist eines der Haupthindernisse für die Verwirklichung der Idee überhaupt. Die Heizkraftversorgung dieser Art stellt eine Rationalisierung der städtischen Stromversorgung auf lange Sicht dar.

e) Kraft und Wärme in der Energiewirtschaft und im Haushalt.

Die Erörterung des Themas „Strom-Wärmelieferung" von der Seite ihrer Rohstoffbewirtschaftung her mündet in einen ähnlichen Hinweis wie unter Abschnitt I a 5 aus. Der größte Teil des öffentlichen technischen Interesses wird fraglos von der Elektrizitätswirtschaft absorbiert, von den sonst in der Stadt verbrauchten Energiemengen spricht kaum jemand. Dabei setzt sie jährlich nur 6—8 vH des insgesamt verbrauchten Rohstoffs Kohle um. Auch in anderen Volkswirtschaften nehmen die Elektrizitätswerke einen ähnlichen Rang als Kohlen-

Zahlentafel. 12. Absatz an festen Brennstoffen in Deutschland (in Steinkohleneinheiten).

Verbrauchergruppe	1927		1928		1929		1930		1930 gegenüber 1929
	1000 t	vH	1000 t	H	1000 t	vH	1000 t	vH	vH
1. Hausbrand, Landwirtschaft, Platzhandel . .	36300	25,4	40400	27,7	46089	29,7	34041	27,9	—26,1
2. Eisenbahnen	17800	12,5	17600	12,1	14884	9,6	12586	10,3	—15,4
3. Schiffahrt	17800	12,5	17600	12,1	3218	2,1	3046	2,5	— 5,3
4. Wasserwerke	7600	5,3	7600	5,2	343	0,2	293	0,2	—14,6
5. Gaswerke	7600	5,3	7600	5,2	7515	4,9	6668	5,5	—11,3
6. Elektrizitätswerke . .	8800	6,2	9900	6,8	11449	7,4	9714	8,0	—15,2
7. Erzgewinnung: Eisen- und Metallerz- und Verarbeitung	32200	23,3	30200	20,7	32216	20,8	23205	19,1	—28,0
8. Chemische Industrie .	8600	6,0	9400	6,5	8653	5,6	6187	5,1	—28,5
9. Glas, Porzellan . . .	—	—	—	—	2409	1,6	2297	1,9	— 4,6
10. Stein, Ton, Chamotte, Ziegel, Kalk, Gips, Eisenbahnbau	—	—	—	—	7113	4,6	5180	4,3	—27,2
11. Leder, Schuhe, Gerberei, Gummi	800	0,6	700	0,5	736	0,5	596	0,5	—19,0
12. Textil	4800	3,3	4700	3,2	4715	3,0	3952	3,2	—16,2
13. Papier und Zellstoff .	3800	2,7	4000	2,8	4215	2,7	3686	3,0	—12,5
14. Zuckerfabriken . . .	—	—	—	—	1741	1,1	1975	1,6	+11,8
15. Brennerei, Brauerei, Mälzerei	—	—	—	—	1643	1,1	1490	1,2	— 9,3
16. Sonst. Nahrungsmittel	—	—	—	—	1745	1,1	1584	1,3	— 9,2
17. Kali-Salzwerke, Salinen	—	—	—	—	1078	0,7	921	0,8	—14,6
18. Sonstige Industrie . .	—	—	—	—	5241	3,3	4421	3,6	—15,6

verbraucher ein (s. Zahlentafel 12 u. 13). Nur in Ländern mit hochentwickelter Industrie und Stromversorgung absorbieren sie bis zu 10 vH des allgemeinen Kohlenverbrauchs. Der Hausbrand stellt dagegen einen ungleich kräftigeren Verbraucher dar. 20—25 vH der Gesamtkohlenmenge wandert zur Deckung des Energiebedarfs in die Wohnungen, denn der größte Teil des Gaswerksverbrauchs ist gleichfalls einzubeziehen.

Zahlentafel 13. Kohlenverbrauch in England.

Verbrauchsgruppe	1913		1928		1929	
	Mill. t	vH	Mill. t	vH	Mill. t	vH
1. Hausbrand	40,0	21,8	40,0	21,8	40,0	23,0
2. Eisenbahnen	13,2	7,2	13,1	8,0	13,4	7,7
3. Küstenschiffahrt	1,9	1,0	1,2	0,8	1,4	0,8
4. —	—	—	—	—	—	—
5. Gaswerke	16,7	9,1	16,8	10,3	16,8	9,7
6. Elektrizitätswerke (einschließlich elektrischer Bahnen)	4,9	2,7	9,5	5,8	9,9	5,7
7. a) Roheisenwerke	21,2	11,5	12,1	7,4	14,2	8,2
b) Sonstige Eisen- und Stahlwerke	10,2	5,5	8,5	5,2	9,1	5,2
c) Bergbaumaschinen	18,0	9,8	13,5	8,2	13,7	7,9
8.—18. Sonstige industrielle und gewerbliche Verbraucher	57,7	31,4	40,5	31,4	55,1	31,8
Summe	183,8	100,0	163,9	100,0	173,5	100,0

Eine ähnliche Stellung wie in der gesamten Volkswirtschaft haben Strom und Wärme im Einzelhaushalt. Nach den Feststellungen des Reichsstatistischen Amtes [1] betrugen die Ausgaben für Heizung und Beleuchtung in 498 Beamtenhaushaltungen 3,5—4,1 vH, in 546 Angestelltenhaushaltungen 3,1—4,3 vH, in 896 Arbeiterhaushaltungen zwischen 2,8—4,3 vH, im Mittel rd. 3,6 vH. Mit größerem Einkommen und der Zimmerzahl steigerte auch der vH-Satz der gesamten Lebenshaltungskosten. Dieser Betrag teilt sich etwa so: 1,2 vH für Gas, 0,6 vH Strom, 0,1 vH Holz, 1,6 vH Kohle, 0,1 vH Sonstiges. Wärme- und Stromausgaben stehen also ungefähr in dem Verhältnis 6 : 1. Das entspricht [2] größenordnungsmäßig gleichfalls dem Energieverbrauchsverhältnis beider Wirtschaftskörper nach Zahlentafel 12 u. 13.

Auf dem Gebiet der sparsamen Hauswärmewirtschaft haben Bauwesen, Zentralheizungs- bzw. Ofenindustrie gewisse Erfolge zu verzeichnen. Auch der Wärmeverbrauch je kWh ist in ständigem Sinken begriffen. Insgesamt wachsen die Kohlenverbrauchsmengen natürlich an. Das volkswirtschaftliche Mengenverhältnis „Hausbrandkohle : Elektrizitätswerkskohle“ wird sich aber nur dann fühlbar ändern, wenn der spezifische Stromverbrauch des Abnehmers sehr stark steigen sollte, oder ähnlich große Einflüsse von Bauweise und Witterung ausgehen. Man muß nach den mitgeteilten Zahlenwerten vielmehr glauben, daß die Wert- und Mengenanteile von Strom und Hausbrand an der Produktion bzw. dem Rohstoff- und Güterumsatz jedes Landes einem mehr natürlichen Zustand entspringen und nicht zufällige statistische Ergebnisse darstellen. Die Festigkeit dieses Energiequotienten ist für die Heizkraftkupplung günstig. Das Problem erhebt in energiewirtschaftlicher Betrachtung also Anspruch auf die geschlossene Bewirtschaftung von rd. 25—30 vH des Gesamtkohlenverbrauchs. Die Elektrizitätswirtschaft wächst damit zum größten Kohlenverbraucher heran, was ihr eine vielfache Umsatzsteigerung bringen muß. Der Annäherung dieser Schätzung an die Wirklichkeit werden beträchtliche Widerstände aus der städtebaulichen Entwicklung erwachsen, deren Umfang nach den Ausführungen im Abschnitt IV K, S. 195 zu ermessen ist.

---

[1] Die Lebenshaltung von 2000 Arbeiter-, Angestellten- und Beamtenhaushaltungen. Berlin: Reimar Hobbing 1932.

[2] Siehe auch S. 192.

II. Grundlagen der Heizkrafttechnik.

A. Kraft- und Wärmequellen.

Alle Energieprozesse sind Umwandlungsvorgänge. Strom und Wärme sind energetisch gleichartig, sie stellen nur andere Gebrauchsformen der Brennstoffkalorie bzw. der Sonnenwärme dar. In der Wärme-Kraftwirtschaft sollte daher nie von Abfallkraft-, Abfallstromerzeugung gesprochen werden. Es gibt keine Abfallenergie. Im wärmetechnischen Kreislauf fallen nur Abwärmemengen an, die durch Verwertungsanlagen eine von neuem brauchbare Form erhalten. Verbindet man Wärme- und Kraftlieferung, sind Bezeichnungen wie Vorschaltkraft, Heizkraft, Kraftheizung, Gegendruckerzeugung[1] zutreffender. Man löse sich auch von der etwas einseitigen Vorstellung, daß als Wärmequelle nur die Abwärme von Öfen, Kesseln usw. in Frage komme. Heizkraftwirtschaft in unserem Sinn rubriziert weder unter Abwärmeverwertung noch wirtschaftlicher Krafterzeugung allein, sondern stellt die optimale Form der Energiebewirtschaftung dar. Optimum und Maximum der Energieausbeute sind leider meistens nicht in derselben Lösung zu vereinen.

Nur in 2 Formen wird das öffentliche Heizkraftwerk[2] in Städten Bedeutung gewinnen:

a) als Dampfbetrieb, mit den Brennstoffen Kohle, Öl, Gas;

b) als Wasserkraftbetrieb, mit weitgehender Talstromspeicherung.

Möglich, aber örtlich begrenzt und untergeordneten Umfangs bleibt:

c) der Verbrennungskraftbetrieb, mit Heißwasserkühlung und Abwärmeverwertung;

d) die Umformung von Abwärme, zwecks Lieferung von Strom und Wärme;

e) die Heizkrafterzeugung in städtischen Nebenbetrieben.

a) Das Heizkraftwerk als Dampfbetrieb.

Ein Heizkraftwerk (kombinierter Betrieb, gekuppelter Betrieb) besteht immer dann, wenn aus der Kraftmaschine Wärmemengen von einem Temperatur- oder Druckniveau, das über dem bei Kondensation erreichbaren Endzustand liegt, abgeleitet und zu Heizzwecken (Kochen, Trocknen, Raumheizung usw.) benutzt werden.

Der Gesamtaufbau solcher Werke ähnelt weitgehend dem der heutigen Dampfkraftwerke. Als Antrieborgan der Stromerzeuger herrscht die Gegendruckdampfturbine vor, und zwar in der Entnahmeschaltung.

Bei vollständiger Heizkraftkupplung (ideales Heizkraftwerk) verschwindet die Kondensationsanlage, an ihre Stelle tritt der nutzbare Wärmeverbraucher (s. Abb. 6, Spalte 2). Sofort erkennen wir, daß solche Schaltung theoretisch nur möglich ist, wenn ständig der Wärmebedarf der Heizanlage gleich der Turbinenwärmemenge ist. Im Interesse der Betriebssicherheit muß er sie in Wirklichkeit überragen. Dadurch werden Ausgleichseinrichtungen sowohl im heiztechnischen Anlageteil wie auch auf der krafttechnischen Seite notwendig. Als wichtigste Sonderlösung des „völligen“ Gegendruckverfahrens, bei dem die Gesamtdampfmenge als

[1] Die gebräuchliche Bezeichnung Gegendruckverfahren ist nicht ganz glücklich gewählt. Auch Kondensationsturbinen (s. Abb. 6, Spalte 1) mit 96prozentigem Vakuum arbeiten noch gegen einen Druck von 0,04 ata. Sie hat sich im technischen Sprachgebrauch aber für diejenige Betriebsschaltung eingebürgert, bei der die Expansion des Dampfes in der Turbine nicht bis zum möglichen Kondensatorunterdruck getrieben wird, der sich mit Frischwasser bzw. Turmkühlung erzielen läßt. Ein Heizkraftwerk mit Warmwasser-Pumpenheizung (Turbinendruck 0,08—0,6 ata) ist daher als Gegendruckbetrieb anzusprechen.

[2] Als öffentliches Heizkraftwerk gilt hier jedes Werk, unabhängig von der Besitz- oder Organisationsform, das auf Grund besonderer Vereinbarungen (Konzessionen) seitens der Stadt Wärme und Strom an die Allgemeinheit liefert.

Turbinenenddampf anfällt, ist das Entnahmeverfahren (s. Abb. 6, Spalte 3) (Anzapfgegendruck- und Anzapfkondensationsturbine) zu nennen. Dem Turboaggregat wird nur die benötigte Teildampfmenge mit Anzapfdruck entnommen, während der Rest bis auf den Turbinenenddruck expandiert. Die erstgenannte Art ist vorläufig überwiegend in Industrie-

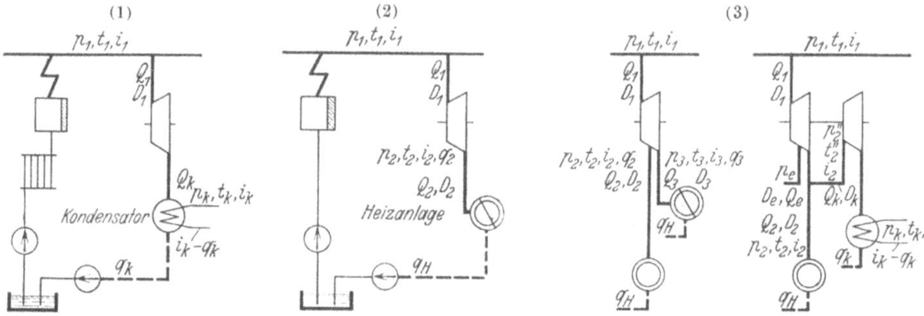

Abb. 6 a. Hauptschaltungen.

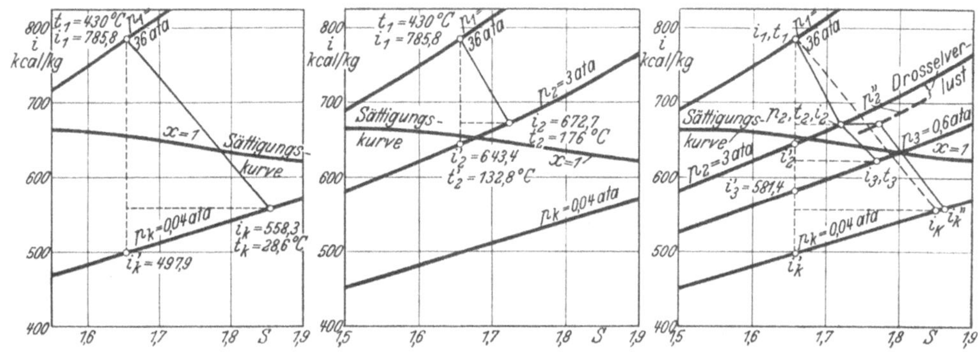

Abb. 6 b. *JS*-Diagramme.

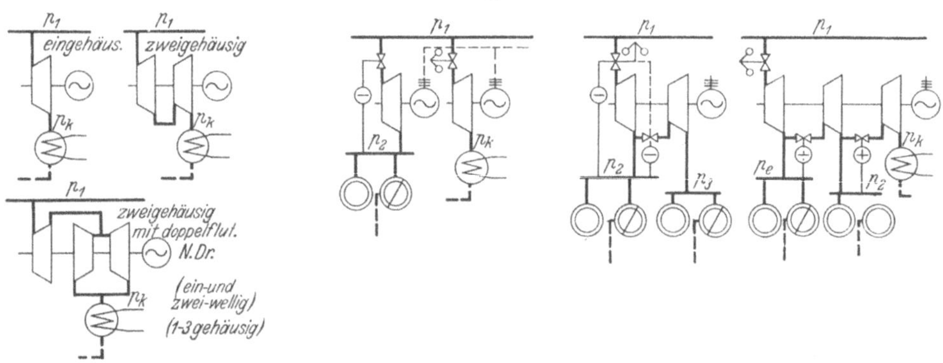

Abb. 6 c. Gebräuchliche Turbinenbauarten.

Abb. 6 a—g. Schaltbilder und Kreisprozesse von Dampfkraftanlagen[1].

betrieben anzutreffen, wenn mehrere Fabrikationsdrücke erforderlich sind, und das Verhältnis Dampf zu Kraft stark schwankt. Die Anzapfkondensationsmaschine, eine Vereinigung von Gegendruck- mit Kondensationsturbine wird im öffentlichen Heizkraftwerk dereinst eine ebenso wichtige Rolle einnehmen, wie sie sie heute schon als Hausturbine in Großkraftwerken hat. Die Wärmeersparnis ist gewöhnlich niedriger als beim völligen Gegendruckbetrieb.

[1] (1) Kondensation, (2) Gegendruck, (3) Vereinigung von Gegendruck, Entnahme und Kondensation.

Thermodynamische Grundlagen.

Das Wesen der Heizkraftschaltung wird am klarsten bei Betrachtung der thermodynamischen Grundlagen, auf denen die heutige Dampf-Kraft-

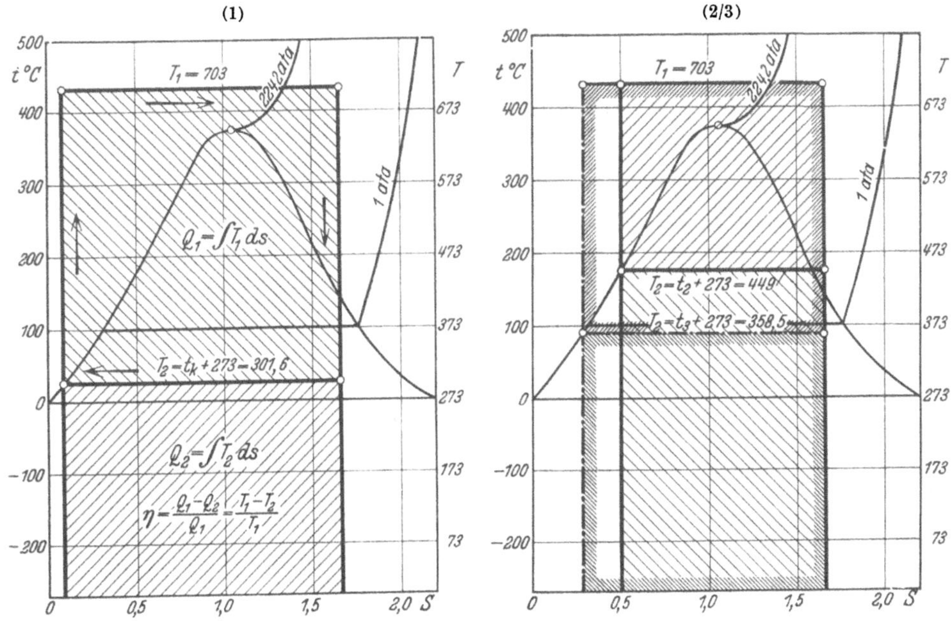

Abb. 6d. Carnot-Kreisprozeß.

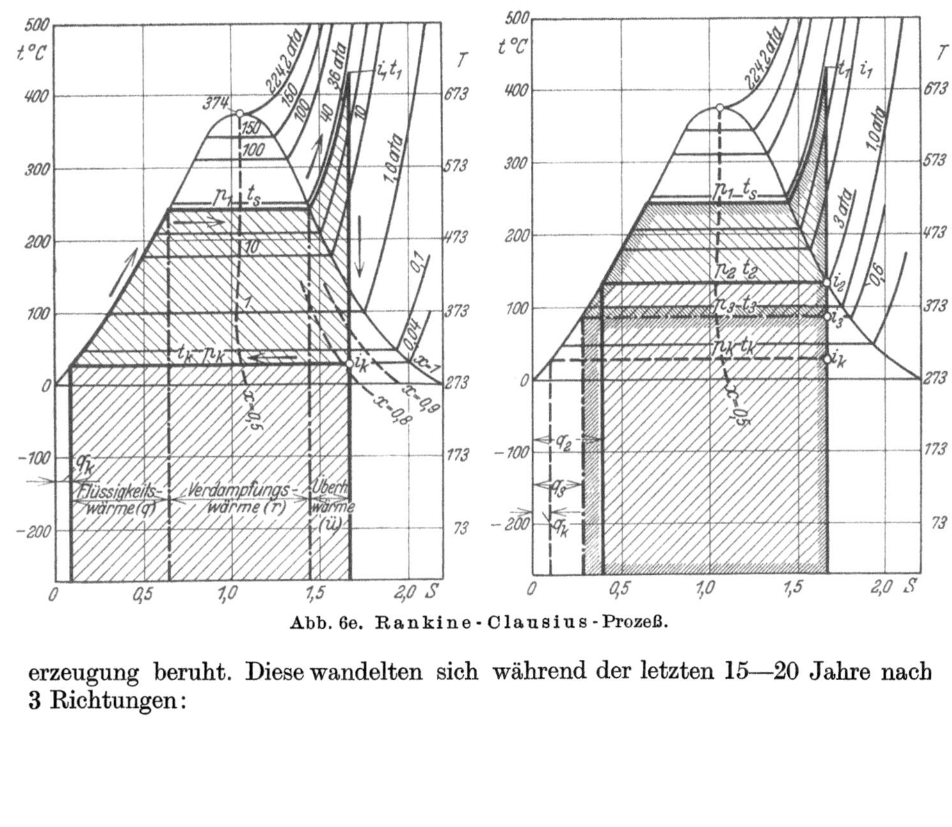

Abb. 6e. Rankine-Clausius-Prozeß.

erzeugung beruht. Diese wandelten sich während der letzten 15—20 Jahre nach 3 Richtungen:

1. Verringerung des Wärmeaufwandes je kg Arbeitsdampf durch
   a) höhere Dampfdrücke,
   b) Speisewasservorwärmung durch Anzapfdampf.

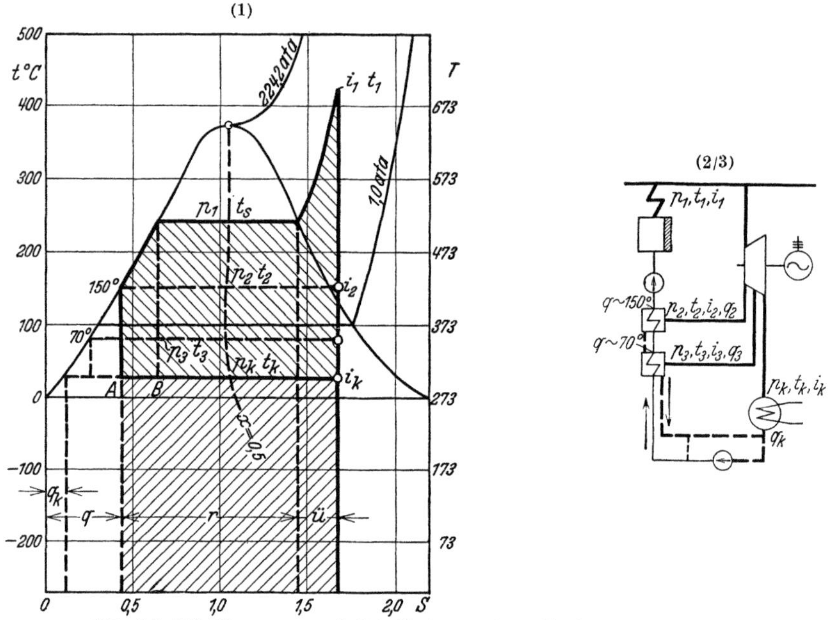

Abb. 6f. *TS*-Diagramm und Schaltschema einer 2fachen Anzapfvorwärmung.

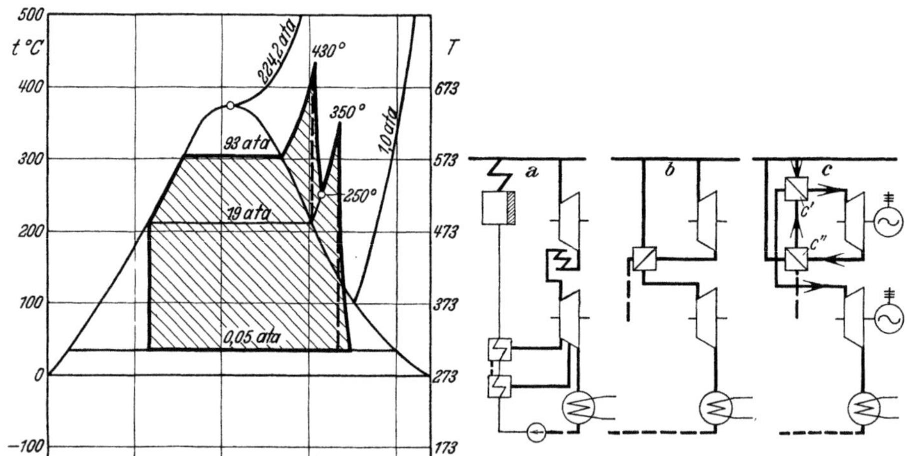

Zwischenüberhitzung durch:
a Rauchgase,
b kondensierenden Frischdampf,
c kondensierenden und strömenden Frischdampf hintereinander.

Abb. 6g. *TS*-Diagramm und Schaltschema der Zwischenüberhitzung.

2. Erhöhung des in der Turbine ausnutzbaren Wärmegefälles durch
   a) höhere Dampfdrücke und in deren Folge,
   b) höhere Temperaturen,
   c) Zwischenüberhitzung,
   d) Mehrstoffanlagen.

3. Verringerung der Endwärmeverluste durch
   a) Verfahren nach 1b.
   b) Kupplung von Kraft und Wärme, Angliederung von Nebenbetrieben.

Mit dieser Gruppierung sind alle bekannten und möglichen thermischen Verbesserungen der Dampftechnik erfaßt. Genauer betrachtet sind in ihr auch die Bestrebungen der Konstruktion, Fertigung und Planung zur Verbesserung des Wärmekreislaufes enthalten, die je nach Ausgangspunkt der Untersuchung zu einer anderslautenden, umfangreicheren Systematik führen könnte. Unsere Reihe läßt aber die Heizkraftkupplung an dem ihr gebührenden Ort, sie schließt gewissermaßen die vorgenannten Verfahren ein und krönt sie. Durch einen kurzen Abriß der Arbeitsverfahren soll dies erhärtet werden, indem wir die Güte der in Abb. 6a dargestellten 3 Schaltungsarten am Normal- oder Vergleichsprozeß prüfen. Folgende Bezeichnungen gelten:

p = Dampfdruck	in ata	d = Dampfverbrauch = $D:N$	in kg/kWh
i = Wärmeinhalt des Dampfes .	„ kcal/kg	Q = Wärmemenge	„ kcal/h
q = Wärmeinhalt des Wassers .	„ kcal/kg	N = die Leistung	„ kW
D = Dampfmenge	„ kg/h		

Beiwert:	$p_1\ t_1\ i_1\ Q_1$	bezeichnen	Turbineneintritt
	$p_2\ t_2\ i_2\ Q_2$	„	Anzapfstelle, Entnahmestelle, Turbinenende, je nach Turbinenschaltung
	$p_e\ t_e\ i_e\ Q_e$	„	
	$p_3\ t_3\ i_3\ Q_3$	„	
	$p_k\ t_k\ i_k\ Q_k$	„	Kondensatorbetrieb
	$p_g\ t_g\ i_g\ Q_g$	„	Gegendruckbetrieb
	$p_h\ t_h\ i_h\ Q_h$	„	Heizanlage
	$p'\ t'\ i'\ Q'$	„	Endzustand bei adiab. Gefälle $\eta = 1$.

1. Carnot-Kreisprozeß (C.).

Jede Arbeitsleistung aus Wärme ist an ein Temperaturgefälle gebunden. Diese Erkenntnis von Carnot (zweiter Hauptsatz) lautet in allgemeiner Fassung:

$$A\,L = \int_1^2 T\,d\,s = Q_1 - Q_2,$$

worin $d\,Q = T\,d\,s$.

Der C.-Prozeß verläuft zwischen 2 Isothermen und 2 Adiabaten (s. Abb. 6d[1]) und ist der bestmöglichste zwischen 2 absoluten Temperaturen T_1 und T_2.

Seine Wirkungsgradgleichung ist:

$$\eta_C = \frac{A\,L}{Q_1} = \frac{T_1 - T_2}{T_1} = 1 - \frac{T_2}{T_1}. \qquad (1)$$

Aus beiden Fassungen des C.-Wirkungsgrades ist abzulesen, daß eine Wärmeumwandlung in mechanische Arbeit um so ergiebiger ist, je größer T_1 oder das Temperaturgefälle während des Prozesses wird.

Für die Schaltungen nach Abb. 6b lassen sich folgende thermische Wirkungsgrade errechnen:

1. $\eta_C = \frac{703 - 301{,}7}{703} = 57{,}1$ vH, 2. $\eta_C = \frac{703 - 449}{703} = 36{,}1$ vH,

3. I. für Q_2 wie bei 2., für Q_3: $\eta_C = \frac{703 - 358{,}5}{703} = 49{,}0$ vH;

II. für Q_2 wie bei 2., für Q_k wie bei 1.

und etwa so deuten:

In bezug auf die alleinige Arbeitsausbeute in der Turbine ist jedes Gegendruckverfahren bei gleichen Anfangstemperaturen dem Kondensationsbetrieb unterlegen. Wenn es zukünftig möglich wäre, mit rd. 600° C Anfangstemperatur in der Maschine zu arbeiten, ergeben sich in obigem Beispiel thermische Ausbeutung

bei 1. 65,4 vH, bei 2. 48,6 vH.

---

[1] Man beachte, daß in Abb. 6d—f die Schraffur der Wärmeaufwandfläche (Q_1, i_1) zwecks besserer Übersicht nicht bis zur Abszisse durchgeführt wurde.

Das sind absolute Steigerungen der Ausbeute um 8,3 bzw. 12,5 vH und anteilige von 14,7 bzw. 34,6 vH. Die anteilige Leistungserhöhung durch Eintrittstemperatursteigerung ist bei Gegendruckbetrieb größer als bei Kondensation. Für die Heizkraftidee läßt sich schließlich den Diagrammen noch entnehmen, daß die Senkung von T_2 eine Notwendigkeit wird. Der Heizverbraucher (bzw. der Wärmetransport) mit der niedrigsten Gebrauchstemperatur ist auszusuchen.

2. Rankine-Clausius-Kreisprozeß (R.-Cl.).

Der C.-Prozeß ist mit technischen Mitteln nicht zu verwirklichen. Sein Diagramm entspricht besonders bei Heißdampf dem tatsächlichen Verlauf der Wärme/Kraftumwandlung unserer Maschinen auch nicht angenähert. Diesem Mißverhältnis half man durch Einführung des R.-Cl.-Prozeß als Vergleichsprozeß ab, dessen Diagramm-Fläche im TS-Diagramm von der unteren Grenzkurve, 2 Isobaren und 1 Adiabate umgrenzt wird (s. Abb. 6e, gültig für 1 kg).

In Wirklichkeit ist die Expansion nicht verlustlos, adiabatisch, sondern geht unter Reibungsentwicklung vor sich, womit eine Entropiezunahme verbunden ist. Der R.-Cl.-Prozeß erreicht nicht die Wirkungsgrade des C.-Prozesses. Er kam aber insofern unseren Anschauungen näher, als sich bei seinem Gebrauch der Frischdampfwärmeinhalt i_1 als aus 3 Wärmegruppen: — Flüssigkeitswärme (q) [1], Verdampfungswärme (r) und Überhitzungswärme ($\ddot{u}$) — bestehend wiedergegeben läßt und an Hand dieser Unterteilung die Richtung der modernen Dampftechnik klarer erkennbar wird (s. hierzu S. 27). Auf Abb. 6e angewendet ergeben sich thermische Wirkungsgrade von:

$$1.\ \eta_{\text{R.-Cl.}} = \frac{i_1 - i_k}{i_1 - q_k} = 38{,}0\ \text{vH}, \qquad 2.\ \eta_{\text{R.-Cl.}} = \frac{i_1 - i_2}{i_1 - q_2} = 21{,}8\ \text{vH}, \tag{2}$$

$$3.\ \text{I. für } Q_2 \text{ wie 2.,} \quad 3\text{a. für } Q_3\text{: } \eta_{\text{R.-Cl.}} \frac{i_1 - i_3}{i_1 - q_3} = 29{,}9\ \text{vH (bei } Q_2 = Q_k = 0{,}5\,Q) \tag{3,3a}$$

II. für Q_2 wie 2. und Q_k wie 1., abgesehen vom Drosselverlust.

Bei einem Kesselwirkungsgrad von $\eta k = 0{,}80$, thermodynamischen Turbinenwirkungsgrad bei allen 3 Bauarten der Abb. 6 von $\eta = 0{,}79$, Generatorwirkungsgrad von η 0,94 und einem Wirkungsgrad aller Hilfsmaschinen, Rohrleitungen usw. von 0,91 ist das Produkt rd. 0,54. Der Brennstoffwirkungsgrad des Kraftwerkes, bezogen auf die Leistung an der Generatorklemme, also als Verhältnis von elektrischer Energie zu aufgewendeter Brennstoffenergie ergibt sich damit bei konstanter Belastung:

1. $\eta_{\text{ges}} = 20{,}5$ vH, 2. $\eta_{\text{ges}} = 10{,}78$ vH,

3. I. für die Expansion bis p_2 wie 2., für die Expansion bis p_3 $\eta_{\text{ges}} = 15{,}78$ vH;

II. für die Expansion bis p_2 wie 2., für die Expansion bis p_k wie 1.

Den Forderungen des C.- und R.-CL.-Prozesses ist die Dampftechnik zielbewußt gefolgt. Sie steigerte insbesondere die Dampfeintritts- und senkte im Kondensationsverfahren die Endtemperaturen unserer Turbinen bis auf die Grenzwerte, die noch Betriebssicherheit versprachen bzw. die durch herrschende Luft- oder Kühlwassertemperaturen bedingt waren. Die Frischdampftemperaturhöhe hat heute 450° erreicht [2]. Einer weiteren Steigerung stehen fast weniger Schwierigkeiten der Materialbeherrschung als finanzielle und betriebstechnische Momente [3] hindernd entgegen.

Alle dampftheoretisch wahren und betriebsgeeigneten Erkenntnisse müssen sich schließlich der wirtschaftlichen Einsicht beugen, daß thermischer Gewinn nur durch geldlichen Aufwand erzielt wird, die Verbesserung des energetischen Wirkungsgrades von ausreichender Erhöhung des finanziellen Überschusses begleitet sein muß.

3. Dampfdruck und Dampftemperatur bei Kondensation und Gegendruck.

Zu einer oberen Druck- und Temperaturgrenze kam die Praxis im Kondensationsbetrieb zwangläufig, als sie theoretische Erkenntnisse verwirklichte.

[1] Zur Darstellung s. Zerkowitz, Z. VDI 1929 S. 1429.

[2] Eine Versuchsanlage für 540° Dampftemperatur (Detroit) ist in Erprobung.

[3] Nach neueren Forschungsergebnissen sind die Hauptschwierigkeiten materialtechnischer Art vom sog. „Kriechen“ zu erwarten, einer bleibenden Formänderung außerhalb des Elastizitätsgesetzes. Engineer 1930 S. 518f.; Z. VDI 1932 S. 287f.

Die Dampfforschung lehrte, daß der Wärmeaufwand je kg Sattdampf bei 29 ata am größten ist. Im Bereich 15—60 ata schwankt er aber nur um 1,1 kcal/kg (s. Zahlentafel 14). Erst darüber wird die Ersparnis fühlbarer. Der Wärmeinhalt von Heißdampf bestimmter Temperatur nimmt mit dem Druck stärker ab, da sich mit steigender Sattdampftemperatur die Temperaturspanne Heißdampf/Sattdampf in höherem Maße verringert als die spezifische Wärme c_p zunimmt. Der Bestrebung, den Wärmeaufwand allein durch höhere Drücke[1] zu verkleinern, konnte ersichtlich nur ein bescheidener Erfolg blühen. Beträgt er doch selbst bei 100 ata/450° gegenüber 15 ata/450° nur 3,3 vH und steigt bis zum kritischen Druck auf rd. 10,4 vH an.

Trotzdem begann vor ungefähr 15 Jahren der unbedingte Vormarsch des Höchstdruckdampfes[2], da sein größter Vorteil in der Zunahme des ausnutzbaren Gefälles liegt (s. Abb. 14 u. 15). Mit Druck- und Gefällevermehrung endet die Expansion unter sonst gleichen Bedingungen ersichtlich immer tiefer im Naßdampfgebiet. Bei einer 10—12 vH übersteigenden Dampffeuchtigkeit kann die Schaufelabnutzung durch aufprallende Wasserteilchen so groß werden, daß jeder thermische Gewinn von hohen Reparatur- und Stillstandskosten aufgezehrt wird[3]. Um sie zu begrenzen, mußte der Drucksteigerung daher eine Dampftemperatursteigerung[1] parallel gehen, um so mehr, als die fabrikatorische Verbesserung des modernen Turbinenhauses die Schaufelerosion vermehrte.

Zahlentafel 14.
Wärmeinhalt in Abhängigkeit vom Druck.

Druck	Sattdampf		Heißdampf 450°		
ata	kcal/kg	vH	kcal/kg	vH	
15	664,9	99,7	803,0	100,6	Nach Knoblauch, Raisch und Hausen
20	666,2	99,9	801,4	100,3	
29	666,8	100,0	798,7	100,0	
35	666,6	99,9	797,0	99,8	
45	666,0	99,8	794,4	99,4	
60	665,2	99,7	790,9	99,0	
100	640,5	96,1	776,5	97,2	Nach Mollier
180	592,6	88,9	744,5	93,2	
225	501,1	75,1	720,5	90,2	

Diese Erwägungen aus der Kraftwerkspraxis stehen also völlig im Einklang mit der Forderung des C.-Prozesses. Bei Kraftwerksprojekten werden Druck und Temperatur regelrecht danach bestimmt[4]. Da letztere wiederum aus materialtechnischen Rücksichten heute bei rd. 450° begrenzt ist, wird dem normalen Kondensationskraftwerk ein Anfangsdruck von ~ 32—34 at aufgezwungen, den es nicht überschreiten sollte. Die modernen Kraftwerksbauten bestätigen das auch. Auf einen beträchtlichen Teil der nach Abb. 9 möglichen Gewinnaussichten muß man deshalb verzichten, oder zu Verfahrensänderungen schreiten.

Der Gegendruckbetrieb bringt hinsichtlich des Eintrittsdruckes wesentliche Erleichterungen. Aus Abb. 7[5] geht hervor, daß bei 80 at/400° C ata Gegendruck in der letzten Schaufelreihe erst rd. 10 vH Feuchtigkeit vorhanden sind. Ein Warmwasserheizkraftwerk könnte seinen Kesseldruck auf rd. 100 atm festlegen, das 3 atm-Dampfheizkraftwerk auf rd. 110 atm ohne betriebstechnische Befürchtungen für die Schaufelerosion zu hegen. Je höher der Gegendruck, desto höhere Eintrittsdrücke sind erlaubt, ohne daß die Temperatur in gleichem Ausmaß gesteigert zu werden braucht. Darin liegt erfreulicherweise ein teilweiser Ausgleich für die beträchtliche Gefälleeinbuße, die der gekuppelte Betrieb mit sich bringt (s. Abb. 8). Sie zwingt dazu, wie später erläutert wird, dem Heizkraftwerk ein Wärmenetz verhältnismäßig großer Verbrauchsleistung anzugliedern.

Bei gebräuchlichen Frischdampfarten von 20—40 at/425° C gehen rd. 30 vH des Kondensationsgefälles schon durch Steigerung des Gegendruckes auf 0,6 ata

[1] Druck- und Temperatursteigerung beziehen sich üblich auf einen Dampfzustand von ~ 15 — 18 ata/375° C, der vor rd. 15 Jahren in modernen Kraftanlagen noch vorherrschte.

[2] Am 1. Jan. 1930 arbeiteten 5 vH aller Kessel im Deutschen Reich mit Drücken über 20 atü, 2,3 vH mit Drücken über 30 atü, 44,8 vH der Gesamtheizfläche stand unter 10—15 atü, 16,1 vH unter 15—20 atü, der Rest unter einem Dampfdruck bis 10 atü. Im Gebrauch des Hochdruckdampfs sind die Elektrizitätswerke führend. Wirtsch. u. Statist. 1931 Nr. 23.

[3] Gropp u. Ellrich: Erfahrungen mit der NDr.-Turbinenbeschauflung im Kraftwerk Klingenberg. Elektr.-Wirtsch. 1931 Nr. 21.

[4] Elektrotechn. Z. 1930 Heft 14 S. 488.

[5] In Abb. 7 ist mit einem Turbinengütegrad von durchweg 0,8 gerechnet worden. Bei höheren Drücken werden demnach in Wirklichkeit geringere Feuchtigkeitswerte auftreten.

verloren. Nichts ist zur Herausarbeitung von Planungsrichtlinien für das öffentliche Heizkraftwerk mehr geeignet als der Hinweis, daß eine Senkung des Gegendruckes um 0,1—0,2 ata eine Drucksteigerung um rd. 20 at erübrigen mag. Ersichtlich entspricht eine Abkehr vom Dampf- zum Warmwasserheizwerk ganz der theoretischen Erkenntnis.

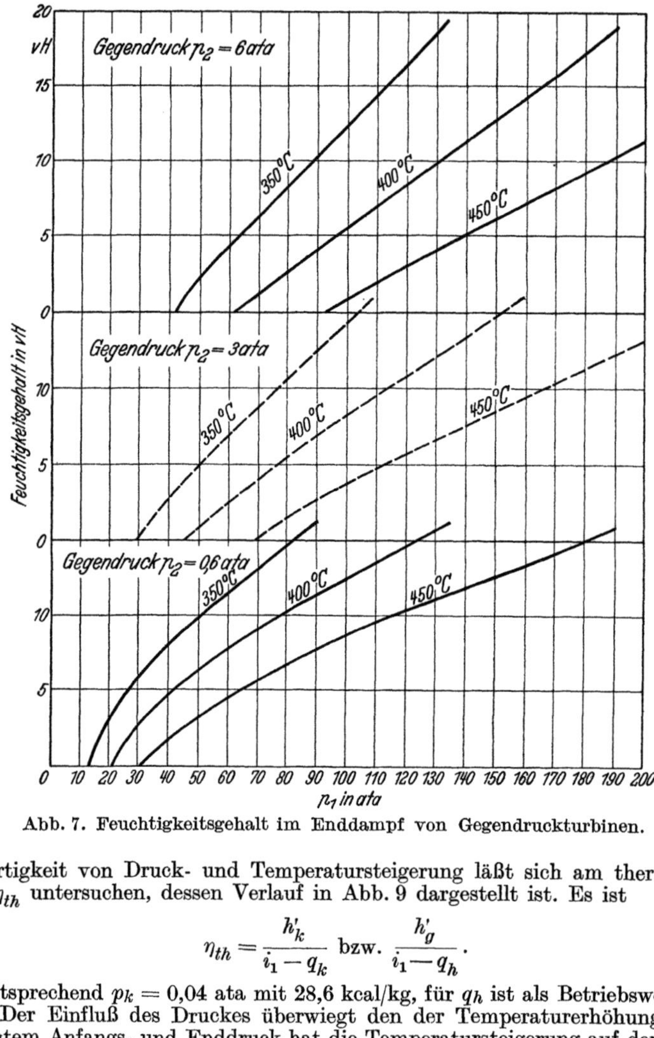

Abb. 7. Feuchtigkeitsgehalt im Enddampf von Gegendruckturbinen.

Die Wertigkeit von Druck- und Temperatursteigerung läßt sich am thermischen Wirkungsgrad η_{th} untersuchen, dessen Verlauf in Abb. 9 dargestellt ist. Es ist

$$\eta_{th} = \frac{h'_k}{i_1 - q_k} \text{ bzw. } \frac{h'_g}{i_1 - q_h}. \tag{4}$$

q_k ist entsprechend $p_k = 0{,}04$ ata mit 28,6 kcal/kg, für q_h ist als Betriebswert 50 kcal/kg eingesetzt. Der Einfluß des Druckes überwiegt den der Temperaturerhöhung bei weitem. Bei bestimmtem Anfangs- und Enddruck hat die Temperatursteigerung auf den thermischen Wirkungsgrad also nur geringen Einfluß, ihr Wert beruht mehr auf betriebstechnischen Vorteilen.

4. Speisewasservorwärmung durch Anzapfdampf (Anzapf- oder Regenerativverfahren).

Gemäß Abb. 6f ist:

Wärmeinhalt des Heißdampfes	=	Sattdampfwärme			+	Heißdampfwärme
i_1	=	λ oder i			+	$ü$
i_1	=	Flüssigkeitswärme	+	Verdampfungswärme	+	Heißdampfwärme
i_1	=	q	+	r	+	$ü$

Ein Vergleich zwischen R.-Cl. und C.-Diagramm ergibt, daß die Bedingungen des letzteren hinsichtlich der Verdampfungswärme r auch in der wirklichen Dampfkraftmaschine erfüllt sind. Ihre Umsetzung in Arbeit geht voll carnotisch vor sich, allerdings nicht zwischen den Temperaturen T_1 und T_2, sondern der Sättigungstemperatur T_S und T_2. Der thermische

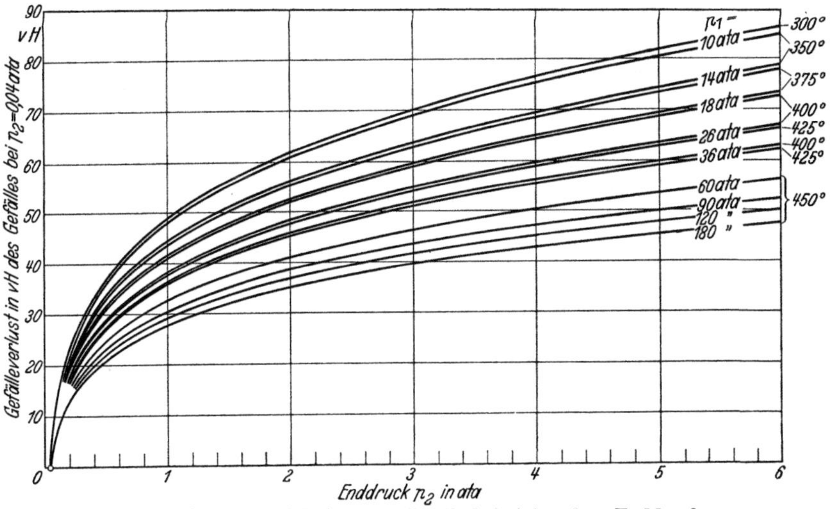

Abb. 8. Verlust an adiabatischem Gefälle bei steigendem Enddruck p_2.

Wirkungsgrad dieses Teilvorganges muß also niedriger als bei Ausnutzung der Überhitzungswärme $ü$ sein, der die volle Temperaturdifferenz des Kreisprozesses $T_1 - T_2$ zur Verfügung steht. Am ungünstigsten ist das Verhältnis von Arbeitsleistung und Wärmeaufwand bei der Flüssigkeitswärme q, da ihre Umwandlung unter der niedrigsten Temperaturdifferenz verläuft. Bei höherem Eintrittsdruck wird nun der Anteil von q an i_1 ständig größer, bis er beim kritischen Druck mit $q = r$ bzw. $q = \lambda$, $r = 0$ den Höchstwert erreicht. Dann gilt: $i_1 = q + ü$ bzw. für Dampf von 225 ata/450°: $i_1 = 501 + 219{,}5 - 720{,}5$ kcal/kg. Fast 70 vH der Gesamtwärme können nur zwischen $T_S - T_2 = 345°$, anstatt der wirklichen Temperaturdifferenz von 421° am Prozeß teilnehmen.

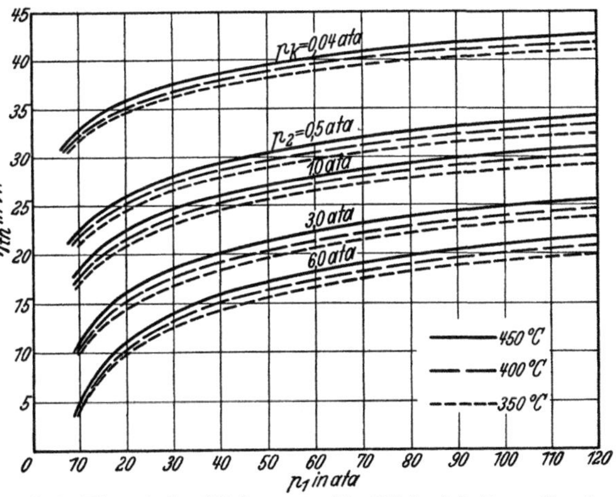

Abb. 9. Thermischer Wirkungsgrad in Abhängigkeit von Druck und Temperatur.

Mit anderen Worten: Entlastet man den Kreisprozeß weitgehendst von der Neuaufbringung der Flüssigkeitswärme, indem man das Speisewasser vor Eintritt in den Kessel mittels Arbeitsdampf vorwärmt, muß der thermische Wirkungsgrad steigen. Konstruktiv ist das so gelöst, daß man die Turbine an einer oder mehreren Stellen anzapft und die entnommenen Dampfmengen nacheinander zur Speisewasservorwärmung benutzt. Der nicht in Arbeit umgesetzte Wärmeinhalt der einzelnen Anzapfdampfmengen wird voll zurückgewonnen, und der Kondensatorverlust eingeschränkt. Die Anzapfvorwärmung ist mit die bedeutsamste Folgerung aus den Lehren der Kreisprozeßforschung. Sie veränderte den Speisewasserkreislauf, schuf neue Turbinengattungen, wirkte sich auf Kessel- und Feuerungsart aus u. a. m. Ein Schaltschema dieses Kreisprozesses und sein R.-Cl.-Diagramm sind in Abb. 6f wiedergegeben. [Stark vereinfachte Darstellung, denn ab Anzapfstelle i_2, i_3 usw. wird Stoffmenge kleiner; Punkte i_2, i_k liegen richtiger auf neuen Grenzkurven mehr nach Diagrammitte zu (s. auch Abb. 12).]

Könnte durch unendlich viele Anzapfstutzen die Speisewasservorwärmung bis auf Sättigungstemperatur getrieben werden (die untere Isobare verkürzt sich dadurch auf die Strecke $i_k - B$), erreicht das Regenerativverfahren wenigstens im Sattdampfgebiet den höchsten thermischen Wirkungsgrad des C.-Prozesses. Damit ist das Regenerativverfahren als günstigster Prozeß einer Wärmeumwandlung in mechanische Arbeit zwischen zwei gegebenen Druckgrenzen anzusehen, solange das Druckgefälle bei direktem Dampfdurchgang in der Turbine herbeigeführt wird.

Die deutsche Praxis begnügt sich mit 1—3, in amerikanischen Kondensationswerken sind bis zu 5 Vorwärmstufen gebräuchlich. Im Druckbereich 15—50 ata und 1—3stufiger Vorwärmung ist die Wärmeersparnis 4—8 vH. Weitere Anzapfstufen erhöhen den Gewinn nur noch unwesentlich. Die Kurvenscharen der Abb. 10 u. 11 sind hierzu recht aufschlußreich[1]. Die 4stufige Vorwärmung durch die 94000 kW-Turbine bringt einen thermischen Nutzen von 8—10 vH (Versuch)! Etwas über $^1/_4$ der Gesamtdampfmenge wird abgezapft.

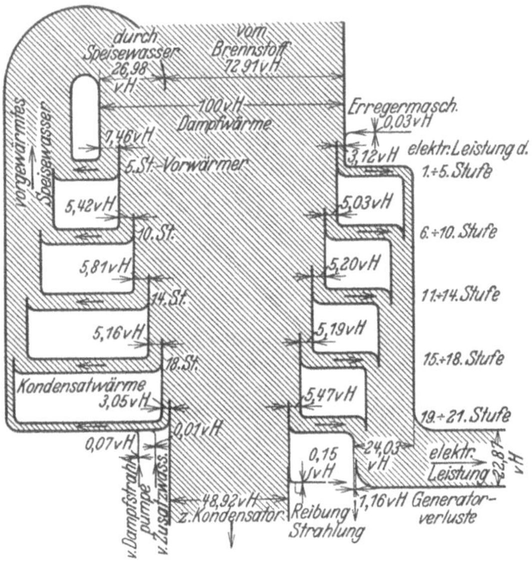

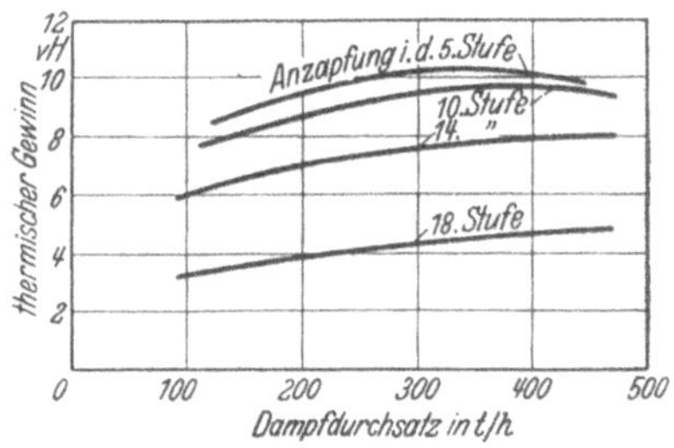

Abb. 10 u. 11. Wärmefluß und -gewinn einer 94000 kW-GEC-Turbine mit 4stufiger Anzapfvorwärmung.

Betriebstechnisch ist der Umstand interessant, daß in dieser Großturbine durch zeitweisen Verzicht auf die Anzapfung eine momentane Leistungssteigerung zwischen 12 (bei $^1/_3$ Last) und 19 vH (bei Vollast) möglich wird. Das ist im Endeffekt nichts anderes als die öfters gewählte Anzapf-Kondensationsschaltung, bei der zur Stromspitze die Anzapfdampfmenge zugunsten der Kondensationsdampfmenge eingeschränkt oder auf Null verringert werden kann. Der öffentliche Heizkraftbetrieb wird von ihr viel Gebrauch machen.

Der Speisewasservorwärmung durch Anzapfdampf fällt im Gegendruckwerk nicht die wirtschaftliche Bedeutung wie bei Kondensationsbetrieb zu, da der Kreisprozeß nicht am Turbinenende aufhört, sondern auch die Endwärmemengen voll ausgenutzt werden.

Der Nutzen des lange bekannten Verfahrens wurde erst im letzten Jahrzehnt allgemein gewürdigt. Der Hochdruck erhielt gewissermaßen damit seinen richtigen Wert, was aus den theoretischen Überlegungen im R.-Cl.-Diagramm hervorgeht. Der Regenerativprozeß ist ein Heizkraftverfahren, bei dem die Restwärme des Gegendruckdampfes im Dampfkreislauf des Werkes selbst verbleibt, während sie im öffentlichen Heizkraftbetrieb fremden Verbrauchern zugute kommt. Der theoretische Wirkungsgrad der Anzapfvorwärmung nach Abb. 6f ist[2]:

[1] N. E. L. A.-Procdgs. 1930 S. 1007.
[2] Zerkowitz: Z. VDI 1924 S. 1093f.; Schäff: Das Kraftwerk, 1930 Heft 4 S. 112f.

1-stufig (auf $t_3 = 70^0$):

$$\eta = (i_1 - i_3) + (i_1 - i_k)\frac{i_3 - q_3}{i_3 - q_k}\cdot\frac{1}{i_1 - q_3}, \tag{5}$$

2-stufig (auf $t_2 = 150^0$):

$$\eta = \left[(i_1 - i_2) + (i_2 - i_3)\frac{i_2 - q_2}{i_2 - q_3}\right] + \left[(i_3 - i_k)\cdot\frac{i_2 - q_2}{i_2 - q_3}\cdot\frac{i_3 - q_3}{i_3 - q_k}\right]\frac{1}{i_1 - q_2}. \tag{6}$$

5. Der Kreisprozeß mit Zwischenüberhitzung.

Die Dampfkrafttechnik konnte bei Verbesserung auf der Sattdampfseite nicht stehen bleiben, wenn durch Drucksteigerung weitere thermische Verbesserungen erzielt werden sollten. Im letzten Abschnitt erkannten wir, daß lediglich die Überhitzungswärme während des Arbeitsprozesses mit voller Temperaturspanne umgesetzt wird. Es lag demnach nahe, diesen günstigen Kreisprozeßteil noch verstärkt zur Geltung zu bringen. Dafür bietet die Mehrfach- oder Zwischenüberhitzung ein Mittel. Sie ist aber wohl mehr als Mußkonstruktion des Kondensationsbetriebes zu bezeichnen. Der ganze Arbeitsdampf wird in Nähe des Sättigungszustandes aus der Turbine entnommen, dem Zwischenüberhitzer zur Temperaturerhöhung und von da erneut der Turbine zur weiteren Arbeitsleistung zugeführt. Von der Frischdampfdruckhöhe bzw. der Anfangstemperatur der Zwischenüberhitzungstemperatur und dem erstrebten Feuchtigkeitsgehalt ist die Zahl der Zwischenüberhitzerstellen abhängig.

Das vereinfachte Wärmediagramm der Abb. 6g ist nach Daten gezeichnet, die in der Literatur für die 100 at Anlage des Großkraftwerkes Mannheim enthalten sind. Es läßt erkennen, daß durch Zwischenüberhitzung in Verbindung mit der Anzapfspeisewasservorwärmung der Rankinsche Prozeß völliger wird. Die Zwischenüberhitzung vergrößert das Gefälle und erhöht den inneren Turbinenwirkungsgrad, weil die Expansion nicht so tief in das Naßdampfgebiet hineinreicht. Der mögliche thermische Gewinn für einmalige Überhitzung beträgt bei Temperaturerhöhung

um 50^0 etwa 2 vH, um 100^0 etwa 4,5 vH, um 200^0 etwa 11 vH

und ist praktisch vom Frischdampfdruck unabhängig, wenn der Überhitzungsdruck bei rd. 10 bis 15 vH desselben liegt. Das entspricht etwa $^1/_3$ des Gefälles. Anzapfvorwärmung und Zwischenüberhitzung unterstützen sich aber wärmetechnisch nicht ganz. Bei gleichzeitiger Anzapfvorwärmung verringert sich der Zwischenüberhitzungsgewinn um 1 bis 3 vH, da die Anzapfdampfgewichte wegen ihres höheren Wärmeinhalts kleiner werden. Zur Vereinfachung der Konstruktionen und Betriebsführung wird man nach Möglichkeit Anzapf- und Zwischenüberhitzerdruck gleich wählen.

Als Heizmittel kommen der Zwischenüberhitzung Feuerungsgase und Heißdampf- evtl. beide gleichzeitig in Betracht (s. Abb. 6g, Schaltschemen). Rauchgaszwischenüberhitzer wurden als Strahlungs- oder Berührungsüberhitzer gebaut. Bei Dampf kennt man sowohl Aufheizung durch strömenden, als auch kondensierenden Heißdampf. Zu Lasten der technischen Schaltung im Werk selbst wird von den obengenannten Gewinnziffern noch ein Abzug von rd. 2 vH zu machen sein.

Im Gegendruckwerk wird der Zwischenüberhitzung weniger Bedeutung als Stütze der thermischen Wirtschaftlichkeit zukommen. Sie bietet hier mehr die Handhabe zur Leistungssteigerung, auch kann sie bei hohen Gegendrücken, langen Dampftransporten und zur Regelung der Temperatur des Lieferdampfes zur Notwendigkeit werden.

6. Höchstdruckverfahren.

Hierunter sei die Anwendung von Dampfdrücken > 120 atm bis zum kritischen Druck verstanden. Es rechtfertigt sich schon, diese Höchstdrucke als Verfahren zu kennzeichnen, da sie die Summe aller thermodynamischen Bestrebungen darstellen.

Gleichmann hält die Aussicht auf Verbesserung des Wasserdampfprozesses im Höchstdruckverfahren (Bensonkessel) unter 4stufiger Anzapfvorwärmung und dreimaliger Zwischenüberhitzung auf einen thermischen Gesamtwirkungsgrad von 32 vH (= 42 vH theoretisch) für praktisch begründet[1]. Damit wäre eine Stromerzeugung unter gleichem Wärmeaufwand

[1] Arch. Wärmewirtsch. 1925 Heft 4.

je kWh wie im Dieselmotor erreicht. Das Verfahren ist durch Abb. 12 sowohl im *TS*- als *IS*-Diagramm dargestellt. Die durchgezogene Grenzkurve gilt für 1 kg.

Der Dampf wird bei kritischem Druck und 450° C auf 120 ata entspannt und auf 450° zwischenüberhitzt. Dann folgt bei 55 ata die erste Anzapfung, worauf nur noch 0,862 kg im Prozeß verbleiben. Die anschließende zweite Zwischenüberhitzung von 318° auf 380° ist in dem von jetzt ab gültigen reduzierten Diagramm durchgezeichnet usw. (s. 4 Grenzkurven für 4fache Anzapfung). Schließlich wird noch eine dritte Aufheizung bei 6 ata von

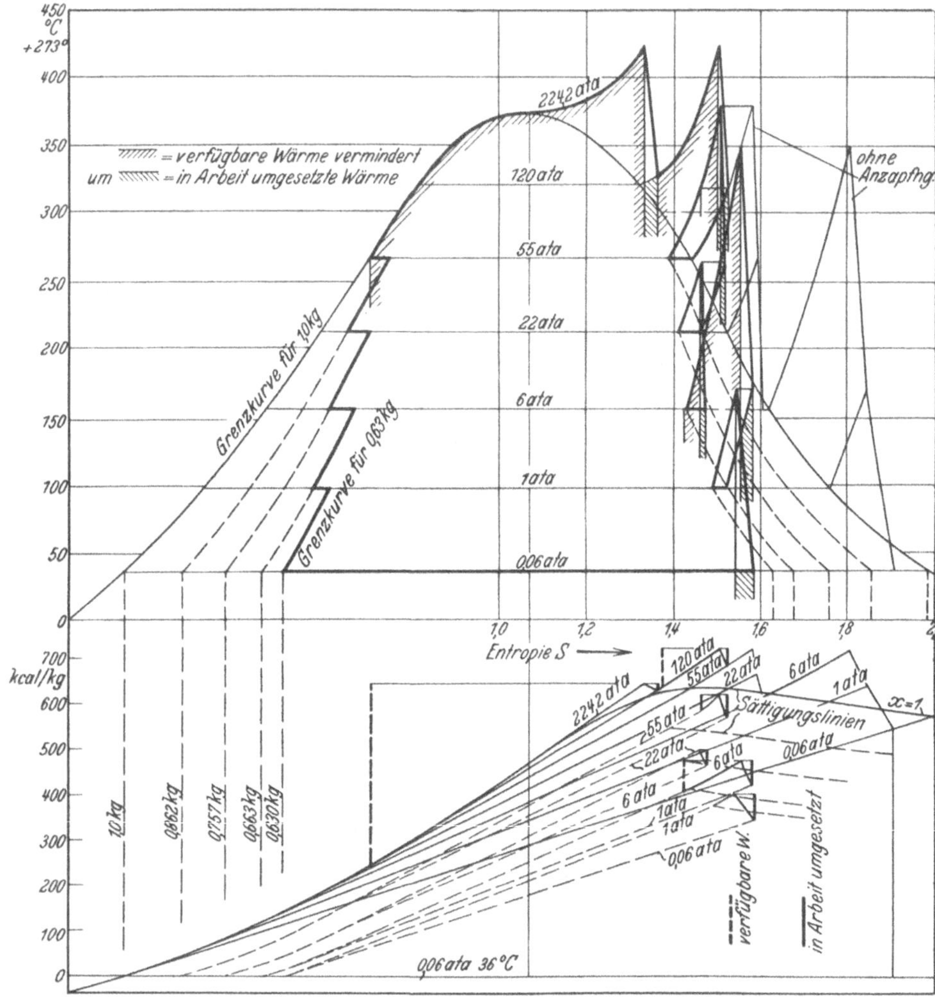

Abb. 12. Höchstdruck-Kreisprozeß im *TS*- und *IS*-Diagramm.

Sattdampftemperatur auf 350° nötig. Der stark ausgezogene Linienzug gibt den wirklichen Verlauf wieder. Darauf sei im Hinblick auf die stark vereinfacht gezeichneten Wärmediagramme der Abb. 6 ausdrücklich hingewiesen. Sie läßt durch die gekürzte 0,06 ata-Grundlinie besonders schön den Einfluß der Anzapfung erkennen, die sich in einer Verminderung der Verlustwärme (Fläche unter der 0,06 ata-Linie) auf 61 vH ausprägt. Den Betrieb ohne Anzapfung gibt der dünne Linienzug wieder. Der ermittelte thermische Wirkungsgrad von 41,2 vH multipliziert mit einem Kesselwirkungsgrad von 0,85 (einschließlich Speisepumpe), Generatorwirkungsgrad von 0,95 und dem sonstigen Hilfsmaschinenbedarf durch 0,97 ausgedrückt, ergibt als Endzahl $\eta_{th} = 0{,}32$; das entspricht einem Wärmeaufwand von 2680 kcal/kWh Sammelschiene. Marguerre[1] kommt auf Grund eines Zukunftsbildes, das

[1] Elektr.-Wirtsch. 1930, Nr. 520.

die Zwischenüberhitzung in Grundlastwerken mit 100000—150000 kW-Turbosätzen, 160 ata und 550° C Eintrittsdampftemperatur für Hochdruck- und Niederdruckteil behandelt, zu der noch optimistischeren Zahl von 38 vH. Das bedeutet aber nur mehr 2260 kcal/kWh effektiv, also wenig über 0,3 kg guter Kohle.

7. Mehrstoffverfahren.

Am Beispiel des Benson-Projektes läßt sich der Grundgedanke der Mehrstoffmaschine herausarbeiten. Vorhin wurde eine theoretische Ausnutzung von 41,0 = rd. 74 vH des C.-Verfahrens möglich, weil gemeinschaftlich durch Anzapfung, Höchstdruck und Zwischenüberhitzung Wärmegefälle und Turbinenwirkungsgrad gesteigert, Wärmeaufwand und Restwärmemengen weitgehendst verringert werden konnten. Das Ergebnis war nur unter Inkaufnahme einer unerwünschten Komplikation des Betriebes durch mehrfache Zwischenüberhitzung zu erreichen. Bestünde keine 450°-Temperaturgrenze, so wäre die verwickelte Schaltung vermeidbar, denn der verlustlose R.-Cl.-Prozeß mit 224,2 ata und 1000° C führt auch schon zu einem $\eta_{th} = 52$ vH, effektiv also zum Dieselmotorenwirkungsgrad. Wiederum erkennen wir, daß nicht der Dampfdruck an sich die Schwierigkeit bringt. Er stellt nur der Abmessung und Gestaltung neue Aufgaben. Lediglich die bei hohem Druck notwendige Temperatur macht den Baustoff (Festigkeitseigenschaften, Preis) zum richtunggebenden Faktor aller Projekte.

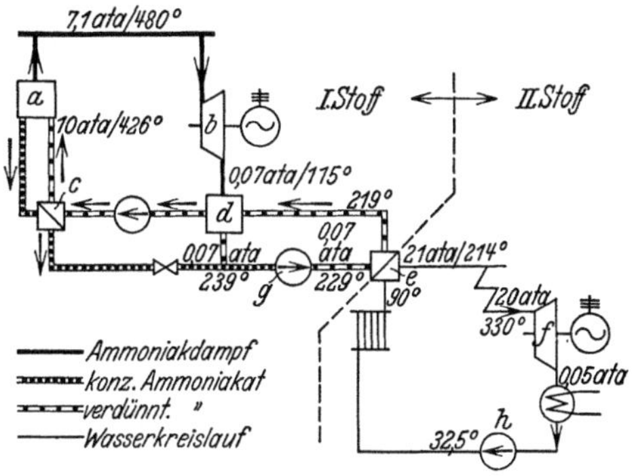

Abb. 13. 2-Stoff-Verfahrenschaltung nach Koenemann. *a* Kessel (Ausdampfer); *b* Ammoniakturbine; *c* Wärmeaustauscher; *d* Mischer; *e* H_2O-Dampferzeuger; *f* H_2O-Dampfturbine; *g* u. *h* Umwälzungen im NH_3- bzw. H_2O-System.

Hier taucht nun das Mehrstoffverfahren (bis heute nur Zweistoffmaschinen) auf. Theoretisch wird die Vergrößerung der Temperaturdifferenz $T_1 — T_2$ des C.-Kreisprozesses bzw. des ausnutzbaren Gefälles bei gleichem $T_1 — T_2$ durch Verwendung von Arbeitsstoffen angestrebt, die bei hohen Siedetemperaturen niedrigere Arbeitsdrücke als Wasserdampf haben. Die materialtechnische Schwierigkeit im Wasserheißdampfgebiet entfällt also.

Quecksilber(Hg), Kalilauge(KOH), Natriumhydroxyd (NaOH), Dypheniloxyd ($C_6H_5 — C_6H_5$), Ammoniakat ($ZnCl_2NH_3$) sind solche Medien. Bei Temperaturen von 450° existieren sie noch als Sattdampf von 4 bzw. 16 ata. Andererseits expandieren beide Stoffe nicht entfernt an die bei Wasserdampf mögliche untere Temperatur- und Druckgrenze herunter. Daher verwenden sowohl der Quecksilberdampfprozeß (nur dieser weist im Betrieb befindliche Anlagen auf) wie auch der Dyphenil- und Ammoniakat-Prozeß im Tieftemperaturgebiet als zweiten Stoff Wasserdampf.

Loschge[1] hat nachgewiesen, daß mit Dypheniloxyd der vorhin erwähnte Wirkungsgrad des Bensonwerks von $\eta_{RCl} = 45$ vH erreicht, das Quecksilberwasserdampfkraftwerk theoretisch sogar 53 vH Ausbeute haben könnte.

Dabei ist das Mengenverhältnis Stoff: Wasser bei Dypheniloxyd = 4,4, bei Quecksilber = 11,4. Je kW Gesamtleistung ist ein Quecksilbervorrat von 3—5 kg erforderlich.

Ein weiterer deutscher Vorschlag zum Zweistoffverfahren, bei dem als Hilfsstoff eine Salzschmelze, Zink-Ammonikat ($ZnCl_2 \cdot 2\,NH_3$ bzw. $ZnCl_2 \cdot NH_3$) verwendet wird, stammt von Koenemann[2]. Der Arbeitsweise nach muß es als Absorptionsverfahren gekennzeichnet werden. Unter Wärmezufuhr im Kessel (*a*) bildet die Salzschmelze bei Abgabe von Ammoniakdampf eine ärmere Verbindung, aus Diammoniakat wird Monammoniakat. Hochüberhitzt (s. Abb. 13) tritt der Ammoniakdampf in die Ammoniakturbine ein, um nach Arbeitsleistung mit ammoniakreicherer Salzschmelze (*d*) wieder vermischt zu werden. Aus der an der Mischstelle freiwerdenden Wärme wird Wasserdampf erzeugt und leistet weitere Turbinenarbeit. Die thermische Ausnutzung des Koenemann-Verfahrens kommt ungefähr der des Quecksilberprozesses gleich. Hinsichtlich des Hilfsstoffes (Giftigkeit, Zersetzung, Preis) ist es ihm wohl überlegen.

[1] Arch. Wärmewirtsch. 1928 S. 75f.

[2] 2. Weltkraftkonferenz, Sektion 10, Bericht 15.

Die Aussichten der Mehrstoffmaschinen auf Einführung in die Großkraftwerke[1] sind bestimmt nicht groß. Zweifellos komplizieren sie den Betrieb, der Einstoff-Wasserturbine kommt so leicht an Einfachheit nichts gleich. Ihre wirtschaftlichen Vorteile stellen sich auch nur dann in genügendem Umfang ein, wenn sie wie die Höchstdruckturbinen die Grundbelastung der Werke decken. Eher kann ihnen eine wachsende Bedeutung bei Abwärmeverwertungsanlagen vielleicht auch in der Industrieturbine[2] zukommen.

8. Heizkraftverfahren.

Jede kritische Betrachtung der Dampfkraftprozesse muß beim Heizkraftverfahren münden. Es beansprucht und verdient durchaus einen Sonderplatz, da es eine viel umfassendere Bedeutung als die bisher besprochenen Verfahren hat. Seine Wirklichkeitslösung, das öffentliche große Werk, aus dem die Einwohner mit Licht, Kraft, Heiz- und Gebrauchswärme beliefert werden, kommt einer Carnotisierung der Energieversorgung gleich[3]. Zur Haupterkenntnis unseres technischen Wissens gehört: „Wo elektrische und kalorische Energie (Wärme) zusammen benötigt werden, sind sie im Heizkraftverfahren immer mit dem geringsten Energieaufwand zu decken“. Zum Vorschlag, den Wert des Heizkraftverfahrens gedanklich als Carnotisierung unserer Energieversorgung zu kennzeichnen, verleitet ferner die Erkenntnis, daß Elektrizität und Gebrauchswärme aus dem gleichen Rohstoff herrühren, und jeder Stromverbraucher auch Wärmeverbraucher ist. Da für die Umsetzung: Kohle-Elektrizität der C.-Prozeß das Optimum darstellt, müßte der Wunsch nach C.-Wirkungsgraden für die Deckung unseres Berufs an Strom und Wärme um so lebhafter sein, als diese beiden Energieformen den größten Teil unseres öffentlichen Energieverbrauchs darstellen.

Die ausgezeichnete Prägung „Heizkraftbetrieb“ hat meines Wissens Eberle geschaffen. Gelegentlich wollen wir sie in „Kraftheizbetrieb“ abwandeln, um den Zweck solcher Schaltungen deutlicher hervorzuheben. Bei erstgenannter Betriebsform ist die Wärmeversorgung das Primäre, etwa in Industriewerken mit großem, durch die Produktionsart festliegendem Wärmebedarf oder im öffentlichen Werk für Wohngegenden. Zwischen industrieller und öffentlicher Heizkraftbelastung besteht prinzipielle Verschiedenheit. Wärme- und Strommengen ändern sich im Industriewerk nur bei gewollter Produktionsvergrößerung, während dem Elektrizitätswerk zur bisherigen, jederzeitigen Stromlieferungsverpflichtung in voller Leistung die Wärmelieferungsverpflichtung auferlegt wird, wobei es auf den Belastungsverlauf keinen Einfluß ausüben kann.

a) Gütevergleich mit anderen Prozessen[4]. Beim Gütevergleich mit anderen Arbeitsprozessen muß vom aufzubringenden

$$\text{Gesamtenergiebedarf } Q = \text{Strom- } + \text{ Wärmebedarf}$$

eines Abnehmers (Haus, Fabrik, Stadt usw.) in kcal ausgegangen werden. Auch für Preisberechnungen von Strom und Wärme bleibt dies die sachlich einwandfreieste Rechnungsbasis.

Ist Q_{el} die stündlich zur Stromerzeugung erforderliche Wärmemenge, Q_h die Heizwärmemenge beim Zustand p_2, so ergibt sich unter Bezugnahme auf Abb. 6 für die aufzubringenden Energiemengen in kcal/h:

---

[1] Zur Zeit bestehen in USA. bzw. sind folgende 3 Quecksilber-Dampfanlagen im Bau: South Meadow, 10000 kW, erreicht 2540 kcal/kWh; General Electric Co., Schenectady (Freiluftanlage), 20000 kW, 2200 kcal/kWh erwartet; Public Service El. and Gas Co. of New Jersey, 20000 kW, 2200 kcal/kWh erwartet.

[2] Chem. metallurg. Engng. Bd. 39 (1932) Nr. 4 S. 204—205.

[3] Analog zum Speisewasseranzapfverfahren für die Wärmekraftumwandlung aus Sattdampf.

[4] Pauer: Zur Entwicklung der industriellen Wärmewirtschaft. Berlin 1922. — Zerkowitz, G.: Das Gegendruckverfahren und seine Anwendung bei der Dampfturbine. Z. VDI 1924 S. 147.

$$Q = \overbrace{\qquad\qquad Q_{el} \qquad\qquad} + Q_h$$

a) bei Kondensationserzeugung $Q_k = \underbrace{D_k (i_1 - i_k)}_{\text{(el. Arbeit)}} + \underbrace{D_k (i_k - q_k)}_{\text{(Kondensatorverlust)}} + \underbrace{Q_h}_{\text{(Heizwärme)}}$ (7)

b) bei Heizkraftbetrieb $Q_g = D_g (i_1 - i_2) + Q_h$ (8)

Subtrahiert man Gleichung (8) von (7), ergibt sich als Wärmeersparnis im Gegendruckbetrieb:

$$(Q_k - Q_g)_{\max} = D_k (i_k - q_k) \text{ kcal/h}. \qquad (9)$$

Dieser Ausdruck stellt die Kondensatorverlustwärme und damit die größtmögliche Ersparnis dar. Sie tritt nur ein, wenn $i_2 = i_k$, also p_k, t_k dem erforderlichen $p_2 t_2$ entspricht. An sich ist noch eine Korrektur für Gleichung (9) notwendig, denn Q_h ist nur als Nutzwärme, nicht hinsichtlich des kcal-Aufwands im Fall a) und b) gleich. Vergleicht man die in der Turbine geleistete Arbeit, so ist

$$Q_{el} = D_k (i_1 - i_k) = D_g (i_1 - i_2), \text{ woraus } D_k = D_g \frac{i_1 - i_2}{i_1 - i_k}, \qquad (10)$$

ferner ist

$$Q_h = D_g \cdot (i_2 - q_h). \qquad (11)$$

Ersetzt man in Gleichung (9) D_k nach Gleichung (10), erhält man:

$$(Q_k - Q_g)_{\max} = D_g \cdot \frac{i_1 - i_2}{i_1 - i_k} (i_k - q_k) \ldots \text{kcal/h}. \qquad (12)$$

Ist keine völlige Kupplung vorhanden, wird also nur ein Teilbetrag $k \cdot D_g$ der Gegendruckturbinendampfmenge in der Heizanlage benötigt, ermäßigt sich die Wärmeersparnis auf den Wert

$$(Q_k - Q_g) = D_g \left[\frac{i_1 - i_2}{i_1 - i_k} (i_k - q_k) - (i_2 - q_h)(1 - k) \right]. \qquad (13)$$

In anderen Worten: Die Höchstersparnis von Gleichung (12) tritt nur bei $k = 1$ ein. Erreicht k einen Mindestwert oder sinkt sogar unter diesen, tritt keine Wärmeersparnis mehr auf bzw. führt der Gegendruckbetrieb sogar zu höherem Wärmeaufwand als bei getrenntem Betrieb. Man erhält dafür aus Gleichung (13):

$$(Q_k - Q_g) \leqq 0, \quad \text{wenn } k \leqq 1 - \frac{(i_1 - i_2)(i_k - q_k)}{(i_1 - i_k)(i_2 - q_h)} \qquad (14)$$

bzw.

$$k \leqq \frac{(i_1 - q_k)(i_2 - i_k) + (i_1 - i_k)(q_k - q_h)}{(i_1 - i_k)(i_2 - q_h)}. \qquad (14\,\text{a})$$

Der Wert k, der Heizkraft-Kupplungsfaktor, ist von großer Bedeutung. Damit die Bedingung der Gleichung (12) dauernd erfüllt bleibt, muß k in Wirklichkeit stets größer als *1* sein, die Heizanlage also stets mehr Wärme benötigen, als die Kraftmaschine liefert. Die Wärmemengendifferenz ist in diesem Fall aus Frisch- oder Speicherdampf zu decken, wobei nur der Drosselverlust in Kauf zu nehmen ist. Hiermit ist die theoretische Haupterkenntnis des Heizkraftbetriebes von S. 19 erneut bestätigt.

Unsere Gleichungswerte erfahren keine wesentliche Einschränkung, wenn die Rechnung mit dem theoretischen Wärmegefälle $h' = i_1 - i'_k$ kcal/kg unter Berücksichtigung des Turbinen-Wirkungsgrades durchgeführt wird. Sind η_k, η_g die inneren Wirkungsgrade der Kondensations- bzw. Gegendruckturbinen, läßt sich Gleichung (12) auch schreiben:

$$(Q_k - Q_g)_{\max} = D_g \frac{(i_1 - i'_2)\,\eta_g}{(i_1 - i'_k)\,\eta_k} (i_k - q_k). \qquad (15)$$

$D_g\,(i_1 - i_2') \cdot \eta_g$ stellt die stündliche elektrische Arbeit N (in kcal) dar. Demnach gibt es für die Wärmeersparnis je Stunde auch die Fassung:

$$(Q_k - Q_g)_{\max} = N \frac{(i_k - q_k)}{(i_1 - i_k') \cdot \eta_k} \text{ in kcal/h.} \tag{15}$$

Mit den gleichen Bezeichnungen wie vorhin gilt für die Anzapfkondensationsmaschine:

a) Wärmemengen bei getrenntem Betrieb

$$Q_k = D_k \cdot i_1 + D_e \cdot i_2 \text{ in kcal/h;}$$

b) Wärmemengen bei Entnahmeverfahren

$$Q_e = (D_e + D_k)\, i_1 \text{ in kcal/h}.$$

Darin bezeichnet D_e die Entnahmedampfmenge (bei einer Anzapfstelle), D_k die zum Kondensator abfließende Dampfmenge. Die Leistung N muß bei a) und b) wieder gleich sein. Zerkowitz hat für die Wärmeersparnis[1] folgende Beziehung entwickelt:

$$Q_k - Q_e = D_g \cdot \frac{i_1 - i_2}{i_1 - i_k} \cdot (i_k - q_k) - D_e \cdot \frac{i_k'' - i_k}{i_1 - i_k} \cdot i_1. \tag{16}$$

Die Ersparnis ist also gleich der im völligen Gegendruckbetrieb, wenn 1. $D_e = 0$, dann herrscht eben nur Gegendruckbetrieb oder 2. $i_k'' - i_k = 0$ (s. Abb. 6b, Spalte 3). Der Wärmeinhalt im Endpunkt der Expansion des Niederdruckteiles ist größer als beim direkten Kondensationsbetrieb, weil zwischen Hochdruck- und Niederdruckteil der Dampf gewöhnlich eine Drosselung erfährt (s. Horizontale bei 3 ata).

Nach Gleichung (13) wird mit fallendem k der thermische Vorteil einer Heizkraftkupplung immer kleiner. Nimmt die Heizanlage ständig geringer werdende Turbinenenddampfmengen auf, so muß entweder der Dampf auspuffen oder sonstwie nutzlos kondensieren. Dabei erhebt sich regelmäßig die Frage: Von welchem Kraft-Wärme-Mengenverhältnis an ist das Anzapfkondensationsverfahren dem reinen Gegendruckbetrieb wirtschaftlich überlegen?

Beispiel: Es sei die Leistung N_a kW aufzubringen.

In einer Gegendruckturbine wird ein Dampfdurchsatz von $D_d = N_a \cdot d_g$ kg/h erforderlich. Davon können nur D_e kg/h als Heizdampf verwendet werden. Der Rest ist verloren.

In einer Entnahmekondensationsturbine gleicher Leistung hätte der Entnahmedampf von der Gesamtleistung ($N_a = N_k + N_e$ kW) den Anteil $N_e = \frac{D_e}{d_g}$ kW zu leisten. Hierbei ist berechtigt vorausgesetzt, daß der Dampfverbrauch d_g einer Gegendruckturbine auch für den Entnahmeteil der Anzapfturbine gilt. Im Kondensationsteil sind somit noch $N_k = \left(N_a - \frac{D_e}{d_g}\right)$ kW zu leisten, sein Dampfdurchsatz ist $D_k = \left(N_a - \frac{D_e}{d_g}\right) \cdot d_k$ in kg/h. Der Gesamtdampfdurchsatz einer an Stelle der Gegendruckmaschine tretenden Anzapfkondensationsturbine ist somit bestimmt:

$$D_a = D_e + d_k \left(N_a - \frac{D_e}{d_g}\right) \text{ kg/h}, \tag{17}$$

woraus sich der spezifische Dampfverbrauch ergibt:

$$d_a = d_k + \frac{D_e}{N_a} \left(\frac{d_g - d_k}{d_g}\right) \text{ in kg/kWh}. \tag{18}$$

Gegenüber der Gegendruckturbine ist die stündliche Wärmeersparnis also

$$D_g - D_a = N_a \cdot d_g - d_k \left(N_a - \frac{D_e}{d_g}\right) \text{ in kg/h} \tag{19}$$

bzw. je Leistungseinheit:

$$(d_g - d_a) = d_g - d_k \left(1 - \frac{D_e}{N_a \cdot d_g}\right) \text{ in kg/kWh} \tag{20}$$

der Klammerwert auf der rechten Seite ist $= (1 - k)$, also auch

$$(d_g - d_a) = (d_g - d_k)\,(1 - k) \text{ in kg/kWh}. \tag{21}$$

[1] Siehe a. a. O.

Aus dieser Ersparnisgröße je kWh sind entsprechend den Produktionsbedingungen des betreffenden Werkes die Jahresersparnisse in RM. zu ermitteln. Erst dann wird der Ersatz der Gegendruckmaschine durch eine Entnahmeturbine zu begründen sein, wenn die Wärmeersparnis in RM./Jahr größer ist als die durch Anschaffung und Betrieb der Entnahmeturbine entstehenden Mehrkosten. Bei P RM./t/Dampfpreis, einer Kapitaldienstquote p vH einem Betriebsmehrkostenbetrag bei der Entnahmemaschine von b RM./kWh, und n Betriebsstunden/Jahr hat Gerbel[1] die Bedingungsgleichung für die Wirtschaftlichkeit des Anzapfverfahrens formuliert:

$$(1-k)\,(d_g - d_k)\cdot\frac{P_p}{100}\cdot n \geqq \Delta i\cdot\frac{p}{100} + b\cdot n. \qquad (22)$$

Darin bezeichnet i den Mehrpreis in RM./kW der Entnahmemaschine gegenüber der Gegendruckturbine. Die Gegendruckturbine wird also um so eher der Anzapfmaschine weichen müssen, je höher Dampfpreis und Betriebsstundenzahl sind, und je niedriger sich die Entnahme-Kondensationsmaschine in Anschaffungs- und Betriebskosten stellt.

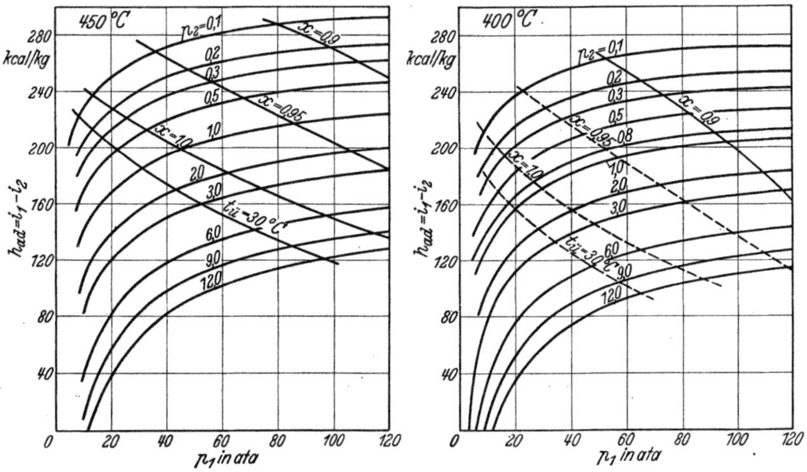

Abb. 14. Adiabatisches Gefälle bei verschiedenen Eintritts- und Enddrücken.

Aus den Gleichungen (12) u. (15) läßt sich entnehmen, daß die wärmetechnischen Vorteile des Heizkraftbetriebes sowohl von stündlicher Schluckmenge D_g und Turbinengütegrad η_g abhängen, als vornehmlich auch mit dem Gegendruck-Wärmegefälle in kcal/kg zunehmen. Schluckvermögen und innerer Turbinenwirkungsgrad stehen in positivem Zusammenhang. Zur Erzielung hoher Turbinengütegrade darf eine stündliche Mindestschluckmenge nicht unterschritten werden. Energiewirtschaftlich ist ein möglichst hoher Gegendruckturbinenwirkungsgrad η_g erwünscht, wenngleich er im Einzelfall betriebstechnisch und finanzwirtschaftlich durchaus nicht am Platz zu sein braucht. Größten Einfluß auf die erzielbare Ersparnis hat das Wärmegefälle $h = (i_1 - i_2')$. Sowohl durch Erhöhung von i_1 — also Eintrittsdruck und Temperatur — als auch Ermäßigung von i_2' — also Senkung des Gegendrucks — wirkt es sich aus (s. Abb. 14). Mit i_1 steigt zwar auch der Nennerwert $(i_1 - i_k')$ aber in schwächerem Maße. Thermodynamisch können beide Maßnahmen gleiche Ergebnisse zeitigen. Gleichwertig sind sie höchst selten.

b) Wahl des Gegendrucks. Von der sorgfältigen Bestimmung der Gegendruckhöhe hängen die Hauptdaten jedes Heizkraftprojektes ab. Der Übergang zum niedrigeren Gegendruck ist bei vorhandenen Anlagen öfters deshalb schwierig, weil er sich auf alle Anlageteile der Heizstufe leistungsvermindernd

[1] 2. Weltkraftkonferenz, Sektion 8, Bericht 169.

auswirkt. Erleichtert wird die Druckstufenwahl natürlich bei Erweiterungs- bzw. Neubauten. Der Erfolg einer Gegendrucksenkung sei am praktischen Beispiel behandelt.

Ein im Stadtinnern bestehendes Kraftwerk mit $N = 5000$ kW Leistung soll als Heizkraftwerk betrieben werden. Der Stromabsatz ist gesichert. Das Werk hat eine der bisherigen Kondensationsleistung genügende Kesselanlage von 20 ata/400° C. Straßengelände, Netzausdehnung und Gebäudeheizungen sollen zulassen, sowohl ein Warmwasser- wie Heißwasserpumpennetz als auch Dampfrohrnetz zu bauen. Wie beeinflußt p_2 die Werksanlagen? Welche Heizdampfmengen müssen untergebracht werden?

Zu wählen ist zwischen $p_2 = 0{,}5 - 0{,}8$ ata für das Warmwassernetz bzw. 3 — 12 ata für ein Heißwasser- oder Dampfrohrnetz. Bei der Leistung $N = 5000$ kW ist die Arbeitsdampfmenge:

$$D_g = \frac{1}{h_{\text{ad}}} \cdot 5890 \text{ t/h} \tag{23}$$

und ein Wirkungsgrad an der Kupplung von 78 vH ein Generatorwirkungsgrad von 93,6 vH enthalten ist. Die Turbinendampfmenge, damit die bereitzustellende Kesselleistung verringert sich mit wachsendem adiabatischem Wärmegefälle h, das aus Abb. 14 zu entnehmen ist. Je nach Ausgestaltung des Heiznetzes ergeben sich die in Zahlentafel 15 zusammengestellten Werte.

Zahlentafel 15. Dampfdrücke und -mengen in Abhängigkeit vom Gegendruck bei 5000 kW Turbinenleistung.

Art der Wärmeverwertung	Gegendruck und erwünschte Enddampfqualität ata/tü °C	Bei 20/400 erreichte Enddampfqualität ata/tü °C	Eintrittsdampf: vorhanden ata/°C	Eintrittsdampf: notwendig bei gew. Enddampf ata/°C	Dampfmenge bei t/h	Dampfmenge bei t/h	Leistung für a u. b kW	Zu Heizzwecken zur Verfügung stehende Wärmemenge 10^6 kcal/h	
1	2	3	4a	4b	5a	5b	6	7a	7b
Hochdruckdampf	9,0/30° C	9,0/134° C	20/400	84/450	111,5	45,9	5000	81,9	31,3
	6,0/30° C	6,0/110° C	20/400	72/450	77,3	41,7		55,4	28,2
NDr.-Dampf	3,0/30° C	3,0/75° C	20/400	52/450	53,0	36,9	5000	36,5	24,6
Heißwasser	3,0/x=0,95			120/450		31,9			20,0
Warmwasser	0,8 · x = 0,9	0,8/21° C	20/400	136/450	35,6	25,4	5000	23,1	14,8
	0,5	0,5/4° C		123/450	32,2	24,0		20,4	13,9

Beim vorhandenen Anfangsdruck von 20 ata ist die nach Spalte 2 erwünschte Enddampfqualität überhaupt nicht zu erreichen. Wie Abb. 14 (rechts) ausweist, endigt die Expansion schon bei Gegendrücken ab $p_2 = 0{,}5$ ata im Heißdampfgebiet. Anstatt der 30° ergeben sich z. B. bei $p_2 = 6{,}0$ ata bereits 110° Überhitzung, die meistens unnötig und unerwünscht ist. In Reihe 4b sind deshalb die Anfangsdruckverhältnisse wiedergegeben, die beim gewählten Turbinengütegrad für Erreichung der Enddampfqualität erforderlich wären. Die Entscheidung darüber, ob hier Dampflieferung oder Warmwasserverteilung verwirklicht werden muß, kann kaum zweifelhaft sein. Allein der Umstand, daß bei $p_2 = 6{,}0$ ata die Kesselanlage rd. 77,0 t/h Dampf zu liefern hatte, während bei $p_2 = 3{,}0$ ata 69 vH und $p_2 = 0{,}8$ ata nur noch 46 vH dieser Leistung nötig werden, drängt auf Gegendrucksenkung hin. Die technische Lösung mit der kleinsten Kesselheizfläche ist immer anzustreben. Immerhin wird auch bei $p_2 = 0{,}8$ ata das ausnutzbare Gefälle schon so viel kleiner, daß die bestehende Kesselheizfläche um rd. 36,0 vH erhöht werden muß. Auch die Anlagekosten des Rohrnetzes werden mit p_2 kleiner. Bei $p_2 = 6{,}0$ ata (s. Spalte 7) müßte das Heiznetz theoretisch mindestens $55 \cdot 10^6$ kcal/h Anschlußwert haben[1]. Bei 0,8 ata dagegen reichen schon $23 \cdot 10^6$ kcal/h aus. Die Baukosten des Verteilungsnetzes sinken mit der Gegendrucksenkung um mehr als die Hälfte. Fraglos sind bei der Gegendruckwahl noch weitere Umstände mitbestimmend. Sobald wir aber die Heizkraftfrage wie hier lediglich vom Standpunkt der Elektrizitätserzeugung zu betrachten haben, verdient

[1] Für die wirkliche Netzbemessung siehe S. 164f.

das Projekt mit dem niedrigsten Gegendruck stets den Vorzug gegenüber einer Anfangsdruckerhöhung.

Für die Ermittlung des wirtschaftlichsten Gegendruckes gibt es in der Literatur eine Reihe rechnerischer (Theorie der Maxima und Minima) und graphischer Methoden, auf die hier nur verwiesen sei. Verfahrensmäßig stellen sie alle das gleiche dar. Man beachte, daß unter wirtschaftlichstem Gegendruck, wirtschaftlichstem Rohrdurchmesser, wirtschaftlichster Isolierung usw. diejenige Ausführung verstanden wird, die den erwünschten Effekt mit den geringsten Jahreskostenbetrag ermöglicht. In der mathematischen Fassung stellt man also die Gleichung der Jahreskosten (Betriebs- und Kapitalkosten) K auf und setzt den Differenzialquotient nach dem Gegendruck $\frac{dK}{dp_2} = 0$. Beim graphischen Verfahren trägt man über verschiedenen Abszissenwerten p_2 die spezifischen Jahreskosten auf, die unter Annahme verschiedener Anfangsdrücke für die Stromerzeugung und Wärmelieferung ergeben. Die Linienscharen haben gewöhnlich ein deutliches Minimum. Erwünscht ist z. B. oft, sich über den Gegendruck klar zu werden, bei dem lediglich die Wärmemengensummen (für Strom- und Lieferwärme) ein Minimum werden[1]. Das graphische Verfahren ist dafür geeigneter als das rechnerische.

Ein wichtiger Hinweis ist notwendig. Erst wenn an Hand des Belastungsverlaufes geprüft ist, daß Kabel und Rohrnetz voll aufnahmefähig sind, können sich derartige Untersuchungen wirtschaftlich voll auswirken. Insbesondere gilt das für die Projektausgabe, bei der nicht wie eben die Größe des Heiznetzes in Abhängigkeit von elektrischer Leistung und Dampfdruck ermittelt wird, sondern umgekehrt aus einem festliegenden Wärmeanschlußwert eine bestimmte kW-Leistung zu bestimmten Zeiten hervorgehen soll.

Die regelmäßig wiederkehrende Feststellung, daß die Vorteile des Hochdruckdampfes bei Gegendruck und mit zunehmendem Gegendruck größer als bei Kondensationsbetrieb sind, veranlaßt zu einer gedanklichen Ergänzung. Diese Aussage, aus thermodynamischen Betrachtungen über Hochdruckdampf herstammend, hat leider ein zähes Leben. Am Platze war sie nur in reiner Krafterzeugung. Mit ihrer Bekundung wird das an sich Selbstverständliche ausgedrückt, daß ein durch Druckerhöhung stets erzielbarer Gefällezuwachs sich auf das große beim bisherigen Eintrittsdruck gegebene Kondensationsgefälle h'_k anteilig geringer als auf das je nach Gegendruck 20—50 vH kleinere Gegendruckgefälle h'_g auswirkt. Daß der absolute Leistungszuwachs je kg durch die Druckerhöhung bei gleichen Wirkungsgraden aber gleich sein muß, dürfte einleuchten. Beim Heizkraftverfahren kommt der zitierten Feststellung verhältnismäßig wenig Gebrauchwert zu. Meistens liegt der Gegendruck bereits fest oder entspringt bei der Untersuchung des heiztechnischen Teils. Die an sich gegebene Möglichkeit, sehr hohe Anfangsdrucke zu wählen, ist oft nicht auszuschöpfen. Dann strebt man das energiewirtschaftliche Maximum an, muß nach Gleichung (12a) die erzeugte elektrische Arbeit voll absetzbar sein. Dies ist — wie mehrfach bisher betont — betriebssicher nur möglich, wenn der Strombedarf des Abnehmers stets größer als N ist, und die Differenz aus anderer Quelle gedeckt werden kann. Die vollen energetischen Vorteile des Hochdruckdampfes stehen also nur der Heizkraftanlage offen, die parallel mit anderen Kraftwerken auf das Netz arbeitet.

9. Wärmemenge in Abhängigkeit von der Kraftmenge.

Die Qualität des Turbinendampfes — Druck, Temperatur, Feuchtigkeit, Wärmeinhalt — auch Heizwertigkeit bezeichnet, ist für Wärmetransport- und Heizzwecke von großer Bedeutung. Sie ist abhängig von Belastung, Turbinengütegrad und Dampfzustand am Eintritt (s. Abb. 15 u. 16). Der Gütegrad hat

[1] Lapp: Die Wahl des richtigen Gegendrucks. Arch. Wärmewirtsch. 1931 Heft 2 S. 55. — Goldstein, W.: Die wirtschaftliche Druckverteilung in Heizkraftwerken. Wärme Bd. 54 (1931) S. 777f.

den kleineren Einfluß, weil er bei gegebenen Verhältnissen und gleichen Ansprüchen an Einfachheit und Betriebssicherheit innerhalb der verschiedenartigsten Bauarten wenig Unterschiede aufweist und grundsätzlich der berechtigte Höchstwert angestrebt werden soll. Die hochwertigere Turbine verschlechtert die Enddampfqualität. Die gleiche Wirkung, aber verstärkt, hat die Eintrittsdrucksteigerung, während die Temperaturerhöhung ausgleicht.

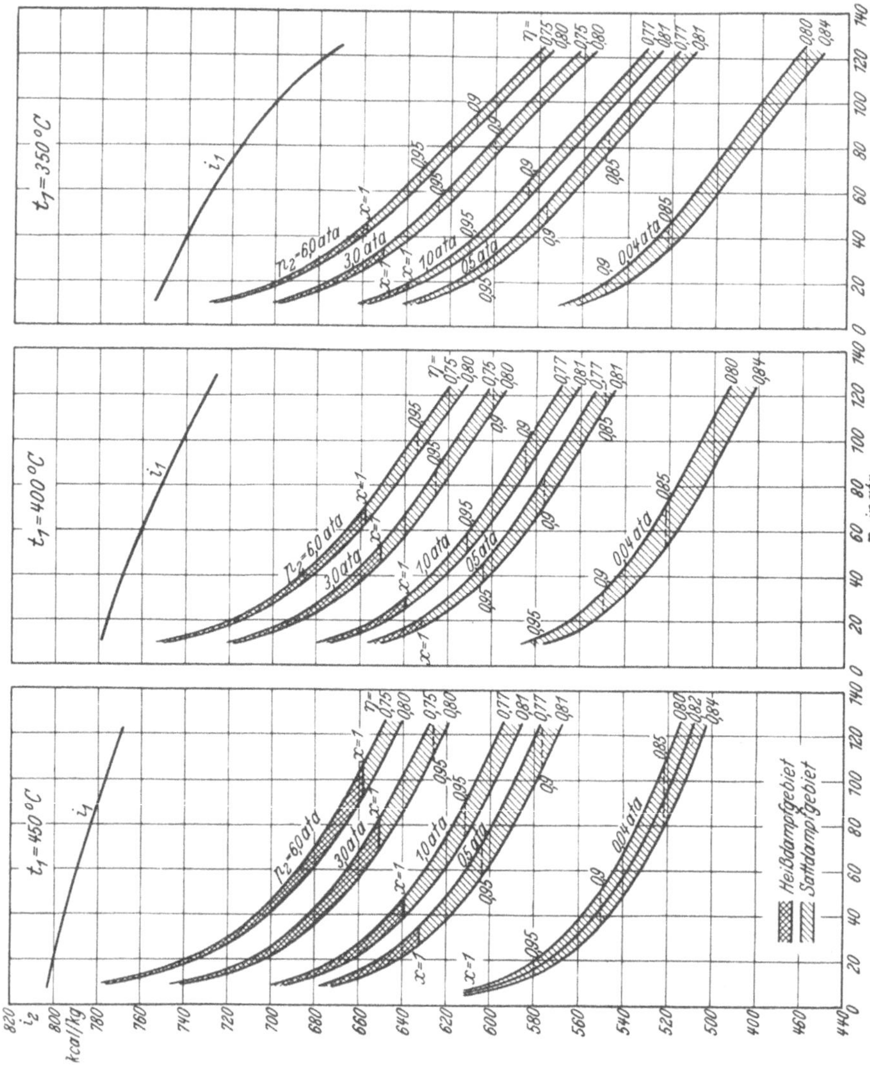

Abb. 15. Heizwertigkeit von Turbinenenddampf.

Bei jeder Heizkraftaufgabe sollten diese Punkte eingehend durchgeprüft und unter Anlehnung an bestimmte Tagesbelastungsformen die stündliche Heizwärme in Beziehung zur Strombelastung gesetzt werden (auch Strom-/Wärmeziffer genannt).

Zur Verdeutlichung sei eine Rechnung mit Wirklichkeitsziffern angefügt. Wir wollen die je kWh frei werdenden Enddampfkalorien eines Warmwasserheizkraftwerkes ermitteln.

Für den praktischen Gebrauch bei der Projektierung von Heizkraftwerken eignen sich Schaubilder nach Abb. 16 recht gut, in der die verfügbaren Endwärmemengen kcal/kWh

a) für verschiedene Maschinengrößen,
b) für verschiedenen Frischdampfzustand,
c) für verschiedene Wirkungsgrade,
d) für wechselnde Belastungen,
e) für Vorlauftemperaturen $t_v = 40 - 80^0$ C

niedergelegt sind. Ihre Werte basieren also auf den in Abb. 14 u. 15 entwickelten theoretischen Zahlen der Heizwertigkeit in kcal/kg. Die gewählte Form der Quadrantendarstellung

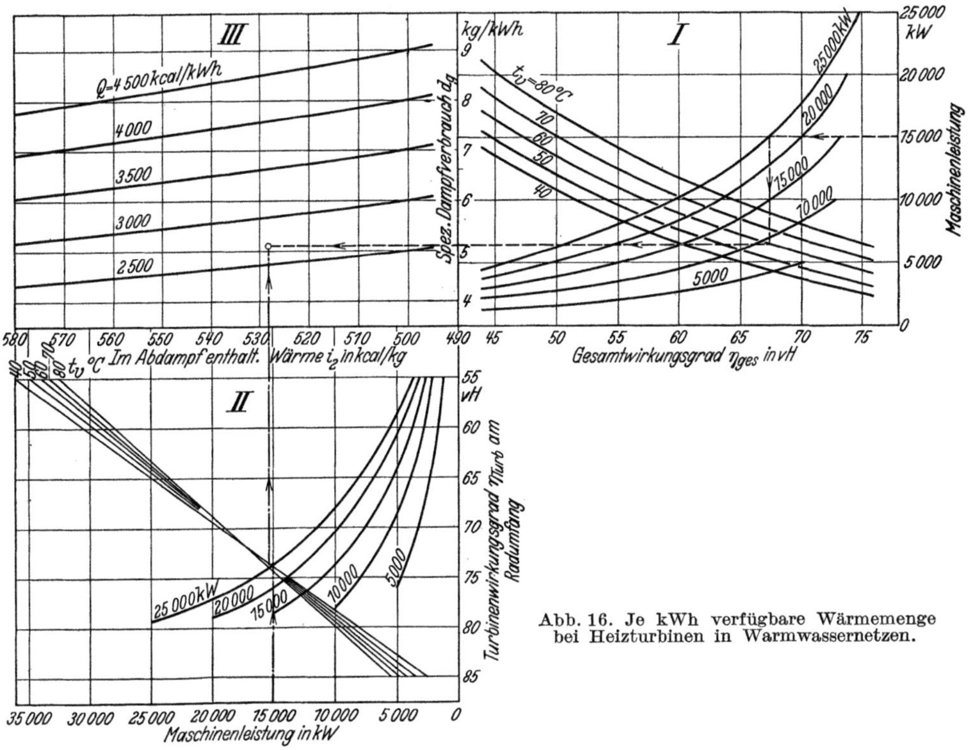

Abb. 16. Je kWh verfügbare Wärmemenge bei Heizturbinen in Warmwassernetzen.

hat den Vorzug, den Einfluß der Einzelfaktoren auf die Heizwertigkeit recht deutlich hervortreten zu lassen.

Die im Abdampfstutzen der Turbine verfügbare Wärmemenge Q in kcal/kWh ist gleich dem Produkt aus dem spezifischen Dampfverbrauch der Turbine d_g in kg/kWh und dem Wärmeinhalt des Abdampfes i_2 in kcal/kg vermindert um den Wärmeinhalt des aus dem Vorwärmer bzw. Kondensator austretenden Maschinenkondensates q_h:

$$Q = d_g (i_2 - q_h) \text{ kcal/kWh} . \quad (24)$$

Der Quadrant I dient zur Ermittlung des spezifischen Dampfverbrauches,

$$d_g = \frac{860}{\lambda_{\text{ad}} \cdot \eta_{\text{ges}}} \text{ kg/kWh} , \quad (25)$$

der Quadrant II der des Wertes $(i_2 - q_h)$,

$$i_2 = i_1 - (\lambda_{\text{ad}} \cdot \eta_{\text{Turb}} + q_h) \text{ kcal/kg} . \quad (26)$$

der Quadrant III gibt das Endresultat, nämlich die im Abdampf verfügbare Wärmemenge in kcal/kWh. Er ist das Produkt der Quadrantenwerte I und II.

Für eine Belastung von 15000 kW bei $N = 25000$ kW Turbinenleistung, verschiedene Vorlauftemperaturen und Frischdampfzustand sind so z. B. ermittelt worden:

Zahlentafel 16.
Heizwertigkeit und Arbeitsleistung bei verschiedenem Dampfzustand.

Frischdampfdruck p_1	atü	15	35	60	90
Frischdampftemperatur t_1	°C	400	430	430	430
Heizungsvorlauftemperatur t_v	°C	40	40	40	40
Dampfverbrauch d_g	kg/kWh	5,27	4,69	4,59	4,64
Endwärmemenge je kg	kcal/kg	554,5	540,0	527,9	518,5
Endwärmemenge je kWh	kcal/kWh	2923	2533	2421	2406
Stromerzeugung je 10^6 kcal Heizwärme	kWh	342	394	413	415
Heizungsvorlauftemperatur t_v	°C	60	60	60	60
Dampfverbrauch d_g	kg/kWh	6,06	5,25	5,09	5,11
Endwärmemenge je kg	kcal/kg	557,5	541,7	528,2	517,3
Endwärmemenge je kWh	kcal/kWh	3380	2850	2690	2640
Stromerzeugung je 10^6 kcal Heizwärme	kWh	296	351	372	379
Heizungsvorlauftemperatur t_v	°C	80	80	80	80
Dampfverbrauch d_g	kg/kWh	7,20	5,94	5,71	5,64
Endwärmemenge je kg	kcal/kg	562,9	546,0	529,1	517,4
Endwärmemenge je kWh	kcal/kWh	4051	3242	3020	2920
Stromerzeugung je 10^6 kcal Heizwärme	kWh	246	308	331	342

Je nach Vorlauftemperatur ist demnach die Stromausbeute bei 90 atü um 21—39 vH, bei 60 atü um 20—34 vH, bei 35 atü um 15—25 vH größer als bei 15 atü.

10. Speicherung von Wärme.

Das Heizkraftwerk kann auf weitgehendste Wärmespeicherung nicht verzichten. In dieser Beziehung ist die Heiztechnik der Krafttechnik richtungweisend vorangegangen, befindet sich doch in jedem Hause mit Warmwasserbereitungsanlage heute schon ein Wärmespeicher[1]. Von der Speicherung im Netz machten öffentliche Fernheizwerke auch im großen Gebrauch. In Elberfeld übernimmt ein Gefällespeicher am Ende des Verteilungsnetzes die Wärmeversorgung für einen größeren Netzteil, damit zur Zeit der Stromspitze die werkseitige Dampflieferung eingeschränkt werden kann[2]. In Hamburg steht ein großer Warmwasserspeicher im Zentrum des Verbrauchsgebietes und dient gleichen Zwecken. Noch öfters macht man von der Wärmespeicherung im Werk selbst Gebrauch. Hinsichtlich des Speicherortes als auch der Wärmeform lassen sich unterscheiden:

Zahlentafel 17.
Möglichkeiten von Wärmespeicherung bei öffentlichen Heizkraftanlagen.

Ziel der Speicherung		Form der Speicherung und Speichersystem bei Wärmeträger: Dampf	Wasser	Zeit der Ladung bzw. Entladung
1. Speicherung im Verteilungsnetz	a) Ausgleich bei jedem Abnehmer	gelegentlich bei Industrielieferung	ja; Vorratsspeicherung	Ladung durch Temperaturregler, kontinuierliche Entladung nach Hausbedarf
	b) Ausgleich für ganze Netzgebiete. Entlastung der Kesselanlage	ja; Gefällespeicher	ja; Heizwasserspeicher	Laden im Lasttal der Kesselanlage; Entladen in der Spitze der Kraft- bzw. Heizanlage
	c) wie b) Aufnahme von kurzzeitigen Strombelastungsspitzen	nein	Rohrleitungsnetz	Verlustspeicherung zur Zeit der Stromspitze durch Überheizen, um Stromerzeugung zu sichern; Vorratsspeicherung im Lasttal

[1] Almenröder: Wärmespeicherung bei W-W-B-Anlagen. Gesundh.-Ing. 1930 S. 28, ferner Beiträge von J. Koch, im 12. und 13., von Margolis im 13. Kongreßber. Heizg. u. Lüftg. [2] Elektr.-Wirtsch. 1930 Nr. 507 S. 216f.

Tabelle 17. (Fortsetzung.)

Ziel der Speicherung		Form der Speicherung und Speichersystem bei Wärmeträger: Dampf	Wasser	Zeit der Ladung bzw. Entladung
2. Speicherung im Heizkraftwerk	a) Ausgleich der Kesselbelastung	nein; meistens nur bei gleichzeitigem Fall b) gerechtfertigt	ja; Verdrängungsspeicher als Heizwasser- und Gleichdruckspeicher	Ladung und Entladung kontinuierlich, sobald Gleichgewicht zwischen Feuerführung und Dampfbedarf gestört
	b) Wirtschaftlichkeits- und Leistungssteigerung der Stromerzeugung, Momentanreserve	ja; Gefällespeicher		Laden im Lasttal; Einsatz regelmäßig zur Morgen- und Abend-Spitzenzeit und bei Leistungsausfall
	c) Ausgleich der Wärmelieferung	selten, dann Gefällespeicher	ja; Heizwasserspeicher	Laden im Lasttal der Kessel; bei Heißwasser Entladen durch Zumischen, bei Warmwasser direktes Durchpumpen ins Netz

An 4 Schaltbildern[1] (Abb. 17—20) können alle Verwendungsstellen von Speichern im Werk und Netz gezeigt werden.

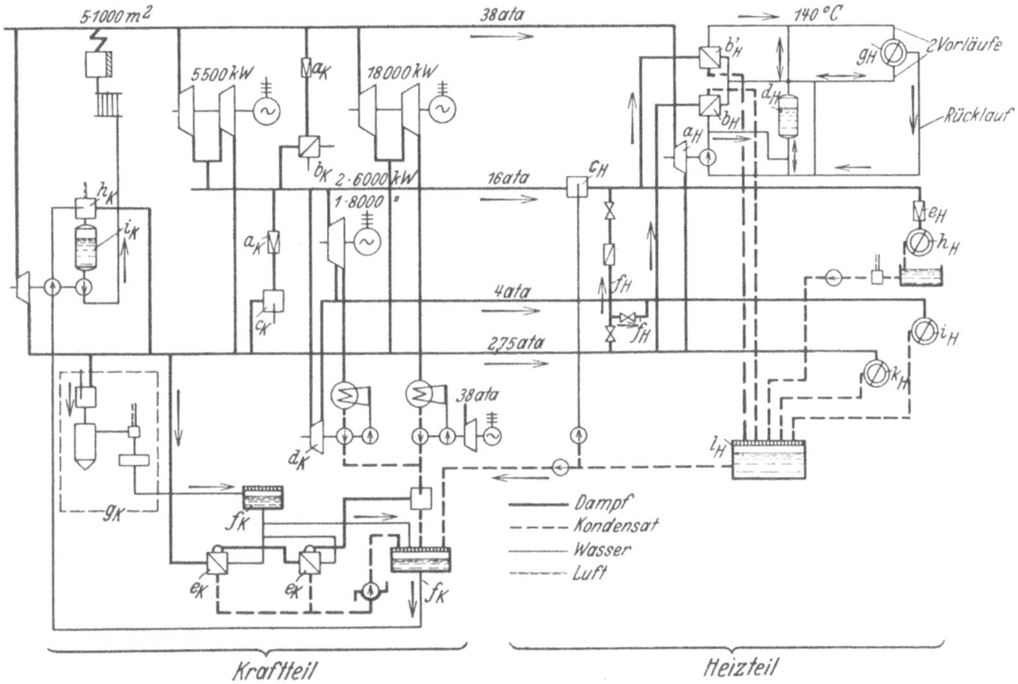

Abb. 17. Wärmeschaltbild Heizkraftwerk Dresden[2].

a_K Druckminderventil, b_K c_K Temperaturregler, d_K Hilfsmaschinensatz, e_K 2 stufiger Verdampfer, f_K Speisewassersammler, g_K Wasserreinigung, h_K Mischvorwärmer mit Entgasung, i_K Speisewasserspeicher, a_H Umwälzzungen, b_H b'_H Vorwärmer, c_H Temperaturregler, d_H Heizwasserspeicher, e_H Druckminderventil 16/9 at, f_H Umschaltung für Sommerbetrieb 27 at statt 16 bzw. 4 at, g_H Heißwassernetz, h_H Niederdruck-Dampfnetz, i_H 4 ata-Verbraucher, k_H 2 ata-Verbraucher, l_H Kondensatsammler.

[1] Für Ort 1a s. Abb. 31, 33. [2] Siehe Arch. Wärmewirtsch. 1931, Heft 5.

Im Dresdener Heizkraftwerk wird sowohl Kesselspeisewasser von 125° in Gleichdruckspeichern (i_K)[1] gesammelt als auch durch 2 Heizwasserspeicher von je 70 m³ (d_H) für den Ausgleich der Wärmelieferung gesorgt.

Das Leipziger Werk (Abb. 18) zeigt wie das Charlottenburger Werk (Abb. 19) eine Ruths-Speicherbatterie als Momentanreserve. Aus ihr ist sowohl die Deckung der Licht- wie der Heizspitze möglich, eine vielseitige und sehr zu befürwortende Kombination. Bemerkenswert ist, daß in Leipzig eine Momentanreserveturbine (135 t Schluckfähigkeit) am Heizdampfnetz (2,5 at) liegt. Damit ist zusätzlich die Möglichkeit gegeben, den Gegendruckdampf, der nicht vom öffentlichen Heiznetz aufgenommen werden kann, zur Stromerzeugung nutzbar zu machen. Auch im Heizwerk Kiel stellte man derartige Abdampf- oder Heizdampfkondensationsturbinen auf.

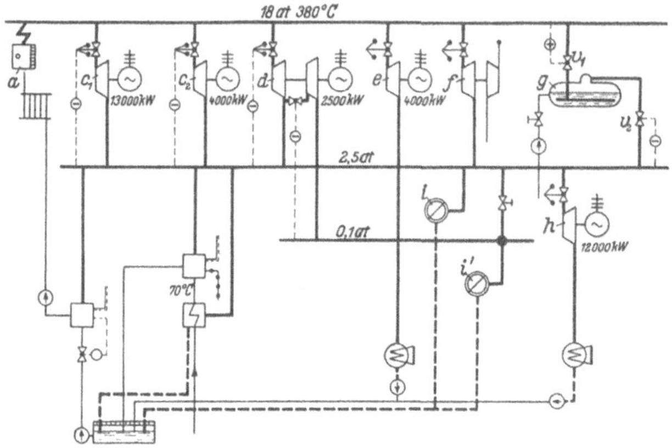

Abb. 18. Wärmeschaltbild Kraftwerk Leipzig-Nord[2].
a 18 atm Kesselanlage, *c* Gegendruckturbinen, *d* Anzapfdruckturbinen, *e* Kondensationsturbinen, *f* Turbopumpe, *g* Ruthsspeicher, *h* Abdampf-Kondensationsturbinen, *i i'* Heiznetze.

Schließlich zeigen die Abb. 20 u. 21 eine von den Hamburgischen Elektrizitätswerken geplante Schaltung. Der Wärmespeicher[3] ist seit 1930 bereits im Betrieb,

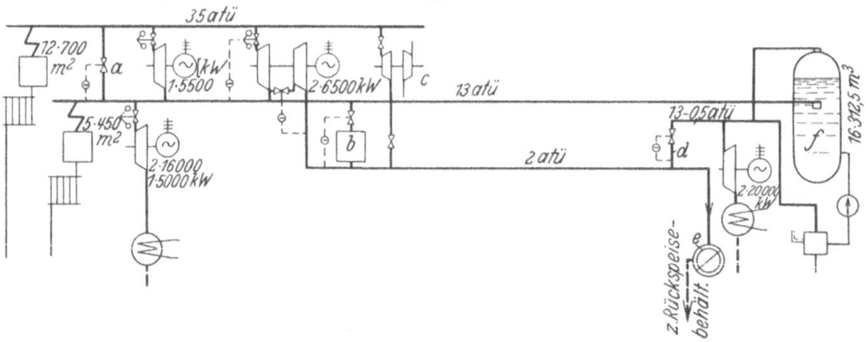

Abb. 19. Wärmeschaltbild Heizkraftwerk Charlottenburg.
a Druckminderventil 35/13 at, *b* Druckminderventil 13/2 at mit Temperaturregler, *c* Hilfsmaschinen, *d* Druckminderanlage für Speicherdampf, *e* Städteheizung, *f* Ruthsspeicher.

seine Ladung erfolgt aber noch mit Dampf aus dem allgemeinen Netz. Interesse heischt die Ausführung des völlig geschweißten, drucklosen Speicherkörpers von 2650 m³ Inhalt, in dem rd. 100 Millionen kcal Turbinenabwärme gespeichert werden können. Er ist seiner Größe wegen etwas Einzigartiges.

Das Spitzenproblem der Elektrizitätswerke ist mit Verwendung derartiger Warmwasserspeicher allerdings nicht beseitigt[4]. Als Kernpunkt des Spitzenproblems gilt neben

[1] Marguerre und Koch: Gleichdruckspeicher als Ausgleich in Vorschalt- und Heizkraftanlagen. Prätorius: Ruthsspeicher in Heizkraftwerken. Wärme 1929 Nr. 17 S. 334f.
[2] Siehe Siemens Z. 1929 S. 850.
[3] Bauart Rud. Otto Meyer-Hamburg. Siehe Margolis, Bericht 13. Kongr. Heizg. u. Lüftg. S. 137f. [4] Elektr.-Wirtsch. 1930 S. 81—88.

dem Belastungsausgleich die Leistungs- und Anlagekostenersparnis (bzw. Möglichkeit der Leistungssteigerung). Ein großer Heizwasserspeicher eignet sich zwar gut für den Ausgleich der Heizwärmeerzeugung, weil zur Heizspitzenzeit die Wärmelieferung nicht von den Kesseln, sondern vom Speicher aus vor sich gehen kann. Er befreit aber die Feuerführung nicht von der Aufbringung der Stromspitze. Infolge des Gegendruckes erfordert solche Schaltung bei gleicher kW-Leistung sogar erheblich höhere Kesselleistungen als Kondensationsbetrieb. Wohl wird die Abwärme des Spitzen-kWh gespeichert; auch kann das gesamte Versorgungsunternehmen aus bestimmter Lastaufteilung zwischen Heizkraft- und Kondensationswerk Vorteil ziehen, wenn z. B. die Hochdruckanlage im Heizkraftwerk lediglich zur Spitzenzeit Einsatz findet. Das Heizkraftwerk würde also typisches Spitzenkraftwerk werden, wozu es als Warmwasserwerk mit vorgeschaltener Hochdruckanlage durchaus Eignung hat. Die gemeinsame Verwendung von Gefälle- und Wasserspeichern verspricht vollkommenere Lösungen des Spitzenausgleichs.

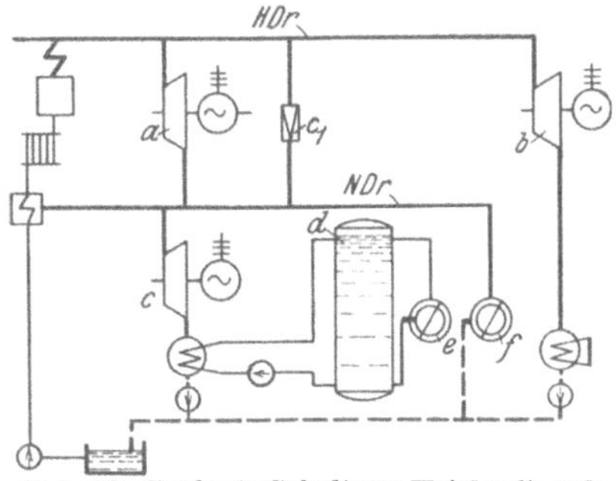

Abb. 20. Geplante Schaltung Heizkraftwerk Hamburg[1].
a Hochdruck-Vorschaltturbine, *b* Hochdruck-Kondensationsturbine, *c* Niederdruck-Kondensationsturbine, *d* Heizwasserspeicher, *e* Pumpenheiznetz, *f* Dampfheiznetz.

Hinsichtlich des Speichervermögens (kWh oder kcal/je m³) ist der Gleichdruckspeicher gewöhnlich anderen Speichertypen überlegen, ohne daß damit seine bessere Eignung ausgesprochen sein muß. (Zahlentafel 18 nach Literatur zusammengestellt.)

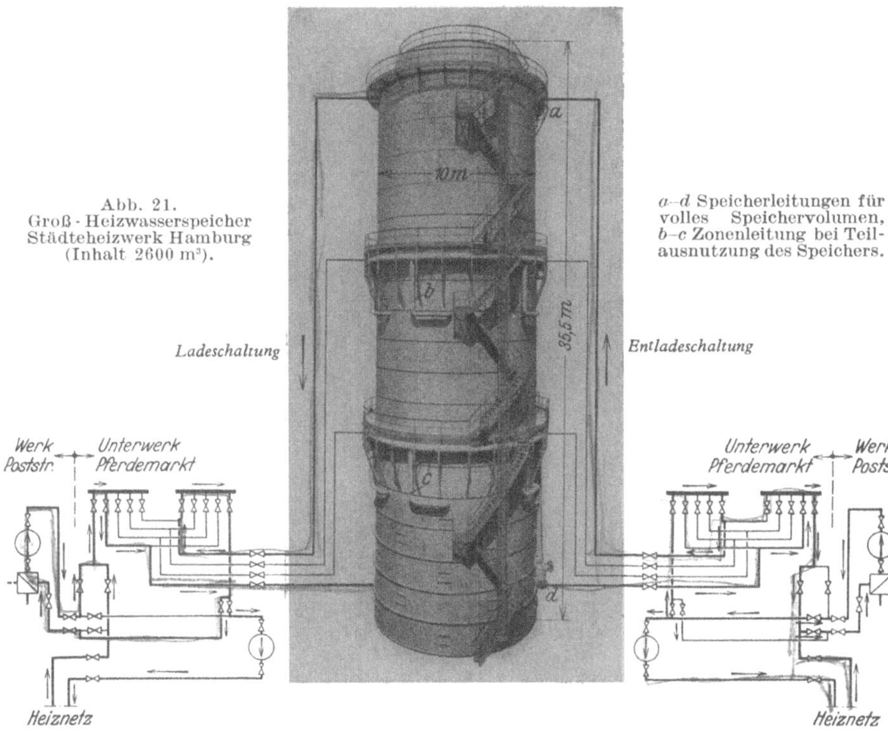

Abb. 21. Groß-Heizwasserspeicher Städteheizwerk Hamburg (Inhalt 2600 m³).

a–d Speicherleitungen für volles Speichervolumen, *b–c* Zonenleitung bei Teilausnutzung des Speichers.

Unter 1c ist in Zahlentafel 17 eine wertvolle Eigenschaft von Warmwassernetzen angegeben, die Verlustspeicherung. Jedes Verteilungsnetz stellt einen Speicher dar, der zur Zeit der Stromspitze aufgeheizt werden kann. Das Speicher-

[1] Siehe Elektr.-Wirtsch. 1930 Nr. 506.

Zahlentafel 18. Speichervermögen verschiedener Speicherarten.

Speicherart	Aufstellungsort	Zahl	Größe je Speicher m³	nutzbares Gesamtspeichervolumen m³	Wassertemperatur geladen ata	Wassertemperatur geladen °C	Wassertemperatur entladen ata	Wassertemperatur entladen °C	Speichervermögen insgesamt kWh	Speichervermögen insgesamt 10^6 kcal	Speichervermögen spezifisch kcal/m³ rd.	Speichervermögen spezifisch kWh/m³
Ruths Gefällespeicher	Charlottenburg	16	312	4640	14	194	0,5	80	72000	529,0	114000	15,5
	Leipzig	2 2	140 235	750	15	197	4,0	142	6500	42,7	57000	8,7
	Elberfeld	1	245	245	12	187	3,2	135	—	13,2	54000	—
Gleichdruckspeicher	Mannheim	1	141	135	18	206	—	70	5000	19,3	139000	37,0
Gleichdruck-Gefälle-Sp., kombiniert	Projekt	je 1	160 320	450	16	200	— 7	— 164	3500 2500	14,1 11,5	94000 38000	31,7
Druckloser Speicher	Hamburg	1	2650	2500	—	95	—	55	33000	100,0	40000	13,2

vermögen steigt zwar mit dem Rohrdurchmesser, verringert sich aber anteilig an der geförderten Wärmemenge gemessen. Insgesamt liefert das Pumpennetz die bei Dampfverteilung oft vermißte Betriebselastizität. Eine Wassertemperaturerhöhung um einige Grade ist für 2—3 Stunden immer möglich. Die Speicherung bildet insofern einen Verlust, als die angeschlossenen Häuser ohne Notwendigkeit überheizt werden. Trotzdem ist diese Speicherung manchmal wirtschaftlicher als Neuinstallation besonderer Speicher.

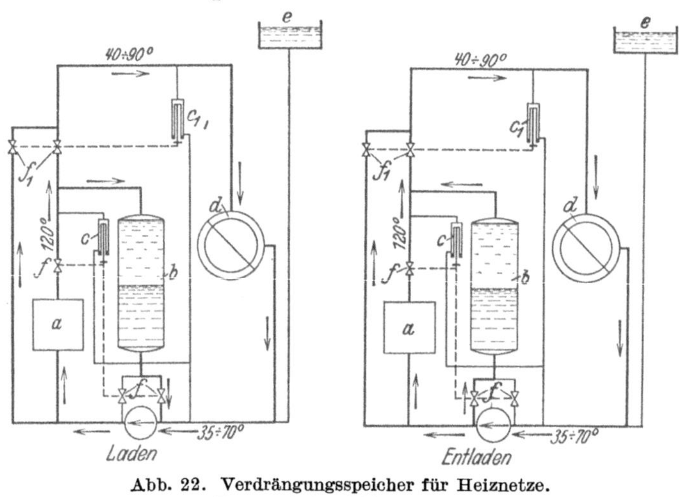

Abb. 22. Verdrängungsspeicher für Heiznetze.
a Kessel, *b* Heizwasserspeicher, *c* Thermostate, *d* Heiznetz, *e* Ausgleichbehälter, *f* Regelventile.

Die Betriebsverwendung eines Verdrängungs-Heizwasserspeichers sei am Beispiel einer Berliner Großsiedlung erörtert[1] (Abb. 22). Die aufgestellten, stokergefeuerten Hollandkessel erzeugen im Durchpumpbetrieb Wasser von 120° C, das je nach Stellung der Schaltventile ($f f_1$) ganz oder teilweise der Rücklaufleitung der Fernheizung zugemischt bzw. in den Verdrängungsspeichern aufgestapelt wird.

[1] Ausführung: Firma Saupe & Mielke G. m. b. H. Berlin, Regelanlage nach Patenten der Wärmeausgleich Christian G. m. b. H. Siehe auch Schulze: Gesundh.-Ing. 1932 Heft 43/44.

Die Ventilschaltung erfolgt völlig automatisch; die Aufteilung des Rücklaufwassers auf Speicher- bzw. Kesseldurchflußmengen richtet sich nach der Vorlauftemperatur. Wie ersichtlich, können Speicher allein und Kessel für sich abgeschaltet werden, so daß eine alleinige Umwälzung stattfindet. Zu diesen Betriebsmöglichkeiten ist nur eine Pumpe erforderlich.

Besondere Vorzüge speicherungstechnischer Art bietet ein Heizkraftwerk mit Dampf- und Warmwassernetzen, wenn beide Netze richtig aufeinander abgestimmt sind.

Die Dimensionierung von Speichern darf nur nach einer eingehenden Analyse des mittleren (auch extremsten) Tagesbelastungsverlaufs[1] erfolgen. In Dampfkraftanlagen ergeben Wirtschaftlichkeitsplanungen fast durchweg das Resultat, die 2,5 bis 3,5 Stunden dauernde Höchstspitze zu speichern. Der Belastungsverlauf von Heizanlagen ist stets mehr trapez- als dreieckförmig, daher werden gewöhnlich 6—8stündige Speicherzeiten erforderlich.

11. Dampfdruckumformung (Wärmepumpe).

Niedrig gespannter Dampf läßt sich durch Verdichtung soweit valorisieren, daß er in vielen Fällen neue Heizbrauchbarkeit erlangt; mit anderen Worten, die Wärme wird auf ein höheres Temperaturniveau gefördert (daher Bezeichnung Wärmepumpe)[2]. Das ist in mechanischen und thermischen Druckumformern möglich. In der ersten Gruppe kennt man ruhende und drehende Umformer wie Strahlapparate, Kolben- oder Turbokompressoren[3]. Zu den thermischen, lediglich auf Wärmeaustausch beruhenden Apparaten zählt u. a. der Koenemann-Drucktransformator. Die Verdichtung von Dampf mittels der sog. Wärmepumpe ist aus Eindampfanlagen (Kompressionsverdampfung) her bekannt[3].

Der Strahlapparat empfiehlt sich dort, wo auf bequeme Art Fabrikationszwischendrücke herzustellen sind, die möglichst nicht viel höhere Spannung als der des niedergespannten Überschußdampfes haben. Dies ist stets billiger als Frischdampfdrosselung[4]. Das Verfahren wird in öffentlichen Heizbetrieben kaum Anwendung finden. (Druckerhöhung von Anzapfdampf.)

Eher muß dem Rotationskompressor eine Bedeutung eingeräumt werden. Als elektrisch angetriebener Verdichter stellt er eine Umkehrung der Wärmekrafterzeugung dar. Die Enddampfmenge ist stets um das Wärmeäquivalent der angewendeten Antriebsleistung größer als die angesaugte Abwärme; insofern trifft die Bezeichnung Wärmepumpe nicht ganz zu. Der motorgetriebene Dampfkompressor scheint den einzig gangbaren Weg zu erschließen, im Heizkraftbetrieb Elektrizität zu Heizzwecken heranzuziehen. Die sonstige direkte Verwendung von Strom zu Heizzwecken kann finanziell berechtigt sein, energetisch bleibt sie stets eine ungeheuerliche Verschwendung. In den Ausläufern großer Dampfverteilungsnetze angesetzt, sehr gut kuppelbar mit Wärmespeichern wird der Dampfkompressor möglicherweise sein Arbeitsfeld finden. Zudem bringt er in Zeiten des Stromtales eingesetzt, die erwünschte Lastvermehrung. Das Rchrnetz des Heizkraftwerkes versorgt in diesem Vorschlag nur die engere Werksumgebung mit 3—4 km Radius. Darüber hinaus übernehmen Wärme- und Stromnetz gemeinsam durch Druckumformung den Wärmetransport. In erster Linie wird man

[1] Schulz-Gropp: Ruthsspeicher für Spitzenkrafterzeugung in Berlin. Elektr.-Wirtsch. 1930 S. 153.

[2] Der alte Kelvin-Vorschlag, eine Kältemaschine, die ja ebenfalls eine Wärmepumpe darstellt, zu Heizzwecken zu benutzen, ist 1931 in Los Angeles verwirklicht worden; siehe Heating and Ventilating 1932 Februarheft; 1931 Septemberheft. Ferner T. Haldane: The Heat-Pump- an economical method of producing low grade heat from electricity-Vortrag Institution of El-Engineers, London. — Knoblauch: 11. Kongr. Heizg. u. Lüftg. Berlin 1924.

[3] Gensecke: Über Kompressionsverdampfung. Z. VDI 1923 S. 249.

[4] Hencky: Die wirtschaftliche Fortleitung und Verteilung von Dampf. Z. VDI 1925 S. 492.

ihre Eignung dort zu prüfen haben, wo für Durchschnittsbelastungen die Wärmekapazität der Rohre noch hinreichend ist, bei tiefsten Außentemperaturen aber zu großer Druckabfall und damit Lieferunmöglichkeit eintritt.

Beim Prozeß Wärme-Kraft unterschieden wir [s. Gleichung (7)]:

$$Q_{\text{ges}} = Q_{\text{strom}} + Q_K \text{ bzw. den Wirkungsgrad } \eta_C = \frac{T_1 - T_2}{T_1} = 1 - \frac{T_2}{T_1}.$$

Q_K war die Verlustwärme des Kondensators; an ihre Stelle tritt beim umgekehrten Prozeß die umzuformende Abwärme Q_A. Mit Hilfe der Energiemenge Q_{strom} entsteht die wiedergebrauchsfähige Heizwärme Q_H, so daß für den Prozeß Kraft-Wärme gilt:

$$Q_A + Q_{\text{strom}} = Q_H. \tag{27}$$

Dieser Vorgang ist um so günstiger, je größer $\frac{Q_A}{Q_{\text{strom}}}$ bzw. je kleiner der anteilige Strombedarf $\frac{Q_{\text{strom}}}{Q_H}$ wird. Das ist bei carnotischem Verlauf der Fall [1]. Der Wirkungsgrad des C.-Prozesses ist dann

$$\eta_C = \frac{T_2 - T_1}{T_1} = \frac{T_2}{T_1} - 1, \tag{28}$$

worin T_1 die Heiztemperatur, T_2 die Temperatur der Abwärme. Der geringste Kraftbedarf je kcal Heizwärme stellt sich ein, wenn die Klammer $\left(\frac{T_2}{T_1} - 1\right)$ sich dem Wert 1 nähert, d. h. T_2 möglichst wenig tiefer als T_1 liegt.

Thermodynamisch ergiebiger als die mechanischen Druckumformer sind die thermischen, die sich die Veränderlichkeit der Siedetemperatur von Lösungen oder Salzen mit ihrer Zusammensetzung nutzbar machen [2]. Der Koenemannsche Drucktransformator muß an erster Stelle genannt werden.

b) Das Heizkraftwerk als Wasserkraftbetrieb.

Im Gegensatz zur Dampfkraft bzw. Verbrennungskraftkupplung, bei der geeignete Abwärme aus dem Kraftprozeß direkt anfällt, wird die Wasserkraft erst durch Energieformung: Wasserkraft → Strom → Wärme zur Wärmequelle für Heizanlagen. Es ist mehrfach erwiesen, daß dieser Weg der Wärmerzeugung seine wirtschaftliche Berechtigung haben kann. Auch wird bei näherem Zusehen die Zahl der möglichen Anlagen größer als erwartet, da

1. die technische Lösung der Umformung im Elektrokessel auch bei großen Leistungen betriebstechnisch keine Schwierigkeiten bereitet und gute, belastungsunabhängige Wirkungsgrade aufweist;

2. der Elektrokessel unabhängig vom Ort und in der notwendigen Verbindung mit dem Speicher auch von der Zeit des Energieanfalles ist;

3. Elektrokessel, Wärmespeicheranlagen über das Hochspannungsnetz hinweg sowohl zur Kupplung von Kraft und Wärme wie auch besonders vieler, zerstreut liegender kleiner Krafterzeugungsstätten geeignet sind.

1. Elektrodampfkessel für Heizanlagen.

In 2 Formen ist die Elektrowärmegroßerzeugung erfolgreich geworden: im Elektrokessel (mit Dampferzeugung) und dem Elektrodurchlauferhitzer. Da in erster Linie Überschußenergie [3] zu speichern ist, ergeben sich bei relativ kurzen Speicherzeiten hohe Speicherleistungen. Je nach Wärmeverwendungszweck werden Ruthsspeicher oder Warmwasserspeicher parallel zum Kessel geschaltet.

---

[1] Merkel: Das Energieproblem der elektrischen Heizung. Elektr.-Wirtsch. 1929 S. 407.
[2] Merkel: Zweistoffgemische in der Dampftechnik. Z. VDI 1928 S. 109.
[3] In den meisten Fällen ist sog. Überschußenergie Nachtstrom.

Die größte Elektrokesselleistung der Welt weist eine Papierfabrik in Riverbend (Quebec) auf[1]. Dort stehen 2 Kessel der Dominion Engineering Works von je 45,5 t/h Dampfleistung bei 13000 V, 10 atü, 32000 kW Stromaufnahme in Kaelin-Schaltung (d. h. pro Phase 1 Elektrodenkammer).

Die größte deutsche Elektrospeicheranlage für Heizzwecke steht in München. In 3 Werken der Münchener Städtischen Elektrizitätswerke sind rd. 20000 kW Elektrokesselleistung[2] installiert. Jährlich werden rd. 50 Millionen kWh Wasserkraftstrom zu Heizzwecken umgesetzt. Die Südbayerischen Elektrizitäts- und Industrieanlagen dürften insgesamt über etwa 45000 kW Elektrokesselleistung verfügen.

Das Heizkraftwerk der Stadt Winnipeg-Canada (112300 kW Leistung) ist seiner Elektrodampfkesselanlage (Kessel je 7500 kW, 10,5 t/h, 17,8 ata, 4800 V) und auch seiner Entstehungsgeschichte wegen erwähnenswert. Die schweren Frühjahrszyklone zerstörten 1922 mehrere Male einen beträchtlichen Teil der 125 km langen 60000 V-Fernleitung vom Wasserkraftwerk und verursachten längere Stromunterbrechungen. Damals faßte man den Baubeschluß für ein Reserve-Dampfkraftwerk in der Stadt und zog es als Heizkraftwerk mitten im Geschäftsviertel auf. Auf diese Art kostet die kW-Reserve 9 Monate im Jahr keinen Pfennig, ist stets einsatzklar und weist in seinem Wärmegeschäft noch einen beträchtlichen Überschuß auf[3]. Dazu bezog man 1927 für die Elektrokesselanlage, die einer Dampfkesselanlage parallel geschaltet ist, rd. 71 Millionen kWh Wasserkraftstrom (1,295 kWh/kg Dampf). Die Kohlenkessel werden 18—20 Stunden warm gebänkt gehalten und zur Zeit der elektrischen Höchstbelastung gekuppelt. Umgekehrt liegen die Elektrokesselbetriebszeiten. Der Strompreis ist $^1/_{10}$ cts/kWh, bei einem durchschnittlichen Kleintarif von 2,5 cts/kWh. Die Kohle kostet 7,5 $/t.

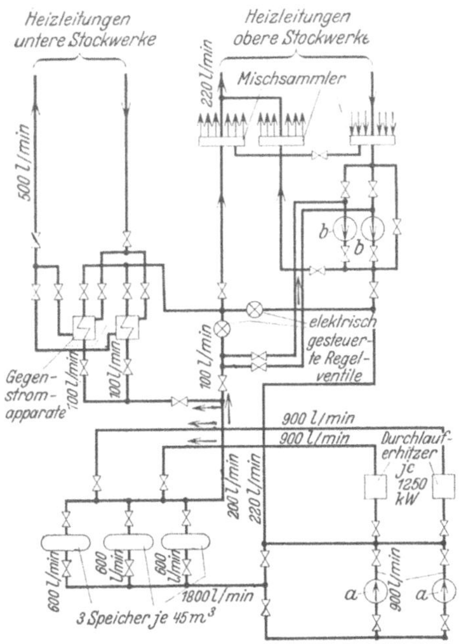

Abb. 23. Hausheizanlage mit Elektrodurchlauferhitzern und Speichern. *a* Umwälzzungen für Speicherbetrieb, *b* Umwälzzungen für obere Stockwerke.

2. Elektrodurchlauferhitzer für Heizanlagen[4].

Das Schaltbild einer Elektrodendurchlauferhitzeranlage (SSW) von 2500 kW für ein 10stöckiges Verwaltungshochhaus mit 865000 kcal/h Anschlußwert stellt Abb. 23 dar. Das Rohrsystem der höheren Stockwerke ist getrennt als Pumpenheizung ausgebildet, um die Anlage statisch zu entlasten. Für die unteren Geschosse (Schwerkraftheizung) stehen Gegenstromapparate zur Verfügung. Die Gebäudehöhe gestattet Speicherwassertemperaturen von 150° C. Die Durchlauferhitzer werden mit Schaltuhr oder nach erreichter Ladetemperatur nachts ein- bzw. ausgeschaltet; die Möglichkeit der Tagschaltung an kalten Tagen ist gewahrt.

Daß sich Elektrokesselanlagen vornehmlich in den Wasserkraftbezirken kohlenarmer Länder ausbreiten, hat zwei Gründe. Zunächst entstanden die Wasserkraftwerke an den Flußläufen mit Gefällen, die oft nicht speicherfähig waren. Man suchte dabei sehr bald für die nutzlos zu Tal gehenden Wassermengen Verwendung. Zum anderen eignen sich Elektrokessel sowohl zu Kraft- als Wärmezwecken und setzen sich in Gegenden mit hohen Kohlenpreisen leichter durch. Canada verfügte 1931 beispielsweise über 126 Elektrokesselanlagen

[1] Power: Bd. 64 (1926) S. 688; ferner Elektr. Wärme 1932 Heft 6/7.
[2] Bodler: Elektrodampfwärme. Z. bayer. Revis.-Ver. 1926 S. 243. — Arch. f. Wärmewirtsch. 1927.
[3] Proce. Nat. Distr. Heating Assoc. 1928. [4] Siemens-Z. 1926 S. 550.

mit rd. 1,1 Millionen kW Anschlußwert, wovon rd. 87 vH in Papierfabriken anzufinden sind. Bei der heutigen Hochspannungsnetzverteilung ist auch die Leistungseinbuße des Wasserkraftstromes in strengen Winterzeiten unbedenklich. Wärmekraftreserven sind ausreichend vorhanden. Das Heizwerk mit Elektrokesseln und Wärmespeichern als Wärmequelle ist für die Verbesserung unserer Wasserkraftwirtschaft bisher fast unbeachtet geblieben.

3. Rechnungsgang für Elektrospeicheranlagen.

a) Warmwasserspeicherung.

Es sei:

Q_{-20} = der Anschlußwert (maximale Wärmebedarf) einer Anlage bei der Außentemperatur $t_a = -20^0$ C in kcal/h ^{0} C,
Q_t = der Wärmebedarf bei $t_a = t^0$ C in kcal/h^0 C,
Q_l = die Wärmeabgabe während der Ladung in kcal/h,
Q_v = Wärmeverlust der Speicheranlage kcal/h,
G_w = Speicherwassermenge in kg,
G_{Dl} = Speicherdampflademenge,
G_{De} = Speicherdampfentlademenge,
S = Speichervolumen in m^3,
E_l = erforderliche elektrische Ladeleistung in kW,
t_v = Vorlauftemperatur der Heizanlage in ^{0} C,
t_r = Rücklauftemperatur der Heizanlage in ^{0} C,
$\Delta t = t_v - t_r$ ^{0} C,
t_a = Außentemperatur ^{0} C,
γ_w = spezifisches Gewicht des Wassers bei t_v kg/m^3,
Z_1 = tägliche Ladezeit des Speichers in h,
Z_2 = tägliche Betriebszeit der Heizanlage in h,
η_{sp} = Wirkungsgrad des Speichers in vH,
η_k = Wirkungsgrad des Elektrokessels bzw. Durchlauferhitzers in vH,
φ = Füllungsgrad des Speichers,
Zeiger′ = Flüssigkeit,
Zeiger″ = Dampf.

Im Beharrungszustand für den Höchstbelastungstag ist

$$G_w = \frac{Q_{-20} \cdot Z_2}{t_v - t_r} \text{ in kg}. \tag{29}$$

Mit Division von G_w durch γ_w ergibt sich das Speichervolumen S. Berücksichtigen wir im Wirkungsgrad η_{sp} den ständigen Wärmeverlust, ist

$$G_w = \frac{Q_{-20} \cdot Z_2 + Q_v (24 - Z_1)}{\Delta t} = \frac{Q_{-20} \cdot Z_2}{\Delta t \cdot \eta_{sp}} \text{ in kg}. \tag{30}$$

Der elektrische Anschlußwert ist

$$E_l = \frac{Q_{-20} \cdot Z_2}{860 \cdot \eta_k \cdot Z_1} \text{ in kW}. \tag{31}$$

Die Gleichungen (29) bis (31) erfahren eine kleine Korrektur, falls eine Wärmemenge Q_l geliefert wird.

b) Dampfspeicherung.

Durch einen Elektrokessel werde 1 Dampfspeicher vom Druck p_1 auf p_2 mit Dampf von gleichbleibendem Wärmeinhalt i_1 aufgeladen. Zum Speisen wird Rücklaufwasser benutzt. Dann ist[1] die Ladedampfmenge

$$G_{Dl} = S \cdot \varphi \cdot \gamma_w \cdot \frac{i_1' - i_2'}{i_1 - i_2'} \text{ kg/h} \tag{32}$$

[1] Knopf: Diss. Techn. Hochsch. Dresden.

bzw. wird beim Entladen die Dampfmenge frei:

$$G_{De} = S \cdot \varphi \cdot \gamma_w \cdot \frac{i_1' - i_2'}{i_1'' - i_2'} \text{ kg/h}. \tag{33}$$

Um den Wärme- bzw. Druckverlust Q_v auszugleichen, muß zusätzlich eine Dampfmenge

$$G_v = \frac{Q_v}{i_1' - i_1'} \text{ in kg/h}, \tag{34}$$

eingeführt werden.

Beim betrieblichen Laden nimmt der Elektrokessel folgende Leistung auf:

$$E_l = \frac{G_{Dl}(i_1'' - i_2') + (G_w - G_{Dl})(i_1' - i_2')}{860 \cdot \eta_k \cdot Z_1} \text{ kW}. \tag{35}$$

c) Das Heizkraftwerk als Verbrennungskraftbetrieb.

Dazu rechnen die öffentlichen Kraftwerke mit Diesel- und Gasmaschinen. Sie sind an Zahl gering, zum mindesten alle kleiner Leistung (s. Zahlentafel 23). Soweit Großdieselanlagen in den letzten Jahren entstanden, war lediglich die Schaffung von Spitzenwerken bezweckt. Diese kommen also für eine Kupplung nicht in Frage. Ob der Kohlenstaubmotor je eine Änderung zu bewirken vermag, wird davon abhängen, wieweit sich bei notwendiger Großausführung noch das Ascheproblem bzw. die Abgasfilterung technisch wirtschaftlich lösen läßt. Immerhin wollen wir uns einen Überblick über die Wärmemengen verschaffen, die an sich verfügbar wären[1].

Abwärmemenge von Diesel- und Gasmaschinen.

In Zahlentafel 19 ist die Wärmebilanz verschiedener Dieselmotoren zusammengestellt. Nur die beiden Abwärmegruppen „Auspuffwärme und Kühlwasserwärme" kommen als Wärmequelle in Betracht. Die technische Lösung kennt Abgasverwerter (Dampfkessel bzw. Wasservorwärmer) bei der Auspuffwärme und die Heißwasserkühlung für die Nutzbarmachung der Zylinder- und Kolbenabwärme.

Der Anteil der nutzbar gemachten Wärme an der verfügbaren Auspuffwärme hängt stark von der Anfangstemperatur ab und ist bei Wassererwärmung höher als bei Dampferzeugung. Für Abgastemperaturen von 300°—400° C beträgt er zwischen 35—40 vH. Mittlere Abgasverhältnisse moderner Großmotoren gibt Abb. 24 wieder. Durch Multiplikation mit $c = 0{,}24 - 0{,}26$ kcal/kg° C kann aus den Abgasgewichten die mitgeführte Abgaswärme ermittelt werden. 4-Taktmotoren haben im allgemeinen etwas höhere Abgastemperaturen als 2-Taktmaschinen.

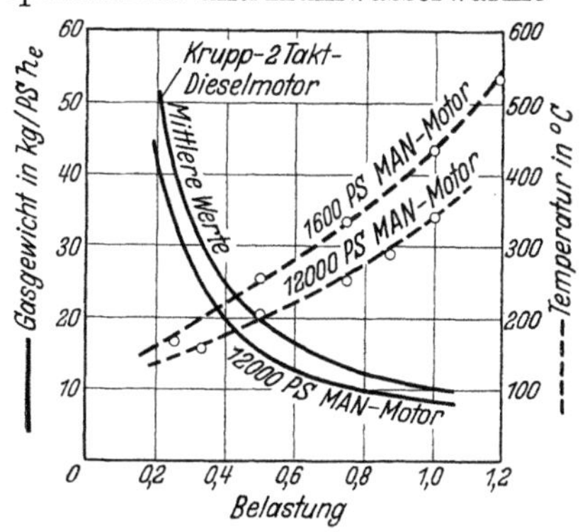

Abb. 24.
Gasgewichte und Abgastemperaturen von Großdieselmaschinen.

Die Heißwasserkühlung ist rein schaltungstechnisch für Heizzwecke brauchbarer. Auch sie ist wie die Auspuffwärmeverwertung stark von der Belastung abhängig. Dafür ist aber im Warmwassernetz eher die Möglichkeit des Ausgleichs durch Speicherung gegeben. Auf diese Weise läßt sich der Anteil der rückgewinnbaren Kühlwasserabwärme zwischen 70 und 80 vH halten. Alle Zahlen

[1] Oppitz: Die Wärmeverwertung bei Schiffsmotoren. Arch. Wärmewirtsch. 1928 S. 81. — Hauser: Heißkühlung bei Großgasmaschinen. Arch. Wärmewirtsch. 1929 S. 11. — Hecker: Heißkühlung bei Verbrennungsmotoren. Z. VDI 1930 S. 471. — Hottinger: Abwärmeverwertung. Berlin: Julius Springer. Versuche an einer Großgasmaschine mit Abwärmeverwertung. Wärme 1924 S. 365.

Zahlentafel 19. Wärmebilanz von

	15000 PS 2-Takt MAN-Motor stehend, doppelt wirkend, mit Spülluftgebläse[1] Vollast kcal/Pshe vH	12000 PS MAN-Motor kompressorlos, doppelt wirkend, 2-Takt[2] Vollast kcal/Pshe vH	4460 PS 2-Takt MAN-Motor stehend, doppelt wirkend, mit Luftkühlung ohne Spülgebläse[3] Vollast kcal/Pshe vH	2300 PS 2-Takt Sulzer-Motor stehend, einfach wirkend[3] Vollast kcal/Pshe vH
1. Nutzarbeit W_1 . .	632 = 35,7	632 = 35,7	632 = 36,6	632 = 36,5
2. Auspuffgase W_2 .	518 = 29,2	657 = 37,2	468 = 27,2	572 = 33,1
3. Kühlwasserwärme W_3				
a) Deckel u. Mantel		282 = 15,9	380 = 22,0	312 = 18,0
b) Kolben	461 = 26,0	142 = 8,0	157 = 9,1	125 = 7,2
c) Auspuffleitung .				
d) Reibung. . . .	74 = 4,2	z. großen Teil in W_2 enthalten	88 = 5,1	89 = 5,2
4. Strahlung usw. W_4		57 = 3,2		
5. Sonstiges W_5 . . .	87 = 4,9			
Summe:	1772 = 100,0	1770 = 100,0	1725 = 100,0	1730 = 100,0

entsprechen mittleren Betriebsbedingungen. Insgesamt liefert die Großdieselmaschine also je PSh_e:

$$\begin{aligned}\text{Nutzwärme} &= \text{Abgaswärme } (W_2) + \text{Kühlwasserwärme } (W_3)\\ &= (0{,}35\text{—}0{,}4)\cdot 500\ \text{kcal} + (0{,}75\text{—}0{,}80)\ 480\ \text{kcal}\\ &= (175\text{—}200)\ \text{kcal} + (360 + 385)\ \text{kcal}.\end{aligned}$$

Zahlen von 535—585 kcal/Pshe bzw. 730—800 kcal/kWh stellen gute Durchschnittswerte dar. Bei Vollbelastung und reichlicher Dimensionierung sind 1000—1100 kcal/kWh leicht erhältlich. Solche Werte können der Bemessung von Heizkraftanlagen aber nur zugrunde gelegt werden, wenn Kraft- und Heizbelastungsverlauf übereinstimmen.

Die moderne Großgasmaschine mit nachgeschalteten Abhitzekesseln hatte laut Zahlentafel 19 bei einem Verbrauch von 3510 kcal/kWh ($\eta = 0{,}245$) einen thermischen Gesamtwirkungsgrad von 46,9 vH, wobei im Abhitzekessel rd. 60,8 vH der Abgaswärme in Dampf umgewandelt wurde. Der Wirkungsgrad des Abhitzekessels schwankte je nach Belastung zwischen 45 und 60 vH.

d) Die Heizkrafterzeugung in städtischen Nebenbetrieben.

Hier soll die Aufmerksamkeit auf Energieverwertungsmöglichkeiten gelenkt werden, deren Vorhandensein vielen Kreisen unbekannt ist. Verfasser beabsichtigt keineswegs die Angliederung von öffentlichen Heizbetrieben an Gaswerke, Müllverbrennungsbetriebe usw. zu empfehlen. Moderne Gaswerke sind auch kaum in der Lage, bedeutende Abwärmemengen abzugeben. Aber auf die öfters verwirklichte Kupplung von Gaswerksabwärme mit großen Volksbädern (Kassel, Tübingen, Innsbruck usw.)[4], von Schwimmbädern mit Überschußstromlieferung an das Kraftwerk zwecks Einsparung der sonst benötigten Umformstation (Gmünd)[5] usw. sei hingewiesen. Die Mehrzahl der fernbelieferten Großbäder bezieht ihre Wärme übrigens von Elektrizitätswerken.

Ernsthaftere Aussicht auf Eingliederung in die verbundene Energieversorgung der Städte haben meines Erachtens die Müllverbrennungswerke. 1929 erzeugten die 3 Pariser Müllverbrennungswerke rd. 70 Mill., 1931 nahezu 90 Mill. kWh, die der Stadt Glasgow (Schottland) rd. 50 Mill. kWh. Das Altonaer Müllwerk lieferte 1930: 0,713, 1931: 0,776 Mill. kWh an das

[1] Z. VDI 1926 S. 1409f. [2] Z. VDI 1930 S. 489—570. [3] Z. VDI 1926 S. 1062f.
[4] Kaiser: „Abhitzeverwertung eines Gaswerkes für eine Fernheizung." Z. bayer. Revis.-Ver. 1931 Nr. 13.
[5] Gas- u. Wasserfach 1931 Heft 36 S. 844.

Dieselmotoren und Großgasmaschinen.

1625 PS 4-Takt MAN-Motor stehend, einfach wirkend, mit Luftkompressor[1]	680 PS 4-Takt MAN-Motor stehend, einfach wirkend, mit Luftkompressor[1]	Älterer 300 PS 4-Takt Sulzer-Motor mit Abwärmeverwertung (praktisch gemessene Werte)[2]			MAN-Großgasmaschine mit Dingler-Abhitzekessel[3]
Vollast kcal/Pshe vH	Vollast kcal/Pshe vH	$^1/_3$	$^3/_4$	$^4/_4$	günstigste Belastung 3510 kW kcal/kWh vH
632 = 34,7	632 = 35,1	632= 26,6	632=32,6	632=335,0	860 = 24,5
518 = 28,5	460 = 25,5	499= 21,0	417= 21,5	398=211,0	1327 = 37,8
420 = 23,1	359 = 19,9				934 = 26,6
100[4] = 5,5	150[5] = 8,4	818= 34,4	—	517= 27,4	
150 = 8,2					
in W_2 enthalten					
—	—	—	—	—	63 = 1,8
—	—	—	—	—	326 = 9,3
1820 = 100,0	1801 = 100,0	2378=100,0	1940=100,0	1887=100,0	3510 = 100,0

örtliche Elektrizitätswerk Unterelbe A.-G. In Zürich[6] und einigen englischen Städten (u. a. Manchester) sind Müllverbrennungswerke bereits mit Fernwärmeversorgung verbunden. In Huddersfield wurden 1930/31 aus rd. 27348 t Müll 52832 t Dampf (8,1 t/h im Mittel) erzeugt und im Elektrizitätswerk zur Stromerzeugung benutzt[7].

Durchschnittlich fallen an:
Menge: 1,0—1,7 m³/Tag Müll je 1000 Einwohner (0,5 kg/Tag und Kopf).
Heizwert: von 800—1200 kcal/kg.
Erzeugung: rd. 0,8—1,1 kg Dampf/kg Müll im Jahresmittel,
„ 1,7—2,6 „ „ „ Stundenleistung.

B. Kraft- und Wärmetransport.

Bei Schilderung der wesentlichen Merkmale einer Heizkraftwirtschaft gebührt den Energietransportfragen ein besonderer Abschnitt. Man geht mit der Behauptung nicht allzuweit fehl, daß die Energieversorgung unserer großen Städte ein anderes Gesicht zeigen würde, wenn alle Möglichkeiten des Strom-Wärmetransportes ausgenutzt worden wären, und zwar vornehmlich in der Richtung, den Strom am Verbrauchsort zu erzeugen. Als Verbrauchsstelle in diesem Sinne hat vorläufig ein mäßig großer Stadtbezirk (von 3—5 qkm an) mit geeignetem Strom- und Wärmebedarf zu gelten.

a) Stromtransport.

Äußerlich hat es den Anschein, als ob die öffentliche Heizkraftwirtschaft zu spät kommt, zu spät sowohl hinsichtlich der wirtschaftlichen Begründung des neuen Geschäftszweiges als auch des Zeitpunktes einer Eroberung städtischer Absatzgebiete. Beides verlangt eine eingehende Prüfung.

Unsere Stromwirtschaft ist hoch entwickelt. Ein weit verästeltes Freileitungs- und Kabelnetz überspannt das Land, verbindet Wasser- und Wärmekraftanlagen, Rohstoff- und Verbrauchergebiete. Durch Kupplung und Speicherung soll die Erzeugung immer mehr von den Belastungsschwankungen befreit und in großen Werken wirtschaftlich zentralisiert werden (s. S. 5f.). Damit formt sich die ursprüngliche Aufgabe der Stromerzeugung allmählich zum Verteilungs- und Finanzproblem um. Auf den Niederspannungs-kWh-Preis haben heute mehr denn

[1] Z. VDI 1926 S. 1062f. [2] Z. VDI 1912 S. 458f. [3] Wärme 1924, S. 365.
[4] Mit Ölkühlung. [5] Mit Wasserkühlung [6] Siehe Zahlentafel 23.
[7] Municipal Engineering, Nr. 2173. London 1931; ferner Pwr. Engr. 1931 S. 302.

je die leistungsabhängigen Kosten[1] Einfluß. Das ist aus Abb. 25, die wohl symptomatisch für alle Länder gilt, abzulesen. Die beachtlichen Erfolge in der Verbilligung des Kraftwerkskilowatt (rd. 13 vH bei 39 vH der Gesamtkosten) wurden von der Anlagekostensteigerung der Stromverteilungsanlagen (+ 20 vH) mehr als wettgemacht.

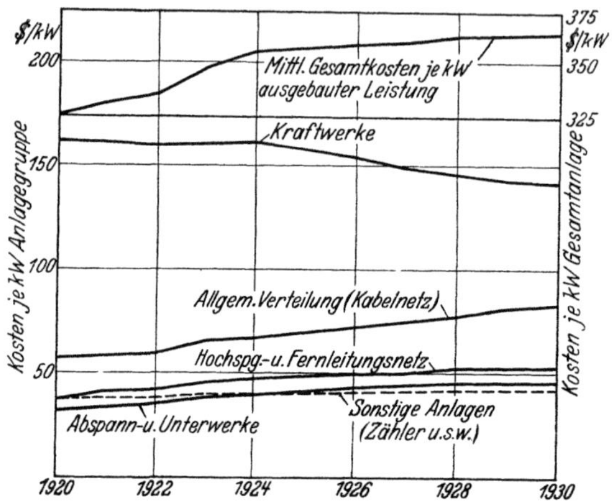

Abb. 25. Entwicklung der Anlagekosten in der amerikanischen Elektrizitätswirtschaft.

Die Leistungseinheit großstädtischer Stromversorgungssysteme kann im Mittel auf rd. 700—800 RM./kW (805 bis 920 RM./kW einschließlich Reserve) Mindest-Neuanlagewert geschätzt werden. Davon entfallen etwa 280—320 RM. auf das Kraftwerk, weitere 200 bis 230 RM. erfordert das Niederspannungsnetz, der Rest wird für die Übertragungsnetzteile benötigt. Hieran kann erheblich gespart werden. Das zukünftige Heizkraftwerk soll in der Geschäfts- und Wohngegend, den Gebieten hoher Lichtbelastung Verwendung finden, also Gebieten mit zweifellos geringster Benutzungsdauer und höchsten Verteilungskosten. Die Stromerzeugung rückt somit wieder mitten ins Verbrauchszentrum, die Übertragung und das Netz verkürzen, verbilligen und vereinfachen sich weitgehend. Nach zahlreichen gründlichen Untersuchungen ist dadurch eine Anlagekostenersparnis von 140—180 RM./kW insgesamt möglich, was z. B. für die

Zahlentafel 19a. Stromkostenaufteilung.

Je kWh Niederspannung	Amer. Wasserkraftwerk 200 000 Konsumenten 490 kWh je Kleinabnehmer — Anteil an Gesamtkosten vH	Je kWh Gesamterzeugung	Deutsches Dampfkraftwerk, 375 kWh/Abnehmer — Kostengruppen — ausschließlich Kapitalkosten vH	Deutsches Dampfkraftwerk, 375 kWh/Abnehmer — Kostengruppen — einschließlich Kapitalkosten vH
Erzeugungskosten im Kraftwerk	9,1	Strombezugs- + Erzeugungskosten im Kraftwerk	31,4	41,9
Betriebskosten der Dampfreserve . . .	5,5	Hochspannungsverteilung	4,3	9,5
Umspann- und Hochspannungstransport	6,4	Umformung und Abspannung	9,3	16,9
Niederspannungsverteilung	31,0	Niederspannungsnetze, Zählerwesen, Abrechnung	10,0	17,7
Allgemeine Kosten des Verkehrs mit den Abnehmern (Zähler- u. Rechnungswesen)	36,8	Kapitalkosten	31,0	—
Steuern	7,5	Steuern	14,0	14,0
Sonstiges	3,7	—	—	—
Summe:	100,0	Summe:	100,0	100,0

[1] Krohne, E.: „Die wirtschaftliche Erzeugung der elektrischen Spitzenkraft in Großstädten". Berlin: Julius Springer 1929.

Wohngebiets-kWh allein einer Erzeugungskostensenkung von 2—3 Pfg. gleichkommt. Aus Zahlentafel 19a wird die Wichtigkeit einer Kapitalkostenverminderung im Verteilungsnetz nochmals besonders deutlich. Beim Wasserkraftwerk entstanden rd. 74 vH der Gesamtkosten einer Niederspannungs-kWh im Kabelnetz allein. Im Wärmekraftwerk verschieben sich die Kostengruppen etwas zu Lasten des Brennstoffverbrauchs. Berücksichtigt man hier jedoch, daß nur 37 vH aller kWh des im Beispiel herangezogenen Elektrizitätswerkes als Niederspannung abgesetzt wurde, die Niederspannung-Lichtbelastung aber den wesentlichsten Teil (etwa 65 vH) aller Kapitalkosten verursacht, ist eigentlich die stromwirtschaftliche Aufgabe der Heizkraftkupplung umrissen. Sie heißt: Weitgehende Befreiung der jetzigen Kondensationswerke von der Niederspannungs-Strombelastung. In der alleinigen Anlagekostenersparnis erschöpft sich die stromwirtschaftliche Begründung nicht.

Mit der Entlastung der Kondensationswerke vom Lichtstrom steigt ihr Belastungsfaktor und ihre Wirtschaftlichkeit als direkte Folge. Für ein solches Ziel kann es nie zu spät sein. Das Heizkraftwerk bedeutet als Ortskraftwerk niemals ein Hindernis der Fernstromversorgung. Heute bestreitet wohl keiner, daß in wichtigen Orten eine gesunde Mischung beider Stromarten am Platze ist[1]; und von den „Für und Wider"-Argumenten des Fernstrom-Eigenstrom-Komplexes verschwinden die energiewirtschaftlichen Gründe ohnehin, denn volkswirtschaftlich — an der Heizkraftkupplung gemessen — stellt Fernstrom oft eine noch größere Verschwendung als die Erzeugung der Frischwasserkondensationswerke dar. Mit allem Grund wird so oft der Vorschlag gemacht, die Braunkohlen-Brikettkraftwerke in die Hochspannungsversorgung einzugliedern[2]. Das ist voll zu begrüßen, aber unserem Heizkraftproblem im Stadtinnern keinesfalls ebenbürtig. Von einer Erörterung der Versorgungssicherheit kann unbedenklich abgesehen werden. Fernstrom, Kondensations- und Heizkrafterzeugung sind darin praktisch gleichwertig. Nur bei äußersten Ansprüchen fordert ersterer erhöhte Ortsreserve.

Allerdings muß eine heute manchmal vertretene Ansicht zum Teil beiseite gestellt werden. Die wahren Ziele der großstädtischen Stromversorgung sind tatsächlich oft von betriebstechnischen Erwägungen verschleiert. Nicht in der an sich hervorragenden Leistung, viele Tausend kVA/Generatorenleistung in 2—4 Werken parallel und störungsfrei zu betreiben, erschöpft sich die Versorgungsaufgabe. Die individuellere Aufteilung der Erzeugung nach innerstädtischen Absatzbezirken, bringt meines Erachtens gelegentlich mehr Nutzen. Jenes kann wohl mit geringstem Wärmeaufwand der bestehenden Kondensationswerke, guter Spannungshaltung, schneller Störungsbeseitigung identisch sein. Alle wirklichen Erfolge bei der Verbilligung der reinen Erzeugung werden aber von der Vielzahl der Absatzstellen, den thermischen Bedingungen, den Kosten der Wirk-, Blindlast, Spannungs-, Frequenzregelung, Erdschluß- und Kurzschlußbekämpfung u. a. stark kompensiert. Man fände dies weitgehendst bestätigt, wenn nicht nur die Gesamterzeugung, sondern die Stromgruppen mit den für sie in Frage kommenden Kostenanteilen belastet würden. In der großstädtischen Stromversorgung ist es letzten Endes nicht anders als in der ganzer Länder. Die horizontale Vertrustung bringt von bestimmten Dimensionen ab keine Vorteile mehr, eine Ansicht, die auch aus der Diskussion über das Millersche Gutachten[3] herausklingt.

[1] Schraeder, Elektrotechn. Z. Bd. 51 (1930) S. 1091 u. 1131.

[2] Die grundlegende Arbeit stammt von K. Vigner: Braunkohle 1925 Heft 48 u. 1926 Heft 21; ferner O. Schöne: Braunkohle 1930 Heft 31; R. Schneider an gleicher Stelle; Fr. Münzinger: Z. VDI 1932 Heft 29 S. 693.

[3] Miller, O. v.: Reichselektrizitätsversorgung (Gutachten für das Reichswirtschaftsministerium). Berlin 1930. VDI-Verlag; dazu Warrelmann: Der zukünftige Ausbau der deutschen Elektrizitäts-Wirtschaft. Arch. Wärmewirtsch. Bd. 12 (1931) S. 117.

b) Wärmetransport.

Hier sollen lediglich technische Hauptpunkte des Themas[1] aneinandergereiht werden, um ihre Bedeutung für den Bau großer Wärmetransportnetze hervorzuheben und sie überhaupt einmal geschlossen zu gruppieren.

1. Druckverlust[2].

Nach der konstruktiven Form von Rohrleitungen — gerade Leitungsstrecken, darin Einbauten bzw. Richtungsänderungen — denkt man sich den gesamten Bewegungswiderstand, den das Medium beim Durchströmen erfährt, aus 2 Verlustquellen herrührend:

1. der Rohrreibungen an den Wandungen ($\varDelta p'$),
2. dem Einzelwiderstand durch eingebaute Ventile, Wellrohre, Krümmer, T-Stücke usw. ($\varDelta p''$).

Dementsprechend ist die Bedingungsgleichung für den Druckabfall geformt, die den Gesetzen der Hydraulik ähnelt. Mit

l = Leitungslänge in m,
d = l. Leitungsdurchmesser in mm,
w = Strömungsgeschwindigkeit in m/sec,
γ = Raumgewicht des strömenden Mediums in kg/m³,
λ = Reynoldsche Zahl,
g = Erdbeschleunigung in m/sec²,
$\xi\ \zeta$ = Widerstandszahlen,
μ = Zähigkeit,
ν = kinematische Zähigkeit,
L_r = Reibungsarbeit in mkg,
R' = Reibungswiderstand/m² Rohrfläche,
Index $a, 1$ = Leitungsanfang,
„ $e, 2$ = Leitungs- oder Strömungswegende

ist für Dampfleitungen nach Schüle[3]:

$$L_r = \frac{\varDelta p'}{\gamma} = \frac{4 R'}{\gamma} \cdot \frac{1}{d} = \xi \cdot \frac{1}{d} \cdot \frac{w^2}{2_g}. \tag{36}$$

Der Wert ξ ist von mehreren Faktoren (w, d, γ, μ) abhängig und als Funktion der Reynoldschen Zahl $\left(\frac{w \cdot d}{\nu}\right)$ darstellbar. Am besten entspricht eine Exponentialgleichung der Wirklichkeit von der allgemeinen Form:

$$\xi = C \cdot \frac{\gamma^{a-1} \cdot w^{b-2}}{d^{c-1}}.$$

Fritzsche[4] hat ihre Gültigkeitsbedingungen ausgewertet und erhalten:

$$\varDelta p'_D = 6{,}02 \cdot \frac{\gamma^{0,852} \cdot w^{1,852}}{d^{1,269}} \cdot l\,. \tag{37}$$

Brabbé[5] fand für Heizdampfleitungen die Fassung:

$$\varDelta p'_D = 5{,}66 \cdot \frac{\gamma^{0,852} \cdot w^{1,853}}{d^{1,281}} \cdot l\,. \tag{38}$$

Die Rohrnetzberechnung von Wasserheizungen basiert auf einer von Brabbé der Gleichung (38) angenäherten Formel:

---

[1] Gröber: Wärmetransport und Wärmeschutz. Ber. 12. Kongr. Heizg. u. Lüftg., S. 95f. München: Oldenburg 1927.
[2] Jakob u. Eck: Forschgsarb. VDI Bd. 267, ferner Gröber-Rietschel: Heizungs- und Lüftungstechnik. Berlin: Julius Springer.
[3] Schüle, W.: Technische Thermodynamik, 4. Aufl. Berlin: Julius Springer.
[4] Fritzsche: Forschgsarb. VDI Heft 60.
[5] Bradtke: Das Druckgefälle in geraden Rohrstrecken. Gesundh.-Ing. 1930, Sonderh.

für $t_w = 18^0$ C:

$$\Delta\, p'_w = 6460 \cdot \frac{w^{1,80}}{d^{1,41}} \cdot 1\,, \tag{39}$$

innerhalb $w = 0{,}5 - 2{,}0$ m/sec,

für $t_w = 70^0$ C:

$$\Delta\, p'_w = 4920 \cdot \frac{w^{1,86}}{d^{1,37}} \cdot 1\,. \tag{40}$$

Die Gleichungen lassen erkennen, daß sowohl Exponenten als auch Einzelfaktoren mit der Temperatur schwanken. Für $t_w = 40^0$ C hat man den 70^0-Wert etwa mit 1,1, für $t_w = 50^0$ mit 1,05 zu multiplizieren.

In exakter Weise hat Bradtke[1] die Brabbéschen Werte einer nochmaligen Prüfung unterzogen und sie den theoretischen und experimentellen Erkenntnissen unserer heutigen Strömungslehre eingegliedert.

Der Einzelwiderstand von Einbauten ist dem Quadrat der Strömungsgeschwindigkeit proportional, wobei ein von der Konstruktionsform abhängiger Beiwert ζ auftritt. Er ist:

$$\Delta\, p'' = \zeta \cdot \frac{w^2}{2g} \cdot \text{in mm WS}\,. \tag{41}$$

Die ζ-Werte sind für alle gebräuchlichen Rohreinbauten und Rohrkrümmungen ermittelt[2].

Gleichung (37) liefert Werte, die ersichtlich (rd. 10 vH) über den Brabbé-Gleichungswerten liegen. Das entspricht der wirklichen Rohrausführung, in der Schweißnähte, Rostansatz, Ausscheidungen u. a. widerstandserhöhend wirken. Bei langen Dampfleitungen kann sich γ bis zum Strömungsende erheblich ändern. Sein Wert fällt und mit ihm ändert sich w in umgekehrtem Sinn. Die Druckabfallgleichung wird daher richtiger auf das Leitungselement $\frac{\Delta\, p'}{l}$ bezogen. Im Berechnungsgang selbst hilft man sich gewöhnlich durch mehrfache Unterteilung der Gesamtstrecke. Etwas einfacher im Gebrauch ist eine Fehlerkurve, mit deren Werten die nach Gleichung (37) und (38) erhaltenen $\frac{\Delta\, p'}{l}$ = Größen zu multiplizieren sind.

Die vorstehenden Gleichungen berücksichtigen keinen Wärmeverlust, d. h. der Druckabfall entspricht angenähert adiabatischer Zustandsänderung. Er setzt sich voll in Reibungswärme um. Feuchter Dampf wird getrocknet oder gar überhitzt, Heißdampf in der Temperatur ermäßigt. Insgesamt tritt eine Entropievermehrung ein. Nun ist aber immer ein Wärmeverlust vorhanden. Er gleicht den Einfluß von $\Delta\, p'$ auf γ weitgehend aus, denn er verursacht eine Raumgewichtszunahme, verringert damit die Geschwindigkeit w. Die Änderung von γ_a während des Strömungswegs ist so vorstellbar, und dem entsprechen auch die anzustellenden Rechnungsverfahren für Heißdampf, daß γ_a durch den Druckabfall $\Delta\, p'_D$ auf γ_0 sinkt und durch den Wärmeverlust $(i_1 - i_2)$ eine Erhöhung von γ_0 auf γ_e erfährt. Im Rechnungsgang bei Sattdampf ist eine Annahme für den Wassergehalt des Dampfes am Strömungsende erforderlich. Im gleichen Netz hat der Heißdampftransport stets höhere Druckverluste als der Sattdampf.

Der Aufstellung von Druckverlustrechnungen ist besondere Sorgfalt zu widmen, wenn es sich um Warmwasserverteilung handelt. Netzdruckplänen nach Abb. 26 und 27 kommt als wichtiger Planungsunterlage auch starke Bedeutung in der Betriebsführung zu. Bei jedem Neuanschluß ist eine Druckeinregulierung notwendig, um die richtige Wärmeversorgung sicherzustellen. Als Normalwert kann jeder Hausanlage ein Differenzdruck von 2 m-WS zugebilligt werden. In der Nähe des Werkes steht natürlich ein erheblich höherer Betrag zur Verfügung,

---

[1] Bradtke: Das Druckgefälle in geraden Rohrstrecken. Gesundh.-Ing. 1930, Sonderh.
[2] Schwedler: Handbuch der Rohrleitungen. Berlin: Julius Springer 1932.

was aus dem Netzdruckdiagramm hervorgeht. Dieser überschüssige Differenzdruck ist abzudrosseln. Mit fortschreitender Anschlußtätigkeit ändert sich das Druckniveau ständig. Neben dem Druckdiagramm für den Endausbau sollten daher stets solche für $^1/_3$, $^1/_2$ und $^3/_4$ Ausbau existieren. Im übrigen ergibt die Rechnung nur Mindestwerte. Die Aufrundung auf handelsübliche Dimensionen

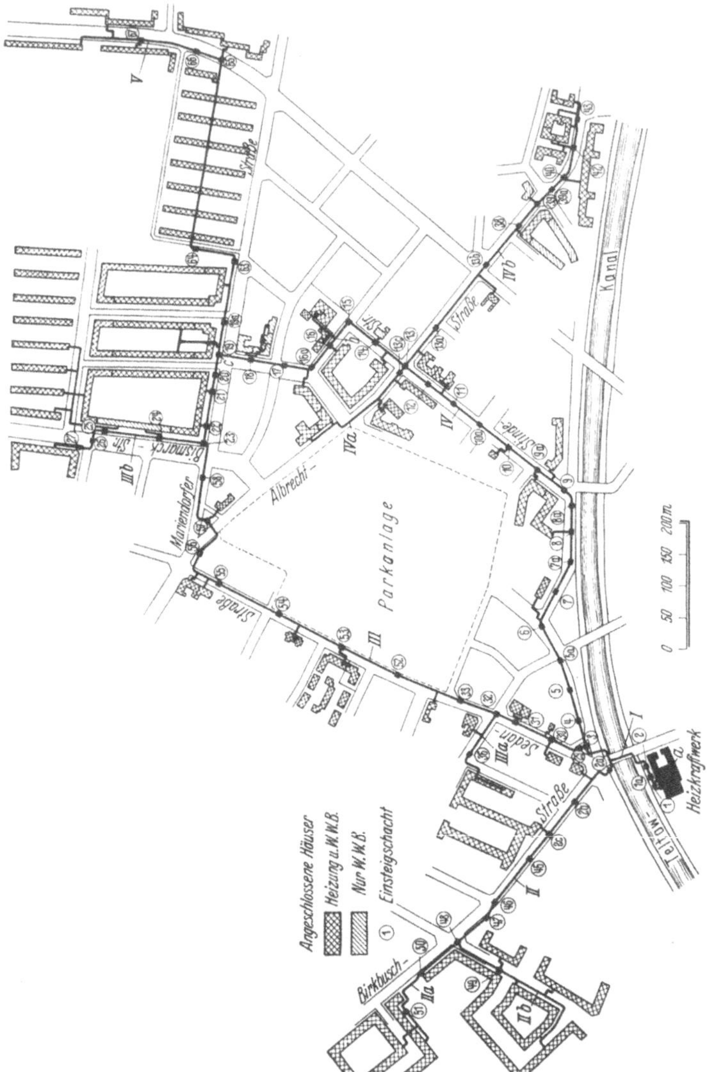

Abb. 26. Rohrnetz Städteheizwerk Steglitz (Erklärung hierzu s. Abb. 27).

und die Rücksicht auf anzuschließende Neubauten sind stets mit den entstehenden Mehrkosten abzuwägen.

Bei Städteheizrohrnetzen deutscher Bauart ist das Verhältnis $\Delta p' : \Delta p'' =$ rd. 8 : 1; in älteren Stadtteilen mit stark gekrümmten Straßen geht es bis auf 2 : 1 herunter. In den Anschlußleitungen der Häuser kommen oft Werte von 4 : 1 oder 1 : 1 vor.

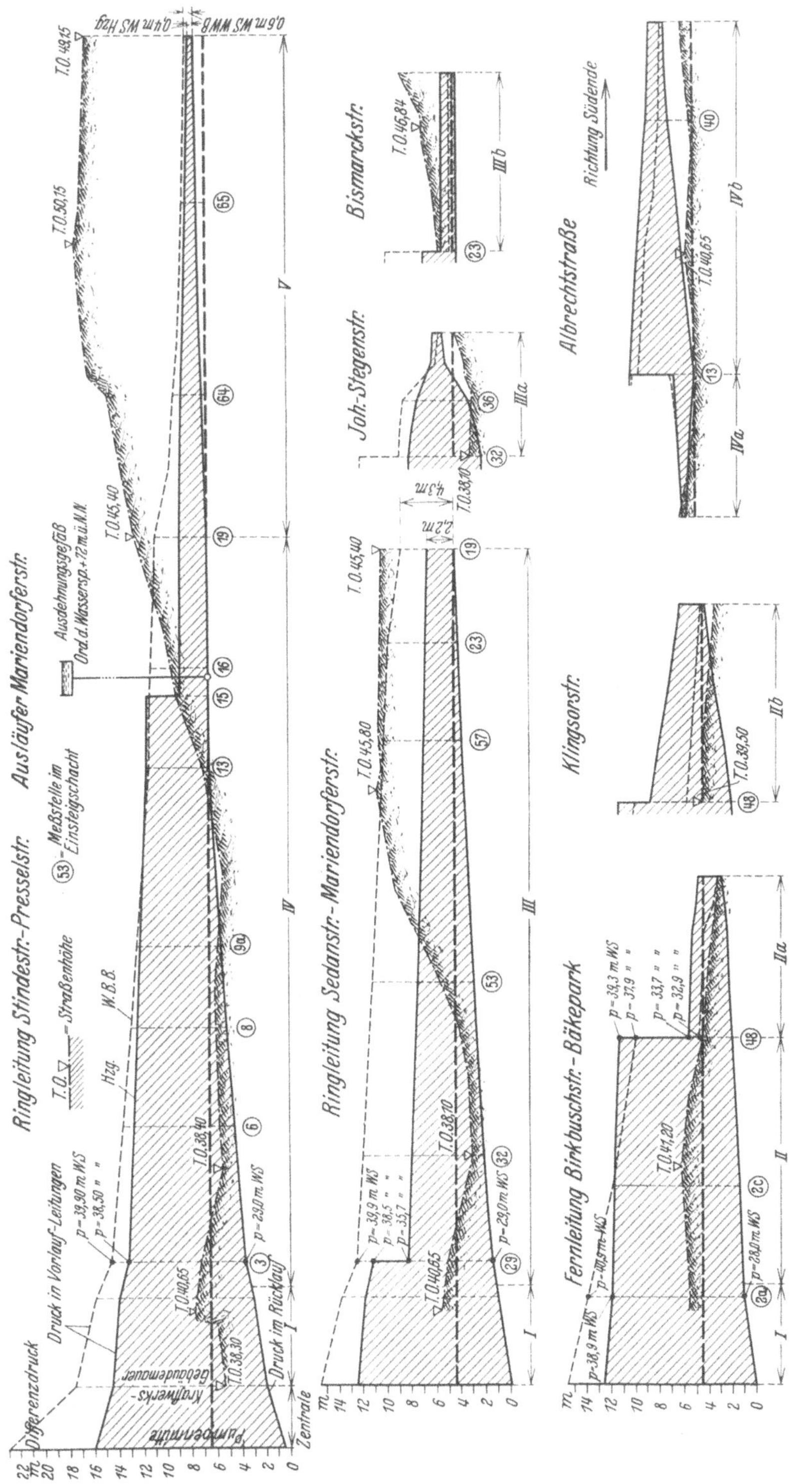

Abb. 27. Netzdruckdiagramm Städteheizwerk Steglitz. Kreisziffern Meßschächte, *I—V* Druckstrecken, *a—c* Druck- und Temperaturfernmessung.

2. Wärmeverlust[1].

Bei: Q, q = stündlich durch die Isolierung strömende Wärmemenge in kcal/h bei D kg/h,
F = durchströmte Fläche in mittlerer Tiefe in m^2,
$s = \left(\frac{d_2 - d_2}{2}\right)$ = Dicke der durchströmten Schicht (bei Rohrdurchmesser d_1 und d_2) in m,
t_{01}, t_{02} = Oberflächentemperaturen in ^{0} C,
t_1 = Innentemperatur des Wärmeträgers in ^{0} C,
t_2 = Temperatur der Umgebung in ^{0} C,
λ = Wärmeleitzahl in kcal/mh ^{0} C,
φ = Formfaktor
R_L = Wärmeleitwiderstand in h ^{0} C/kcal

ist:

$$Q = \frac{F \cdot \lambda \cdot (t_{01} - t_{02})}{\varphi \cdot s} = \frac{t_{01} - t_{02}}{R_L}, \qquad \text{worin } R_L = \varphi \cdot \frac{s}{\lambda \cdot F}. \tag{42}$$

Diese Fassung der Wärmeverlustgleichung entspricht durchaus den Gesetzen der Hydraulik oder Elektrotechnik (Ohmsches Gesetz $i = e/r$).

Je Flächeneinheit ist:

$$q = \frac{t_{01} - t_{02}}{r_l}.$$

Bei einer aus mehreren Schichten bestehenden Isolierschicht gilt die sog. äquivalente Wärmeleitzahl; es ist dann

$$R_L = R_{L_1} + R_{L_2} + R_{L_3} = \varphi \cdot \frac{s}{\lambda \cdot F}. \tag{42a}$$

Der Formfaktor φ ist bei der ebenen Wand = 1. Beim Hohlzylinder, also der Rohrleitungsisolierung, sind:

$$s = \frac{d_2 - d_1}{2}, \quad F = \frac{d_2 + d_1}{2}\pi \cdot 1 \qquad \varphi = \frac{1}{2} \cdot \left(\frac{\frac{d_2}{d_1} + 1}{\frac{d_2}{d_1} - 1}\right) \ln \frac{d_2}{d_1}. \tag{42b}$$

Bei Betonkanalleitungen kann als Temperatur der Umgebung durchschnittlich

$t_2 \sim 40^0$ bei 2 ata/Sattdampf
$t_2 \sim 35^0$ bei 80^0 Warmwasser

angesetzt werden, so daß mittels der Wärmeübergangszahl

$$\alpha = 8{,}1 + 0{,}045\,(t_{02} - t_2) \text{ in kcal/m}^2\,\text{h}\,^0\text{C} \tag{43}$$

die Isolieroberflächentemperatur bestimmbar wird.

Es empfiehlt sich, die garantierten Wärmeleitzahlen mit einem Aufschlag von 15—20 vH in die Rechnung einzuführen, als Ausgleich für betriebliche Verschlechterung, Wärmeableitung durch Unterstützung, Ventile, Wellrohrausgleicher usw. (ähnlich dem Wert $\Delta p''$ beim Druckabfall).

Öffentliche Heizwerke müssen zum durchgehenden Betrieb übergehen; ein vergrößerter Wärmeverlust durch unterbrochene Betriebsweise kommt daher kaum in Frage. Bei Sattdampfleitungen verursacht der Wärmeverlust keine Temperaturänderung, sondern äußert sich in einem Kondenswasserniederschlag. Er ist je m Rohrleitung[2]

$$K = \frac{q}{r} \text{ in kg.} \tag{44}$$

r ist die Verdampfungswärme.

Für den Temperaturabfall irgendeiner Leitung gilt allgemein der Ansatz:

$$\ln \frac{(t_1 - t_2)\,e}{(t_1 - t_2)\,a} = -\frac{1}{D \cdot c_p} \cdot \frac{q_a}{(t_1 - t_2)\,a}. \tag{45}$$

[1] Cammerer: Der Wärme- und Kälteschutz in der Industrie. Mitteilungen des Forschungsheims für Wärmeschutz. Berlin: Julius Springer; Regeln für die Prüfung von Wärme- und Kälteschutzanlagen. VDI-Verlag Berlin. Veröffentlichung der Deutschen Prioformwerke, Köln. — Jakob: Z. ges. Kälteind. 1926 S. 21, 1927 S. 141.

[2] In der Längenangabe des Rohres sind die Einbauten zu berücksichtigen.

Ist der Temperaturabfall schätzungsweise kleiner als 6 vH, so kann man nach Wrede[1] genügend genau schreiben

$$t_{1a} - t_{1e} = \frac{q_a \cdot 1}{D \cdot c_p}. \tag{45a}$$

3. Wirtschaftliche Isolierung für Heizrohrnetze[2].

Für Fernheizisolierungen in öffentlichen Straßen gelten über die rein rechnerische Ermittlung der Isolierart und Isolierstärke hinaus noch folgende Rücksichten:

1. Die Isolierart verdient den Vorzug, die den schnellsten Arbeitsfortschritt gewährt (Straßenverkehr, Sperrungen).

2. Mit Rücksicht auf Ort- und Platzverhältnisse der Baustelle in öffentlichen Straßen sind vorteilhaft:

a) Schalenisolierung bzw. Isolierformen fabrikatorischer Art, wenn möglich nur 2teilige Schalen und Wickelisolierung,

b) Isolierungen, die keine Trockenwärme benötigen,

c) Isolierungen, deren möglichst wenig von der Sorgfalt der Ausführenden beeinflußt werden.

3. Mit Rücksicht auf die normale Unzugänglichkeit der fertigen Leitung verdient den Vorzug:

a) die Isolierart hoher Lebensdauer, also konstruktive Unversehrtheit und Konstanz der Wärmeleitzahl,

b) die Isolierung mit Unempfindlichkeit gegen gelegentlichen starken Wassereinbruch und Rißbildung bei Temperaturwechseln (s. Abb. 28 u. 29).

Abb. 28. Heizkanal Städteheizwerk Leipzig. *a* Dampfleitung, a_1 Kondensatleitung, *b* Wärmeschutz aus Mineralwollmatten auf Blechmantel (Bauart Bohle) gehalten von *c* Zugbänder für *b*, *d* fabrikfertige Seitenwandplatten horizontal eingelegt und vergossen zwischen *e* Zwischenbalken für Seitenwand.

Der Fehler der Hausheiztechnik, durchweg zu schwache Isolierstärken zu verwenden, greift hoffentlich nicht auch in der Fernheiztechnik um sich und kann durch Wirtschaftlichkeitsrechnungen bekämpft werden. Für alle Rechnungsvarianten gilt die Überlegung, daß die Summe von Kapitalkosten der Isolierung + Wärmeverlustwert in Anhängigkeit von Leitzahl, Isolierdicke und Isolierart ein Minimum betragen soll.

Als Wärmepreis kann man daher durchschnittlich die eigentlichen Gestehungskosten in die Rechnung einsetzen, da die Verlustkalorien kaum die Folgen wie bei Kraftdampfleitungen haben. Lediglich bei Sattdampfverteilung ohne Kondenswasserrückleitung soll der Wärmepreis um den Anteil höher angesetzt werden, den die verlorene Kondenswasserwärme + Aufbereitungskosten an der Dampferzeugungswärme einnimmt.

[1] Mitteilungen des Forschungsheims für Wärmeschutz, Heft 5.

[2] Cammerer: Wirtschaftliche Isolierstärke bei Wärme- und Kälteschutzanlagen. Berlin SW 48: Industrieverlag Herrnhaussen. — Borschke: Berechnung der wirtschaftlichsten Isolierdicken. Arch. Wärmewirtsch. 1928 S. 117.

4. Wirtschaftlicher Rohrdurchmesser.

Eine Ermittlung des wirtschaftlichen Durchmessers[1] umfaßt alle zu 1—3 gemachten Ermittlungen gleichzeitig. Man berechnet ihn, indem die Gleichung der Rohrbetriebskosten $K = f(d)$, abhängig vom Rohrdurchmesser d aufgestellt und $\frac{dM}{dd} = 0$ gesetzt wird. Die Rohrbetriebskosten stellen Wärme-, Unterhaltungs-, Kapitalkosten und kWh-Einbuße[2] dar. Im Sonderfall (bei ganz großen Dimensionen) können noch Bedienungskosten hinzutreten. Die Wärme-, Unterhaltungs- und Kapitalkosten steigen mit dem Durchmesser, umgekehrt verringern sich der Druckabfall und die mit ihm verbundenen Kosten.

Abb. 29. Heizkanal Städteheizwerk Dresden (Bauzustand: Druckprobe). $a\,a_1$ Heißwasservorläufe (s. Abb. 17), b Rücklaufleitung (3 Leitungen übereinander zwecks Platzersparnis), c Schweißmuffen als Verbindung, d Trockenstopfisolierung (Gichtstaub) im Blechmantel (Ausführung Fa. Bohle, Köln), d_1 Abstützringe für Blechmantel, e fabrikfertige Seitenwandplatten vertikal verfugt und vergossen, f gemeinsames Auflager für 3 Leitungen.

Liegt nicht, wie eben angenommen, der Anfangsdruck und die Leitungslänge fest, sondern ist, wie oft bei neuen Heizkraftwerken, der Anfangsdruck (Turbinengegendruck) zu bestimmen, so empfiehlt es sich erfahrungsgemäß immer, den Rohrdurchmesser größer als errechnet zu wählen. Denn in erster Linie soll die Stromerzeugung gesichert bzw. so groß wie möglich werden.

5. Heißdampf- oder Sattdampfverteilung.

Zur Entscheidung hierüber sind 4 Punkte — konstruktiver und wirtschaftlicher Art — heranzuziehen.

Unter üblichen Druckbereichen endigt die Expansion einer zweckgerecht ausgelegten Gegendruckmaschine im Heißdampfgebiet. Man sollte es möglichst vermeiden, durch Wassereinspritzen eine künstliche Temperatursenkung bis zur Sättigung herbeizuführen. Nach neueren Erkenntnissen ist das Heizen mit Heißdampf der Sattdampfheizung keineswegs unterlegen[3]. Dampftemperaturregler sind nur erforderlich, wenn Frischdampf über Druckminderventile ins Dampfrohrnetz geschickt wird. Die Wärmeaustauscher des Kraftwerkes in Warmwasserpumpennetzen müssen konstruktiv stets für Heißdampfbeheizung gebaut sein.

---

[1] Denecke: Die Berechnung der Kraftleitung für Sattdampf und Heißdampf. Wärme 1924 S. 39—42.

[2] Die kWh-Einbuße fällt mit zunehmender Rohrweite, da der Druckabfall kleiner wird. Als Vergütung sollte für diese kWh grundsätzlich nur der Erzeugungspreis bei Grundbelastung eingesetzt werden.

[3] Jakob: Forsch.-Arb. Nr. 310; Z. VDI 1929, 1930, 1932. — Kaiser: Z. bayer. Revis.-Ver. Bd. 33 (1929) S. 167.

Eine andere Bedingung der Praxis überwiegt gewöhnlich in der Heißdampf-Sattdampf-Entscheidung, das ist die Lage, besser die Entfernung des Lieferwerkes zum Absatzgebiet. Ist die Entfernung bis zum ersten Abnehmer groß, sollte man sie durch höhere Dampftemperaturen überbrücken. Vornehmlich wird hierzu geraten, wenn außerdem ein niedriger Dampfdruck vorhanden ist, so daß die selbsttätige Kondensatrückförderung mittels Rückspeiseapparate fragwürdig wird. Kondenswasserpumpstationen auf der Strecke oder in gemieteten Räumen vermeide man weitgehendst.

Die Dampftemperaturwahl wirkt sich drittens auch auf die konstruktive Netzgestaltung aus. In Großstadtstraßen ist der Kampf um das Straßenland so scharf, daß die Städteheizung als letztgekommene Versorgungsart sich mit dem Übriggebliebenen begnügen muß. Bei größeren Durchmessern sind Lyra-Ausgleicher räumlich und auch preislich nicht mehr zulässig. Es stehen demnach Wellrohre, Schieberohre oder Metallschläuche als Dehnungsaufnehmer zur Wahl. Die höhere Temperatur vergrößert die Zahl dieser Ausdehnungsstücke und damit die Anlagekosten.

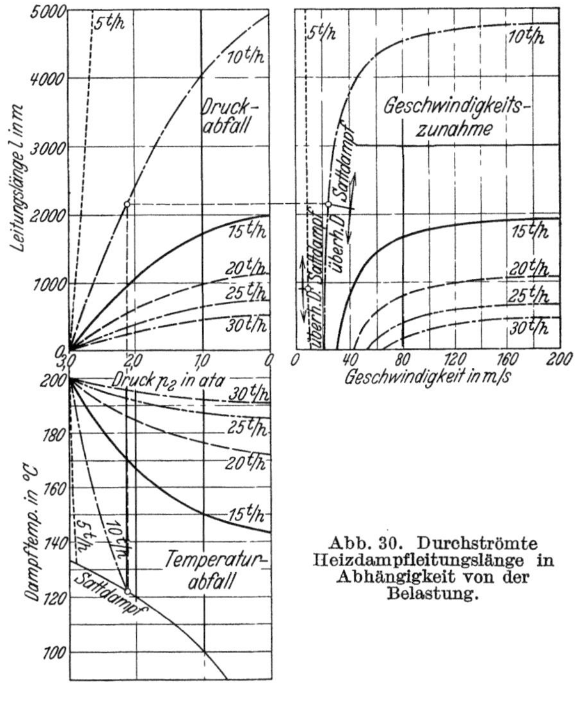

Abb. 30. Durchströmte Heizdampfleitungslänge in Abhängigkeit von der Belastung.

Viertens sind auf die Dampftemperaturwahl betriebswirtschaftliche Erwägungen von Einfluß. Der Wärmeverlust durch die Isolierung bei Heißdampf ist zwar unwiderbringlich, der Rücktransport des Sattdampf-Kondenswassers ins Werk erfordert andererseits Betriebs- und Anlagekosten; nur bei geeigneten Wärmeaustauschern ist es teilweise ausnutzbar[1]. Man nimmt daher oft den höheren Wärmeverlust eines Heißdampfleitungsteils gegenüber einer durchgängigen Sattdampfleitung in Kauf, um Kondenswasserbildung möglichst einzuschränken. Diese Leitungslänge ist rechnerisch leicht zu bestimmen.

Mit den früheren Bezeichnungen ist:

Heißdampfleitungslänge = Gesamtlänge — Sattdampfleitungsteil

$$l_H = l - l_S$$

bzw. nach Gleichung (45):

$$l_H = \frac{D \cdot c_p}{K} \cdot \ln \frac{t_S - t_2}{t_a - t_2}.$$

t_a sinkt im Leitungsstück l_H bis auf die Sattdampftemperatur, $t_S \cdot l_H$ ist die Heißdampfleitungslänge, in der sich zusätzliche Isolierungsverluste mit Kondenswärmeverlusten die Waage halten. l_H ist bei Heißdampf stark vom stündlichen Dampfgewicht, also von der Geschwindigkeit wie auch vom Dampfdruck gleichsinnig abhängig. Hierüber gibt Abb. 30 Auskunft. Ihre Kurvenschar bezieht sich auf eine 350 mm starke Dampfleitung, $p_1 = 3$ ata/200°,

[1] Bei Wohnhausversorgung allerdings selten durchführbar. In USA. wird diese Möglichkeit oft verwirklicht; siehe Abb. 31 c, rechts unten.

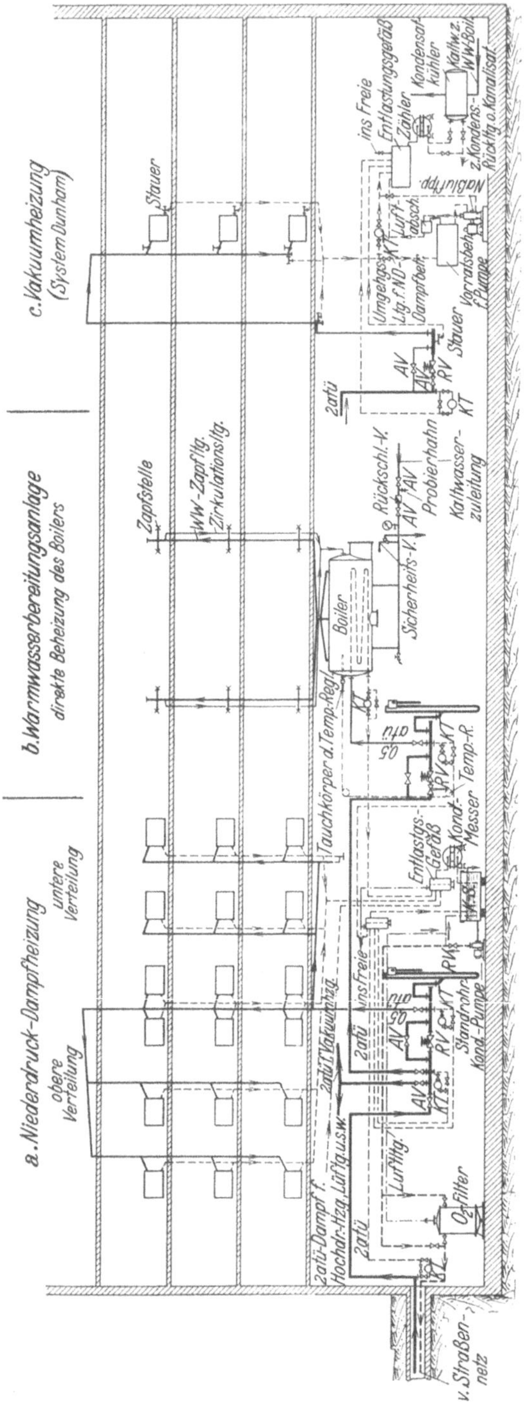

Abb. 31 a–c. Anschlußfähige Hausheizungen bei Dampfnetzen.

die eine Isolierung mit einem $\lambda = 0{,}08$ kcal/m h °C (+ 20 vH) hat. Ersichtlich spielt unter den gewählten Bedingungen, die aus der Praxis stammen, die Belastung, also der Druckabfall eine größere Rolle als der Wärmeverlust. Von etwa 11 t/h ab wird der Sattdampfzustand gar nicht mehr erreicht, p_2 ist vorher schon $= 0$. Man hat aber zu beachten, daß im ausgeführten Netz der Dampf auch schon unterwegs abgezapft wird, während Abb. 30 für eine unveränderte Strömungsmenge gerechnet wurde.

c) Rohrleitungen oder Kabel.

In der durch die Überschrift angedeuteten Problemstellung verbirgt sich ein gewichtiger Teil der ganzen Heizkraftfrage. Heizkraftwirtschaft bedeutet letzten Endes ein Ersatz des Kabels durch die Rohrleitung. Wie vielfach in technisch wirtschaftlichen Dingen kann keine der beiden Transportarten eine Ausschließlichkeit für sich beanspruchen. Im übrigen sei darauf verzichtet, das gesamte Problem hier zu erörtern und auf die Ausführungen der S. 203 hingewiesen.

C. Städteheizung und Hausheizung.

Als Verwendungszweck der gelieferten Wärme hat bei städtischer Versorgung in erster Linie der Hausbedarf, nämlich Raumheizung und Warmwasserbereitung in Wohn- und Geschäftshäusern zu gelten. Der industrielle Wärmebedarf zu Koch- und Trocknungsprozessen ist im Maßstab — Wärme pro Abnehmer — gemessen gewöhnlich groß, liefertechnisch aber einfach.

Dem Kraftwerkspersonal fehlen gewöhnlich hausheiztechnische Kenntnisse, andererseits mangelt es dem Heizungsingenieur durchweg an Betriebserfahrung. Auf enge Zusammenarbeit von Kraftwerk und Heizindustrie ist daher Wert zu legen.

a) Anschlußfähige Hausheizungen.

1. Hochdruckdampfheizungen.

Der Leitungsdruck reicht aus, um alle Heizkörper mit Dampfspannungen über 1,0 atü zu versorgen. In Wohnhäusern ist diese Heizart wegen ihrer 100⁰ übersteigenden Oberflächentemperatur kaum anzutreffen.

2. Niederdruckdampfheizungen (s. Abb. 31a)[1].

Der Dampfdruck in den Heizkörpern beträgt etwa 0,01—0,05, der Druck im Verteilungsstrang je nach Anlagengröße etwa 0,1—3,5 atm. Der Ferndampfdruck wird hinter dem Hauptabsperrventil auf den Verteilerdruck herabgedrosselt, um dann in die einzelnen Steigestränge des Hauses zu strömen. Die

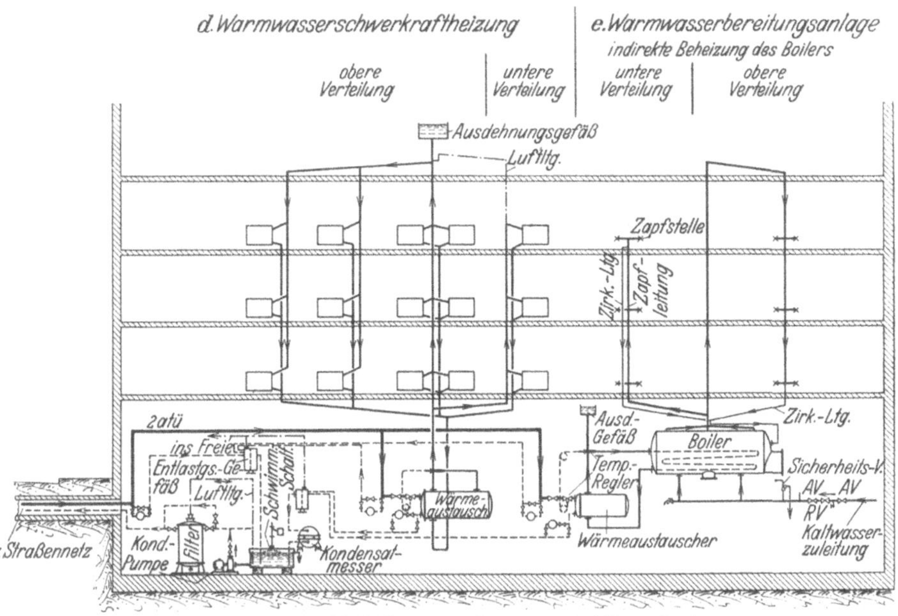

Abb. 31 d—e. Anschlußfähige Hausheizungen bei Dampfnetzen.

Heizkörpergröße muß bzw. die Wärmezufuhr zum Heizkörper darf nur so groß sein, daß lediglich Wasser in die Kondensatleitung eintritt. Zur Erreichung beider Ziele dienen oft Voreinstellventile am Heizkörpereintritt oder Kondenswasserstauer am Austritt. Die Niederdruckdampfheizung ist schnell an- und abstellbar, so gut wie frostsicher, gewährt geräuschlosen und einfachen Betrieb. Ihre Nachteile sind die mäßige Regelbarkeit und die hohen Oberflächentemperaturen. Aus diesem mehr hygienischen Grunde ist sie aus der Wohnungsheizung mehr und mehr verdrängt worden.

3. Vakuumdampfheizungen (s. Abb. 31c)[2].

Der Dampfdruck bleibt meistens unter 1,0 atm. Die Heizkörpertemperatur und damit die Wärmeabgabe sind in weitem Bereich mit diesem Unterdruck (0,08—1,0 atm) veränderlich, der durch eine Naßluftpumpe im Rücklauf aufrecht erhalten wird. Vakuumheizungen haben sich in den modernen Hochbauten Amerikas neben der sonst vorherrschenden Niederdruckdampfheizung stark

[1] Typischer Hausanschluß für deutsche Städteheizwerke; siehe auch Abb. 32.
[2] Typischer Hausanschluß für amerikanische Städteheizwerke.

einführen können, weil sie besser regelbar sind. Das Rohrsystem bleibt nahezu drucklos, die Korrosionsgefahr ist kleiner.

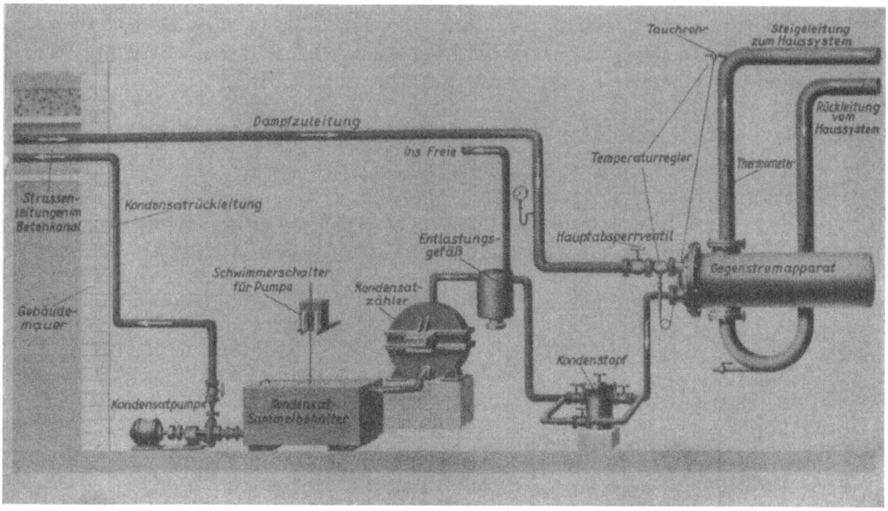

Abb. 32. Hausanschluß Städteheizwerk Charlottenburg.

4. Warmwasserheizungen (s. Abb. 31d, 33a u. 34)[1],

die in Wohnhäusern als Schwerkraft- oder Pumpenheizung vorherrschende Heizungsart. Beim Anschluß an Dampf- bzw. Heißwassernetze ist Wärme-

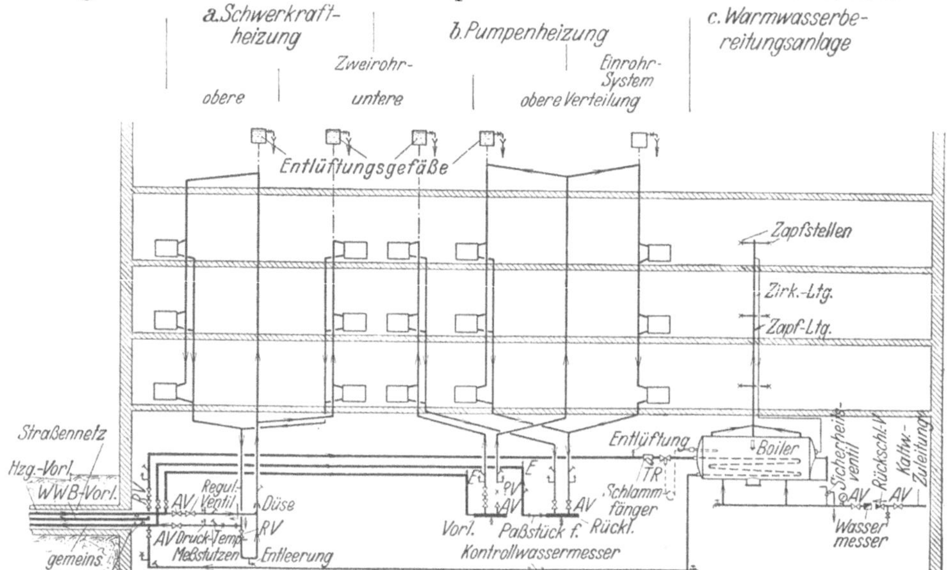

Abb. 33a—c. Anschlußfähige Hausheizungen bei Warmwassernetzen.

umformung notwendig, wobei in Wärmeaustauschern (Gegenstromapparaten) das im Haussystem zirkulierende Wasser erwärmt wird. Es steigt durch

[1] Typischer Hausanschluß für Warmwasser-Pumpenheizwerke.

Schwerkraftwirkung bzw. infolge des Pumpendruckes im Vorlaufsystem auf, durchströmt die Heizkörper und kehrt abgekühlt in der Rücklaufleitung zum Wärmeaustauscher zurück.

Warmwasserheizungen sind vorzüglich regelbar, und zwar durch Mengen-, Temperatur- als auch Betriebszeitregelung und eignen sich dieser Eigenschaft wegen ganz besonders gut zur zentralen Belieferung. Das gleiche gilt von den Warmwasserbereitungsanlagen, die nach Arbeitsweise und Schaltung zur Warmwasserheizung zu zählen sind (Abb. 31 b—e u. 33 c).

Wird die Schwerkraftheizung direkt an eine Pumpenfernheizung (Abb. 33 a u. 34) angeschlossen, muß der Leitungsdifferenzdruck der Stichleitungen angemessen einreguliert werden. Vermindert man diesen Druckunterschied nicht, wird das Haus überheizt. Führt das Straßennetz außerdem höhere Wassertemperaturen, muß durch Zumischen von Rücklaufwasser neben der Menge auch die Vorlauftemperatur beeinflußt werden. Durch einfache Schaltung ist es möglich, die Häuser vom Fernleitungsdruck (dynamischer + statischer Druck s. Abb. 27) zu entlasten. So zeigt Abb. 35 eine der ersten Konstruktionen auf diesem Gebiet, die aus hier nicht weiter interessierenden Gründen zu keinem vollen Erfolg geführt hat.

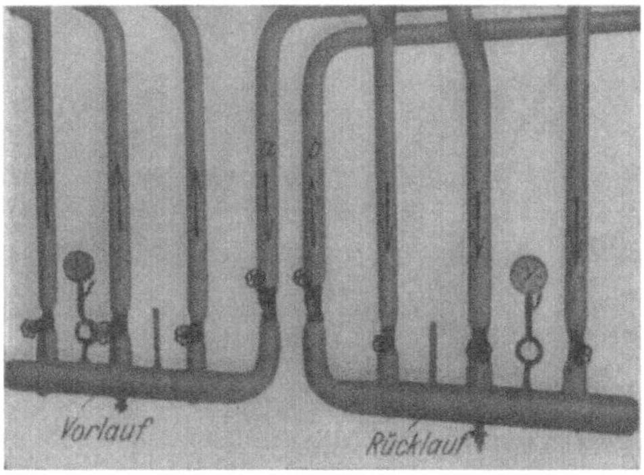

Abb. 34. Hausanschluß (Heizung). Städteheizwerk Steglitz. *a* Vorlauf der Fernleitung; *b* Rücklauf der Fernleitung. Hausleitungen haben sämtlich Drosselventile.

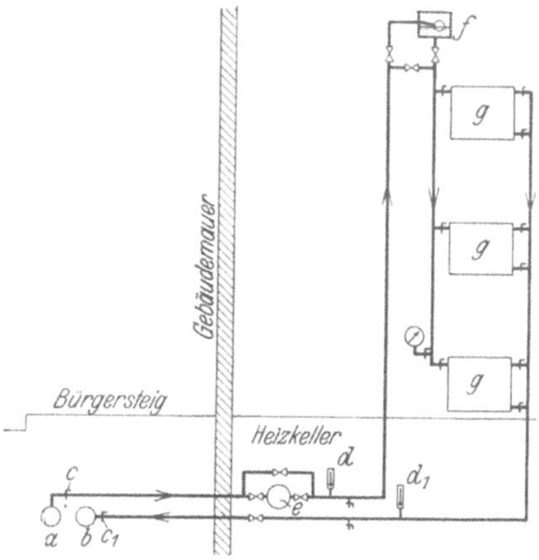

Abb. 35. Früheres Hausanschlußsystem von der „Wonde"-Utrecht. *a b* Fernleitungen; *c* c_1 Absperrhähne; *d* d_1 Thermometer; *e* Wärmemesser; *f* Schwimmergefäß; *g* Heizkörper.

5. Luftheizungsanlagen

sind in jeder Form der Städteheizung anschließbar.

b) Einteilung nach der Schaltungsart.

1. Einrohr- und Zweirohrsysteme.

Hausanlagen werden als Einrohr- und Zweirohrsysteme mit oberer oder unterer Verteilung gebaut. Der Zahl nach überwiegen in Deutschland die Zweirohranlagen mit unterer Verteilung. Beide Schaltungen gehen aus Abb. 31 d u. 33 a bis b hervor. Bei oberer Verteilung und vornehmlich in den Netzenden ist den Entlüftungsleitungen besondere Sorgfalt zu widmen. Auch der Frostschutz der Anlageteile im Dachgeschoß verdient höhere Aufmerksamkeit, da lecke Stellen im Pumpenheiznetz erhebliche Wohnungsschäden verursachen können.

Im Fernleitungsnetz sind Einrohr- und Zweirohrschaltungen für Heizzwecke die gebräuchlichsten. Die Einrohrleitung ist als Dampffernheizung ohne

Kondensatrückführung in amerikanischen Werken oft vertreten (s. Abb. 36—38). Zweirohrfernleitungen sind in Europa üblich, gleichermaßen für Dampf- und Warmwassernetze. Die erstgenannte Art besteht gewöhnlich aus Dampf- und Kondensatleitung verschiedenen Durchmessers (s. Abb. 39—42), die zweite Netzform aus 2 Leitungen gleichen Durchmessers mit gleichen Fördermengen, aber verschiedener Druck- und Temperaturhöhe.

Warmwasserversorgungsanlagen mit direkter Entnahme aus dem Fernnetz kommen gelegentlich ebenfalls in Einrohrbauart vor. Auch scheint mir die zentrale Gebrauchs-Warmwasserversorgung vom zukünftigen Großheizwerk aus beachtlichen Wert zu besitzen.

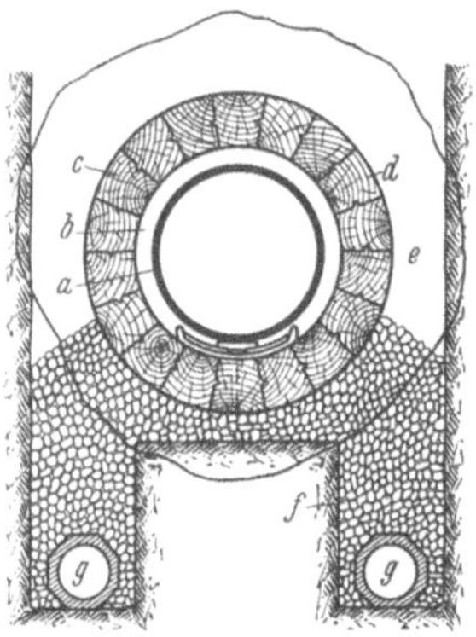

Abb. 36. Dampfrohrverlegung mit Holzmantelisolierung der Am. District Steam Heating Co. *a* Rohrleitung, oft mit Asbestpappe bewickelt, *b* Luftzwischenraum, *c* Holzkeilmantel, *d* wasserdichter Anstrich oder geteerte Pappe, *e* Betonmantel bei feuchtem Boden, *f* Kleinsteinunterlage, *g* Entwässerungsleitung.

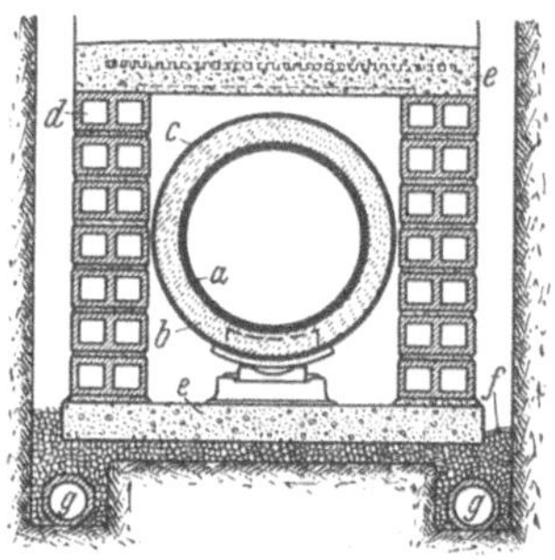

Abb. 37. Dampfrohrverlegung im gemauerten Hohlsteinkanal der Am. District Steam Heating Co. *a* Rohrleitung, *b* Isolierung, *c* Weißblechmantel, *d* Hohlsteinwand, *e* Eisenbetondeckel, *f* Betonboden, *g* Gleitrollenunterstützung, *h* Kleinsteinbettung, *i* Entwässerungsleitung.

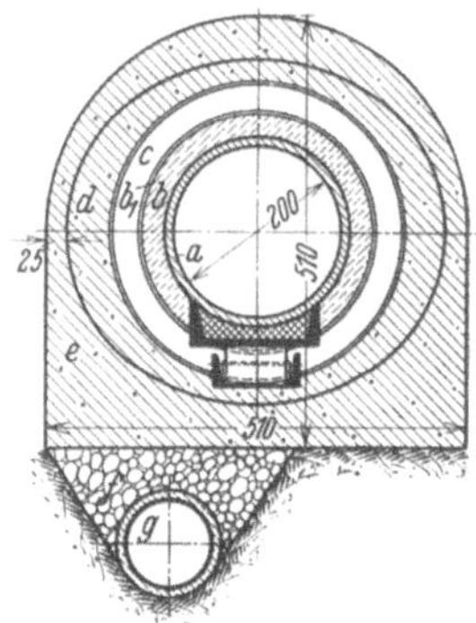

Abb. 38. Dampfrohrverlegung des Kansas City Heating Co. *a* Dampfleitung (bis zu 300 mm l.W.), *b* Isolierung, zusammengehalten durch b_1 Metallzugbänder, *c* 1½″ Luftzwischenraum, abgegrenzt durch Blechmantel, *d*, *e* Betonblock, in 2 Lagen mit Drahteinlage, *f* Kleinsteinunterlage, *g* Entwässerungsleitung.

Abb. 36—38. Amerikanische Städteheizungen, Einrohrsysteme.

2. Dreirohrsysteme.

Das Dreirohrfernnetz ist für eine Dampflieferung selten nötig. Anordnungen von Hochdruck-, Mitteldruck- und gemeinsamer Kondensatleitung tauchen nur im gemischten Absatzgebiet auf, wobei die Hochdruckleitung den etwa benötigten Fabrikations- oder Kraftdampf liefert (s. auch Abb. 56b). In diesem Zusammenhang sei eine technisch recht interessante Verlegungsart der konzentrischen Rohre[1] erwähnt, bei der nach Abb. 43 die Hochdruckdampfleitung unisoliert mittels Stützer in der Niederdruckleitung liegt. Je nachdem das Kondensat verloren oder zurückgepumpt wird, ergibt sich äußerlich die Einrohr- und Zweirohrbauart; dem Wesen nach jedoch sind es Zweirohr- bzw. Dreirohrschaltungen. Die Niederdruckleitung stellt ersichtlich einen vorzüglichen Wärmeschutz des höher temperierten Innenrohres dar. An den Ausdehnungsstellen werden Hochdruck- und Niederdruckleitungen konstruktiv getrennt und jede für sich mit Gleitrohrausgleichern versehen.

Häufiger als die Dreirohr-Dampfverteilung ist das Dreirohrwassernetz mit 2 Vorlauf- und 1 Rücklaufleitung. Wir zählen dazu nicht die Warmwasserpumpenheizungen, in denen aus übergroßer Vorsicht 2 Vorlaufleitungen — jede

[1] Proc. Nat. Distr. Heating Assoc. 1927.

für volle Leistung — eingebaut wurden. Beim heutigen Stand der Rohrleitungstechnik erübrigt sich diese Vorsicht wohl.

Eine Dreirohrschaltung ist dort am Platze, wo der niedrige Sommerbedarf (Gebrauchswasser) durch eine 3. Leitung geringeren Querschnittes gedeckt werden soll oder ständig Warmwassermengen verschiedener Temperaturhöhe erforderlich sind. In der erstgenannten Rohrschaltung werden die Jahres-Wärmeverluste kleiner, der Heizkraftbetrieb insofern elastischer als die Forderung nach möglichster Senkung des Gegendruckes gerade während der Winterzeit erfüllbar bleibt. Von der Berliner Ausführung (Abb. 44 u. 57) unterscheidet sich die Dresdener Schaltung (Abb. 17 u. 29) nur in der Temperaturhöhe. Dadurch hat letztere den Vorteil, bei niedriger Last mit nur einer Vorlaufleitung für alle Abnehmerarten auszukommen. Der Abnehmerkreis kann größer sein. Sie verzichtet aber auf das eigentliche Ziel der Gesamtanlage: höchste Stromausbeute bei gegebenem Wärmeniveau.

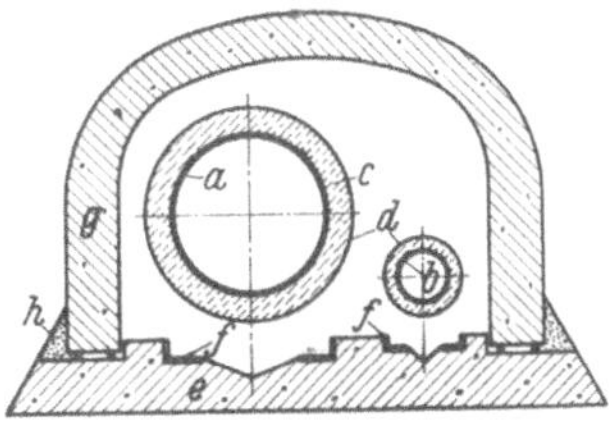

Abb. 39 u. 40. Heizkanal Städteheizwerk Charlottenburg (s. Zahlentafel 57). *a* Dampfleitung (bis 500 mm l.W.), *b* Kondensatrückleitung, *c* Schalen- bzw. Stopfisolierung, *d* Hartmantel, Feuchtigkeitsschutz, *e* Eisenbetonplatte mit Profil, *f* für Rohrgleitrollen, *g* Korbbogendeckel (für 6 t Raddruck), *h* Abdichtung.

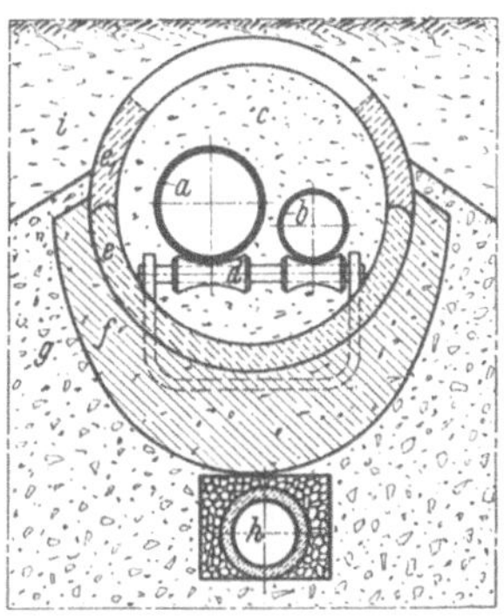

Abb. 41. Netzbauart John Manville, Inc. New York. *a* Dampfleitung, *b* Kondensatrückleitung, *c* Stopfisolierung (Asbestwolle), *d* Lagerung für *a* und *b*, *e*, e_1 fabrikfertiger 2teiliger Kanal, eingebettet in *f* Betonplatte, *g* Kiesfüllung der Baugrube, *h* Entwässerungsleitung in Kleinsteinschicht, *i* Verfüllboden.

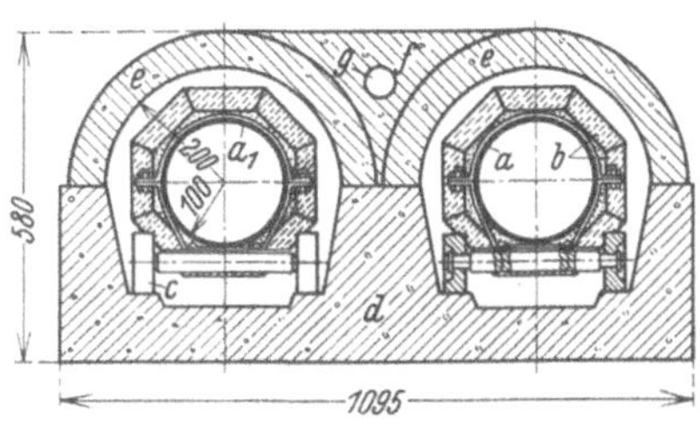

Abb. 42. Pumpenheizung Leningrad (s. S. 109). *a*, a_1 Vor- und Rücklaufleitungen, *b* in Isoliermasse gebettete Wärmeschutzplatten, *c* Auflagerung auf Rollen, *d* Bodenprofil, *e* Korbbogendeckel, verstärkt durch *f* Betonzwischenteil, *g* Signalkabel.

Abb. 39—42. Städteheizungen, Zweirohrsysteme.

3. Dampf-, Heißwasser- und Warmwasserwerke.

Zweckmäßige Planungsrücksichten sprechen dafür, die Systemwahl von Wärmeversorgungsanlagen auf Grund der örtlichen Absatzverhältnisse zu prüfen.

So kann bei überwiegend dampfbeheizten Gebäuden das Dampfheizkraftwerk trotz des schlechter werdenden Strom-Wärmemengenverhältnisses durchaus am Platze sein (Industrieabsatz). Insgesamt aber überwiegt in unseren Städten die Warmwasserheizung mit ihren niedrigen Temperaturen (40–90° bei $\Delta t_{max} = 20°$ C)[1]

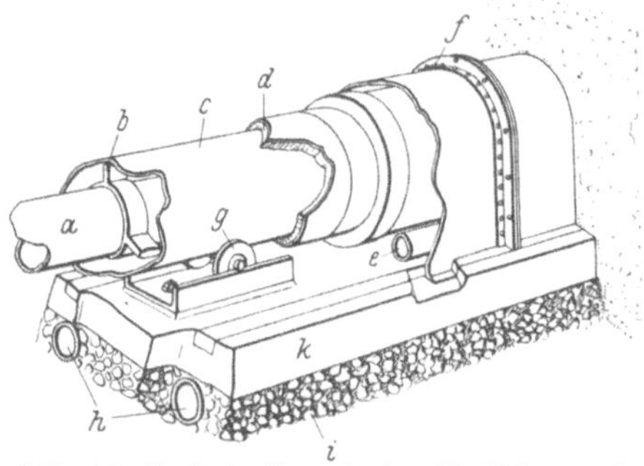

Abb. 43. Dreirohr-Dampfnetz. Städteheizwerk Lansing-USA. *a* HDr.-Leitung, *b* Stützringe, *c* NDr.-Leitung, *d* Wärmeschutz, *e* Kondensatrückleitung, *f* Kanaldeckel, Eisen, Verschrauber, *g* Rollenlager, *h* Entwässerungsleitung, *i* Kleinsteinschicht, *k* Betonplatte.

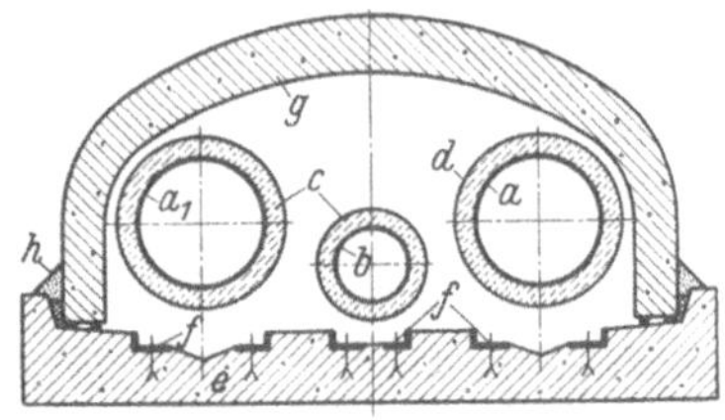

Abb. 44. Dreirohr-Pumpenheizung. Städteheizwerk Steglitz (s. Zahlentafel 58). *a* a_1 Heizungsvorlauf und Rücklauf für *a b*, *b* Warmwasserbeheizungsvorlauf, *c* Wärmeschutz (Schalen- und Wickelisolierung s. Abb. 54), *d* Hartmantel, *e* Betonplatte mit Profilen für *f* Rollenauflager, *g* Korbbogen, Eisenbeton, 6 t Raddruck, *h* Dichtung.

Abb. 43 u. 44. Städteheizungen, Dreirohrsysteme.

und kommt so dem Heizkraftgedanken in idealer Weise entgegen. Wo immer angängig, soll Warmwasser als Wärmeträger dienen!

In den letzten Jahren hat der Wärmetransport durch Dampf stärkere Konkurrenz in der sog. Heißwasserheizung[2] erhalten. Diese arbeitet mit Temperaturen > 100° C bis 200° C

Zahlentafel 20. Heißwasserwerke.

Ort	Besitzer	Versorgungszweck	Anschl.-Wert Projekt 10^6 kcal	Anschl.-Wert davon im Betrieb 10^6 kcal	Rohrlänge R Kanallänge K Projekt m	Rohrlänge R Kanallänge K davon im Betrieb (Rohrsystem) m	Vorlauftemperatur t_{max} °C	Bemerkung
Chemnitz	Elektrizitätswerke	Industrielle Werke und Städtische Gebäude im Stadtinnern	75	—	R 19500	R 3900 (2-Rohrs.)	bis 190	Siehe auch Zahlentaf. 23
Karlsbad (ČSR)	Stadt	Bäder, Hotels, Städt. Gebäude	30	—	R 120000 K 20000	— (2-Rohrs.)	175	1. Teil im Bau; Pumpen-Förderdrücke 45, 90 u. 130 m
Leinhausen (Hann.)	Deutsche Reichsbahn	Reichsbahnausbesserungswerk	15	15	17000	17000 (2-Rohrs.)	174	Pumpenförderhöhe 52 m
Beelitz (Brandenburg)	Landesversicherungsanstalt	Heilstättenversorgung	12	9	—	10000 (3-Rohrs.)	174	Pumpenförderhöhe 45 m

[1] Auch in solchen Werken besteht je nach Höhenlage des Ausdehnungsgefäßes die Möglichkeit, Vorlauftemperaturen > 100° C zu fahren; davon soll jedoch nur zu Reservezwecken Gebrauch gemacht werden.

[2] Schmidt, O.: Hochdruckdampf oder Heizwasser. Gesundh.-Ing. 1932 Nr. 18 S. 205f. — Balcke, H.: Wärmebedarfsdeckung durch HDr.-Pumpen-Heißwasserheizungen. Gesundh.-Ing. 1931 S. 653f. — Kaiser: Versuche an einer HDr.-Heißwasserheizung. Z. bayer. Revis.-Ver. 1931 Heft 21—23.

(Δt bis zu 100° C). Das unterscheidende Merkmal von der Dampffernleitung sind weniger Druck und Temperatur als vor allem die Arbeitsweise. Der oft gleichzeitig als Kesselspeisewasser dienende stets umlaufende Wärmeträger verändert seine Beschaffenheit nicht; die Wärmeleistung ist sehr bequem regelbar, etwaige Kondensatverluste fallen gänzlich fort. Heißwasser-Städteheizwerke (Dresden, Chemnitz) werden immer das Produkt sehr sorgfältiger Studien und in der Zahl vereinzelt bleiben. Heißwasser-Heizkraftwerke werden aus ähnlichem Grunde nur bei sehr hohen Kesseldrücken (> 100 at) durchführbar sein. Aber unbeschadet der Verwendbarkeit in Heizkraftschaltung sollten die Elektrizitätswerke das Heißwassernetz überhaupt einmal als Werbemittel für Industriestrom prüfen.

Mehrere umfangreiche Heißwasserheizungen, ausgeführt durch die Caliqua-Wärmegesellschaft m. b. H., Berlin wurden in Zahlentafel 20 zusammengestellt.

c) Regelung der Wärmeleistung.

Die Wärmeabgabe eines Raumheizkörpers soll ausreichend sein, den Wärmeverlust des Raumes bei bestimmter Außentemperatur zu decken. Mit

Q_1 = Wärmeabgabe in kcal/h,
F_1 = wärmeabgebende Heizkörperfläche in m²,
F_2 = wärmedurchströmte Wandfläche in m²,
D_H = Heizdampfpumpe in kg/h,
W_H = Heizwassermenge in kg/h,
t_v = Vorlauftemperatur in ° C,
t_r = Rücklauftemperatur in ° C,
t_a = Außenlufttemperatur in ° C,
t_i = Zimmertemperatur in ° C,
t_0 = mittlere Heizkörper-Oberflächentemperatur in ° C,
k_1 = Wärmedurchgangszahl der Fläche F_1 in kcal/m² h ° C,
k_2 = Wärmedurchgangszahl der Fläche F_2 in kcal/m² h ° C,
α = Wärmeübergangszahl in kcal/m² h ° C,
η_b = Belastungsfaktor in vH

ist:

$$Q_1 = F_1 \cdot k_1 \cdot (t_0 - t_i) = F_2 - k_2 \cdot (t_i - t_a). \tag{46}$$

Die Regeln des Verbandes der Zentralheizungsindustrie für die Berechnung des Wärmebedarfs (Dinorm 4701) enthalten die der Rechnung zugrunde zulegenden k-Werte und Innentemperaturen t_i, die je nach Raumzweck verschieden sind. In bewohnten Räumen z. B. soll $t_i = +20^0$ C noch bei $t_a = -20^0$ C aufrechterhalten werden.

1. Betriebszeitreglung.

Aus der Fassung:

$$\text{für Dampf } Q_1 = F_1 \cdot k_1 \cdot (t_0 - t_i) = D_H \cdot (i - q_H) \tag{46a}$$

$$\text{für Wasser } Q_1 = W_H \cdot (t_v - t_r) \tag{46b}$$

ist zu erkennen, daß die Wärmeabgabe Q_1 bei Dampfheizungsanlagen wegen des praktisch gleichbleibenden t_0 (und damit k_1) nur durch ein veränderliches D_H geregelt werden kann. Die Leistungsreglung bei Niederdruckdampfheizungen erfolgt überwiegend durch Dampfmengenänderung in Form einer Betriebszeitregelung; sie wirkt sich im sog. stoßweisen Heizen aus. Beim Städteheizanschluß ist das recht einfach möglich. Mittels Raum- oder Außenluftthermostate, die oft zuverlässiger und wirtschaftlicher als die Handbetätigung durch den Hauspförtner arbeiten, wird das Regelventil im Keller beeinflußt. Eine Großausführung dieser Betriebszeitregelung stellt die amerikanische Pendleton-Regelung dar, deren Schaltbild und Arbeitsweise aus Abb. 45 und Zahlentafel 21 deutlich wird.

2. Mengen- und Temperaturreglung bei Pumpenheizungen.

Gleichung (46a—b) lehrt weiterhin, daß die Änderung der Wärmeleistung einer Vakuumheizung bzw. der ihr hierin gleichwertigen Warmwasserheizung sowohl durch Mengenänderung (D_H, W_H) und Temperaturänderung (t_0 bzw. t_V) allein, als auch durch beide gleichzeitig erfolgen kann[1]. Über die hierbei geltenden Beziehungen hat sich das Lieferwerk von Anfang an Klarheit zu geben, da empfindliche finanzielle Einbußen für den einen oder anderen Vertragspartner die Folge sein können. An Hand eines von E. Strempel-Berlin entworfenen

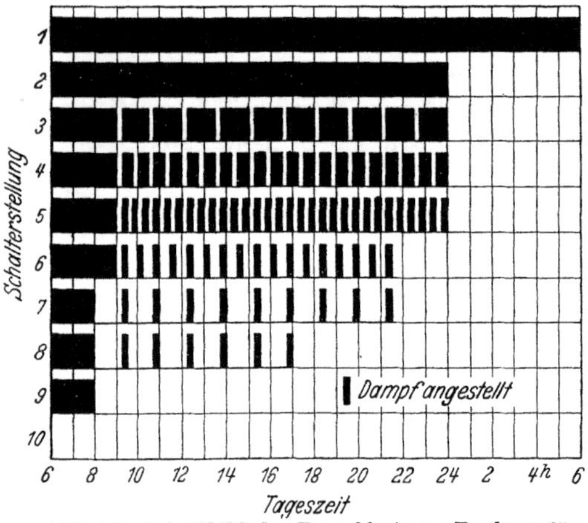

Abb. 45. Schaltbild der Pendleton-Reglung für Dampfheizungen.

Zahlentafel 21. Schaltzeiten der Pendleton-Reglung.

Schaltstellung	Außentemperaturen		Tag- oder Nachtschalter		Anheizschalter eingeschaltet	Dampf in 24 h	
	von °C	bis °C	eingeschaltet h	ausgeschaltet h	h	angestellt h	abgestellt h
1	—	− 18	24	—	—	24	—
2	− 18	− 12	18	—	—	18	6
3	− 12	− 9,5	je $1^1/_4$	je $^1/_4$	3	$15^1/_2$	$8^1/_2$
4	− 9,5	− 4	„ $^1/_2$	„ $^1/_4$	3	13	11
5	− 4	+ 2	„ $^1/_4$	„ $^1/_4$	3	$10^1/_2$	$13^1/_2$
6	+ 2	7	„ $^1/_4$	„ $^1/_2$	3	$7^1/_4$	$16^3/_4$
7	+ 7	12	„ $^1/_4$	„ $1^1/_4$	2	$4^1/_4$	$19^3/_4$
8	+ 12	15,5	„ $^1/_4$	„ $1^1/_4$	2	$3^1/_2$	$20^1/_2$
9	+ 15,5	18,5	—	—	2	2	22
10	+ 18,5	—	—	—	—	—	24

Regeldiagrammes (Abb. 46) und einem der Praxis entnommenen Beispiel soll das erläutert werden.

Dem Diagramm liegt die Gleichung zugrunde:

Wärmeabgabe

$$Q_1 = W_H\,(t_{ü} - t_r) = f_1 \cdot k_1 \cdot \left(t_{ü} - \frac{\Delta t'}{2}\right) + f_2 \cdot k_2 \cdot \left(t_{ü} - \frac{\Delta t'}{2} - \Delta t'\right) + \dots$$

$$\dots + f_n \cdot k_n \left(t_{ü} - \frac{\Delta t'}{2} - \Delta t' \dots - (n-1)\,\Delta t'\right) \tag{47}$$

worin

$$t_{ü} = t_0 - t_i \text{ am Eintritt}$$

$$f_1 + f_2 + f_3 \dots + f_n = F_1 \tag{48}$$

$$n \cdot \Delta t' = (t_v - t_r)$$

$$+ \Delta t' = 1^0\ \text{C je Teilfläche } f$$

und k proportional $(t_0 - t_i)^{1/3}$ gesetzt ist[2].

Die eingezeichneten Pfeillinien lassen z. B. erkennen, daß (bei $t_v = 90^0$) trotz Verminderung der Wassermenge W_H auf rd. 45 vH des Sollwertes (Pfeillinie *I* rechte Abb.) die Wärmeabgabe Q_1 nur auf 79,5 vH des Höchstwertes sinkt, da die Temperaturdifferenz $(t_v - t_r)$ auf $35{,}4^0$ C anwächst. Erniedrigt man t_V gleichzeitig auf 77^0 C (Pfeillinie *II*, links unten),

[1] Kopp: Zur generellen Regelung der Warmwasserheizungen. Gesundh.-Ing. 1931 Heft 23 S. 353.

[2] Schmidt, E. u. Kraußold, H.: Gesundh.-Ing. 1932 Nr. 5 S. 5. Die wenigen in der Literatur bisher bekannten Regeldiagramme dürften unrichtig sein, da sie den von Rietschel angenommenen linearen Verlauf für k benutzten.

läßt sich $(t_v - t_r)$ auf 27,6° C senken. Andererseits ist ebenfalls durch Steigerung der Umpumpmenge nur wenig zu erreichen. Beim 2,75fachen Wert (rechte Abbildungshälfte, Linienzug *III*) steigt die Wärmeabgabe Q erst um 14,5 vH. Sollte hierbei eine Überheizung vermieden werden, wäre t_v auf 83° C zu senken (Linienzug *IV*), wobei sich ein $\Delta\, t$ von 7,3° C einstellt. Wie diese Beispiele beweisen, ist das Diagramm für sämtliche Regelmöglichkeiten an Pumpenheizungen anwendbar. Wir wollen mit ihm folgendes Beispiel durchrechnen:

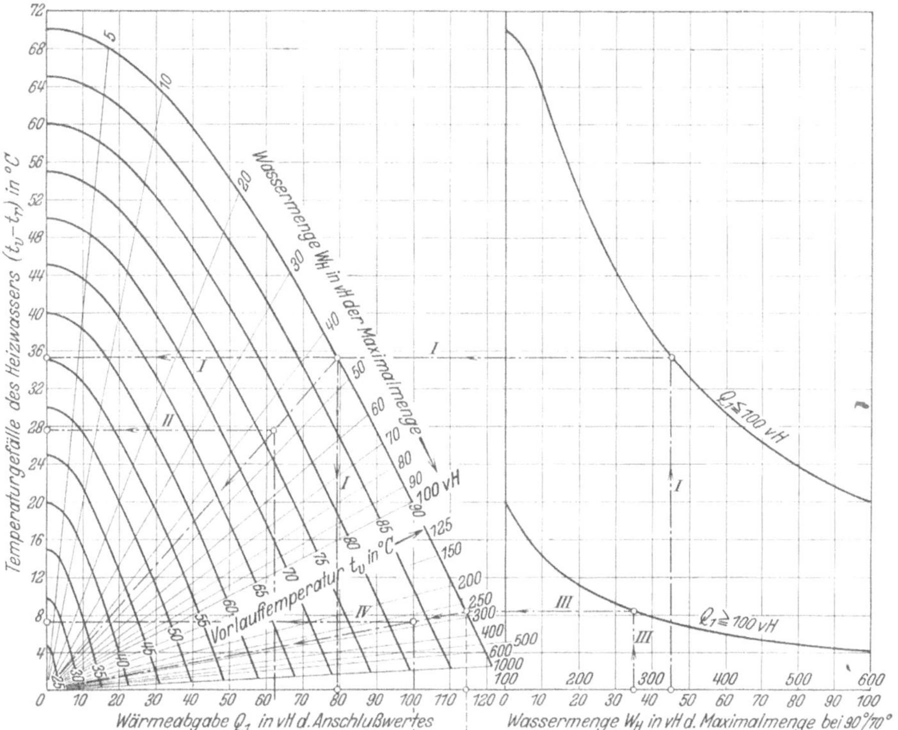

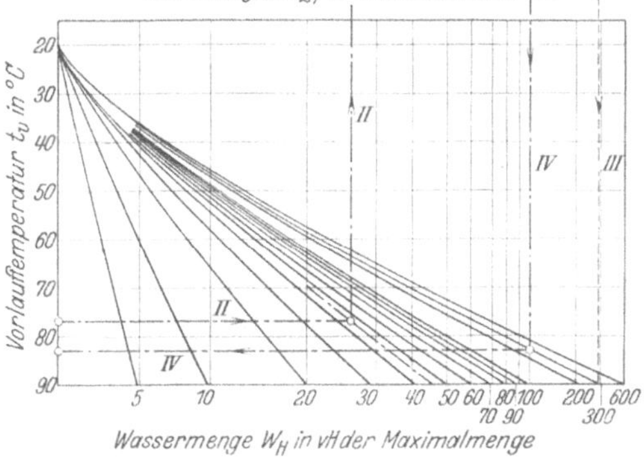

Abb. 46. Regeldiagramm für Pumpenheizungen.

Beispiel: Das Städteheizwerk *X* (Warmwasserpumpenwerk $\Delta\, t_{max} = 90°/70°$) hat mit einer Großsiedlung einen Wärmelieferungsvertrag abgeschlossen, indem es sich zur ausreichenden Beheizung von 12 Gebäudegruppen mit $4{,}65 \cdot 10^6$ kcal/h Anschlußwert verpflichtet (s. Zahlentafel 22). Die Vergütung erfolgt durch Zahlung einer Pauschalsumme je m² beheizter Fläche und Jahr. Bei einer Nachrechnung der Anschluß- und Konstruktionswerte seitens des Heizwerkes stellte sich heraus, daß die Radiatorenheizfläche 14,8 vH größer als im Vertrag vorgesehen, bemessen worden ist. Wie wirkt sich diese technische Änderung auf den Vertrag aus?

Das Städteheizwerk arbeitet mit konstanter Wassermenge. Bei Höchstlast und korrekter Heizflächengröße ist $\Delta\, t = 20°$ C. Hierauf basieren die Pauschalpreislieferverträge. Im vorliegenden Falle ergäbe sich eine vertragliche Umpumpwassermenge von 232500 kg/h = 100 vH. Damit würde das Werk aber außerordentlich viel mehr Wärme in die Häuser liefern als vorgesehen, denn die Wassermenge unterliegt infolge Überdimensionierung der Radiatoren einer größeren Abkühlung. Diese ist aus dem Regeldiagramm zu ermitteln, indem man vom

Zahlentafel 22.

Anschlußwerte und Heizwassermengen einzelner Siedlungsgruppen.

Gebäudegruppe	Anschlußwert vertraglich Q'_1 10^6 kcal/h	Anschlußwert wirklich Q_1 10^6 kcal/h	Belastungsfaktor $\frac{Q'_1}{Q_1}$ vH	Δt °C	erforderliche Heizwassermenge vertraglich (bei $\Delta t' = 20°$) kg/h	erforderliche Heizwassermenge wirklich (entspr. Δt) kg/h	zugehörige Δt-Kurve in Abb. 47
1	0,372	0,427	0,87	29,8	18600	12480	1
2	0,372	0,423	0,88	29,1	18600	12780	2
3	0,370	0,426	0,87	29,8	18500	12400	1
4	0,370	0,435	0,85	31,3	18500	11820	4
5	0,370	0,424	0,87	29,7	18500	12460	1
6	0,353	0,412	0,85	31,0	17650	11390	4
7	0,353	0,415	0,85	31,2	17650	11310	4
8	0,162	0,189	0,85	31,1	8100	5210	4
9	0,607	0,718	0,84	31,7	30350	19160	5
10	0,464	0,531	0,87	29,7	23200	15620	1
11	0,382	0,440	0,86	30,1	19100	12690	1
12	0,475	0,528	0,89	27,8	23750	17090	3
Sa.	4,650	5,373	0,86	30,1	232500	154440	—

Quotienten aus vertraglichem und wirklichem Anschlußwert (dem Belastungsfaktor) ausgeht. Für die Gesamtsiedlung wäre

$$\frac{Q'_1}{Q_1} = \frac{4,65}{5,37} = 86,6 \text{ vH},$$

dem ein Δt von 30,1° entspräche. Für die einzelnen Gebäudegruppen erhalten wir in gleicher Weise Δt-Werte zwischen 27,8 und 31,7° C (s. Zahlentafel 22 und Abb. 46). Die Wassermenge muß demnach auf rd. 66 vH des ursprünglichen Wertes zurückgedrosselt werden. Erst dann besteht wieder Liefergleichheit mit dem Vertrag.

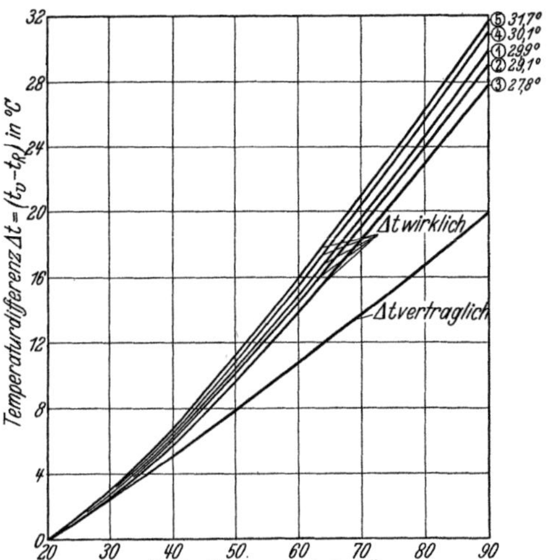

Abb. 47. Temperaturdifferenz des Heizwassers bei Überbemessung der Radiatorenheizfläche.

Für die Regelung der Heizleistung gilt an Hand des Diagrammes der Abb. 46: Die Mengenänderung hat gegenüber der Temperaturänderung den geringeren Einfluß. Wird bei $t_V = 90°$ C die Wassermenge auf die Hälfte heruntergesetzt, liefert man immer noch 86,5 vH des Gesamtwärmebedarfs. Senkt man aber gleichzeitig die Vorlauftemperatur um 10°, sinkt die Wärmeabgabe schon auf 73 vH. Daß daher der Wassermengenregelung nicht allzuoft Beachtung geschenkt wurde, ist wohl berechtigt. Man spart zwar bei Schwachlasten an Antriebskraft, doch ist die Gefahr der Überheizung größer. Im übrigen muß bezweifelt werden, ob bei großer Verminderung der Pumpenförderung noch die einwandfreie Zirkulation im Gesamtnetz gewahrt bleibt. Für die Wärmeversorgung an sich ist eine ständig gleichbleibende Umlaufmenge geeigneter. Doch kann die Möglichkeit der kurzzeitigen Mengensteigerung gerade in Heizkraftschaltungen wertvoll werden und die Sicherstellung der Erzeugung der abendlichen Lichtspitze bedeuten. Durch Einschaltung von Spitzenlast-Förderpumpen lassen sich Kondensatordurchflußmenge und dadurch Schluckmenge und Leistung des Turbosatzes leicht erhöhen. Die damit verbundene Vorlauf-Temperaturerhöhung braucht bei richtigem Speichereinbau nicht einmal zu einer Überheizung der Häuser zu führen und ereignet sich — abgesehen von Wohngegenden — nur an 15—20 Tagen im Jahr.

3. Druckreglung in Dampfnetzen.

Neben der Mengen-, Temperatur- und Zeitregelung ist hier und da in Niederdruck-Dampfnetzen eine Druckregelung gebräuchlich. Verändert sich p, ändert sich t_0 und damit Q_1. An sich beruht diese Regelart auf der gleichen Überlegung wie die Regelung der Vakuumheizungen. Die Abb. 48 zeigt schon, daß eine Verallgemeinerung der Druckregelung falsch wäre. Sie ist nur in Absatzgebieten mit bestimmter Belastungsform möglich.

Für den Heizkraftbetrieb hat sie insofern Bedeutung, als mit der Wärmeleistung auch die Turbinenleistung durch den Druck variiert werden kann. Durch Druckabsenkung eines Sattdampfes von 4,5 auf 2,5 ata ändert sich z. B. sein Wärmeinhalt nur von 656,8 auf 649,9 kcal/kg. Tritt der Dampf aber als Turbinenenddampf ins Netz, so vergrößert sich bei $p_1 = 36$ ata/400° Anfangszustand das ausnutzbare Gefälle bereits um 21 vH. Vorübergehende Strombelastungsschwankungen könnten damit solange ausgeglichen werden, als die Drosselung der Wärmezufuhr vertragen wird. Das Volumen des Drosseldampfes steigt allerdings von 0,421 auf 0,731 m³/kg. Damit wird die Anwendbarkeit dieser Regelungsart von der Belastung abhängig, was ja aus Abb. 48 gleichfalls hervorgeht. Die Druckregelung stellt ferner ein brauchbares Mittel zur Senkung der Wärmeverluste im Rohrnetz dar.

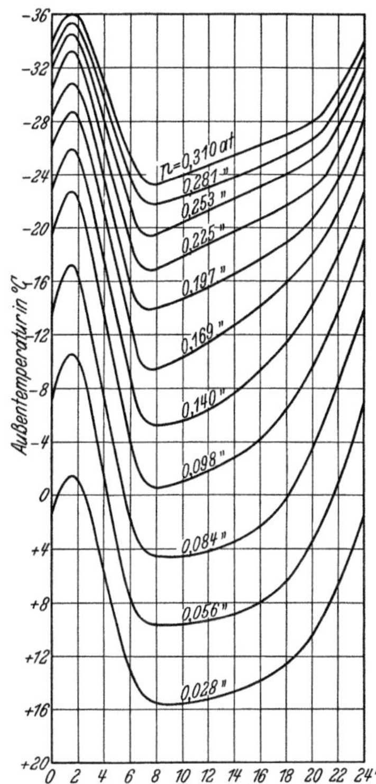

Abb. 48. Dampfdruckregeldiagramm der Indianapolis Light and Heat Co.[1]

d) Block-, Fern- und Städteheizung.

Dem Blockstromwerk aus der Frühzeit der Elektrizitätsversorgung entspricht das Blockheizwerk. In vorhandenen Stadtteilen entsteht es durch Stillegung der kleineren, unwirtschaftlichen Hausbetriebe und geeignete Rohrleitungsverbindungen der Häuser untereinander.

In den heutigen Großsiedlungen mit zusammengefaßter Wärmeversorgung können wir die moderne Form der Blockheizung wiedererkennen (s. Abb. 49). Sie stellen die geeignete Keimzelle der öffentlichen Wärmeversorgung dar und sollten in nicht zu langer Zeit die Basis einer großzügigen städtischen Heizkraftwirtschaft abgeben. Hier bietet sich der Stadtplanung, Elektrizitäts- und Bauwirtschaft Gelegenheit zu gemeinsamer Aufbauarbeit. Anfänglich kann sie sich nur auf Registrierung der Bauvorhaben nach Stadtteilen erstrecken

[1] Netzdruck p wird im Verwaltungsgebäude der Gesellschaft, 1300 m vom Heizwerk entfernt, gemessen und auf Druckschreiber im Werk fernübertragen. Regelkurvenverlauf beruht auf Erfahrungswerten in mehrjähriger Beobachtung.

und wird sich längere Zeit noch auf die Vereinbarung beschränken müssen, sämtliche Neubaugruppen eines Bezirkes, soweit sie Zentralheizungen erhalten, nach gleichen technischen Richtlinien auszulegen. Von bestimmter Größe (Wärmedichte) ab wird dann das öffentliche Elektrizitätswerk in die

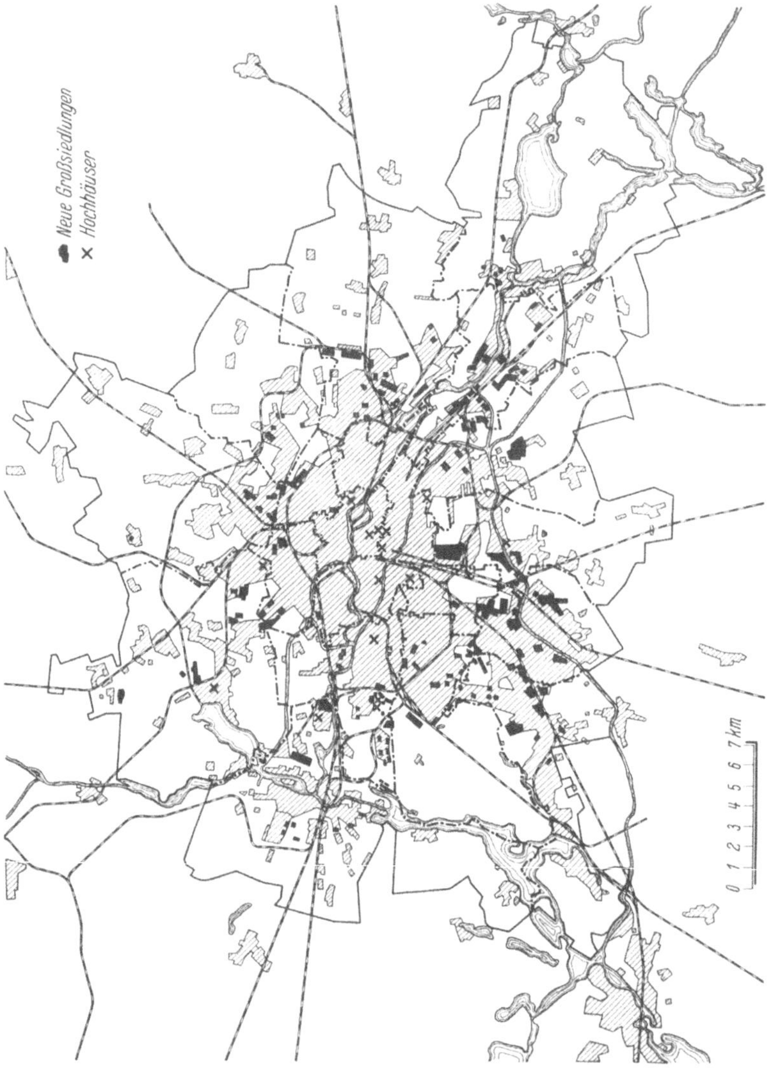

Abb. 49. Großsiedlungen in Berlin (s. VDI-Nachr. 1931 Nr. 20).

Wärmelieferung eintreten und ihr schließlich die Kraftstufe vorschalten. Zu einer organischen Verschmelzung von Heiz- und Krafterzeugung ist die Hilfe der Stadtverwaltung, Stadtplanung usw. unerläßlich. Ja, dieser wirklich hohe Zweck der vernunftmäßigen Energiewirtschaft, der öffentlichen Hygiene würde ohne Widerspruch auch das Mittel rechtfertigen, die Bezuschussung solcher Bauten aus öffentlichen Kassen zu fördern, und die Heizkraftwirtschaft in die Arbeitsbeschaffungsbestrebungen der heutigen Zeit einzureihen.

III. Bestehende Heizkraft- und Städteheizwerke.

In späteren Ausführungen wird mehrfach begründet, daß sich 3 Werkstypen oder 3 Entwicklungen in der öffentlichen Wärmeversorgung erkennen lassen; das sind:

a) das Werk mit Industriewärmeabsatz,
b) das Werk im Stadtinnern mit City-Charakter,
c) das Werk im Wohngebiet.

In der Gruppe a sind die vollkommensten Lösungen zu verzeichnen (Brünn, Moskau, Deepwater, Rochester). Die größten Werke gehören zur Gruppe b (New York, Detroit, Hamburg), während Wohngebietswerke bisher ungerechtfertigt wenig Beachtung fanden. Für die Elektrizitätswirtschaft unserer Großstädte sind sie am aussichtsreichsten.

A. Zahl und Absatzziffern.

Aus Zahlentafel 23, die eine Werkzusammenstellung nach Nationen geordnet gibt, erhalten wir den Eindruck, daß Deutschland seine noch vor 5 Jahren führende europäische Stellung inzwischen abtreten mußte. Denn nicht die Werkzahl, sondern nur die aus Heizdampf gewonnene Strommenge sollte eine Rangordnung abgeben. Nur sie beweist, wie vollgültig eine Heizkraftkupplung ist. Große Heizwerke zu bauen, ist kein Problem mehr; große Strommengen aus Heizdampf zu erzeugen, desgleichen nicht. Aber die mögliche kWh-Erzeugung des Heizkraftwerkes im vorhandenen Netz unterzubringen, dieser Aufgabe waren die meisten Elektrizitätswerke nicht gewachsen.

In europäischen Werken besonders auch in Deutschland setzt sich das Wasser als Wärmeträger mehr und mehr durch. Der Dampf behauptet sich zwar noch für Industrielieferungen, erhält aber durch Heißwasser starken Wettbewerb. In den USA.-Großheizwerken wird überwiegend Dampf verteilt. Trotzdem bestehen dort etwa 20 Städteheizwerke mit Warmwassernetzen, wovon rd. 60 vH Heizkraftbetriebe sind. Das größte amerikanische Pumpenheiznetz hat immerhin einen Anschlußwert von $44 \cdot 10^6$ kcal/h.

Unter den europäischen Städten hatte 1931 nach Brünn mit 21,8 Millionen kWh, Berlin mit rd. $19 \cdot 10^6$ kWh die größte öffentliche Heizkrafterzeugung. In den meisten der genannten Städte wächst die Heizkrafterzeugung langsam an bzw. verstärkt sich allmählich die Tendenz zum Heizkraftbetrieb.

Amerikanische Städte meldeten 1928 ebenfalls schon Stromproduktionszahlen von 18—30 Millionen kWh. Auffälligerweise stiegen aber diese im Verhältnis zu den Dampfliefermengen niedrigen Ziffern inzwischen wenig. Nur bei 3—4 modernen Anlagen ist eine ausgesprochene Tendenz im Sinne vermehrter Heizstromerzeugung verspürbar. Angesichts der stattlichen Gesamtzahl amerikanischer Heizkraftwerke ist deren totale Stromerzeugung deshalb klein zu nennen (s. Zahlentafel 24). Sie bewegt sich zwischen 1400—1800 kWh je installiertes kW. Je erzeugte kWh wurden etwa 14,6 kg Abdampf ins Netz geliefert.

Zahlentafel 24.
Stromerzeugung amerikanischer Heizkraftbetriebe.

Jahr	Zahl der erfaßten Heizwerke	Stromerzeugung 10^6 kWh
1931	21	301,0[1]
1930	20	137,1
1929	20	169,4
1928	21	99,7
1927	17	76,5

[1] Darin auch kWh-Menge enthalten, die der Niederdruckteil von Anzapf-Kondensationsturbinen während der Wärmelieferung erzeugte.

Zahlentafel 23. Heizkraft- und größere

Land	Lfd. Nr.	Stadt	Eigentümer oder Betriebsform	Anschlußwert rd. kcal/h	Wärmeträger D = Dampf W = Wasser F = Frischdampf S = Sattdampf ata/°C	Heizkanallänge rd. km
Dänemark	1	Aarhus 1931	Stadt	12,3	W/90	4,2
		Frederiksberg 1931	Stadt	9,4	D/— W/90	4,30
		Kopenhagen 1831	Stadt	50,0	D/10—23/400 W/90	12,30
		Odense 1931	Priv. Gesellschaft	2,4	W/90	1,20
		Randers 1931	Stadt	3,1	W/90	1,82
		Esbjerg 1931	Stadt und priv. Gesellsch.	2,7	W/90	1,30
		Faaborg 1931	Stadt und priv. Gesellsch.	0,40	W/90	0,35
		Renne 1931	Stadt	0,38	W/90	0,56
Deutschland	2	Barmen 1929	Städt. Werke	41,5	D/3,9/S	46,0
		Berlin-Buch 1929	Stadt	23	W/—/120	9,5
		Berlin-Charlottenburg 1931	Berliner Städt. El.-Werke A.G.	26,1	D/3/180	4,7
		Berlin-Neukölln 1930	Stadt-Bezirksamt	19,0	W/3,5/130	—
		Berlin-Steglitz 1931	Berliner Städt. El.-Werke A.G.	21,0	W/—/90	4,9
		Braunschweig 1929	El.-Werk und Straßenbahn A.G.	14,0	D/3,5 [9]	3,2
		Bremen 1931	Erleuchtungs- u. Wasserwerke	12,0	D/3,2 u. 7,0/S u. 200 W/—/80	2,9
		Breslau 1929	Städt. Heiz- und Masch.-Amt	23,4	D/3/180	15,6
		Chemnitz 1929	Städt. El.-Werk	15	W/13/180	3,9
		Dresden 1929	Dresdner Gas-, Wasser- u. El.-A.G.	46,0	D/16,0/325 D/4,0/5 D/2,7/150 W/—/150 W/—/120	10,6
		Elberfeld 1929	Bergische Elektr.-Versorgungs-G. m. b. H.	40,0	D/11/220	7,9
		Forst 1929	Städt. El.-Werk	8,0	D/7/170	2,5
		Halle 1930	Werke der Stadt Halle A.G.	19,6	D/6—15/230 u.S	3,5
		Hamburg 1929	Hamburgische El.-Werke A.G.	70,0	D/2,5/S W/—/90	8,7
		Karlsruhe 1929	Masch.-Techn.-Büro des Min. d. Fin.	16,0	D/6/S	4,3
		Kiel 1929	Städt. Licht- u. Wasserwerke	13	D/3/150	3,0
		Leipzig 1929	Städt. El.-Werk	50,0	D/3,5/200 W/—/90	10,4

[1] Allen hier genannten Werken, insbesondere auch den Herren Ing. H. Boon und freundliche Unterstützung zu besonderem Dank verpflichtet.

Fernheizwerke in Städten[1].

Größte Rohrweite mm	Zahl der Wärmeabnehmer	Dampfkessel Druck / Temperatur ata/°C	Turbinenleistung G = Gegendr. AG = Anzapf-Gegendruck K = Kondensation kW	Jährliche Lieferung: Stromerzeugung 10^6 kWh	Jährliche Lieferung: Wärmeverkauf rd. 1000 t	Bemerkungen
300	107	—	—	nein	39,0	[1] 50 at-Hochdruckanlage bei vollem Ausbau geplant. Veröffentlichungen: Dän.Ing.-Vergg.Schriftenreihe B, Nr. 2. Kopenhagen 1930. Kopenhagen: Borch, Vortrag Nordische Ing.-Tagg. Kopenhagen 1929.
130	10	—	—	nein	56,0	
250	82	10/300	—[1]	nein	170,0	
200	18	—	—	nein	7,6	
250	30	Dieselmotoren u. Anzapfdampf		nein	12,7	
200	19	Dieselmotoren u. Anzapfdampf		nein	6,8	
100	8	Dieselmotoren u. Anzapfdampf		nein	1,5	
150	8	Dieselmotoren u. Anzapfdampf		nein	—	
500	349	14/375	—[2]	—[2]	62,0	[2] Anzapfturbine für 38 t/h Entnahmemenge. 1930 erw. um 2 GT je 2630 kW und 1 AKT zu 6580 kW, siehe Siemens-Z. 1929 S. 644. [3] Krankenhäuser, Institute, Schulen mit rd. 7 000 Köpfen. [4] Gekuppelt mit 2 × 6 900 kW. [5] Kessel des früheren El.-Werk Neukölln. [6] Nur Heizwerk. [7] Errechnet. [8] 1932: 8,4. [9] Verteilungsdruck mit Belastung wechselnd. [10] Kolbenmaschinenanlage inzwischen stillgelegt. 1931: 107 Abnehmer; Wärmeabsatz 38. [11] 1931: 40,0. [12] Vorläufig Frischdampf; später Heizkraft-Vorschaltmaschinen [13] Geschätzt. [14] Siehe Abb. 17. [15] Vorläufig Frischdampf. Hochdruckanlage geplant. [16] 1931: 79 000 t. [17] Vorläufig Frischdampf. [18] Nur Heizwerk. 1931: 75 000 t. [19] Siehe Abb. 20. 1931: 125 000 t. [20] Davon 0,84 · 10^6 kWh in G — Tb, der Rest in Abdampf — Kondens. Tb. [21] Siehe Abb. 18. 1931: 100 000 t.
350	9[3]	8/240	G/1 700	3,4	91,0	
500	57	35/415	G/2×900[4]	8,8	77,0	
225	34	15/350[5]	nein[6]	nein[6]	50[7]	
500	58	13/3	G/2×3 000	6,5[8]	84,0	
400	77[10]	15/350	G/1 600[10]	1,81	40	
350	5	39/400	AG/1 900	2,0	44	
400	77	11/375	G/450	0,5	37,0[11]	
150	10	14/193	—[12]	—[12]	45—50[13]	
200	75	38/410	G/[14]	—[14]	73,0	
450	88	13/330	—[15]	nein[15]	75,0[16]	
600	12	16/350	—[17]	[17]	14,0	
275	21	17/250	nein[18]	nein[18]	60—70	
800	76	11,5/	G/2 000[19]	6,6	159,0	
300	38	10/S	G/265	0,37	36,0	
250	48	16/375	G/1 000[20]	1,3[20]	36,0	
500	175	18/380	G/19 500[21]	5,1	91,0	

W. Möhring-Utrecht, Dir. Borresen-Kopenhagen, Ing. J. Saxl-Brünn bin ich für

Zahlentafel 23

Land	Lfd. Nr.	Stadt	Eigentümer oder Betriebsform	Anschlußwert rd. kcal/h	Wärmeträger D = Dampf W = Wasser F = Frischdampf S = Sattdampf ata/°C	Heißkanallänge rd. km
Deutschland		Ludwigshafen 1929	Pfalzwerke A.G.	6,1	D/1—3/200	1,95
		Meißen 1929	Städt. El.-Werk	6,8	D/6/220	1,89
	2	München 1929	Städt. El.-Werk	24 [23]	a) W/—/90 b) D/4/S W/—/90	—
		Schwerin 1929	El.-Werk, Straßenbahn u. Fernheizwerk der Stadt	1,5	W/4,0/90	0,9
Frankreich	3	Paris 1931	Cie. Parisienne de chauffage urbain	a) 13 b) 70	D/1—4/S D/—	a) 1,2 b) 15
Holland		Eindhoven 1931	Philips-Werke	1,48	D/2,3—2,6/S W/—/55—58	—
		Groningen 1931	Gemeentelijk Electriciteitsbedrijf	—	—	—
	4	Leyden 1931	Staat [28]	8,2	D/7 u. 1,5/S W/—/90	—
		Utrecht 1931	N. W. Prov. en. Gem. Utreschtsch Stromleverinesbedrijf	12,5	D/2,5—4/225 W/4,5/65—95	1,4 2,45
Rußland		Archangelsk [31]	Staat bezw. örtliche Elektrizitäts- und Industrietrusts	—	—	—
		Charkow [31]		—	—	—
		Kotellnitsch [30]		—	—	—
		Leningrad [30]	Elektrotrust	6	W/4,5/100	4,8
		Moskau [31]	Staatsl. El.-Werke (Moges)	200	W/8/130	—
	5	Omsk [31]	Staat bzw. örtliche Elektrizitäts- und Industrietrusts	—	—	—
		Pskow [30]		—	—	—
		Rostow [31]		—	—	—
		Samara [31]		—	—	—
		Smolensk [30]		—	—	— [32]
		Tambow [31]		—	—	—
		Oriol [31]		—	—	—
Schweiz	6	Zürich	Stadt	6,98	W/6/115	2

Veröffentlichungen zu Deutschland: Barmen: Schilling, Z. VDI 1925 Heft 27 S. 889; Rheineck, Wärme Bd. 52 (1929) Heft 17 S. 347. — Charlottenburg-Steglitz: E. Schulz, Ber. 12. Kongr. Heizg. u. Lüftg., S. 137f. München u. Berlin: Oldenburg 1927. — Neukölln: Die Städteheizung, München u. Berlin: Oldenburg 1927. — Braunschweig: Marcard u. Beck: Elektr.-Wirtsch. Bd. 31 (1929) Heft 20 S. 431. — Breslau: Grunow: Haustechn. Rdsch. Bd. 33 (1928) H. 3; Wärmewirtsch. Nachr. 1930 Heft 5 S. 54. — Bremen: Matthias, Brennstoff- u. Wärmewirtsch. Bd. 10 (1928) Heft 18 S. 356 (Diskuss.). —

(Fortsetzung).

Größte Rohrweite mm	Zahl der Wärmeabnehmer	Dampfkessel Druck/Temperatur ata/°C	Turbinenleistung G = Gegendr. AG = Anzapf-Gegendruck K = Kondensation kW	Jährliche Lieferung Stromerzeugung 10^6 kWh	Jährliche Lieferung Wärmeverkauf rd. 1000 t	Bemerkungen
—	13	nein[22]	nein	nein	14,0	[22] Dampf wird vom Kraftwerk Rottstraße der Pfalzwerke bezogen (12 ata/350°, das als Reservestromwerk dient), reduziert und durch Wassereinspritzen gekühlt.
300	8	37/400 14/	AG/3 200	0,73	16,0	
a) 200 b) —	a) 2[24] b) 1	a) 13,5/— b) 15,5/230	a) G rd. 1 030 b) G/1 400	a) — b) 2,3	a) 26,0 b) 62,0	[23] a) Muffatwerk und b) Schwabing je 12 · 10^6. [24] a) Volksbad und Deutsches Museum, b) Krankenhaus.
155	17	Dieselmotoren[25]		—	—	[25] Als Wärmequelle: Kühlwasser- und Abgaswärme der Motoren, Nachheizung in befeuerten Kesseln. Veröffentlichungen siehe unten.
a) 250 b) 800	4 —	a) 11/300 b) 46/450[26]	a) nein b) —	nein —	38 140[27]	a) Versuchsnetz Rue de Bercy. b) Projekt im Bezirk d'Auteuil und am Bois de Boulogne. [26] Kraftwerk Issy-Les-Molineaux. [27] Errechnet.
—	41	—	nein	nein	3,2	[28] Universitäts-Krankenhaus, nur Heizwerk. [29] Wärmelieferung vom alten El.-Spitzenwerk.
—	—	—	—	—	—	
241 264	11[28]	7/S	nein	nein	—	
240 180	15 37	—	—[29]	—[29]	32	
—	—	—	—	—	—	[30] Bestehende Heizkraftanlagen. [31] Projektiert und im Bau begriffen. [32] Holzrohrleitungen. [33] Ausbau auf den 10fachen Wert angeblich geplant, wobei 50 · 10^6 kW anfallen. [34] Warmwasser. Nach: Energie-Wirtschaftsprobleme des 5 Jahresplanes, Bd. 1, Russ. Staatsverlag.
—	—	—	—	—	—	
—	—	—	—	—	—	
250	11	—	—	—[33]	35[34]	
—	—	—	—	120	1 200	
—	—	—	—	bis 130	—	
—	—	—	—	—	—	
—	—	—	—	—	—	
—	—	—	—	—	—	
—	—	—	—	—	—	
—	—	—	—	—	—	
—	—	—	—	—	—	
200	6	19/350[35]	AG/400[36]	—	27[37]	[35] Dampferzeugung aus Müllverbrennung. [36] Aufstellung einer 1000—1500 kW-Turbine beabsichtigt. [37] Verfügbar entsprechend den anfallenden Müllmengen.

Dresden: Wengler, Arch. Wärmewirtsch. 1931 Heft 5. — Elberfeld: Petri, Elektr.-Wirtsch. 1930 Nr. 507 S. 216f.; Lehmann. Haustechn. Rdsch. Bd. 34 (1929) Heft 33—35. — Forst: Neimke, Elektr.-Wirtsch. 1930 Nr. 507 S. 210f. — Halle: Jost, Gesundg.-Ing. Bd. 54 (1931) Heft 3 S. 33. — Hamburg-Kiel Margolis, 12. Ber. Kongr. Heizg. u. Lüftg., S. 98f. München u. Berlin: Oldenburg 1927. — Leipzig Siemens-Z. 1929 S. 850. — München: Bodler, Z. bayer. Revis.-Ver. 1926 Nr. 20—22. — Schwerin: Die Städteheizung, S. 140. München u. Berlin: Oldenburg 1927.

Zahlentafel 23

Land	Lfd. Nr.	Stadt	Eigentümer oder Betriebsform	Anschlußwert rd. kcal/h	Wärmeträger D = Dampf W = Wasser F = Frischdampf S = Sattdampf ata/° C	Heizkanallänge rd. km
Tschechoslowakei	7	Brünn 1931	Westmährische El.-Werke A.G.	182 [38]	D/9/S	6,0
		Aussig 1931	El.-Werk der Stadt Aussig	17,3	D/5/240	9,1
		Bodenbach 1931	Stadt	2,2	W/13/100	1,7
		Karlsbad 1931	Städt. El.-Werk	16 [41]	W/11/180	5,0
		Prag 1931	El.-Werk der Hauptstadt Prag	93 [43]	FD/15/230—250	6,0
		Sandhübel 1931	El.-Werk	—	FD/8,0 u. 2,5	0,15
		Teplitz/Schönau	Städt. El.-Werk	6,5	FD/1,5	1,2
		Marienbad 1931	—	—	—	—
Vereinigte Staaten von Amerika	8	Akron 1930	Akron Steam Heating Co.	47	D/8,8 — 9,4/S	5,6
		Baltimore 1929/1930	Consolid. Gas Electr. Light & Power Co.	54,4	D/1,3 — 9,8/S	15,8
		Boston 1929/1930	Edison Electr. Illuminating Co.	—	D/7,4 — 11,5/S	6,9
		Chicago 1930	Illionois Maintenance Co.	91,5	D/7,3 — 10,1/S	4,3
		Cleveland 1930	Cl. Electric Illuminating Co.	383	D/1,28—10,8/S	29,5
		Dayton 1930	Dayton Power & Light Co.	128	D/1,07—13,3/S	17,8
		Detroit 1930	Detroit Edison Co.	446	D/1,35— 3,5/S	74,1
		Denver 1929	Public Service Co. of Colorado	—	D/1,7 — 4,2/S	8,5
		Grand Rapids 1930	Consumers Power Co.	35,8	D/1,35— 8,0/S	4,3
		Indianapolis 1929	Ind. Power & Light Co.	151	D/1,35— 3,1/S	43,5
		Kansas City 1929	Kans. C. Power & Light Co.	69,4 [56]	D/ — 15/S	—
		Milwaukee 1930	M. El. Railway & Light Co.	155	D/1,2 —12,2/S	39,8
		New York 1930	N. Y. Steam Corporation	1026	D/5,7 —11,4/S	100,6
		Peoria 1930	Central El. Light Co.	61,6	D/1,07—2,05/S	3,2
		Philadelphia 1929/30	Philad. Electr. Co.	52	D/1,7 — 4,2/S	4,0
		Pittsburgh 1930	Alleghenny Electric Co.	204	D/1,35— 8,4/S	13,5
		Portland 1930	Northwestern Electric Co.	85,2	D/1,4 — 3,7/S	20,2
		Rochester 1930	Roch. Gas & Electr. Corp.	—	D/1,35 — 15/S	24,7
		San Francisco 1929	Great Western Power Co.	22	D1/,35— 1,7/S	18,5
		Saint Louis 1930	Union El. Light & Power Co.	151	D/6,3 —13,3/S	13,8
		Springfield 1930	Ohio Edison Co.	24,7	D/1,07— 8,0/S	12,5
		Youngstown 1929	Mahoning County Light Co.	16 [64]	D/1,07— 1,8/S	3,5

(Fortsetzung).

Größte Rohrweite mm	Zahl der Wärmeabnehmer	Dampfkessel Druck / Temperatur ata/°C	Turbinenleistung G = Gegendr. AG = Anzapf-Gegendruck K = Kondensation kW	Jährliche Lieferung: Stromerzeugung 10^6 kWh	Jährliche Lieferung: Wärmeverkauf rd. 1000 t	Bemerkungen
500	16	66/425	G/18 000 K/6 000	75,7 [39]	66,7	[38] Entspricht 275 t/h Liefervermögen; z. Zt. rd. $^{1}/_{3}$ ausgebaut. [39] 21,8 Millionen im Gegendruck, 23,9 Millionen im kondensierten Betrieb. [40] Die Stromerzeugung aus Heizdampf betrug 1931 18,8 vH der Gesamterzeugung. [41] 1932 in Betrieb gesetzt; z. Zt. zur Hälfte ausgebaut. [42] Vorläuf. keine Stromerzeugung. [43] Netz reicht für 140 t/h Liefervermögen; z. Zt. rd. 10 vH ausgebaut; später HDr.-Vorsch.-Anlage geplant. [44] Papierfabrik. [45] Krankenhaus. [46] Z. Zt. reduzierter Frischdampf, Heizkraftkupplung geplant.
275	89	21/370	AG/1 400	2,49 [40]	36,4	
150	8	—	—	—	—	
191	60	11/S	— [42]	— [42]	80	
300	27	—	—	—	16,5	
300	1 [44]	—	—	—	60,0	
175	1 [45]	25/380 [46]	AG/3 000 [46]	— [46]	11,0	
—	—	—	—	—	—	
—	225	13,1/S	nein [47]	nein [47]	100	[47] Nur Heizwerk. [48] Nur Heizwerk. [49] Nur Heizwerk. [50] Blockheizwerk. [51] Stromerzeugung nur in einem der beiden Heizwerke. [52] 1929 = 21 · 10^6 kW. [53] Nur Heizwerk. [54] 4 Werke; davon 3 mit Eigenstromerzeugung. [55] Nur Heizwerk. [56] Außerdem Dampf für Warmwasserbereitungs- und Kochzwecke. [57] Frischdampflieferung vom El.-Werk. [58] Nur für Eigenbedarf der Kesselhäuser; 5 Kesselhäuser. [59] Nur Heizwerk. [60] 2 Werke. [61] 2 Werke. [62] In 2 Heizwerken installiert. [63] Bezieht Dampf von Reserve-El.-Werk; ein Großabnehmer erzeugt mit Heizdampf Strom. [64] Außerdem Dampf an Wäschereien als Frischdampf. Veröffentlichungen: Proc. N. Distr. H. Assoc.; Power; Pwr. Plant Engng.; Mech. Engng.; J. Amer. Soc. of Heat a. Vent. Engrs.; Heating a. Vent.
—	350	9,8—14,1/S	nein [48]	nein [48]	131	
400	130	11,5/S	nein [49]	nein [49]	198	
—	78	8,7—9,1/S	nein [50]	nein [50]	359	
500	560	11,5—13,3/S	G/7 500 [51]	13,3 [52]	1 200	
—	589	11,5—15,0/S	nein [53]	nein [53]	492	
500	1832	10,5/S	G/8 200	rd. 15 [54]	1 170	
450	165	4,2—14,5/S	nein [55]	nein [55]	47	
—	114	23,8/S	G/1 500	5,5	107	
500	940	11,5/S	G/—	29	627	
450	280	—	nein [57]	nein [57]	225	
400	1003	9,1—13,6/S	G/1 500	5,7	658	
600	2460	11,0—20,7/S	G/9 400 [58]	—	4 520	
500	437	15,1/S	G/8 000	17,1	210	
450	47	—	nein [59]	nein [59]	150	
800	259	15,0—18,5/S	G/5 050	17,6 [60]	607	
500	643	13,6—17,5/S	G/5 000	7,2 [61]	252	
—	263	9,4—25,6/S	G/10 025	12,9	611	
500	390	12,6—15,0/S	G/1 200 [62] G/5 000	4,2	120	
500	257	11,3—15,4/S	nein [63]	nein [63]	416	
—	169	13,3/S	G/4 000	3,5	83,0	
—	124	11,5/S	—	rd. 2	87,2	

B. Wärmeverteilungsnetz.

a) Netzformen.

Das vorhandene Straßennetz ist für die Rohrführung maßgebend. Doch sollten immer Netzformen von der nachstehend geschilderten Art angestrebt werden, wobei die Reihenfolge ihre Wertigkeit hinsichtlich der Versorgungssicherheit andeuten will:

Vermaschtes Rohrleitungsnetz mit einem oder mehreren Einspeisepunkten (s. Abb. 50, 66, 67, 72, 77). Es gewährt die größte Versorgungssicherheit und ist überall am Platze, vornehmlich wenn mehrere Lieferwerke und größere Entfernung zwischen Netz und Werk vorhanden sind. Gefährdete Versorgungspunkte werden

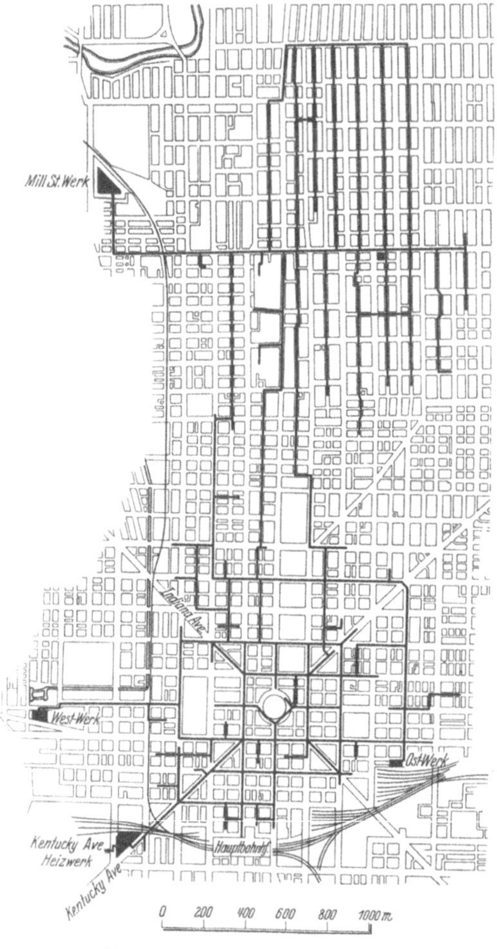

Abb. 50. Wärmeverteilungsnetz Indianapolis (USA.).

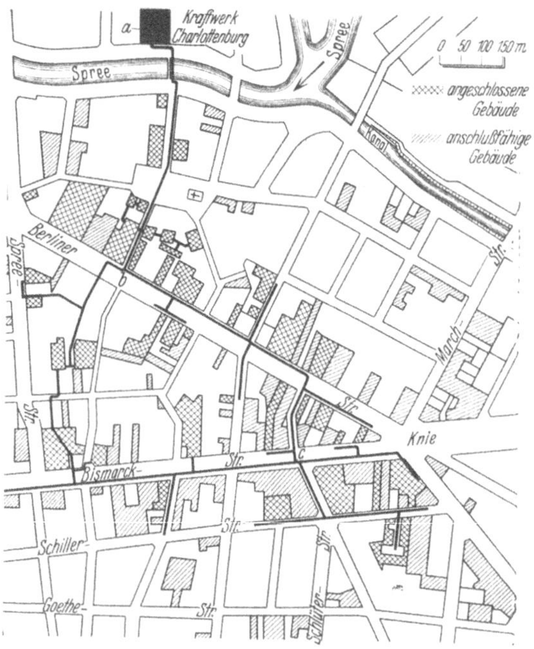

Abb. 51. Dampfrohrnetz Städteheizwerk Charlottenburg. *a, b, c* Dampfdruckmessung und Fernmeldung für Betriebsüberwachung.

öfters durch direkte Hochdruckspeiseleitungen mit dem Werk verbunden. Für Pumpenheiznetze ist die Vermaschung nicht im gleichen Umfange wie bei Dampfnetzen möglich.

Ringnetze mit möglichst mehreren Einspeisepunkten. In kleinen und mittleren Werken oft die passendste Form (s. Abb. 26 u. 51). Die Auftrennung des Ringes muß möglich sein, auch abtrennbare Querverbindungen sind zulässig.

Strahlennetze. Vom Lieferwerk gehen ein oder mehrere Einzelleitungen aus, die für sich je ein kleines Absatzgebiet darstellen (s. Abb. 26, 53, 64, 68).

Manchmal zwingt das geographische Stadtbild bzw. die Lage des Absatzgebietes zur Wahl dieser Netzform (Hamburg, Elberfeld, Barmen), die sonst möglichst vermieden werden soll. Infolge größerer Rohrdurchmesser (Druckabfall) wird

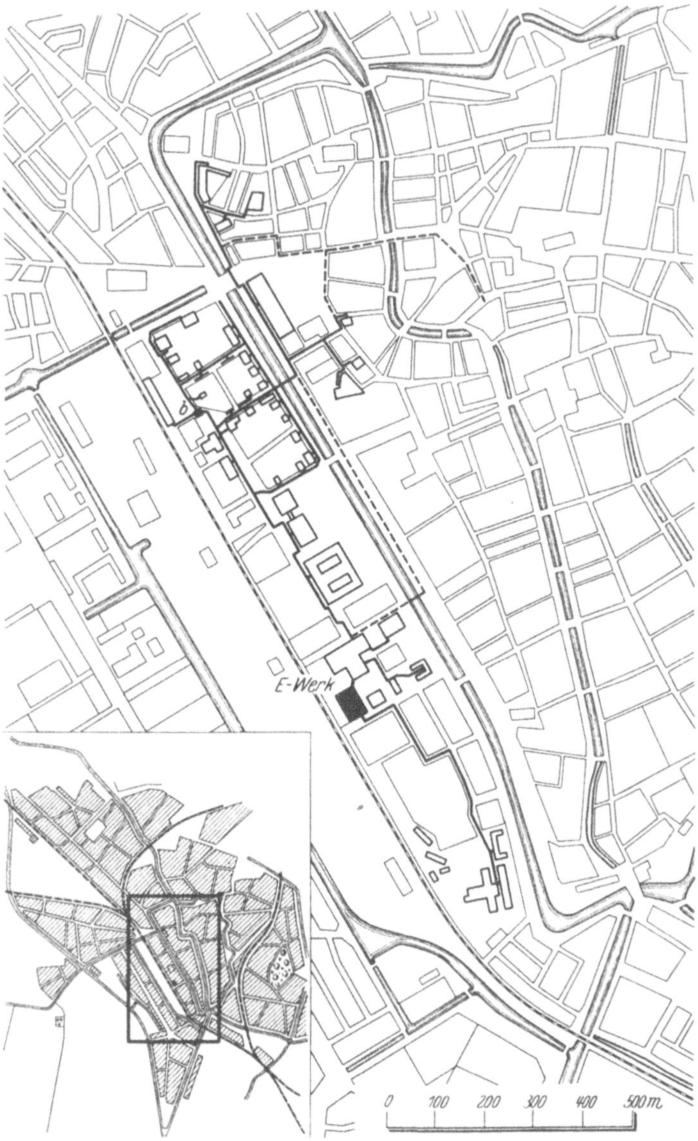

Abb. 52. Rohrleitungsnetz Utrecht (Holland).

sie gewöhnlich auch teurer. Bei Lieferquellen an beiden Enden eines längeren Rohrstrahles erreicht die Versorgungssicherheit nahezu diejenige der Ringnetze, denn die Verbindungsleitung stellt nunmehr ein doppelt gespeistes Halbringnetz dar. Die einseitige Form des Strahlennetzes ist für die Heizkraftkupplung am ungünstigsten.

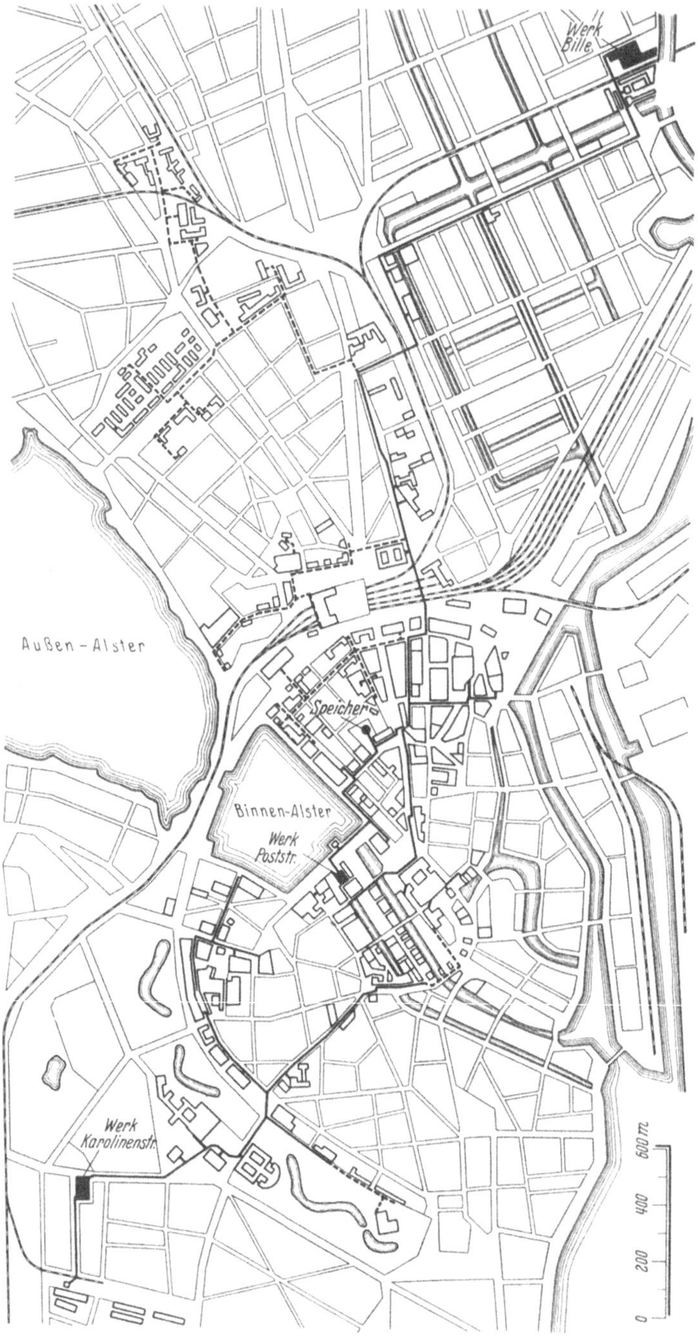

Abb. 53. Wärmeverteilungsnetz Hamburg.

b) Verlegungsarten.

Der Bau des Rohrnetzes beansprucht rd. die Hälfte der Anlagekosten. Daher werden die ständigen Bestrebungen auf Herabminderung der Verlegungskosten verständlich. Leider müssen alle billigeren Lösungen mit einem Verzicht auf gleiche Versorgungssicherheit oder dem Bewußtsein höherer Betriebskosten erkauft werden. Die höchste Versorgungssicherheit gewähren die Rohrverlegungen im massiven Schutzbauwerk, wobei dem begehbaren Rohrtunnel in jeder Hinsicht die erste Stelle gebührt.

Der zu Revisionszwecken gerade noch bekriechbare Betonkanal erfüllt aber diesbezügliche Erwartungen gleichfalls und ist billiger (s. Abb. 39, 44 u. 54). Unbefriedigend bleiben dabei noch die langen Bauzeiten für die Erd- und Betonarbeiten. Gelegentlich wurden die Kanalwände auch aus fabrikatorisch gefertigten und an der Baugrube zusammengefugten Platten und Stützbalken errichtet (s. Abb. 28 u. 29), doch hält es manchmal schwer, die zahlreichen Fugen absolut wasserdicht zu bekommen. Im übrigen hat die Rohrverlegungs- und Isoliertechnik heute einen so hohen Stand erreicht, daß man auf Betriebskontrollen von geschweißten Rohrstrecken unter 300 mm l. W. stets verzichten kann. Die europäische Praxis hat dies befolgt. In Amerika hält man Überwachungsmöglichkeiten sogar bei größten Rohrdurchmessern für unnötig, und — abgesehen von Tunnelbauarten — ist dort keine Dampfleitung ohne Straßenaufbruch mehr kontrollierbar.

Abb. 54. Abzweig einer Hausleitung vom Hauptnetz. Städteheizwerk Steglitz.

An dritter Stelle müssen die Erdreichverlegungen genannt werden, bei denen die isolierte Rohrleitung — wasserdicht geschützt — wie jede Gas- oder Wasserleitung direkt im ausgehobenen Graben verlegt wird. Den Temperaturbewegungen muß die Leitung folgen können. Sonderlichen Umfang erreichten derartige Konstruktionen aber nicht, trotzdem sie wohl billiger sind und an sich die schönste Lösung brächten. Die Wärmeverluste sind erheblich größer. Isolierzustand, etwaige Korrosionen, schlechte Auflagerung bzw. Beschädigungen durch nachträgliche fremde Erdarbeiten können nicht mehr festgestellt werden. Für wichtige und große Absatzgebiete darf die Erdreichverlegung nie in Frage kommen. Es sei denn, daß ein völlig trockenes, vor Aufgrabungen und schweren Verkehrslasten geschütztes Straßengebiet gewählt werden kann.

Abb. 55. Dampfrohrfreileitung Heizkraftwerk Meißen.

Als letzte Verlegungsart ist die Freileitung zu nennen, die der eben genannten Konstruktionsform an Betriebssicherheit überlegen, aber selten anwendbar ist. Bei Mastaufhängungen wird sie recht teuer und ist ebenso wie die Sockelverlegung nur im Privatgelände möglich (s. Abb. 55).

Neben der Zeit erfordernden, auf der Baustelle hergestellten Kanalform kennt man besonders in USA. auch fabrikatorisch gefertigte Heizungskanäle, die in 1—2 m-Stücken für alle Rohrabmessungen und Anordnungen erhältlich sind (s. Abb. 56 a u. b). Sie gewähren recht schnellen Baufortschritt, besonders auch in den Ausführungsarten, bei denen der Wärmeschutz gebrauchsfertig mit dem äußeren Kanal zusammen geliefert wird.

In dänischen Heizwerken ist weitgehend Zellenbeton als Isolier- und Kanalbaustoff verwendet worden[1]. Die leitungsgerecht im Graben montierten Rohrstränge werden mit flüssigem Beton umgossen, der genügend druckfest sein muß. Die beweglichen Auflager sind vorher paraffinüberzogen, das Rohr selbst mit Wellpapier umhüllt worden. Beim Anheizen schmilzt bzw. verzundert die

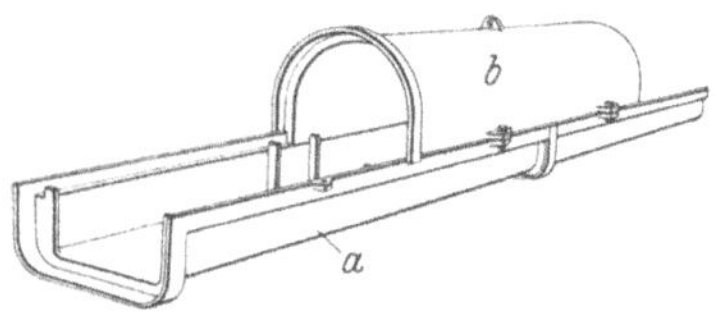

Abb. 56a. Eiserne Heizkanalform der Underground Steam Constr. Co. (USA.). *a* Fundamentplatte, *b* Gehäusedeckel.

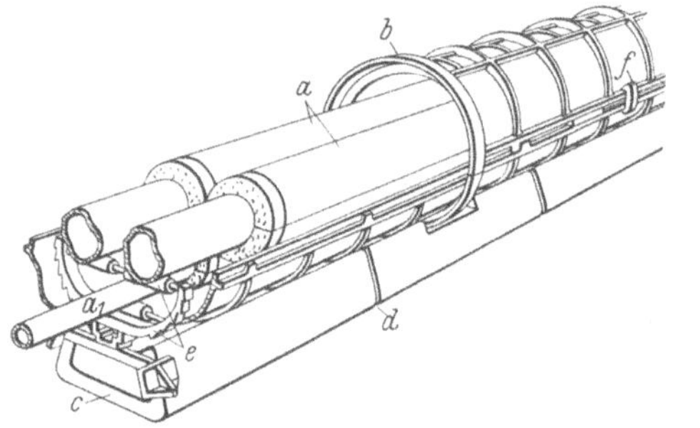

Abb. 56b. Gußeiserner Heizkanal der Ric-Wil-Co. *b* Dampfleitung, a_1 Kondensatleitung, *b* Gehäusedeckel, *c* hohles Fundament, *d* Eintrittsöffnung für Bodenwasser, *e* Rohrlagerung, *f* Dichtungsleiste mit verschiebbarem Keil.

Hülle, die Temperaturbeweglichkeit ist gewahrt. Auf Zugänglichkeit der Rohre muß völlig verzichtet werden. Dafür tauscht man eine recht einfache Kombination von Isolierung und Schutzkanal ein. Der ganze Zellenbetonblock wird zweckmäßig außen wasserabweisend gestrichen, da er an sich stark hyroskopisch ist.

C. Organisations- und Tarifformen, Wärmelieferungsverträge.

Ganz überwiegend wurden bisher die Wärmewerke (auch bei fehlender Kraftkupplung) von Elektrizitätsgesellschaften geschaffen, obgleich der Grund für diese begrüßenswerte Entwicklung längst nicht immer die Absicht zu späterer Heizkrafterzeugung war. Stromwerbung, Hygiene, Bekämpfung von Rauch und Staub spielen mit, und auch gelegentlich die stille Einsicht, energiewirtschaftliche Erkenntnisse bislang unbeachtet gelassen zu haben.

Das kommende Heizkraftwerk muß vom Träger der öffentlichen Stromversorgung betrieben werden. Alle anderen Organisationsformen bleiben Stückwerk. Auch der Wärmewerbung und -lieferung darf sich das Elektrizitätswerk nicht entziehen. An sich ist es gleichgültig, ob eine private, gemischt-wirtschaftliche, kommunale oder staatliche Organisationsform vorhanden ist. Im Sinne früherer Ausführungen kann die kommunale Beteiligung bei positiver Einstellung die schnellsten Erfolge zeitigen.

Wird das Wärmegeschäft in einer Abteilung oder Tochterfirma des Elektrizitätswerkes betrieben, so müssen anfangs Bau und Werbung in einer Hand liegen. Oft führt sogar die Trennung von Bau und Betrieb zu Schwierigkeiten mit dem

[1] Luft: Zellenbeton als hochwertiger Isolierstoff. Z. VDI 1929 Heft 27 S. 999.

Abnehmer, der gerade in den ersten Monaten intensiver Anleitung und später dauernder Überwachung bedarf. Ein Inkasso wie beim Stromabsatz fällt fort. Die oft großen Monatsbeträge[1] werden besser bargeldlos bezahlt. Der Wärmeabnehmer (Hauseigentümer) spielt im Geschäftsleben des Elektrizitätswerkes eine ungleich größere Rolle als der Stromkonsument. Sein Jahresumsatz erreicht in Wohngebieten beispielsweise oft den von 80—150 Stromkonsumenten.

Die Elektrizitätswerke legten anfangs dem Wärmeverkauf die gewohnten Tarifformen aus dem Stromverkaufsgeschäft zugrunde, da ihnen die Kenntnis vom Wesen der Wärmelieferung fehlte. Unser Wissen vom Stromtarif hat inzwischen in einer gewaltigen Literatur Ausdruck gefunden. Die Ansichten über Wärmeverkaufstarife differieren längst nicht so stark, da man den Wärmeabsatz so gut wie gar nicht durch Tarife fördern kann. Man kann nur diesen oder jenen Abnehmer zum Fernwärmebezug bewegen, seinen Verbrauch an sich aber selten vergrößern.

Das Tarifwesen im Wärmegeschäft verfügt deshalb nur über wenige und weitgehend übereinstimmende Formen. Im wesentlichen sind 3 Tarifgruppen im Gebrauch:

1. Der kcal-Tarif, der nur die entnommene Energiemenge zum Einheitspreis je kcal berücksichtigt. Bei Großabnehmern wird öfters ein Mengen- und Zeitrabatt (Lastfaktorrabatt) gewährt. Der Tarif ist durchweg bei Dampflieferung zu finden, doch ist er hier wegen der mangelnden Meßtechnik etwas unbefriedigend. Überwiegend wird das verbrauchte Dampfgewicht durch Kondensatmessung ermittelt. Bezieht sich der Einheitspreis auf t und wird auf Rücklieferung des Kondensats verzichtet, ist die Messung ausreichend. Berechnet das Lieferwerk aber Millionen kcal bei gleicher Meßmethode und Kondensatrücklieferung, muß eine rechnerische Berücksichtigung der vom Abnehmer nicht ausgenutzten kcal erfolgen, was meistens zum Nachteil des Lieferwerkes ausfällt.

Unter diese Tarifgattung sind auch die sog. Warmwassertarife zu zählen, die lediglich nach m^3 gleichtemperierten Wassers abrechnen.

2. Der Pauschaltarif, der bei Pumpenheizungen für Raumheizzwecke überwiegt. Er gewährt durchaus keinen Anreiz zur Wärmeverschwendung, wie öfters behauptet wird, da das Werk ja den Lieferumfang bestimmt. Er darf nur da nicht angeboten werden, wo die Wärmeentnahme vom Willen des Abnehmers abhängt (in Dampfnetzen).

3. Der Leistungs-Arbeits-Tarif. Nimmt der Industriewärmeabsatz eines Werkes starken Aufschwung, kann eine Tarifform, die sowohl Belastung als auch Energiemenge berücksichtigt, erforderlich werden. Allerdings ist die meßtechnische Überwachung und Abrechnung dafür umständlich und teuer. Soweit hier und da auch der Hauswärmeabsatz mit dieser Tarifform geregelt wurde, umging man die meßtechnische Schwierigkeit, indem die Leistungspauschale konstant und in Abhängigkeit von der fest eingebauten Heizfläche gesetzt wurde.

Aus den folgenden 5 Beispielen möge die Tarifgebahrung entnommen werden:

Tarife der New York Steam Corporation 1930 — New York.

a) Allgemeine Niederdruckdampflieferung		b) Wohnhausversorgung	
Menge/Monat	Preis RM./t	Menge/Monat	Preis RM./t
Die ersten rd. 22,5 t . . .	17,60	Die ersten 225 t	9,25
„ nächsten „ 45,0 t . . .	12,50	„ nächsten 1600 t	6,95
„ „ „ 135,0 t . . .	10,20	Darüber hinaus	6,50
„ „ „ 250,0 t . . .	8,30	Mindestrechnung lautet in der Zeit Oktober bis Mai auf 68 t/Monat, in den Monaten Juni bis September auf 45 t	
„ „ „ 450,0 t . . .	7,90		
„ „ „ 900,0 t . . .	7,40		
Darüber hinaus	6,95		
Mindestrechnung lautet auf 4,5 t. Bei Jahresabnahme in den Monaten Mai bis Oktober 20 vH Rabatt			

[1] Siehe S. 95 u. 192.

c) Kraftdampflieferung. Die ersten 115 t der Monatsvertragsmenge zu 9,25 RM./t.
Darüber bis Erreichung der Monatsvertragsmenge zu . . . . 5,55 „
Bei Überschreitung der Vertragsmenge kosten die ersten 115 t Überschußmengen 11,60 „
Darüber hinaus jede weitere Tonne . . . . 7,40 „
Soweit nicht anders vereinbart, wird als Monatsvertragsmenge das Mittel der 4 Sommermonate zugrunde gelegt. Das gilt auch als Mindestabnahme, wobei aber zwischen April und November mindestens 135 t/Monat verrechnet werden.

d) Preisänderung. Alle genannten Dampfpreise basieren auf einem Grundpreis von 13,24 RM./t Anthrazit bzw. 15,96 RM./t Fettkohle. Für je 0,59 RM. Preisdifferenz zwischen Grundpreis und Kohlenpreis frei Werk ändern sich die Dampfpreise um 0,092 RM./t.

Tarife der Illinois Maintenance Co. 1930 — Chicago.

a) Allgemeine Niederdruckdampflieferung		b) Leistungs-Arbeits-Tarif (Arbeitsgebühr)	
Menge/Monat	Preis RM./t	Menge/Monat	Preis RM./t
Die ersten 4,5 t	18,50	Die ersten 45 t	9,25
„ nächsten 9,0 t	14,80	„ nächsten 405 t	4,62
„ „ 13,5 t	12,05	„ „ 1820 t	3,70
„ „ 18,0 t	9,25	Darüber hinaus	2,77
„ „ 45,0 t	8,33	Wird nur bei Garantie des Abnehmers auf 1,35 t/h Mindestbelastung gewährt	
Darüber hinaus	7,87		
Bei Zahlung innerhalb 10 Tagen 10 vH Rabatt		Leistungsgebühr/Jahr: 9260 RM./t Höchstlast	

c) Kohlen- und Lohnklausel. Dem allgemeinen Tarif liegen zugrunde:
Kohlenpreis 16,80 RM./t,
Stundenlohn 2,10 RM.
Beim Tarif b) liegen zugrunde:
Kohlenpreis 18,90 RM./t,
Stundenlohn 3,78 RM.
Für je 0,42 RM. Kohlenpreisänderung ändert sich der Dampfpreis um 0,092 RM./t.
„ „ 0,126 RM. Stundenlohnänderung „ „ „ „ „ 0,092 „

Tarif der Ohio Utilities Co. 1930 — Delaware.

Warmwasserheizung — Pauschaltarif.

a) Bei gußeisernen Radiatoren . . . . 22,60 RM./m² Heizfläche und Heizzeit.
Bei mehr als 930 m² Radiatorenheizfläche 15,81 „ „ „ „
b) Bei Rippenrohrheizkörpern, ausgedehnten unisolierten Leitungen usw. . . . . 45,20 „ „ „ „
Die Heizzeit rechnet vom 1. 10. bis 1. 6. Rechnungslegung erfolgt in 6 Monatsabschnitten ab 1. 10. 10 vH Aufschlag bei Nichtbezahlung innerhalb von 10 Tagen.

Tarif der Toledo Edison Co. 1930 — Toledo.

Warmwasserheizung — Pauschaltarif.

Die ersten	46,5 m² Heizkörperfläche	22,20	RM./m² Jahr
„ nächsten	46,5 „ „ . .	21,00	„ „
„ „	46,5 „ „	19,44	„ „
„ „	325 „ „	18,09	„ „
Über	465 „ „ hinaus	16,50	„ „

Die Jahrespauschale ist in 10 Monatsraten zu zahlen.

Tarife der Berliner Städt. Elektrizitätswerke 1932 (Bewag-Berlin).

a) Bei 2 atm Dampflieferung. 11,70 je Million kcal (etwa 6,72 RM./t) je nach Menge und Belastungszeit wird bis zu 20 vH Rabatt gewährt.

b) Bei Warmwasserheizung. 1,79 RM. je m² beheizte Wohnfläche und Jahr. 0,65 RM. je m³ — 60grädiges Gebrauchswasser.

c) Preisklausel. Die genannten Wärmepreise gelten unter Zugrundelegung des Reichsanzeigerpreises für westfälischen Schmelzkoks, Körnung 40/60, je Tonne ab Grube und eines Frachtsatzes der Deutschen Reichsbahn nach Gütertarif, Teil 2 A T 6 zwischen Gelsenkirchen und Berlin je t Koks. Ändert sich der Kokspreis oder die Frachtrate, so daß der Gesamtpreis je t Koks im Jahresdurchschnitt frei Berlin über eine bestimmte Grenze hinaus steigt oder fällt, so ermäßigt sich der Wärmepreis je Million kcal bzw. der Pauschalpreis für die Raumheizung und der Preis für Warmwasserbereitung im gleichen Verhältnis.

Bei pauschaler Heizpreisberechnung werden die Gesamtkosten in 12 gleichen Monatsraten bezahlt. Die Nachzahlung oder Rückerstattung nach der Preisklausel ist am Ende jedes Jahres fällig.

Ähnlich wie die Berliner Tarife sind alle sonstigen deutschen Heizwerkstarife geformt. Der Preis ist entweder auf t Dampf oder Millionen kcal abgestellt. Hier und da wird ein abgestufter Mengenrabatt gewährt. Der Verbrauchsnachweis geht durch Kondensatmesser, Dampfmesser, Wassermesser bzw. vereinzelt auch schon durch Wärmezähler vor sich. Bei durchschnittlichem Verteilerdruck von 1,8—2,0 atü Sattdampf und Dampfmengenmessung bewertet man den Wärmeinhalt von 1 t Dampf mit 540—550000 kcal, berücksichtigt also den nicht ausgenutzten Kondensatwärmeinhalt. Wird Heißdampf in Werksnähe abgesetzt, steigt der Verrechnungsfaktor bis auf $0{,}60 \cdot 10^6$ kcal/t.

Die starke Staffelung der amerikanischen Tarife läßt vermuten, daß die wirklichen Dampfpreise sowohl absolut wie relativ zum Kohlenpreis recht hoch und höher als in deutschen Anlagen sind. Aus der Tätigkeit deutscher und amerikanischer Werke sind mir folgende Zahlen bekannt:

Zahlentafel 25. Tonnenpreise von Heizdampf und Kohle.

Werk	Jahr	Verkaufte Dampfmenge 1000 t	Mittlerer Kohlenpreis RM./t	Mittlere Einnahme RM./t Dampf	Dampfpreis / Kohlenpreis
New York Steam Corp.	1928	3425	19,67	9,03	1:2,18
	1929	3895	17,23	9,05	1:1,90
	1930	4530	17,31	8,85	1:1,95
Illinois Maintenance Co.	1928	327	21,52	8,03	1:2,68
	1929	343	21,06	8,11	1:2,60
	1930	360	20,60	8,15	1:2,53
USA. 36 Werke	1928	13210	18,40	7,61	1:2,42
,, 43 ,,	1929	14080	17,27	7,77	1:2,22
,, 44 ,,	1930	14690	16,39	7,77	1:2,11
Deutsche Werke	1928	61200	25,25[1]	7,07	1:3,57
	1929	78850	25,33	7,05	1:3,59
	1930	65720	23,82	7,26	1:3,29
	1931	76100	21,88	7,20	1:3,04
	1929	253	25,0	7,02	1:3,55
	1929		28,0 u. 26,0	7,57 u. 7,07	1:3,68
	1929		25,0	6,60	1:3,79

Die deutsche Wärmetarifpraxis, die sich bei den aufgeführten Werken schon auf Heizkraftkupplung abstützt, bestätigt dies. Relativ zum Kohlenpreis kostet in USA. die Tonne Heizdampf 50—70 vH mehr als in Deutschland. Insgesamt haben die deutschen wie auch die amerikanischen Dampfpreise während der letzten Jahre fallende Tendenz gezeigt. Aus der Gegenüberstellung in Zahlentafel 25 ist ferner zu lesen, daß wie beim Strom der Dampfpreis selbstverständlich auch von der Wertigkeit für den Abnehmer beeinflußt wird. Die hohen New Yorker Preise erklären sich teilweise hieraus.

Im Gegensatz zum Stromtarif, der höchstens noch bei Industrie- bzw. Großabnehmerversorgung einen Preisvergleich mit anderen Erzeugungsquellen auszukämpfen hat, unterliegt der Wärmepreis stets der starken Begrenzung vom Koksmarkt her. Das ist an sich gut, denn es zwingt zu vorsichtigster Werbung und sorgfältiger Betriebsführung. Auf der anderen Seite hat diese Preisdrossel

[1] Frei Kesselhaus.

mehreren Werken starke Unzuträglichkeiten eingetragen, weil leicht die Vergleichsmöglichkeit zwischen Ferndampf und Kohlenheizung gegeben war und die fehlende oder zu kleine Kraftkupplung keine Ausgleichsmöglichkeit bot.

Form und sonstiger Inhalt von Wärmelieferverträgen ähneln als Werkverträge sinngemäß den allgemein üblichen Stromlieferabkommen.

D. Schaltpläne, Wärmeflußbilder, Meß- und Betriebsergebnisse aus bestehenden Werken.

Hier sind nur Werke aufgeführt, deren Einzelheiten jeweils als Sonderlösung der Heizkraftkupplung bzw. Wärmeversorgung gelten können.

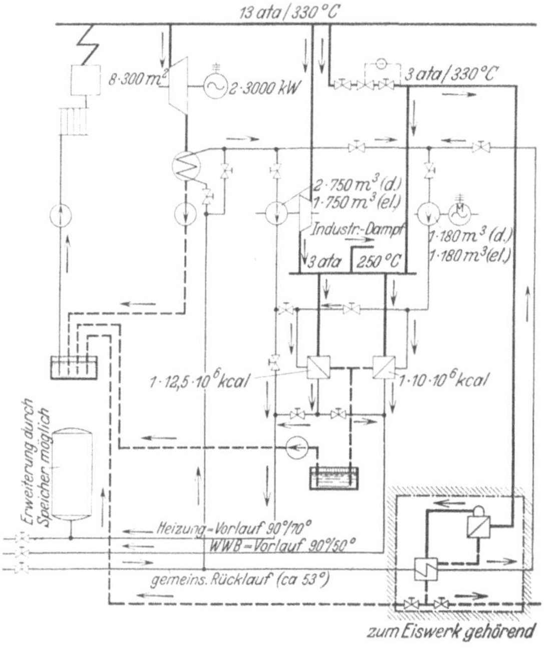

Abb. 57. Wärmeschaltbild Heizkraftwerk Steglitz.

1. Berlin.

In Berlin bestehen 4 Städteheizwerke, 3 davon arbeiten als Heizkraft- bzw. Kraftheizbetrieb (s. Zahlentafel 23).

Die Werke Charlottenburg und Steglitz speisen direkt in das 30- bzw. 6 kV-Kabelnetz der Bewag; das Werk Buch steht auf Grund eines Sondervertrages mit der Bewag im 6 kV-Stromaustausch, liefert und bezieht Strom nach Bedarf. Bei zunehmender Stromerzeugung auf Heizkraftbasis werden derartige Austauschverträge zahlreicher werden. Damit nimmt gleichfalls im großen Kabelnetz die Notwendigkeit einer betriebstechnischen Regelung des Energieaustausches (Fahrpläne, Lastverteilung) zu.

a) Das 2 at-Dampfnetz Charlottenburg wird überwiegend aus den angezapften Hochdruckvorschaltturbinen und aus dem Hilfsmaschinenabdampf des Kraftwerkes, ferner über Druckminderstationen vom 13 at-Speicher- oder Zwischendampf gespeist (s. Abb. 19). Bei seiner Inbetriebnahme 1926 war es die erste Kupplung von Hochdruckkraftwerk und Städteheizung.

Das Wärmeschaltbild Steglitz (s. Abb. 57) ist das eines idealen Heizkraftwerkes mit völliger Kupplung. Die beiden etwa 20 Jahre alten 3000 kW-Kondensationsturbinen wurden durch Vergrößerung des Schluckvermögens unter Aufrechterhaltung der Leistung zu Heizturbinen umgebaut und in Betrieb genommen. Die aus der Heizbelastung anfallenden Strommengen finden restlos im großen Kabelnetz Absatz (Abb. 58, untere Reihe). Das Kabelnetz stellt den Energiepuffer oder Speicher dar. Zur eben erwähnten Charakteristik dieser sonst glänzend gelungenen Umwandlung einer Kondensations- in Gegendruckerzeugung ist nachzutragen, daß lediglich die eine Forderung unerfüllt blieb, Strom von bestimmter kW-Belastung zu liefern. Die zahlreichen Vorträge, Diskussionen und Veröffentlichungen der letzten Jahre lassen leider immer wieder erkennen, daß dieser

Kernpunkt der Heizkrafterzeugung noch längst nicht Allgemeingut der Fachkreise wurde. Das Steglitzer Werk könnte natürlich stromseitig nach vorgeschriebenem Lastfahrplan betrieben werden. Nur würde die Stromerzeugung wesentlich geringer als jetzt geworden sein (s. Zahlentafel 26). Aus der Binsenwahrheit, daß der Gegendruckstrom wärmewirtschaftlicher als der Kondensationsstrom ist und aus ihm soundsoviel kWh erzeugbar sind, wird für die

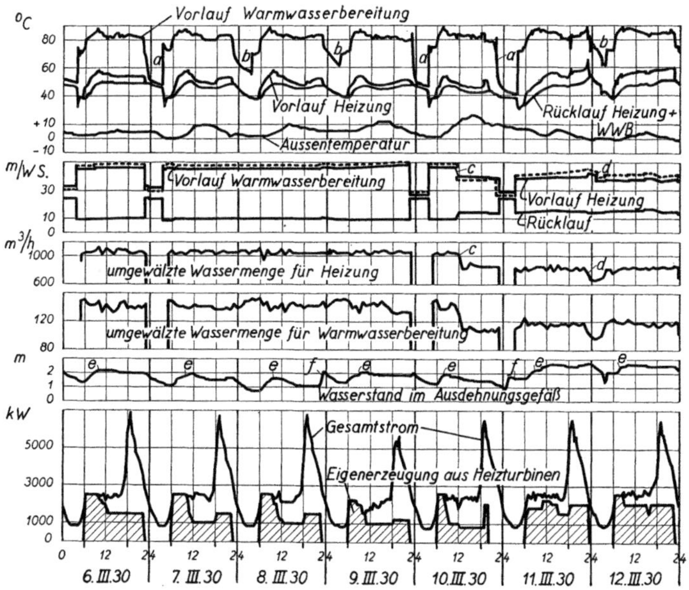

Abb. 58. Betriebskennlinien eines Pumpenheizkraftwerkes (Steglitz). *a* Unterbrechung der Wärmelieferung zur Nachtzeit, *b* Durchheizen am 7./8. und 8./9., aber lediglich durch Umpumpen ohne Dampfzufuhr; am 11./12. Neuanschluß und Füllen einer Hausanlage aus dem Netz (s. auch *d*, *e*), *c* am 10. 3. Einregeln des gesamten Netzes nach beendigter Bauperiode; Wassermenge von 1100 m³/h auf rd. 800 m³/h verringert, *d* Nachregeln eines Teilnetzes, *e* Anstieg des Wassers beim morgendlichen Anheizen, *f* Nachfüllen für Wasserverlust.

vorliegende Aufgabe wenig gewonnen. Erst, wenn das bestehende Elektrizitätswerk sicher damit rechnen kann, zu bestimmten Zeiten und für bestimmte Belastungsdauern bestimmte kW-Leistungen aus dem Heizkraftwerk herauszuholen, ist dessen Eingliederung in die Stromversorgung nähergerückt.

Zahlentafel 26. Stromerzeugung in 10^6 kWh-Heizkraftwerk Steglitz.

Jahr	I	II	III	IV	V	IX	X	XI	XII	Summe 10^6 kWh
1929	—	0,133	0,276	0,029	—	0,023	0,196	0,470	0,627	1,754
1930	0,698	0,958	0,809	0,252	0,060	—	0,382	0,599	1,055	4,813
1931	1,063	1,029	1,002	0,491	0,018	0,171	0,617	0,935	1,541	6,867
1932	1,470	1,677	1,505	0,513	0,091	0,034	0,425	1,042	1,625	8,382

b) Die schwarzen Balken der Abb. 59 erläutern ohne Kommentar das, was von der Heizkraftwirtschaft erwartet wird. Trotzdem das Charlottenburger Heizwerk am Meßtage nur rd. 7 vH der Gesamtwärmeerzeugung aufnahm, erhöhte sich die thermische Ausnutzung des Kraftwerkes auf rd. 24 vH. Wir finden hier im Versuch die Ausführungen von S. 25f bestätigt. Gliedert man bestehenden Kraftwerken in technisch-wirtschaftlich richtiger Lösung Heiznetze an, ist ein außerordentlich viel höherer wärmewirtschaftlicher Gewinn als durch Drucksteigerung zu erwarten. Thermische Wirkungsgrade von durchschnittlich 60 bis 65 vH werden die Regel sein.

Ein 67stündiger Betriebsversuch aus dem Steglitzer Werk, bei dem eine 3000 kW-Turbine aufs Heiznetz geschaltet war, ist in Abb. 60 dargestellt und ergab:

Mittlere Turbinenbelastung . . .	1220 kW
Gesamte Stromerzeugung	83200 kWh
Eigenverbrauch	1481 ,,
Verfeuerte Kohlenmenge	192 t
Heizwert.	6200 kcal/kg

Von der Kohlenwärme entfallen auf:

Kraftwerk:	Stromerzeugung	8,22 vH	= 73,88 vH
Heizwerk	Warmwasserlieferung	54,10 ,,	
	Dampflieferung	11,56 ,,	

Damit werden die spezifischen Kohlenverbräuche:

	ohne Verlust	im Werk gesamt [1]
je nutzbar erzeugte kWh	0,194 kg	0,262 kg
je Million kcal Warmwasserlieferung .	162,000 ,,	219,000 ,,
je t Heizdampflieferung	106,300 ,,	143,900 ,,

Der Wärmeaufwand je kWh in der nur mit $^4/_{10}$ Leistung betriebenen Turbine war 1198 kcal, im ganzen Werk einschließlich Verlusten 1623 kcal/kWh.

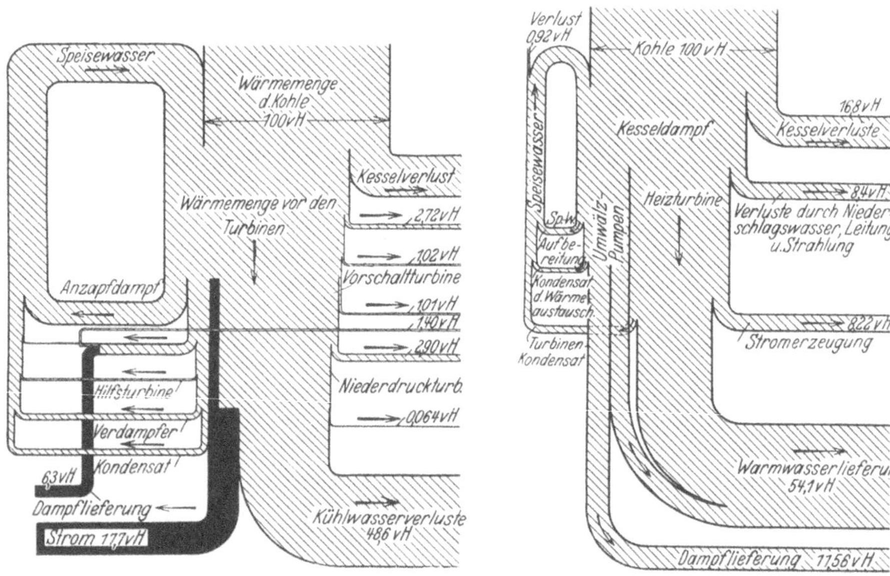

Abb. 59 u. 60. Wärmeflußbilder der Heizkraftwerke Charlottenburg und Steglitz.

c) Die Kondensatrückleitung des Städteheizwerkes Charlottenburg wies schon nach 1 Betriebsjahr Sauerstoffkorrosionen auf. Als Kesselspeisewasser dient Kondensat mit 5—7 vH Verdampferzusatzwasser. Das Speisewasser wird bis auf etwa 0,1—0,2 mgr/l entlüftet. Erfahrungsgemäß wirken derartige Wasser als Heizkondensat stark korrodierend, da die Möglichkeit zu kräftiger Sauerstoff-

[1] Die Kohlenverbrauchsziffern für verlustlose Erzeugung wurden durch den thermischen Wirkungsgrad dividiert. Das entspricht den wirklichen Verbrauchswerten nur angenähert, ergibt insbesondere keine gerechte Rechnungsbasis für Strom- und Wärmepreise.

anreicherung in den offenen Sammelbehältern jedes Hauses gegeben ist. Umgekehrt werden Kondensatrückleitungen aus Dampfnetzen, deren Kesselhäuser mit Kalk-Soda-Verfahren arbeiten, seltener angegriffen. Dafür bot das zweite Berliner Werk Steglitz den besten Beweis, in dem schmiedeeiserne Leitungen 18 Jahre hindurch völlig unversehrt blieben. Durchschnittsproben aus der Kondensatleitung im Charlottenburger Netz zeigten folgendes Aussehen:

Aussehen	trübe, gelblich	Freie Kohlensäure	1,6—1,8 mgr/l
Reaktion	alkalisch	Gelöster Sauerstoff . . .	2—3 ,,
Abdampfrückstand	42—54 mgr/l	Eisen	0,3—0,39 ,,
Glühverlust	23—24 ,,	Gesamthärte d. H. . . .	1,3 mgr/l
Organische Substanz (Sauerstoffverbrauch)	8—12 ,,	Karbonathärte	1,2 ,,

Doch ergaben Morgenproben aus den Sammelbehältern vor Beginn der Heizung Sauerstoffgehalte von 5 bis 6 mgr/l. Abhilfe brachte in genügendem Umfange das Einschalten von chemischen Filtern (Rostex-Filtern), in denen das Kondensat lange genug verweilt, um die Stahlwollefüllung derselben zu oxydieren (s. Abb. 31a u. d). Die Wirksamkeit der Filter steigt mit der Temperatur, der wirksamen Materialoberfläche und der Verweilzeit. Alle 4 Wochen kontrolliert das Personal die Stahlwollefüllung und macht Wasseranalysen. Die Korrosionen haben seitdem so gut wie völlig aufgehört.

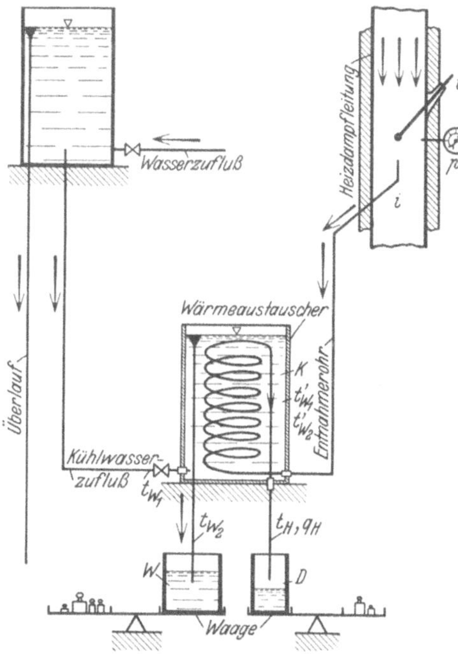

Abb. 61. Versuchsanordnung für Feuchtigkeitsbestimmung im Heizdampf.

d) Überraschende Ansichten werden gelegentlich über den Feuchtigkeitsgehalt von Heizdampfleitungen laut. Der Ausdruck Naßdampf hat bei vielen Abnehmern, — das ist noch verständlich — aber auch bei zahlreichen Technikern Verwirrung gestiftet. Insbesondere glaubt man, daß die Häuser an den weit entfernten Netzenden nur noch Dampf mit mehr oder weniger hohem Wassergehalt bekommen. Bei richtiger Netzführung ist das zweifellos unmöglich. Schon Laboratoriumsversuche[1] erbrachten den Nachweis, daß Wasserdampf (4—12 ata bei 5—20 m Geschwindigkeit) höchstens 0,6—1,0 vH feine Feuchtigkeit enthält. Der sonstige Wassergehalt ist stets nur als grobe Feuchtigkeit (Tropfen) vorhanden und durch Wasserabscheider sicher zu entfernen. Daraus ist die Forderung abzuleiten, jede ins Haus führende Fernleitung zu entwässern. Im Rohrnetz Charlottenburg sind hierüber zahlreiche Messungen durchgeführt worden.

Die Versuchsanordnung ist aus nebenstehender Skizze (Abb. 61) ersichtlich. Mittels Entnahmerohr wurde aus der Heizdampfleitung eine bestimmte Menge abgezweigt und im Kühler niedergeschlagen. Für Dampfmenge (als Kondensat gemessen), durchfließende Kühlwassermenge und entsprechende Dampf- und Wassertemperaturen gilt die Gleichung:

$$D(i - q_H) = W(t_{w_2} - t_{w_1}) + K(t'_{w_2} - t'_{w_1}). \qquad (48)$$

[1] Hencky: Die Größe des Feuchtigkeitsgehalts von Wasserdampf. Z. bayr. Revis.-Ver. 1920 Nr. 21 u. 22.

Hierin bedeutet

D = abgezapfte Dampfmenge in kg,
W = Wassermenge in kg,
K = Wasserfüllung in kg,
i = Wärmeinhalt des Heizdampfes kcal/kg,
i_{tr} = Wärmeinhalt des trocknen Dampfes kcal/kg,
t_H, q_H = Temperatur und Wärmeinhalt des Heizdampfkondensats kcal/kg,
t_{w_1} und t_{w_2} = Kühlwassertemperaturen vor und hinter dem Kühler,
t'_{w_1} und t'_{w_2} = Mittlere Kühlwassertemperatur im Kühler bei Beginn und Schluß des Versuchs,
$t_1 p_1$ = Temperatur und Druck des Heizdampfes,
x = Dampfgehalt.

Die Gleichung wird nach i aufgelöst. Differiert der gefundene Wärmeinhalt vom entsprechenden Sattdampfwert der Dampftabelle, so ist die Feuchtigkeit $(1 - x)$ bestimmbar aus:

$$(1 - x) = \frac{i - x \cdot i_{tr}}{q_H},$$

worin q_H die Flüssigkeitswärme beim Meßdruck ist. In Zahlentafel 27 sind die Versuchsergebnisse wiedergegeben. Die Genauigkeit dieser Versuche dürfte in Anbetracht der sorgfältigen Vorbereitung ausreichend, der Fehler durchschnittlich nicht größer als 12 kcal/kg (= 2 vH) sein. Beim Versuch 1 wurde das Heizrohrnetz mit reduziertem Speicherdampf beliefert, was sich in einem rd. 20 kcal/kg niedrigerem Wärmeinhalt des Dampfes ausdrückt als bei den Versuchen 2—5, wo Turbinenenddampf parallel mit reduziertem Heißdampf (Normalbetrieb) ins Netz strömte (s. hierzu Abb. 19). Von gewissem Einfluß auf das Ergebnis ist die Belastung, also die Dampfgeschwindigkeit. Sie war beispielsweise im Versuch 1 geringer als bei 2—5, was aus den Druckangaben der Reihe 5 hervorgeht. Es muß aber davor gewarnt werden, solchen Messungen mehr als Anschauungswert zuzuschreiben. Ihre Werte können nicht einfach in andere Netze übertragen werden.

Zahlentafel 27. Bestimmung des Wärmeinhaltes von Heizdampf.

		Versuch Nr.				
		1	2	3	4	5
1. Zeit	—	9^{31}—10^{8}	11^{31}—12^{26}	13^{46}—14^{25}	14^{48}—15^{22}	15^{47}—16^{17}
2. Dauer	Min.	37,0	35,0	39,0	34,0	30,0
3. Abgezapfte Dampfmenge	kg	2,125	1,977	2,236	1,884	2,004
4. Stündlich abgezapfte Dampfmenge D	kg/h	3,45	3,38	3,43	3,32	4,01
5. Dampfdruck vor dem Gegenstromapparat p_1	atü	1,80	1,62	1,62	1,60	1,63
6. Dampftemperatur vor dem Gegenstromapparat t_1	°C	131,0	128,0	128,0	128,0	129,0
7. Dampftemperatur Austritt Kraftwerk	°C	150,0	190,0	186,0	187,0	—
8. Wärmeinhalt des gemessenen Dampfes i	kcal/kg	613,7	644,5	621,2	634,3	640,0
9. Wärmeinhalt des Sattdampfes entsprechend 5.	„	650,8	650,0	650,0	649,9	650,0
10. Verdampfungswärme entsprechend 5.	„	519,7	521,2	521,2	521,4	521,2
11. Feuchtigkeit des gemessenen Dampfes	vH	7,1	1,1	5,5	3,0	1,9
12. Mittlerer Wärmeinhalt bei Betrieb mit Heißdampfreduzierstation	kcal/kg	—	635,0	635,0	635,0	635,0
13. Mittlere Dampffeuchtigkeit bei Betrieb mit Heißdampfreduzierstation	vH	—	2,9	2,9	2,9	2,9
14. Entfernung der Meßstelle vom Kraftwerk	m	1640	1640	1640	1640	1640

Zahlentafel 28. Wärme- und Stromdichte in Berliner Wohnhäusern.

1	2	3	4	5	6	7	8	9	10	11	12	13	14	15	16	17	18	19
Jahr	Zahl der						Jährlicher Stromverbrauch		Jährlicher Wärmeverbrauch		Anteiliger Betrag			Stromverbr. je Kopf im Jahr		Wärmeverbr. je Zimmer bzw. je Kopf i. Jahr		
	Geschosse	Büros, Läden, Heime	Zimmer	Küchen	Bäder	Einwohner	Licht kWh	Kraft kWh	Hzg. t	WWB. t	$\frac{9}{8+9}$ vH	$\frac{11}{10}$ vH	$\frac{11}{10+11}$ vH	Licht $=\frac{8}{7}$ kWh	Kraft $=\frac{9}{7}$ kWh	Heizg. $=\frac{10}{4}$ t	Heizg. $=\frac{10}{7}$	WWB. $=\frac{11}{7}$ t
Berlinerstr. 57.																		
1926/27	5	3	124	22	21	92	11383	781	832,0	229,6	6,42	27,6	21,6	124,8	8,49	6,71	9,04	2,49
1927/28							11754	832	933,2	234,6	6,61	25,2	20,16	127,8	9,04	7,52	10,14	2,55
Schillerstr. 118/119.																		
1926/27	5	—	97	20	19	66	10199	1335	—	—	11,57	—	—	154,5	20,30	—	—	—
1927/28							10638	1521	586,1	294,3	12,50	50,2	33,40	161,3	23,10	6,04	8,88	4,45
Berlinerstr. 162.																		
1926/27	5	2	58	6	4	34	4179	200	—	—	4,57	—	—	122,9	5,88	—	—	—
1927/28			71	7	5	43	7562	307	630,0	151,0	3,90	25,1	20,04	177,2	7,14	8,49	14,03	3,51
Schillerstr. 6.																		
1926/27	5	3	89	22	19	80	8888	274	—	—	2,98	—	—	111,1	3,43	—	—	—
1927/28							8854	275	971,5	256,0	3,01	26,7	20,86	110,7	3,44	10,92	12,14	3,20
Berlinerstr. 139/140.																		
1926/27	5	6	117	32	32	97	16394	632	1487,7	302,5	3,72	20,3	16,89	169,0	6,52	12,71	15,34	3,12
1927/28							19634	563	1564,3	329,7	2,79	21,1	17,41	202,4	5,80	13,36	16,13	3,40
Neue Grolmanstr. 7/9 und Berlinerstr. 158.																		
1926/27	5	4	35	10	4	44	12043	1793	—	—	12,92	—	—	136,9	20,38	—	—	—
1927/28		7	71	15	9	84	14547	1878	888,3	280,6	11,43	31,6	24,02	165,3	21,34	12,43	10,09	3,19
Schillerstr. 120/121.																		
1926/27	6	—	111	17	17	72	11244	1259	—	—	10,04	—	—	156,2	17,50	—	—	—
1927/28							12598	1398	1020,9	299,0	10,01	29,3	22,68	175,0	19,43	10,88	14,18	4,15
Schillerstr. 12/15.																		
1926/27	5	—	241	51	51	192	27077	1899	—	—	6,55	—	—	140,9	9,89	—	—	—
1927/28							29856	1589	2305,3	1019,2	5,05	44,2	30,65	155,5	8,28	9,56	12,0	5,30
Weimarerstr. 2/4.																		
1926/27	5	—	71	22	20	78	5710	—	—	—	—	—	—	76,1	—	—	—	—
1927/28							6191	—	521,9	216,1	—	41,4	29,28	82,5	—	7,34	6,69	2,77

e) Einen besonders wichtigen Anteil an der Wärmeversorgung nimmt die Warmwasserbereitungsanlage ein. Das kcal-Mengenverhältnis von Warmwasser zu Heizbedarf beträgt bis zu 50 vH. Besonders hoch und in jeder Form als günstiges Absatzfeld zu betrachten ist der Wärmebedarf für die Warmwasserbereitungsanlagen moderner Siedlungshäuser. Verbräuche bis zu 6 t Dampf je Kopf und Jahr habe ich feststellen können (s. Zahlentafel 28 u. 54). Das muß als Luxusverbrauch bezeichnet werden, da es mehr als einem täglichen warmen Vollbad entspricht. Durch die Einschaltung von Vorratsspeichern in jedem Haus (Boiler) wird das Lieferwerk von den beträchtlichen Verbrauchsschwankungen dieser Anlagen befreit, die an den 7—8 Uhr Morgenstunden, am Sonnabend abend und Sonntag früh besonders ausgeprägt sind (s. Abb. 62).

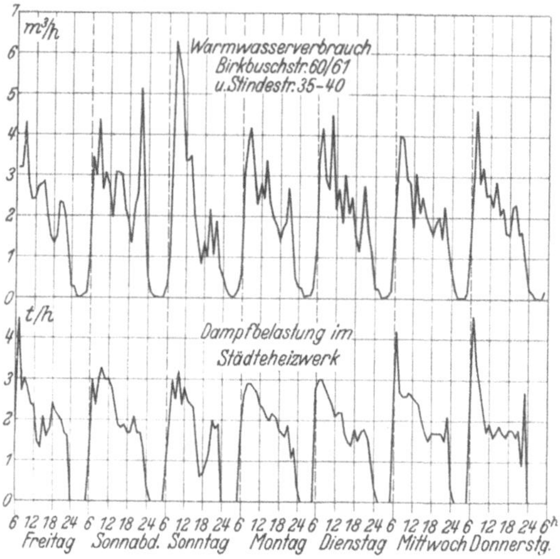

Abb. 62. Tagesbelastungslinien der Warmwasserbereitungsanlage einer Großsiedlung.

2. Brünn.

Das **Kraftheizwerk Brünn** der Westmährischen Elektrizitätswerke stellt eine besonders großzügige Lösung von öffentlicher Kraft-Wärmeerzeugung dar. Brünn ist der Sitz der recht großen chemischen und Textilindustrie. Von den rd. 97 Millionen kWh des Jahres 1929 entfielen etwa 57,5 Millionen auf die Brünner und auswärtige Industrie, 24 Millionen auf die Stadt Brünn und 15,5 Millionen auf die Überlandversorgung.

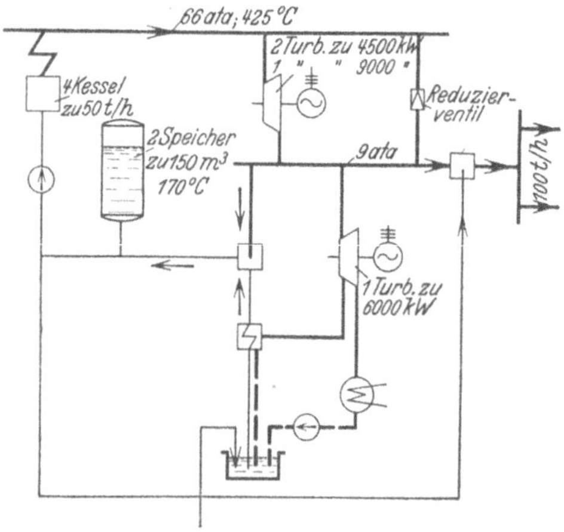

Abb. 63. Kraftheizwerk Brünn. Wärmeschaltbild.

Das Werk arbeitet mit 66 at Konzessionsdruck und Kohlenstaubfeuerung. 4 Kessel je 50 t/h Dampfleistung führen 61 atü/420° Dampf den 3 Gegendruck-Turbogeneratoren zu (s. Abb. 63), in denen er auf 7—9 at herunterexpandiert. Von der 9 at Sammelleitung ist die Speisung des Heiznetzes bzw. die Versorgung einer 6000 kW-Kondensationsmaschine möglich. Diese stellt den Ausgleich für die schwankende Industrieabnahme dar. Dem gleichen Zweck dienen 2 Heißwasserspeicher von je 150 m³, in denen 170grädiges Wasser (50 Millionen kcal) zu Zeiten plötzlichen Dampfbedarfes zur Verfügung steht. Da infolge Fabrikationsdampflieferung der größte Teil des Kondensats für das Werk verloren ist, bedurfte die Frage der zweckmäßigen Speisewasseraufbereitung einer sorgfältigen Prüfung. Man entschied sich zur Kesselspeisung mit Leitungswasser, das in Permutitanlagen enthärtet und gereinigt ist. Die Kessel werden kontinuierlich entschlammt.

Das Dampfnetz reicht für eine stündliche Belastung von 275 t aus. Rd. 5,5 km Leitungslänge sind verlegt, die größte Entfernung vom Werk bis zum letzten Abnehmer beträgt 3,2 km. Die beiden Hauptstränge (s. Abb. 64) haben am

Werk 500 mm l. W. und verringern sich bis zum Ende auf etwa 175 mm l. W. Die Leitungen sind durchweg geschweißt. Im Jahre 1931 wurden 45,7 Millionen kWh erzeugt und 66700 t Dampf an 16 Abnehmer verkauft. Auf die doppelte Energiemenge hofft man durch eifrige Werbung in den nächsten Jahren zu kommen. Das Brünner Werk ist als Schrittmacher in vieler Beziehung vorbildlich. Ähnliche Industrieanlagen sind in USA. und Deutschland (Elberfeld, Forst/L.) in Vorbereitung und in Rußland in Betrieb.

Abb. 64. Kraftheizwerk Brünn. Rohrnetz.

3. Deepwater.

Eine anders gestaltete aber in der Leistung noch größere Ausführung stellt das Kraftwerk Deepwater im Staate New-Jersey USA. am Delawarefluß dar. Das Werk ist insofern bemerkenswert, als es von öffentlichen Versorgungsgesellschaften (American Gas & Electric Company, United Gas Improvement Company) und einer Industriegesellschaft (E. I. du Pont de Nemours & Company) gemeinsam projektiert und erbaut worden ist[1]. Bei den Elektrizitätsgesellschaften war eine Erweiterung von insgesamt 100000 kW mit einer Produktionsmenge von 400—600 Millionen kWh erforderlich. Die du Pont-Gesellschaft benötigte infolge Zentralisierung gewisser Produktionsvorgänge eine Leistungsvermehrung um eine zwischen 90 und 180 t/h schwankende Dampfmenge von 12,5 at Druck.

[1] Eine ähnliche, für Elektrizitätswerke bemerkenswerte und fortschrittliche Regelung ist 1932 zwischen der Indianapolis Power & Light Co. und der Eli Lilly Co. auf 10 Jahre getroffen worden. Das Elektrizitätswerk deckt über eine neu erbaute 1,8 km lange Leitung (12 at/240°) den Dampfbedarf des Industriewerkes (bis 45 t/h), wobei eine Mindestabnahme/Jahr erreicht werden muß. Der Dampf kann in 2 Gegendruckturbosätzen (2000 und 500 kW) ausgenutzt werden; der erzeugte Strom geht ins Kabelnetz. Übersteigt die Jahresstromerzeugung auf diese Art den Werksbedarf (etwa 5 Millionen kWh), vergütet das Elektrizitätswerk denselben. Ebenso bezahlt das Industriewerk den Mehrverbrauch [Heating-Piping Bd. 4 (1932) Nr. 5].

Alle Wünsche konnten befriedigt werden. Das Werk hat 6 Kessel von 100 at Druck und 150 t/h Leistung erhalten (s. Abb. 65). 2 dieser Kessel versorgen die du Pont-Gesellschaft allein; der Dampf wird in einer 12500 kW-Turbine auf den benötigten Druck heruntergesetzt und dann Dampfumformern zugeleitet. Zu den beiden außerdem im Werk befindlichen 55000 kW-Maschinensätzen gehören je ein Normalkessel und ein Zwischenüberhitzerkessel.

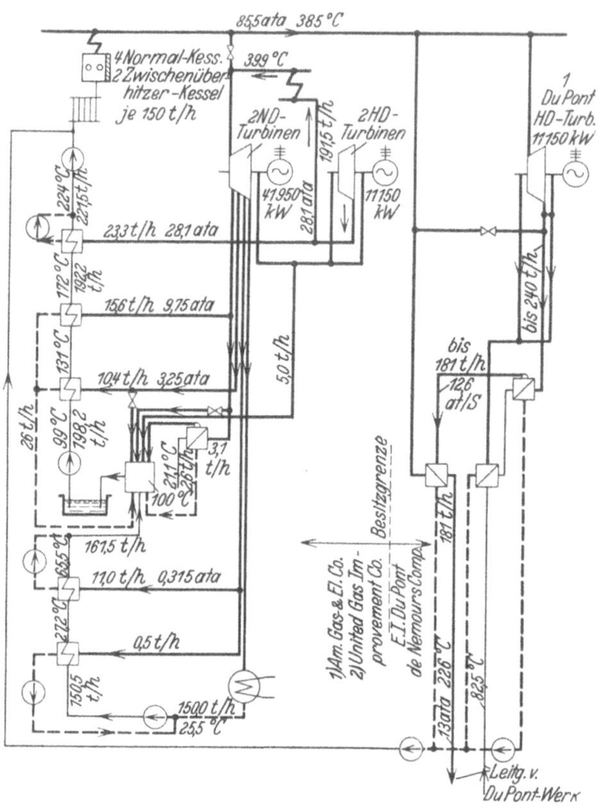

Akb. 65. Wärmeschaltbild. Kraftheizwerk Deepwater.

An den vertraglichen Abmachungen aller drei Besitzergesellschaften ist interessant, daß jede nur den Anlageteil zu verzinsen und amortisieren hat, der als Normalleistung von der betreffenden Gesellschaft bei der Projektierung genannt und bezahlt worden ist. Darüber hinaus darf aber jede der Gesellschaften diese Normalleistung um soviel überschreiten, als die übrigen Partner ihren eigenen Leistungsanteil nicht voll ausnutzen. Dafür wird dann nur ein entsprechender Betriebskosten- und Reparaturanteil und kein Kapitaldienst bezahlt. So wird erreicht, daß die Belastungsdauer des Werkes ziemlich hoch liegt; ein wirtschaftlicher Betrieb und weitestgehende Senkung der Gestehungskosten je kWh bzw. Tonne Dampf sind die Folge.

4. New York.

Die New Yorker Steam Corporation ist 1882 entstanden und heute die bei weitem größte Heizungsgesellschaft. Hierzu einige Bilanzziffern aus dem am 30. 6. 1929 beendigten Geschäftsjahr:

1. Brutto-Einnahmen:	
Verkauf von Wärme	7711065,12 $
Sonstige Einnahmen	75687,71 $
Insgesamt:	7786752,83 $
2. Betriebsausgaben und Steuern:	
für Dampferzeugung	3920149,69 $
„ Instandhaltung und Reparaturen	651639,70 $
„ Steuern	571447,19 $
Insgesamt:	5143236,58 $
3. Bruttoüberschuß	2643516,25 $
davon ab	
4. Zinsen und Abschreibungen	1022031,78 $
bleibt:	1621484,47 $
Davon wurden gezahlt:	
Dividende für Vorzugsaktien	641930,00 $
Rücklagen und allgemeine Dividende	979554,47 $

Inzwischen ist der Jahresumsatz der Gesellschaft auf rd. 10 Millionen Dollar gestiegen.

Über die energetischen Ausmaße von Fernheizunternehmen macht der Elektrowirtschaftler sich gewöhnlich falsche Vorstellungen. Die Leistungsdaten der New York Steam Corporation[1] werden daher willkommen sein (s. Zahlentafel 29).

Zahlentafel 29. Wärmeversorgung in New York.

Jahr	Ins Netz geschickte Dampfmenge in 1000 t	Spitze t/h	Zahl der Abnehmer	Kesselheizfläche m²	Verfeuerte Kohlen 1000 t	Anschlußwert 10⁶ kcal · h	Jahresbelastungsfaktor vH
1926	3262 [2]	—	—	—	—	484	—
1927	3745	1566	2166	—	448	599	27,3
1928	4485	1845	2219	—	491	701	27,7
1929	5065	1920	2373	—	602	975	30,2
1930	5865	2150	2460	39100	699	1140 [2]	31,2

Man erhält von ihnen aber erst bei Vergleich mit der Stromerzeugung das richtige Bild. 1929 wurden von der New York Edison Co. (mit 3 anderen Gesellschaften zusammen für das Stadtgebiet New York) rd. 3,624 Milliarden kWh aus etwa 2,1 Millionen t Kohle erzeugt. Zur Belieferung von 2400 Abnehmern der New Yorker Städteheizung sind also rd. 33 vH der Kohlenmenge nötig, die zur Versorgung von 2,12 Millionen Stromabnehmern ausreicht. Einer Stromspitze von $1225 \cdot 10^3$ kW stand eine Wärmehöchstlast von rd. 2000 t/h gegenüber.

Das New Yorker Rohrleitungsnetz von rd. 100 km linearer Ausdehnung umfaßt 2 inzwischen zusammenhängende Teile, den „down-town"-Bezirk (südliche Hälfte der Halbinsel Manhattan), gespeist vom Werk Burling Slip und den „up-town"-Bezirk, der von den Werken in der 35. Straße (Kips Bay), 59. und 60. Straße versorgt wird (s. Abb. 66). Außerdem besteht die Möglichkeit, aus dem Waterside-Kraftwerk der New York Edison Co. (40. Straße) Dampf zu beziehen. Die Höchstleistung, die von einem Heizwerk aus forttransportiert werden kann, wird für New Yorker Straßen auf rd. 2000 t/h geschätzt. Deutsche und europäische Straßen dürften leistungsfähiger sein.

New York ist die Stadt der Hochhäuser, deren Strom-, Gas-, Wasser- und Wärmeversorgung ständig neue Probleme aufwirft und nicht immer ein befriedigendes Liefergeschäft darstellt. Das rührt einmal von der hohen Belastungsdichte her, die zu teuren Netzverstärkungen und doppelter bis dreifacher Speisung Anlaß gibt. In solchen Fällen ist das stark vermaschte Netz am leistungsfähigsten. Dazu kommt, daß sich die großen Hotel-, Büro- oder Geschäftshäuser bei Eigenbetrieb schon Anlagen zulegen könnten, in denen eine recht wirtschaftliche Erzeugung möglich ist. Das öffentliche Werk kann dies nur durch gleichzeitiges Angebot der Strom- und Wärmelieferung und finanzielles Entgegenkommen bei der einen oder anderen Energieart verhindern. Deshalb sind auch in New York Edison- und Dampfgesellschaft besitzvereinigt. Ihre Aktienmajorität gehört der Consolidated Gas Co. Bei den New Yorker Hochhäusern handelt es sich in der Tat um gewaltige Wärmeverbraucher, denen kaum ganze deutsche Heizwerke, noch weniger bekannte Einzelgebäude gleichwertig sind (s. Zahlentafel 30). Der „sky-scraper" hat in den letzten 15 Jahren in allen amerikanischen Städten Eingang gefunden. Mit ihm und sicherlich auch durch seine ständige Vermehrung ist die amerikanische Städteheizung stark populär geworden. So schloß der Staat New York 1931 einen Vertrag mit der Steam Corp. auf

[1] Proc. Nat. Distr. Heating Assoc. 1927/31. [2] Errechnet.

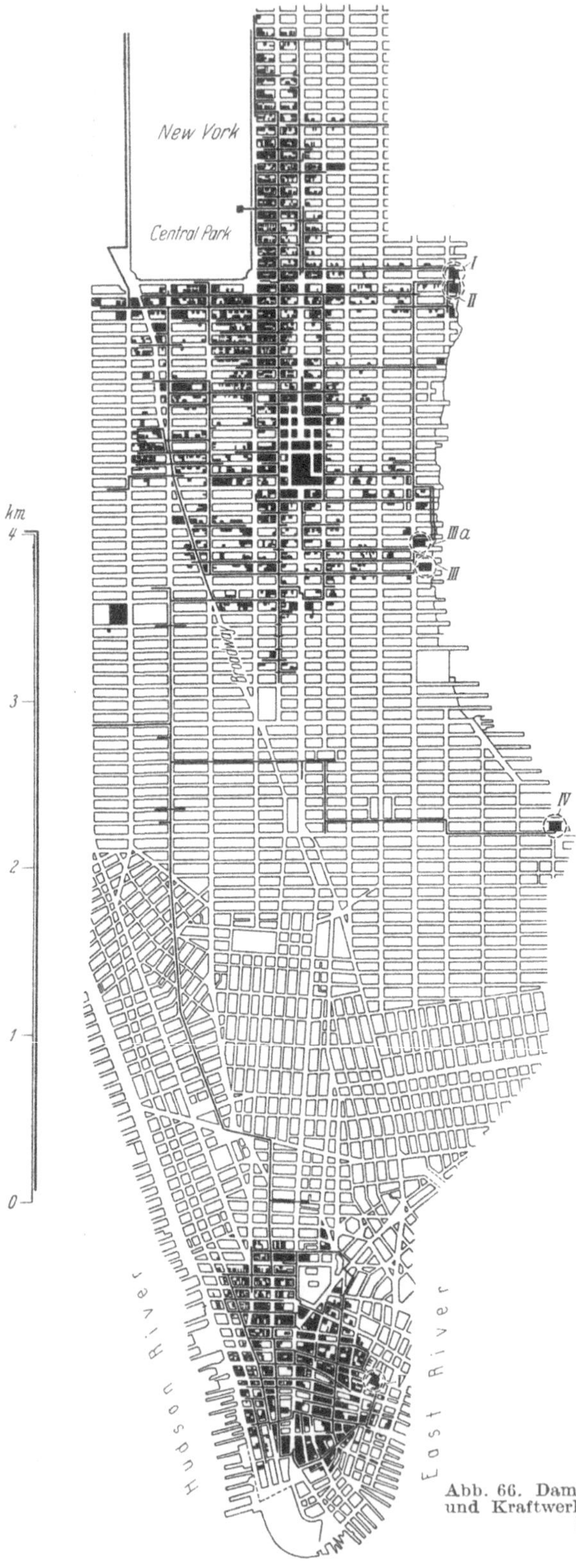

Abb. 66. Dampfrohrnetze in New York. *I–IV* Heiz- und Kraftwerke 60., 59. Str., Waterside, Kips Bay, East River, Burling Slip.

Abb. 67. Dampfrohrnetz der Detroit Edison Co. *I–IV* Heizwerke Congress-Str., Farmer-Str. (inzwischen stillgelegt, dafür am oberen Netzende Boulevard übernommen), Beacon-Str. und Willis Avenue.

Zahlentafel 30.
Berliner und New Yorker Großbauten als Wärmeverbraucher.

	Wärmeanschlußwert 10⁶	Beheizter Raum 1000 m³	Stockwerkzahl	Gebäudehöhe m
Berlin				
1. Verwaltungsgebäude der Siemens-Schuckert-Werke	4,7	240	6	26
2. Staatliche Bibliothek	4,5	250	13	29
3. Schaltwerke der SSW.-A. G.	3,0	127	11	43
4. Haus des Rundfunks	2,32	100	5	19
5. Shell-Haus (Rhenania-Ossag)	1,35	55	12	35
New York				
1. Empire State Haus	14,4	850	86	381
2. Chrysler Haus	11,4	—	74	325
3. Graybar Haus	8,6	453	31	106
4. Hotel The New Yorker	6,5	350	43	150
5. Mc Graw-Hill Haus	5,1	228	33	118

Dampfbelieferung seiner gesamten Manhattaner Amtsgebäude, desgleichen die Pennsylvania-Eisenbahngesellschaft für ihre Bahnhofsanlagen ab, was einer Umsatzsteigerung von je 225000 t Dampf/Jahr gleichkommt. Einzelne Lieferverträge derartigen Umfanges sind in Europa wohl kaum möglich. Wir werden später noch sehen, daß sie auch keine Vorbedingung zur öffentlichen Heizkraftwirtschaft sind. Den absolut größten Dampfverbraucher des Städteheizwerkes stellt aber die Gebäudegruppe des New Yorker Zentralbahnhofs dar. Sie bezieht Dampf für Heiz-, Koch- und Antriebszwecke bis zu 680000 t/Jahr. Trotz alledem beschränkten sich die New Yorker Heizwerke bisher auf alleinige Eigenstromerzeugung.

Abb. 68. Wärmeversorgungsprojekt für den Westen Berlins. *I* siehe auch Abb. 169.

5. Detroit.

Die Detroit Edison Co. belieferte 1930 aus 4 Heizwerken (s. Abb. 67) rd. 1830 Abnehmer des inneren Detroit, bei einer Verkaufsmenge von 1200000 t. Das Dampfnetz umfaßt 71,8 km Kanal- und 3,27 km Tunnelleitungen. In 3 Werken wird aus 8200 kW installierter Leistung Strom für Eigenbedarf erzeugt.

Detroit hat seinerzeit die Netzversorgung durch gesonderte Hochdruck-Dampf-Speiseleitungen (200—400 mm l. W.) eingeführt, die vom Heizwerk direkt zu besonders stark belasteten Netzpunkten führen und von denen unmittelbar kein Dampf an Abnehmer abgegeben wird. Absichtlich sind hoher Druckabfall bzw. große

Geschwindigkeiten zugelassen, um die Anlage zu verbilligen und die Transportmenge zu steigern. Zu Höchstlastzeiten sind Dampfgeschwindigkeiten von 150—230 m/sec nichts seltenes, solche von 380 m/sec sind schon gemessen worden. Übermäßige Beanspruchungen (Erosionen) treten selbst dabei nicht ein. Der Dampf überhitzt sich stark. Vor der Einmündung ins Netz erweitert sich der Speiseleitungsquerschnitt allmählich, um sicheres Einspeisen und eine teilweise

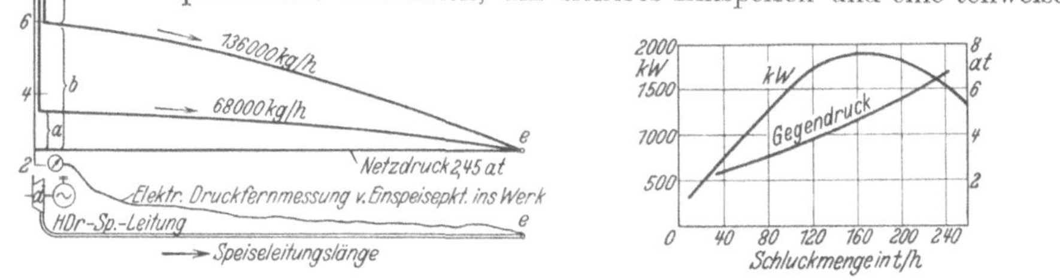

Abb. 69. Belastung und Druckabfall in HDr-Dampfspeiseleitungen (feeder) Detroits. *a*, *b* Druckabfall im „feeder", *c* Drosselung durch *d* oder Ventile, *d* Heizkraftturbine, *e* Einspeisestelle im Netz.

Geschwindigkeit → Druck = Rückwandlung zu erzielen. Die Speiseleitungen werden so beschickt, daß der Druck an der Einspeisestelle (rd. 2,5 atm) konstant bleibt. Demgemäß steigt der Anfangsdruck mit der Dampfmenge und wie Abb. 68 u. 69 zeigt, bis zu bestimmtem Dampfdurchsatz auch die elektrische Leistung.

6. Pittsburgh.

Das Detroiter Versorgungssystem ist in gewissen Abwandlungen heute recht zahlreich vertreten. Man spart eben einen beträchtlichen Teil der sonst im

Abb. 70. Städtebild des Wärmeversorgungsbezirks Pittsburgh (USA.).

vorhandenen Netz erforderlichen Verstärkungs- und Umbaukosten. Ähnlich verfuhr man in Pittsburgh, wo vom Stanwix-Werk aus die Hochdruck- und

Niederdruckleitungen gleichzeitig abgehen. Letztere, vom Turbinenenddampf versorgt, bildet einen großen Ring, der aus der Hochdruckleitung wie auch vom

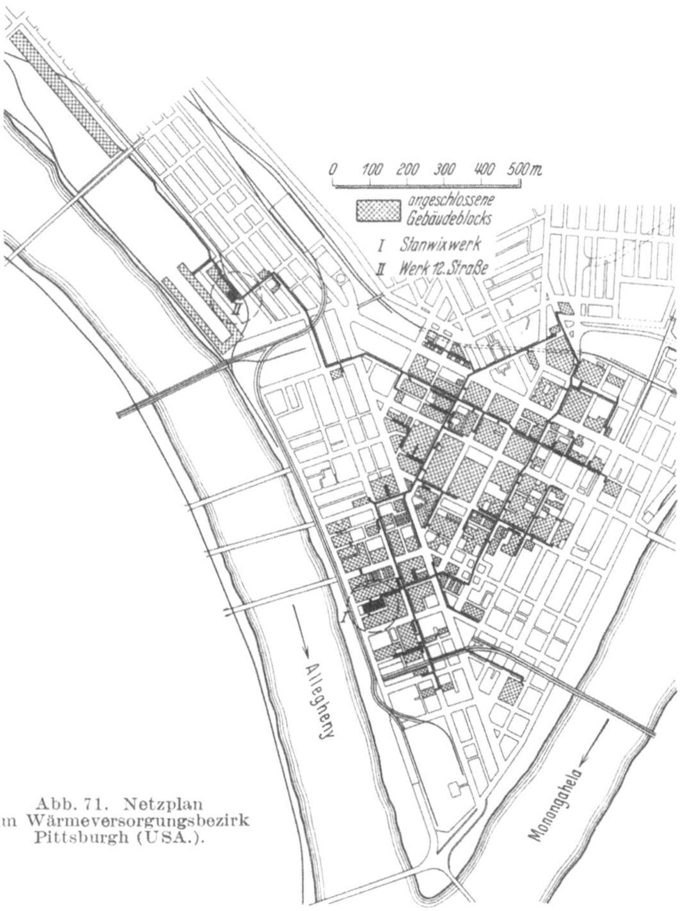

Abb. 71. Netzplan im Wärmeversorgungsbezirk Pittsburgh (USA.).

Werk 12. Straße mehrfach über Reduzierventile gespeist wird (s. Abb. 70 u. 71). 1929 sind im Werk Stanwix $18{,}88 \cdot 10^6$ kWh erzeugt worden.

7. Portland.

Ein ähnliches Versorgungsbild — nämlich Belieferung eines stark vermaschten Rohrnetzes von einem weit entfernten Werk — zeigt die Stadt Portland im Staate Oregon (USA.). Vom Grundlast-Dampfkraftwerk Lincoln (40000 kW, 8760 m² Heizfläche) wird Hochdruck-Heißdampf (16,5 atü, 288° C) über eine Leitung von 300 mm l. W. und 1153 m Länge zu einer unterirdischen Druckminderstation *D* geliefert, die am Rande des eigentlichen Absatzgebietes liegt (s. Abb. 72). In *D* erfolgt eine Druck- und Temperaturminderung entsprechend den Netzbedingungen. Die hierfür installierten Apparate werden von der Kommandostelle im Pittock-Werk fernbedient, nachdem sich das Betriebspersonal durch Druck- und Temperaturfernmelder (Punkte *A*, *B*, *C*) die erforderliche Kenntnis des Netzbetriebszustandes verschafft hat. Der Netzdampfdruck schwankt je nach Rohrbelastung zwischen 0,7 und 2,8 atü. Die Spitzenbelastung der Wärmeabgabe obliegt dem Pittock-Werk, einem reinen Gegendruckbetrieb. Hier kann in zwei 3 500 kW-Turbinen der 12,3 at/264° Dampf einer 2790 m² großen Kesselanlage bis auf rd. 0,8 at/139° heruntergedrosselt werden. Durchweg wird leicht überhitzter Dampf ins Netz geschickt. 1928 waren 47 vH der Gesamtmenge Turbinenabdampf. 1929 betrug die aus Heizdampf gewonnene Strommenge 7,85 Millionen kWh.

Die Warmwassernetze der USA.-Städte weisen nichts erwähnenswertes auf. Die Elektrizitätswerke pflegten lediglich das Dampfverkaufsgeschäft und

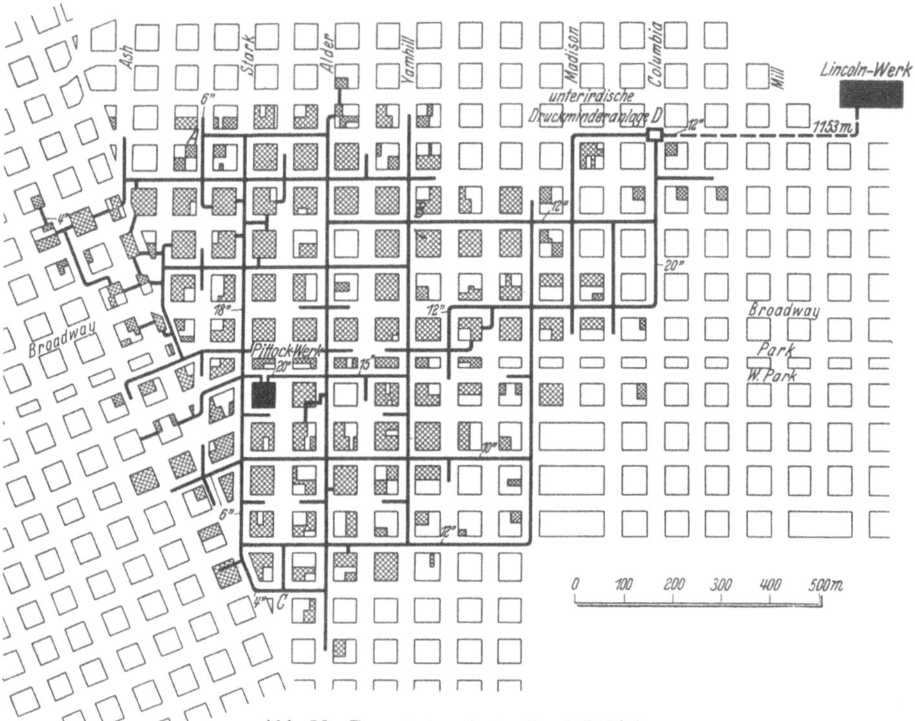

Abb. 72. Dampfrohrnetz Portland (USA.).

gestalteten es zu einer Größe aus, die sich in den Kesselhausleistungen gut wiederspiegelt. Bis vor kurzem wiesen die New Yorker und Detroiter Heizwerke die größten Kesseleinheiten der Welt auf. Die Zahlentafel 31 zeigt für die seit 1918 entstandenen Werke oder Werkserweiterungen eine durchschnittliche Kesselgröße von 2 000 m². Da nur teilweise mit Kondensatrückführung gearbeitet wird, ist der Wasserverbrauch sehr hoch. Man begnügt sich im allgemeinen mit Permutitreinigung, mäßiger Vorwärmung und Entlüftung auf etwa 0,1—0,2 mgr/l und regelt die Kesselwasserkonzentration durch ständiges oder periodisches Ablassen. Die Speisewasserreinigungsanlagen und Vorratsbehälter sind deshalb oft so groß, daß 1—2 Stunden Vollastbetrieb möglich ist. Dampfüberhitzung fehlt meistens oder ist durchweg recht niedrig. Bei Großkesselanlagen sind die wichtigsten Hilfsmaschinen (Speisepumpen, Ventilatoren) mit Turboantrieb ausgestattet.

Einige Wärmeflußbilder bisher erwähnter amerikanischer Städteheizwerke bringt Abb. 73—76. Die thermische Ausbeute der beiden Anlagen beträgt rd. 79,0 vH.

8. U.d.S.S.R.

Äußerst rege betätigt sich auf dem Gebiet der Kraft-Wärmekupplung der Russische Staat. Bei seiner Wirtschaftsverfassung ist stets die Möglichkeit

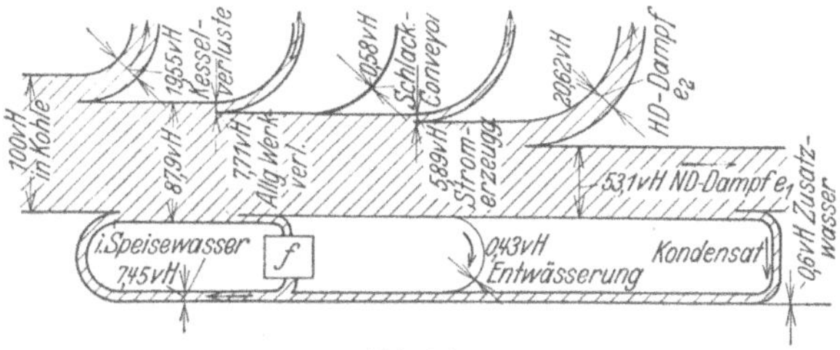

Abb. 73.

gegeben, hartnäckige Gegner derartiger Pläne auszuschalten, da er letzten Endes sowohl Energielieferer als auch Abnehmer ist. Es ist schon richtig, daß öfters die

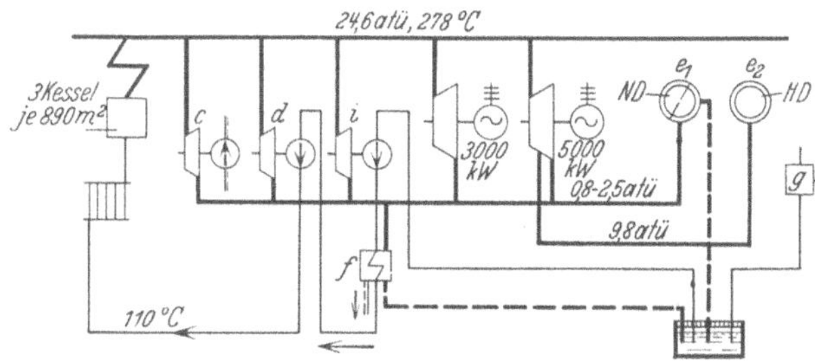

Abb. 74.

Abb. 73 u. 74. Wärmefluß- und Dampfschaltbild. Heizkraftwerk Lawn Street-Rochester.

aussichtsreichsten Planungen in westeuropäischen Städten an der Vielzahl der Interessentenmeinungen scheitern. Russische Heizkraftwerke sind vornehmlich

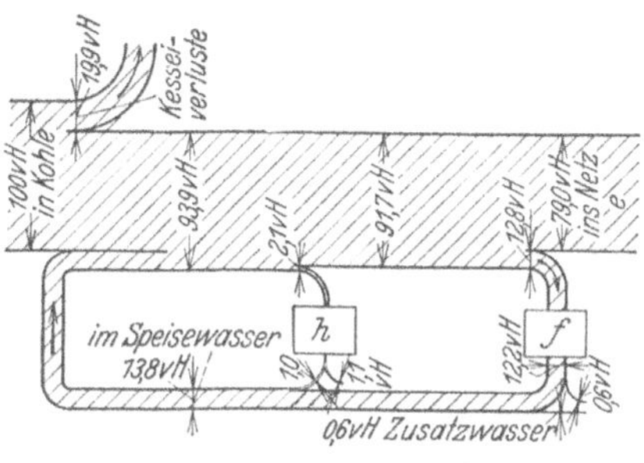

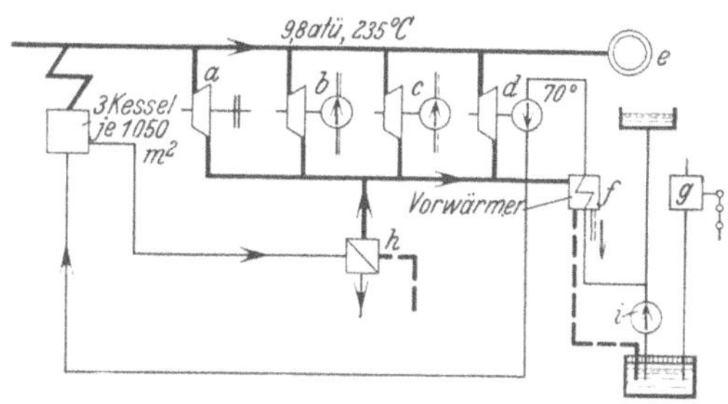

Abb. 75 u. 76. Wärmefluß- und Dampfschaltbild. Heizwerk Willow-Philadelphia.

Abb. 73—76. *a* Stokerantrieb, *b* Saugzugventile, *c* Unterwindventile, *d* Speisewasserpumpe, *e* Heiznetze, *f* Speisewasservorwärmer, *g* Speisewasserreinigung, *h* Abblasebehälter, *i* Förderpumpe.

als Industrieversorgungsunternehmen gedacht. Doch sind recht mutige Pläne auch schon bis zur Großversorgung ganzer Stadtteile aufgestellt worden, deren Verwirklichung naturgemäß mit der industriellen Entwicklung und der Elektrizitätswirtschaft (Fünfjahrespläne) eng verknüpft blieb. Ich kann mir wohl denken,

Zahlentafel 31. Technische Daten

Lfd. Nr.	Besitzer	Name und Baujahr des Werkes	Kesselzahl Kesseltyp	Heizfläche m²	Gesamte Dampfleistung des Werkes t/h	Turbinen Zahl und Leistung kW
1	New York Steam Corporation	Kips Bay 1926	5 Steilrohrkessel	3 je 1905 1 je 1945 1 je 3950 11610	945	3 je 3000 1 je 4000 13000
		Burling Slip 1917	14 Steilrohrkessel	12 je 970 2 je 1700 15040	420	1 je 100 100
2	Detroit Edison Co.	Beacon Straße 1926	4 Steilrohrkessel	2 je 3850 1 je 3900 1 je 3850 15450	482	1 je 3000 1 je 2400 5400
		Willis Avenue 1916	5 Steilrohrkessel	2 je 1208 1 je 1433 1 je 2340 1 je 2380 8569	190	1 je 500 1 je 1000 1500
3	Cleveland Electric Illuminating Co.	20. Straße 1924	6 Steilrohrkessel	4 je 1342 2 je 1710 8788	323	—
			3 Steilrohrkessel	3 je 1108 3324	—	—
4	Rochester Gas und Electric Co.	Lawn Straße 1925	3 Steilrohrkessel	3 je 890 2670	191	1 je 3000 1 je 5000 8000
		Lincoln Park 1927	2 Steilrohrkessel	2 je 890 1980	90	1 je 3000 3000
5	Allegheny County Steam Heating Co. Pittsburgh	Stanwix 1924	2 Gruppenrohrkessel	2 je 2875 5750	295	1 je 5000 5000
		12. Straße 1929	2 Steilrohrkessel	2 je 3520 7040	318	—
6	Philadelphia El. Co.	Willow 1927	3 Gruppenrohrkessel	3 je 1050 3150	185	—

daß der Leser vom kühnen Plan des Moskauer Stadtrohrnetzes (s. Abb. 77) den Eindruck empfangen wird, eine aussichtsreiche Entwicklung der Städte-Energieversorgung vor sich zu sehen. Gelingt es nämlich wie dort, ausreichenden Wärmeabsatz fast zwangsweise zu schaffen, ist das Haupthindernis für eine Heizkraftkupplung beseitigt. Das Moskauer Projekt ist für eine Jahreswärmeneuerer amerikanischer Städteheizwerke.

Feuerungsart Z-M=Zentr.Mahlanl. E-M=Einzelmühlen	Dampf		Speisewasser				Antrieb der Hilfsmaschinen D = Dampf E = Elektrisch
	Kesselbetriebsdruck atü	Temperatur °C	Zusatzmenge vH	Woher	Enthärtung, Reinigung, Aufbereitung	Vorwärmung auf °C	
Staubfeuerung Z-M	20	S	85	Städt. W.-Ltg.	Phosphatzusatz	95	Speisew. Pp. D sonst E
Kettenrost	12,3	S	90	Desgl.	Phosphatzusatz	95	—
Taylor-Unterschubfeuerung	10,5	S	80—90	Desgl.	Zeolit mit H_2SO_4 und H_3PO_4-Zusatz	100—110	—
Taylor-Unterschubfeuerung	8,8	S	100	Desgl.	Sodazusatz	95	Speisew. Pp. D + E sonst E
Staubfeuerung Z-M	10,5	S	95	Desgl.	Soda (Aluminat)	—	—
Staubfeuerung E-M	—	S	888	Desgl.	—	—	—
Staubfeuerung E-M	24,6	278	60	Desgl.	Permutit	110	Speisew. Ep. D + E sonst E
Staubfeuerung E-M	24,6	278	50	Desgl.	Dearborn	110	Speisew. Pp. D + E sonst E
Staubfeuerung Z-M	14,0	S	—	Flußwasser	Verdampferzusatz	—	D und E
Frederick Unterschubfeuerung	14,0	S	—	Desgl.	Permutit	—	D und E
Taylor-Unterschubfeuerung	9,8	235	100	Städt. W.-Ltg.	Zeolit	70	D

lieferung von rd. 400 Milliarden kcal (650000 t Dampf) bemessen[1], wobei rd. 100 Millionen kWh in der 7monatigen Winterperiode sicher erzeugbar sind. Zu Wärmelieferquellen sind zwei am Moskwafluß gelegene Elektrizitätswerke aus-

[1] Tanner-Tannenbaum: Wärmeversorgung der zentralen Stadtteile von Moskau. Teplo i Sila 1927 Nr. 4/5.

ersehen, die als Kondensationsbetriebe und Fernstromübergabestellen auch schon bisher die städtische Stromversorgung besorgten.

Die russischen Wärmelieferwerke verdanken ihre technische Durchbildung L. Günther, der auch das Leningrader Warmwassernetz (1924) schuf[1]. Bei dessen Bau ist eine eigenartige Rohrverlegungsart gewählt worden (s. Abb. 42). Um die Straßensperrzeit möglichst ab-

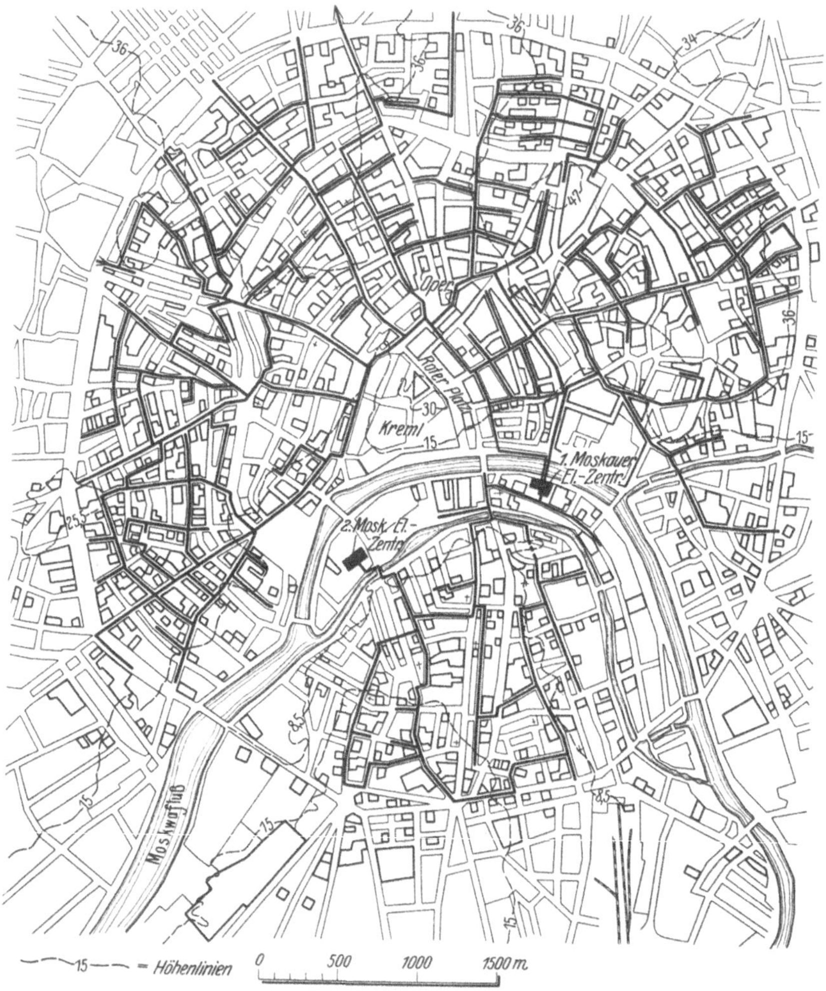

Abb. 77. Pumpenheiznetz für Innenstadt Moskau.

zukürzen — wozu auch die knapp 3 Monate währende Bauzeit zwingt —, wird zunächst der leere Betonkanal gebaut. Die Straßenoberfläche ist angabegemäß in rd. 16 Tagen wiederhergestellt, eine Bauzeit, die meines Erachtens noch abgekürzt werden kann. Vorbedingung bleibt ferner ein möglichst gradliniger Streckenverlauf (s. Abb. 78 u. 79), der im Innern europäischer Großstädte leider höchst selten vorkommt. In geeigneten Abständen sind große Montagekammern (s. *4* u. *5*) vorgesehen. Ein isoliertes 11 m-Rohr wird von der Straße her in die abgedeckte Kammer hineingerollt und im anschließenden Kanal

[1] Günther, L.: Wirtschaftliche Fernwärmeversorgung des Zentralgebietes der Stadt Leningrad. Moskau: Staatl. techn. Verlag 1928.

soweit vorbefördert, daß die Schweiß- oder Flanschverbindung mit dem folgenden Rohr möglich wird. Nachdem man die Verbindungsstelle isoliert hat, schiebt man das nunmehr 22 m lange Rohrstück weiter in den Kanal hinein, um in der Kammer Platz für das dritte Teilende zu schaffen. Auf diese Weise füllt man den Betonkanal zwischen den einzelnen Montagekammern und Schächten recht schnell und unbeeinflußt von der Witterung mit Leitungsstücken aus, die dann endgültig durch Dehnungsausgleicher und Absperrorgane verbunden werden. Vorbedingung für das Gelingen dieser Verlegungsart ist äußerst zuverlässige Werkarbeit, da Undichtigkeitsstellen nur mit hohem Aufwand noch festgestellt werden können. Bis zu Rohrabmessungen von höchstens 200 mm l. W. halte ich sie für brauchbar, aber nur bei Rohrschweißung. Öfter als für den Neubau scheint mir das Verfahren aber zu Ausbesserzwecken geeignet zu sein, wenn es sich um Ersatz alter Leitungen im bestehenden Kanal handelt. Bei sachgemäßer Arbeitsvorbereitung können Tagesleistungen von 50—70 m Rohr erwartet werden.

Abb. 78.

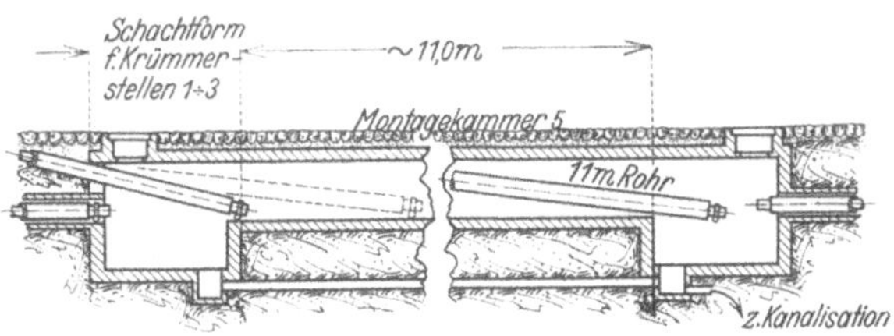

Abb. 79.

Abb. 78 u. 79. Rohrverlegungsart Leningrad.

An der in der Abb. 78 skizzierten Strecke von 250 m Länge sind Temperaturverlustmessungen vorgenommen worden, die ihrer Meßdurchführung wegen erwähnenswert sind. In isoliertechnischer Hinsicht sind die Werte der Abb. 80 dagegen schlecht zu nennen. Temperaturverluste von 0,2—2⁰ in Straßenleitungen exakt zu messen, ist durchaus nicht einfach. Der kcal-Verlust einer Warmwasserleitung ist von der Wassergeschwindigkeit so gut wie gar nicht, der Temperaturabfall im Wasser dagegen von ihr bzw. der Durchströmmenge ausschließlich abhängig. Diese Überlegung meßtechnisch gedeutet heißt, einen Temperaturverlust von $0{,}2^0$ bei 1 m Geschwindigkeit kann durch Zurückdrosseln der Wassermenge auf den 10—20fachen Wert erhöht werden. Übliche Ablesefehler von $0{,}1^0$ stören dann nicht mehr. Um ferner der Notwendigkeit zu entgehen, ständig gleiche Anfangstemperaturen zu halten, erzeugte man Wärmewellen, deren zeitlicher Verlauf an 3 Netzstellen gemessen wurde. In der linken Hälfte von Abb. 80 geht aus den gleichzeitig gemessenen Temperaturen einfach die Wasserfließzeit zwischen den Meßstellen (Geschwindigkeit) hervor. Den mittleren Temperaturabfall erhält man durch Planimetrieren der Temperaturlinien rechts, die entsprechend der Fließzeit verlagert sind.

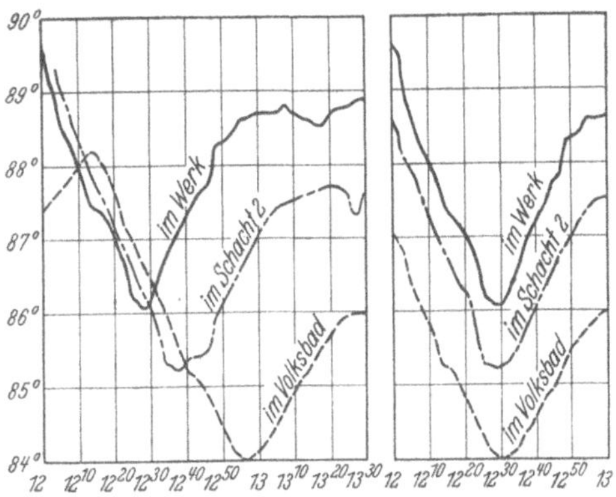

Abb. 80. Temperaturverlustmessung in einer Warmwasserleitung.

Zum Bau von ausreichend großen Wärmeverteilnetzen sind vorläufig mehrere Jahre erforderlich. Hierin wird erst ein Wandel eintreten, wenn sich die Fernheizung mit seiner ständigen Lieferbereitschaft, Störungsfreiheit und Preiswürdigkeit neben sonstigen Hygiene- und Platzvorteilen auch in der Abnehmerschaft durchgesetzt hat. In den nach S. 179f. vorzubereitenden Heizkraftgebieten wird er dann eine gleich starke Werbekraft wie heute der Strom ausüben.

IV. Grundlagen für die Neuschöpfung von Heizkraftanlagen.

Die bisherigen Darstellungen brachten im wesentlichen zum Ausdruck, daß Kraft- und Wärmeerzeugung in technischer Hinsicht absolut gleichartige Entwicklungen aufweisen. Der Heizbetrieb ist mit der Krafterzeugung in Reihe geschaltet. Dem Grunde nach sind ihre Unterschiede nur physikalischer Natur, die Temperaturhöhe am Gebrauchsort ist verschieden. Alle in der heutigen Krafttechnik bekannten Verfahren und Schaltungen können fast ohne Abwandlung in den Heizkraftbetrieb übernommen werden. Teilweise werden sie sogar stark vereinfacht. Darin liegt ein besonderer Vorzug des Heizkraftbetriebes vor allen anderen auf eine Verbesserung der Elektrizitätserzeugung abzielenden Bestrebungen, die meistens in neuen, unerprobten Betriebsformen ihren Ausdruck finden.

Aus Kraftwerkskreisen stammt die Behauptung her, daß aus der Kupplung von Wärme- und Stromerzeugung keine oder nur geringe betriebstechnische Vorteile für das öffentliche Werk entspringen, da ihre Höchstbelastungen verschiedenzeitig auftreten. Öfters wurden diese Vermutungen gar dahin formuliert, daß die Schwankungen im Heizbedarf jede Kupplungsmöglichkeit vereiteln. Niemals sind solche Erklärungen aber durch einwandfreies oder ausreichendes Material erhärtet worden. Man wird derartigen Meinungen eher nachzugehen haben als den gelegentlich stark optimistischen Bekundungen aus der Heizungsindustrie, da die Elektrizitätswerke dereinst Träger der Verbundwirtschaft sein müssen[1]. Daher sollen zunächst die Verbrauchsänderungen von Wärme und Strom sowie ihre Belastungsformen untersucht werden. Läßt sich dann übersehen, daß der Belastungsverlauf beider Energiearten während des Jahres genügend genau vorherbestimmbar ist, verlieren die obigen Bedenken ihre Veto-Eigenschaft um so mehr, als in folgendem auch versucht wurde, die Heizkraftdauer zu bestimmen. Ferner wird hier erstmalig der Versuch unternommen, dem reichen statistischen Material aus der Elektrizitätswirtschaft ähnliches über die Heizwärmelieferung an die Seite zu stellen. Insbesondere besteht der Wunsch nach Aufklärung über folgende Zahlen: Gleichzeitigkeitsfaktoren, Benutzungsstunden, Belastungsdauerlinien, Ausnutzungsfaktoren, Absatzmengen und Belastungsdichte. Die meisten Wirtschaftlichkeitsbetrachtungen über öffentliche Heizkrafterzeugung krankten an diesem Mangel, der eine restlose Klarstellung ihrer finanziellen Auswirkung bisher verhinderte. Vor allem aber schien es mir erforderlich, die Faktoren herauszuarbeiten, die die Eignung des Stadtgebietes zur Heizkraftversorgung erkennen lassen. Das ist Neuland und in dieser Hinsicht sind leider viele Fehler gemacht worden. Völlig ungeeignete Stadtgebiete überzog man mit Rohrleitungsnetzen und tat einer gesunden Idee durch schlechte Sachkenntnis schweren Schaden an.

A. Allgemeine Verbrauchsänderungen von Wärme und Strom.

Wärme für Heizzwecke ist entgegen dem kunstvoll durch Zivilisation geschaffenen Stromverbrauch ein natürliches Bedürfnis der Menschheit. Die öffentliche Stromlieferung kennt man erst seit knapp 50 Jahren. Der äußeren Wirkung

[1] Bei einzelnen Abschnitten des Kapitels IV leisteten mir die Herren Dipl.-Ing. W. Kraus, R. Klein und E. Strempel von der Bewag, Berlin wertvolle Unterstützung.

nach stellt Wärme eine Speicherenergie dar, während Elektrizität im Augenblick des Bedarfs erzeugt werden muß. Im Rahmen vorliegender Studie bleibt festzustellen, daß der Verbrauchsverlauf von Wärme und Strom dann rechnerischer Festlegung und Vorausbestimmung zugänglich ist, wenn physikalische und astronomische Zusammenhänge Einfluß haben.

Der Bedarfsverlauf von Wärme und Strom wird beeinflußt durch:

1. Klimatische und meteorologische Verhältnisse.

2. Wirtschaftliche und soziale Lebensbedingungen, kulturelle und hygienische Ansprüche der Einwohner.

3. Anteil von Industrie, Handel, Gewerbe, Verkehrswesen, Hausbedarf am Gesamtabsatz; Sättigungsgrad.

4. Technische Leistungen; Forschung.

a) Jahresschwankungen.

Elektrizität ist dank ihrer Teilbarkeit, Transportfähigkeit und unerreicht vielseitigen Verwendungsform im menschlichen Leben unentbehrlich geworden. In fast allen Orten nahm der Verbrauch von Jahr zu Jahr stark zu. Jährliche Absatzsteigerungen bis zu 25 vH verzeichnet die Statistik, zwar überwiegend von der wachsenden Abnehmerzahl, aber auch aus der Verbrauchssteigerung je Abnehmer selbst herrührend. Man hat bisher keinen Maßstab dafür gefunden, bis zu welchem Stromverbrauch in kWh/Kopf und Jahr die Elektrizitätswirtschaft ausbaufähig wäre. Die in Zahlentafel 6 u. 7 enthaltenen Werte sind vielleicht schon überschritten. Soweit keine oder sogar rückläufige Entwicklungstendenzen im Stromabsatz feststellbar sind, liegt die Ursache im Mangel an Bevölkerungszuwachs, in verschlechterten Lebensbedingungen oder Konjunkturschwankungen von Industrie, Handel und Gewerbe.

Anders verhält sich der Heizwärmeabsatz. Ändert sich die Zahl der Abnehmer (Häuser) nicht, so ist das belieferte Gebiet als ständig gesättigt anzusehen. Die einzelnen Jahreswärmemengen für Heizzwecke können je nach Witterungsverlauf an sich beträchtliche Unterschiede haben (s. Zahlentafel 34); doch pendeln sie nur um einen Mittelwert, der durch die klimatischen Verhältnisse, d. h. die geographische Lage des Verbrauchsortes bestimmt ist.

Bei Heizkraftprojekten muß der vorstehend geschilderte Tendenzunterschied zwischen Strom- und Heizwärmeabsatz durchaus Beachtung finden. Nach ihm wird sich die Größe der Strom- und Wärmeabsatzgebiete zu richten haben. Bei anfangs genau aufeinander abgestimmter Strom- und Heizwärmelieferung wird im Laufe der Jahre demnach das Rohrnetz eher als das Kabelnetz erweitert werden müssen. Das an linearer Ausdehnung unveränderlich gebliebene Kabelnetz eines Heizkraftwerkes bedarf dagegen früher der Verstärkung einzelner Netzteile, weil der spezifische Bedarf sich erhöht.

Der grundsätzlichen Erörterung über die Jahresverbrauchsänderungen muß sich aber eine Analyse über kürzere Zeiträume anschließen, da letzten Endes als Kriterium für den Zeitbereich der völligen Heizkraftkupplung nur die dauernde Stromversorgungssicherheit gelten kann. Im folgenden werden deshalb die monatlichen und täglichen Verbrauchsschwankungen behandelt.

b) Monatliche Schwankungen.

In den Sommermonaten geht der Stromabsatz öffentlicher Elektrizitätswerke auf 30—70 vH der Wintermonatsmengen zurück. Je größer der Anteil vom Lichtstrom am Jahresverbrauch eines Gebietes ist, um so stärker unterscheiden sich die im einzelnen Monat abgesetzten Kilowattstundenmengen. Entfällt der Hauptabsatz auf Industrie, Bahnen und Gewerbe (Kraftstromverbraucher), desto ausgeglichener werden die Monatsbeträge. Ähnlich beeinflussen Heiz- und Gebrauchswärmebezieher die monatliche Wärmelieferung. Dies zeigt Abb. 81 recht deutlich, in der Strom- und Wärmejahresmengen einzelner Orte nach ihrer monatlichen Verteilung angegeben sind. Besonders die für Berlin zu entnehmenden Daten erhellen den ausgleichenden Einfluß großer Kraftstrommengen bzw. ganzjähriger Belieferung zahlreicher Warmwasserbereitungsanlagen auf die Größe der einzelnen Monatsanteile. Die gleichmäßige Tendenz aller Linienzüge weist offensichtlich auf einen gemeinsamen Zusammenhang hin.

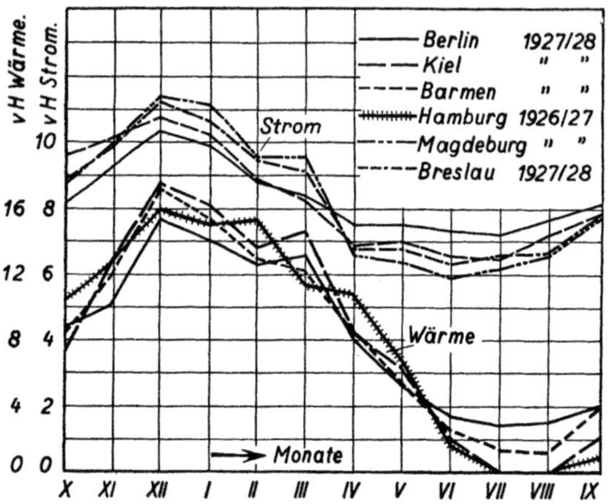

Abb. 81. Monatliche Strom- und Wärmemengen in vH der Jahresbeträge.

Die monatliche Stromerzeugung wird in der Tat im wesentlichen vom Lichtstrombedarf beeinflußt. Beleuchtung wird nur während der Dunkelstunden des Jahres gebraucht, also müssen die astronomischen Verhältnisse unseres Planeten maßgebend sein. Deshalb weist das Heizbedürfnis grundsätzlich den gleichgearteten Wellenverlauf auf, da Klima und Jahreszeiten zusammen mit der Helligkeitsdauer von der zeitlichen Stellung der Erde im Sonnensystem herrühren. Beide Liniengruppen haben deshalb überwiegend ihr Maximum im Dezember/Januar, ihr Minimum im Juni/Juli. Aus diesem Zusammenhang ergaben sich die im folgenden behandelten Methoden, die mit guter Annäherung eine Vorausbestimmung der Monatsschwankungen gestatten.

c) Dunkelstunde und Gradtag als Meßzahlen der Erzeugung.

Zur Bestimmung der monatlichen Strommengen ist die Zahl der Dunkelstunden, zum Vergleich der Raumheizwärmemengen die der Gradtage geeignet. Mit ersterer wird der maßgebende Einfluß des Lichtbedürfnisses auf die Stromerzeugung, durch den Gradtag, der auf S. 115 eingehend definiert werden soll, die Wirkung der Außentemperatur auf den Wärmeverbrauch erfaßt.

Dunkelstunde.

Zahlentafel 32. Monatliche Dunkelstunden.
(Gültig für ∼ 52—53° nördlicher Breite.)

Monat	Zahl der Dunkelstunden	Anteil an der Jahresmenge vH	Monat	Zahl der Dunkelstunden	Anteil an der Jahresmenge vH
X	415 Std. 57 Min.	9,66	IV	304 Std. 13 Min.	7,06
XI	458 „ 36 „	10,65	V	258 „ 6 „	5,99
XII	505 „ 49 „	11,75	VI	220 „ 18 „	5,12
I	491 „ 5 „	11,40	VII	241 „ 31 „	5,61
II	398 „ 57 „	9,27	VIII	290 „ 54 „	6,78
III	378 „ 11 „	8,78	IX	341 „ 1 „	7,93

Die Dunkelstundenzahl gibt die Zeit zwischen Sonnenuntergang und -aufgang wieder (s. Zahlentafel 32). Das ganze Jahr weist 4304 Stunden 38 Minuten bzw. 4315 Stunden 20 Minuten Dunkelstunden im Schaltjahr auf. Soll der Jahresstrombedarf eines städtischen Absatzgebietes durch die Jahresdunkelstundenzahl ausdrückbar sein, so müssen auf die verschiedenen Monate Einzelstrommengen entfallen, die der anteiligen Monatsdunkelstundenzahl in Zahlentafel 32 entsprechen. Dies sei an 2 Beispielen nachgewiesen. In Abb. 82 ist die Dunkelstundenlinie als Vergleichsmaßstab für die Berliner Stromerzeugung der letzten 6 Jahre verwendet worden. Die Streuung der Monatswerte in den einzelnen Jahren wurde durch Schraffur angedeutet. Die Unterschiede zwischen den monatlichen Istwerten der tatsächlichen Stromerzeugung und den zugehörigen Sollwerten nach Dunkelstunden schwanken zwischen 0,3 und 2,2 vH. Die 6 Wintermonate weisen regelmäßig eine den Sollbeträgen gegenüber kleinere Erzeugung auf, während in der anderen Jahreshälfte die Istwerte höher liegen. Dies gilt für Stromverbrauchsgebiete wie Berlin mit großer Kraftstromlieferung.

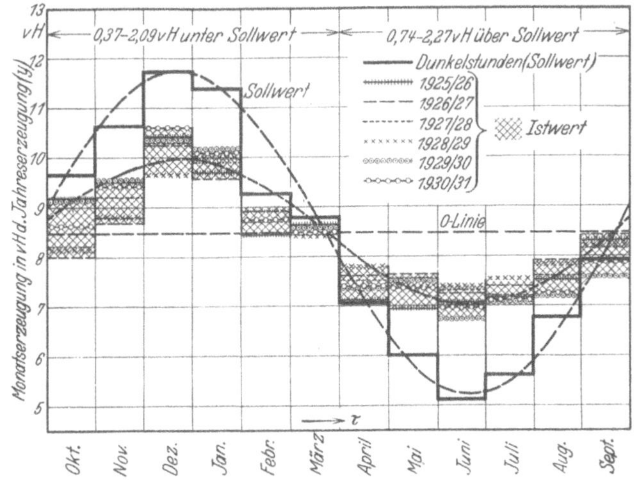

Abb. 82. Dunkelstundenzahl und Sinuskurven als Vergleich der Monatsstrommengen Groß-Berlins.

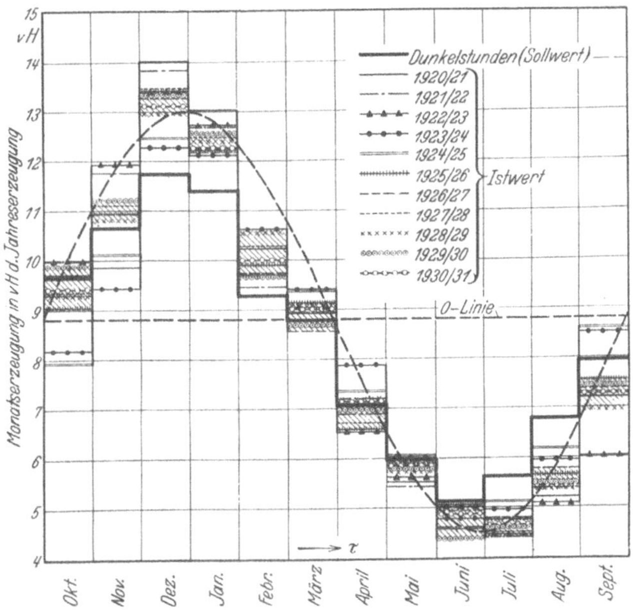

Abb. 83. Dunkelstundenzahl und Sinuskurven als Vergleich der Monatsstrommengen in Berlin-Friedenau.

Das Gegenteil ist von sog. Lichtstromgebieten festzustellen, wie Abb. 83 beweist, zu deren Anfertigung die Ziffern des Wohnbezirkes Friedenau vorlagen. Bei normaler Wirtschaftslage (durch Schraffur eingegrenzt) unterscheiden sich die monatlichen Strommengen in vH-Sätzen der jeweiligen Jahresmengen ausgedrückt recht wenig (Höchstdifferenz in 6 Jahren 0,9 vH). Die Dunkelstundenlinie liegt hier aber in der zweiten Jahreshälfte über den Istwerten und wird abweichend von Abb. 82 in den ersten 6 Monaten von den wirklichen Absatzziffern fast durchweg überschritten. Trotzdem gewährt die Benutzung der Dunkelstundenzahlen zur Ermittlung des Monatsabsatzes mindestens die gleiche Genauigkeit, da innerhalb der letzten 6 Jahre ein größter Unterschied zwischen Ist- und Sollwert von nur 1,71 vH festgestellt werden kann (s. Dezember).

Durch die Beispiele Groß-Berlin und Friedenau dürfte der Verbrauchscharakter von Stromabsatzgebieten umgrenzt sein, mit denen zukünftige Heizkraftwerke zu rechnen haben. Bei den hier zunächst in Betracht kommenden Wohngebieten wird man den Sollwerten zweckmäßig Korrekturwerte nach Zahlentafel 33 beigeben.

Zahlentafel 33. Meßwerte für Strommengen in Wohngebieten.

Monat	X	XI	XII	I	II	III	IV	V	VI	VII	VIII	IX
Anteilige Strommenge in vH der Jahresmenge nach Dunkelstunden	9,66	10,65	11,75	11,40	9,27	8,78	7,06	5,99	5,12	5,61	6,78	7,93
Korrekturwert . .	—0,1	+ 0,3	+ 1,5	+ 0,9	+ 1,0	+ 0,2	—0,2	—0,3	—0,3	—1,0	—1,4	—0,6
Anzuwendender Meßwert (Sollwert)	9,56	10,95	13,25	12,3	10,27	8,98	6,86	5,69	4,82	4,61	5,38	7,33

Damit erhalten wir dann Meßwerte der Monatsstrommengen, die selbst in Zeiten größter wirtschaftlicher Unruhe, bzw. ungestümer Konsumvermehrung ihren Gebrauchswert behalten. Auch dies geht aus Abb. 83 hervor, in der Daten von 12 Geschäftsjahren verarbeitet sind. In ihnen sind Zeitperioden enthalten, die nach beiden Richtungen hin als Ausnahmen in Betracht kommen. In keinem der 144 Monate wird eine größere Differenz zwischen Ist- und Sollwerten als 1,64 festgestellt.

Nun ergibt sich, daß sowohl monatliche Dunkelstundenzahlen als auch Strommengen mit genügender Annäherung harmonischen Funktionen folgen, und zwar sind sie durch Sinusfunktionen von der Form

$$y = a \cdot \sin(b\tau + c) \tag{49}$$

festlegbar. Für die Sinuslinien der Abb. 82 gelten die Zahlen:

y = Abweichung der Ist- bzw. Sollwerte von der Nullinie in Prozenten. $y = 0$ entspricht 8,47 vH der Jahresmenge (s. 0-Linie in Abb. 82).
a = Amplitude = 1,47 bei Istwertkurve bzw. 3,27 bei Sollwertkurve.
$b = \frac{2\pi}{T}$, worin T = Gesamtzeit von 12 Monaten.
τ = Einzelzeiten beginnend mit $\tau = 0$ für Oktober.
c = Voreilung = 0,418.

Rechnungsbeispiel für Februar:

	$y = 1{,}47 \cdot \sin(4 \cdot 0{,}5236 + 0{,}418)$	
	$y = 1{,}47 \cdot \sin 36^0\ 3$ Min.	= 0,865
Dunkelstundenwert lt. Gleichung 1	= 8,47 + 0,865	= 9,335
wirklicher Dunkelstundenwert		= 9,27
Differenz:		+ 0,065.

Die Anwendung von derartigen Gleichungen erhöht die Genauigkeit einer rechnerischen Ermittlung der Monatsstrommengen. Man vergleiche nochmals die Monatsmitten in Abb. 82. Die wirklichen Monatsstrommengen weichen innerhalb der untersuchten 6 Jahre maximal um 1,06 vH von der Vergleichsfunktion ab. Diese größte Differenz fällt in den Monat Oktober. Eine Übereinstimmung in gleichen Grenzen fand ich in mehreren anderen Städten. Wie ein Blick auf Abb. 81 u. 100 lehrt, verändern sich je nach Absatzgebiet nur die Amplitudenwerte.

Die größten Amplitudenwerte muß naturgemäß die Sinusfunktion haben, die zur Festlegung der Monatsstrommengen eines Lichtstromverbrauchsgebietes dienen soll. Die in Abb. 83 verzeichnete Sinuskurve hat die gleiche mathematische Form wie in Abb. 82, jedoch mit den Werten:

y = Abweichung der Funktionswerte von der 0-Linie, die bei 8,75 vH liegt,
$a = 4{,}25$,
$b =$, $\tau =$, $c =$ } wie vorher.

Wählt man die Monatsmitten zum Vergleich, so differiert auch diesmal die Sinuskurve vom wirklichen Mittelwert des schraffierten Bereiches durchschnittlich nur um 1 vH.

Gradtag.

Es sei a der stündliche Wärmebedarf eines Gebäudes mit der wärmeabgebenden Außenfläche F in m², der konstanten Innentemperatur t_i in ⁰ C, der hierfür ermittelten mittleren Wärmedurchgangszahl k in kcal/m² · h · ⁰ C. (k ändert sich bei sonst gleichen Bedingungen nur mit der Außentemperatur t_a in ⁰ C.) Dann ist je Stunde:

$$a = F \cdot k \cdot (t_i - t_a) \ldots\ldots \text{kcal/h} \tag{50}$$

je Tag:

$$A = \Sigma\,(a_1 + a_2 + a_3 + \ldots\ldots a_{24}) \ldots\ldots \text{kcal/Tag}$$

bzw. durch Einführung des Mittelwertes von t_a während 24 Std.

$$A = F \cdot k \cdot (t_i - t_a) \cdot 24 \ldots\ldots \text{kcal/Tag.} \tag{51}$$

Für den Wert $(t_i - t_a) \cdot 24$, also das Produkt aus einer Temperaturdifferenz in Graden und den Zeitabschnitt eines Tages führen wir den Begriff Gradtag (Gt)[1] ein. Da erfahrungsgemäß bei einer Temperatur $\sim = +18^0$ keinerlei Wärmezufuhr (Sonnenwärme, Brennstoffwärme usw.) benötigt wird, wird als Bezugstemperatur für die Innentemperatur der Wert $t_i = +18^0$ C bestimmt. Ein Tag mit der mittleren Außentemperatur von $+17^0$ C hat also

$$z = (18 - 17) \cdot 1 = 1 \text{ Gradtag (Gt).} \tag{52}$$

Für einen Wintertag mit mittlerem $t_a = -2^0$ C lassen sich

$$z = [18 - (-2)] \cdot 1 = 20 \text{ Gradtage,}$$

für einen Novembermonat mit einer Monatsmitteltemperatur von $t_a = +7{,}7^0$ C

$$z = (18 - 7{,}7) \cdot 30 = 309 \text{ Gradtage}$$

errechnen. Die Verbräuche zweier Tage verhalten sich wie

$$\frac{A_1}{A_2} = \frac{F \cdot k \cdot (t_i - t_{a_1}) \cdot 24}{F \cdot k \cdot (t_i - t_{a_2}) \cdot 24} = \frac{\text{Gt}_1}{\text{Gt}_2} \tag{53}$$

also wie ihre Gradtagwerte. Dasselbe ist für den Wärmeverbrauch zweier Monate abzuleiten. Derartige Gradtagzahlen habe ich für 6 deutsche Städte in Abb. 84 zusammengestellt. Die dazu benötigten Temperaturwerte sind den amtlichen Wetterberichten[2] entnommen. Sie gelten für das sog. Normaljahr, dessen Außentemperaturen bekanntlich dem Mittelwert langjähriger Wetterstatistiken entsprechen. Den Tagestemperaturen des Normaljahres für Berlin legt das

[1] Heating a. Ventilating 1925, Septemberheft. Iso-Degree-Day Map.
[2] Klimaatlas von Deutschland.

Preußische Meteorologische Institut zur Zeit die gemittelten Beobachtungen der Jahre 1846—1925 zugrunde. Der in Abb. 84 wiedergegebene Verlauf kann daher von den gemessenen Werten mehr oder minder stark abweichen und gibt nur in großen Zügen einen Anhalt über die Unterschiede der Gradtagzahlen in den einzelnen Monaten.

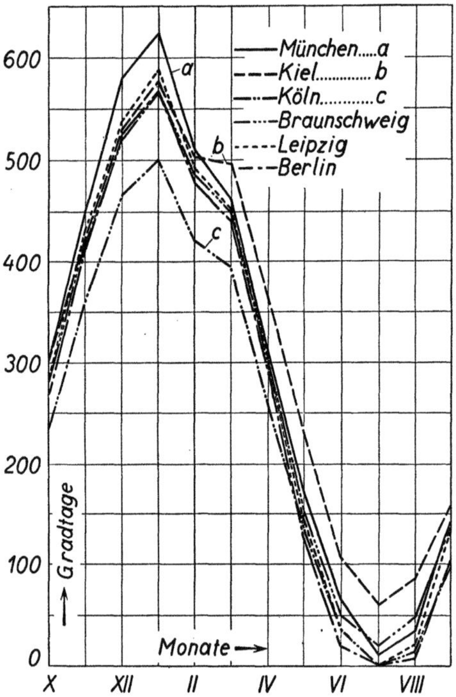

Abb. 84. Gradtage deutscher Städte im Normaljahr.

Für unsere Zwecke genügt es, die Zahl der Gradtage in denjenigen Monaten zu bestimmen, in denen ein Heizbedürfnis auftreten kann. In Zahlentafel 34 sind deshalb die Monate Juli und August nicht berücksichtigt worden. Diese Aufstellung enthält die Berliner Gradtagzahlen aus 10 Jahren. Aus ihr bestätigt sich zunächst, daß beträchtliche Unterschiede sowohl zwischen einzelnen Jahren als auch gleichnamigen Monaten auftreten. Gegenüber der milden Heizperiode 1924/25 weist der Abschnitt 1928/29 ein Mehr von 23 vH auf. Trotzdem das 10jährige Februarmittel nur unbeträchtlich vom entsprechenden Normaljahrwert abweicht, unterscheiden sich die einzelnen Jahreswerte von ihm erheblich (1928/29 um + 40 vH). Zwischen 2 Februarwerten (1924/25 und 1928/29) ist die Differenz sogar 75 vH. Da außerdem die Monatswerte der Zahlentafel 34 nur vH-Anteile der Jahresgradtagsummen darstellen, sind die absoluten Zahlenunterschiede noch krasser. Der Februar 1924/25 hat beispielsweise nur 371, der von 1928/29 aber 796 Gradtage, also das 2,145fache gehabt.

Zahlentafel 34. Gradtage für Berlin.

Heizperiode	Gesamte Gradtagzahl	Davon entfällt auf die Monate in vH										Bemerkungen
	$Gt = \Sigma(18-t_a)$	X	XI	XII	I	II	III	IV	V	VI	IX	
1919/20	3339	9,7	16,9	16,7	14,9	13,0	10,1	6,5	3,3	4,9	1,4	Die Monate Juli-August jedes Jahres blieben unberücksichtigt.
1920/21	3271	11,0	15,1	17,1	12,7	14,0	10,8	8,1	3,0	3,6	4,5	
1921/22	3670	6,4	13,8	14,7	18,1	15,1	11,9	9,4	4,0	1,6	4,9	
1922/23	3547	11,4	12,7	13,5	13,9	14,3	10,9	9,1	5,0	5,1	3,9	
1923/24	3698	6,2	11,7	17,0	17,7	16,5	13,1	9,6	3,0	2,0	3,2	
1924/25	3146	7,8	14,2	16,2	14,5	11,8	15,7	8,4	2,4	2,9	6,4	
1925/26	3311	8,8	13,9	17,0	17,1	12,3	13,1	6,5	5,2	2,6	3,5	
1926/27	3262	9,9	10,3	15,5	14,8	14,8	10,0	10,0	7,0	3,9	3,8	
1927/28	3640	7,6	13,0	17,8	14,2	12,5	12,7	8,3	6,0	3,3	4,6	
1928/29	3868	7,2	8,5	14,9	17,9	20,6	12,3	10,1	3,1	2,7	2,7	
Mittel der 10 Jahre	3475	8,6	13,01	16,04	15,58	14,49	12,06	8,6	4,2	3,26	4,16	
Normaljahr	3238	8,36	12,82	16,29	17,52	14,71	13,60	9,05	3,93	0,47	3,25	

Meine Untersuchungen ergaben nun, daß die zur Raumheizung benötigten Wärmemengen im gleichen Maße wie die Gradtagzahlen schwanken. In Abb. 85

sind die Gradtage der einzelnen Liefermonate sowie deren Liefermengen bei jeweiligem Anschlußwert des Charlottenburger Städteheizwerkes aufgetragen.

Am Anfang jeder Heizperiode ist regelmäßig ein höherer Bedarf je Gradtag vorhanden. Zunächst können dafür physiologische Gründe angeführt werden, da mit dem Übergang zur kalten Jahreszeit das Wärmebedürfnis des Menschen stärker wächst, als dem Außentemperaturverlauf entspricht. Beträchtliche Wärmemengen sind zur Aufheizung der Baulichkeiten und ihrer Einrichtungen notwendig. Zudem verleitet erfahrungsgemäß die Bequemlichkeit einer Ferndampflieferung gerade in der ersten Bezugszeit und in den Übergangsjahreszeiten zu einem höheren Verbrauch. Insgesamt aber geben die Gradtagzahlen einen gut brauchbaren Vergleichswert für die Heizdampflieferung ab und unter Berücksichtigung des Gesamtanschlußwertes entspricht ein Gradtag durchschnittlich einem bestimmten Wärmeverbrauch.

Nach vorstehendem zeigen deshalb auch die in Zahlentafel 35 von mehreren in- und ausländischen Städten wiedergegebenen Gradtagzahlen das Verhältnis der in der Heizperiode für gleichartige Gebäude verbrauchten Wärmemengen an. In deutschen Städten entfallen auf den kältesten Monat durchschnittlich 15-17,5 vH des Gesamtheizverbrauches. Je größer dieser Prozentsatz ist, um so ungleichmäßigere Betriebsverhältnisse entstehen im Heizwerk. Unter den verzeichneten Orten hat San Francisco den günstigsten Verbrauchscharakter, wenn auch die Jahresgradtagzahl ausweist, daß der Gesamtverbrauch an sich niedrig ist.

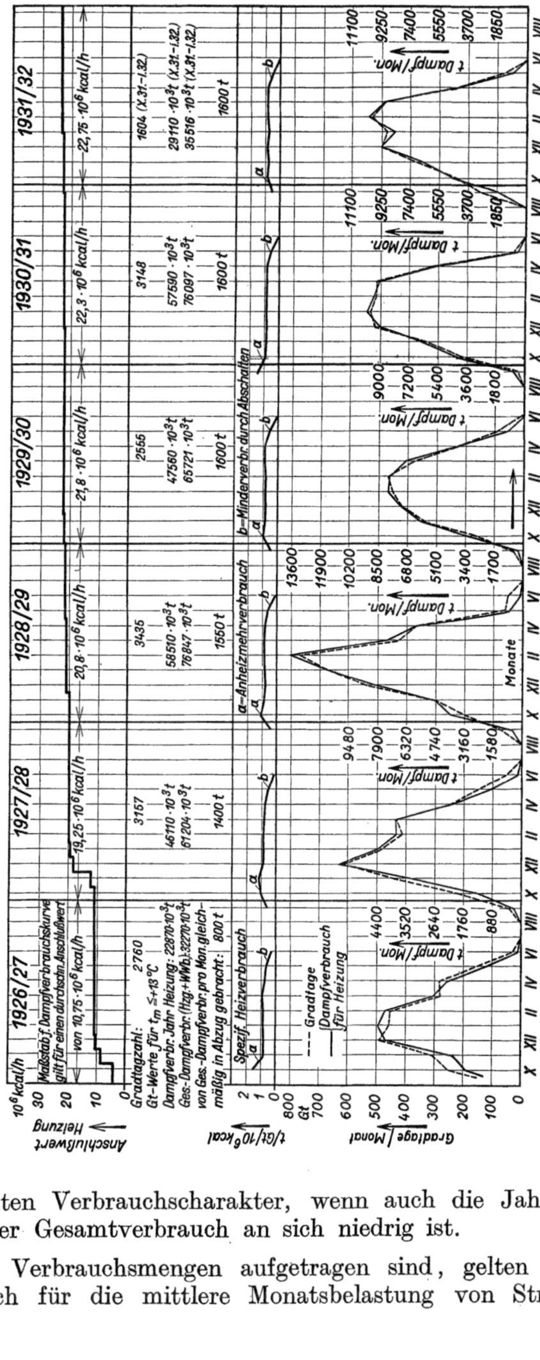

Abb. 85. Gradtage und Heizwärmeabsatz im Städteheizwerk Charlottenburg.

Da in den Abb. 81—83 Verbrauchsmengen aufgetragen sind, gelten die mitgeteilten Ergebnisse auch für die mittlere Monatsbelastung von Strom und Wärme.

Zahlentafel 35. Gradtage verschiedener Städte.

Ort	Gradtage Normaljahr	Davon im kältesten Monat vH	Ort	Gradtage Normaljahr	Davon im kältesten Monat vH
Berlin	3238	17,52	Boston	3341	18,5
Braunschweig	3436	16,52	Chicago	3490	19,1
Hamburg	3535	16,05	Detroit	3501	19,1
Kiel	3836	14,98	Moskau [1]	4411	—
Köln	2912	17,14	New York	2933	19,4
Leipzig	3406	17,19	Philadelphia	2690	20,0
München	3659	17,05	San Francisco	1875	13,0

Während überwiegend der Dezember als Zeitabschnitt des größten Stromverbrauchs festliegt, kann vom Maximum des Wärmebedarfs für Heizzwecke eine solche Einheitlichkeit nicht ermittelt werden. In den genannten 10 Jahren wiesen z. B. in Berlin der Dezember 4mal, der Januar 3mal, der Februar 2mal und sogar der November 1mal den Höchstverbrauch auf (s. Zahlentafel 34). Hieraus geht hervor, daß sowohl das Heizkraftwerk mit teilweiser Kupplung als auch das ideale Heizkraftwerk immer mit der Lieferung gewisser Frischdampfmengen rechnen muß. Die großen, nicht im voraus bekannten Schwankungen des monatlichen Wärmeabsatzes bedeuten also eine Schmälerung der Wirtschaftlichkeit des Heizkraftbetriebes.

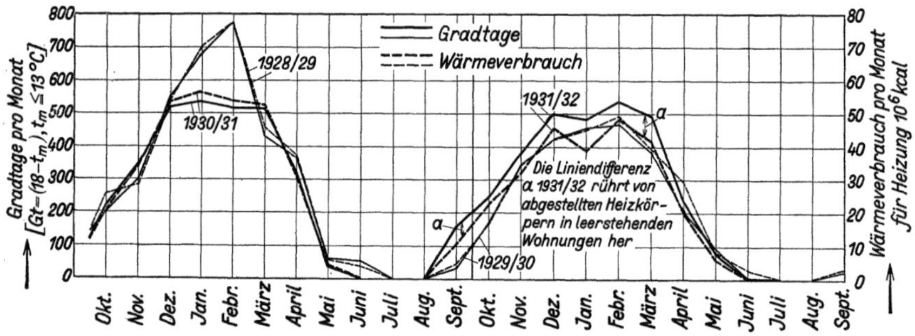

Abb. 86. Gradtage im Vergleich mit monatlichen Heizwärmeverbrauch eines Wohngebäudes.

Aber nicht nur bei den Gesamtliefermengen, in denen immer ausgleichende Einflüsse zusammenwirken, sondern auch beim einzelnen Abnehmer treffen die beiden Vergleichsmaßstäbe zu. Hierfür wurden in etwa 40 Häusern des Charlottenburger Heizkraftwerkes Untersuchungen durchgeführt. Für 8 Gebäude verschiedenster Art gebe ich das Untersuchungsergebnis in den Zahlentafeln 36 bis 43 wieder. Darin sind Abnehmer mit Jahresbezugsmengen von 3900 bis 288000 kWh bzw. 340—5300 t Dampf enthalten. Zur Aufklärung einzelner größerer Abweichungen zwischen Soll- und Istwerten muß der Verbrauchscharakter des Gebäudes beachtet werden (s. Spalte „Bemerkungen"). Den Sollwerten des Stromverbrauchs liegen die in Zahlentafel 32 angegebenen vH-Sätze zugrunde. Bei Benutzung der auf S. 114 vorgeschlagenen Meßwerte werden die Abweichungen kleiner. Die Sollwerte des Wärmeverbrauchs entsprechen der Gradtagverteilung. Durch Abb. 86 wird der zulässige Vergleich zwischen Gradtagen und Heizverbrauch nochmals für eine Einzelanlage in Schaulinien bewiesen. Eine solche Beweisführung hat großen praktischen

[1] Für die Zeit vom 1. 10. — 30. 4. errechnet.

Zahlentafeln 36—43. Monatlicher Strom- und Wärmeverbrauch verschiedener Häuserarten (s. Abb. 117—133).

Zahlentafel 36. Klubhaus mit Restaurationsbetrieb Berlinerstr. 61.

Mon.	Stromverbrauch kWh					Wärmeverbrauch t Dampf				Bemerkungen
	Licht u. Kraft	Sa.	Ist	Soll	Diff.	t	Ist	Soll	Diff.	
X	380	380	9,56	9,66	— 0,10	19,5	5,72	7,45	— 1,73	Restaurant und Klubgebäude. — Einzelne Säle werden nach Bedarf geheizt, daher stärkere Wärmeverbrauchsschwankungen, mangelnde Bedienungstätigkeit.
XI	407	407	10,23	10,65	— 0,42	51,5	15,10	13,55	+ 1,55	
XII	429	429	10,79	11,75	— 0,96	75,5	22,14	19,10	+ 3,04	
I	440	440	11,06	11,40	— 0,34	62,4	18,30	14,84	+ 3,46	
II	352	352	8,86	9,27	— 0,41	53,1	15,57	12,78	+ 2,79	
III	330	330	8,30	8,78	— 0,48	49,3	14,46	13,16	+ 1,30	
IV	350	350	8,80	7,06	+ 1,74	22,6	6,63	8,44	— 1,81	
V	308	308	7,75	5,99	+ 1,76	5,9	1,73	5,75	— 4,02	
VI	240	240	6,04	5,12	+ 0,92	1,2	0,35	1,79	— 1,44	
VII	205	205	5,16	5,61	— 0,45	—	—	—	—	
VIII	228	228	5,73	6,78	— 1,05	—	—	—	—	
IX	307	307	7,72	7,93	— 0,21	—	—	3,14	— 3,14	
	3976	3976	100,00	100,00		341,0	100,00	100,00		

Zahlentafel 37. Wohngebäude Berlinerstr. 162.

Mon.	Stromverbrauch kWh						Wärmeverbrauch t Dampf				Bemerkungen
	Licht	Kraft	Sa.	Ist	Soll	Diff.	t	Ist	Soll	Diff.	
X	513	19	532	12,75	9,66	+ 2,49	58,0	9,01	7,45	+ 1,56	Große luxuriöse Wohnungen. Gute Regelung der Dampfentnahme.
XI	564	19	583	13,31	10,65	+ 3,66	81,0	12,59	13,55	— 0,96	
XII	589	20	609	13,91	11,75	+ 2,16	102,1	15,87	19,10	— 3,23	
I	432	15	447	10,21	11,40	— 1,19	92,6	14,40	14,84	— 0,44	
II	367	17	384	8,77	9,27	— 0,50	82,0	12,75	12,78	— 0,03	
III	291	16	307	7,01	8,78	— 1,77	83,3	12,95	13,16	— 0,21	
IV	257	16	273	6,23	7,06	— 0,83	56,9	8,86	8,44	+ 0,42	
V	239	18	257	5,87	5,99	— 0,12	31,8	4,94	5,75	— 0,81	
VI	165	15	180	4,11	5,12	— 1,01	13,3	2,06	1,79	+ 0,37	
VII	147	13	160	3,66	5,61	— 1,95	11,0	1,70	—	—	
VIII	219	16	235	5,37	6,78	— 1,41	12,4	1,92	—	—	
IX	396	16	412	9,40	7,93	+ 1,47	18,3	2,95	3,14	— 0,19	
	4179	200	4379	100,00	100,00		642,7	100,00	100,00		

Zahlentafel 38. Wohngebäude Schillerstr. 118/119.

Mon.	Stromverbrauch kWh						Wärmeverbrauch t Dampf				Bemerkungen
	Licht	Kraft	Sa.	Ist	Soll	Diff.	t	Ist	Soll	Diff.	
X	995	116	1111	9,62	9,66	— 0,04	70,5	7,88	6,34	+ 1,54	Haus liegt sehr geschützt und wird vorzüglich gewartet. Durchweg große Wohnungen mit geringer Einwohnerzahl.
XI	1275	116	1391	12,06	10,65	+ 1,41	77,1	8,62	8,30	+ 0,32	
XII	1484	116	1600	13,87	11,75	+ 2,12	125,1	13,99	14,80	— 0,81	
I	1247	136	1383	11,98	11,40	+ 0,58	137,6	15,39	18,24	— 2,85	
II	1022	100	1122	9,73	9,27	+ 0,46	156,4	17,48	20,80	— 3,32	
III	890	100	990	8,58	8,78	— 0,20	101,1	11,31	11,63	— 0,32	
IV	659	120	779	6,76	7,06	— 0,30	88,8	9,93	10,21	— 0,28	
V	604	120	724	6,27	5,99	+ 0,28	37,4	4,18	5,06	— 0,88	
VI	487	116	603	5,24	5,12	+ 0,12	23,9	2,67	1,81	+ 0,86	
VII	385	110	495	4,29	5,61	— 1,32	22,0	2,46	—	—	
VIII	512	85	597	5,18	6,78	— 1,60	25,3	2,83	—	—	
IX	639	100	739	6,42	7,93	— 1,51	29,2	3,26	2,81	+ 0,45	
	10199	1335	11534	100,00	100,00		894,4	100,00	100,00		

Zahlentafel 39. Bürohaus Bismarckstr. 5.

Mon.	Stromverbrauch kWh						Wärmeverbrauch t Dampf				Bemerkungen
	Licht	Kraft	Sa.	Ist	Soll	Diff.	t	Ist	Soll	Diff.	
X	1358	94	1452	10,80	9,66	+ 1,14	34,9	8,67	7,45	+ 1,22	Einrichtung des neuen Gebäudes. Große Glasfront. — Die Wärmeverbrauchsziffern gelten einschließlich Warmwasserbereitung.
XI	1721	132	1853	13,76	10,65	+ 3,11	69,2	17,09	13,55	+ 3,60	
XII	1891	143	2034	15,14	11,75	+ 3,39	81,0	20,10	19,10	+ 1,00	
I	1859	173	2032	15,11	11,40	+ 3,71	63,2	15,68	14,84	+ 0,84	
II	1296	169	1465	10,89	9,27	+ 1,62	53,3	13,24	12,78	+ 0,46	
III	936	176	1112	8,27	8,78	— 0,51	48,7	12,09	13,16	— 1,07	
IV	807	152	959	7,13	7,06	+ 0,07	28,0	6,95	8,44	— 1,49	
V	443	142	585	4,35	5,99	— 1,64	10,5	2,62	5,75	— 3,13	
VI	295	148	443	3,29	5,12	— 1,83	3,4	0,84	1,79	— 0,95	
VII	182	148	330	2,46	5,61	— 3,15	2,5	0,62	—	—	
VIII	295	140	435	3,24	6,78	— 3,54	2,8	0,69	—	—	
IX	626	122	748	5,56	7,93	— 2,37	5,7	1,41	3,14	— 1,73	
	11709	1739	13448	100,00	100,00		403,2	100,00	100,00		

Zahlentafel 40. Wohngebäude Berlinerstr. 139/140.

Mon.	Stromverbrauch kWh						Wärmeverbrauch t Dampf				Bemerkungen
	Licht	Kraft	Sa.	Ist	Soll	Diff.	t	Ist	Soll	Diff.	
X	1664	75	1739	10,21	9,66	+ 0,55	139,6	7,98	7,45	+ 0,53	Gute Kontrolle des Wärmeverbrauchs. — Stromverbrauch durch Ladenbetrieb u. Mieterveränderung (Reisezeit) unregelmäßiger.
XI	2115	70	2185	12,83	10,65	+ 2,18	220,0	12,59	13,55	— 0,96	
XII	2651	55	2706	15,88	11,75	+ 4,13	318,2	18,21	19,10	— 0,89	
I	1912	44	1956	11,49	11,40	+ 0,09	255,6	14,62	14,84	— 0,22	
II	1647	47	1694	9,95	9,27	+ 0,68	221,9	12,69	12,78	— 0,09	
III	1287	41	1328	7,80	8,78	— 0,98	226,4	12,94	13,16	— 0,22	
IV	1173	45	1218	7,16	7,06	+ 0,10	147,4	8,43	8,44	— 0,01	
V	946	35	981	5,76	5,99	— 0,23	81,2	4,64	5,75	— 1,11	
VI	574	50	624	3,67	5,12	— 1,45	27,0	1,54	1,79	— 0,25	
VII	552	51	603	3,51	5,61	— 2,07	27,3	1,56	—	—	
VIII	602	53	655	3,85	6,78	— 2,93	26,1	1,50	—	—	
IX	1271	66	1337	7,86	7,93	— 0,07	57,7	3,30	3,14	+ 0,16	
	16394	632	17026	100,00	100,00		1748,4	100,00	100,00		

Zahlentafel 41. Wohngebäude mit Industrieanlage Spreestr. 43/44.

Mon.	Stromverbrauch kWh					Wärmeverbrauch t Dampf				Bemerkungen
	Licht und Kraft	Sa.	Ist	Soll	Diff.	t	Ist	Soll	Diff.	
X	3045	3045	8,26	9,66	— 1,40	52,1	7,10	7,45	— 0,35	Davon rd. 65 vH Kraftstrom für 3 Industriebetriebe, deren Beschäftigungsgrad den Stromverbrauch beeinflußt.
XI	3563	3563	9,67	10,65	— 0,98	101,4	13,84	13,55	+ 0,29	
XII	4135	4135	11,22	11,75	— 0,53	138,2	18,86	19,10	— 0,24	
I	4203	4203	11,41	11,40	+ 0,01	110,6	15,10	14,84	+ 0,26	
II	3261	3261	8,85	9,27	— 0,42	96,9	13,22	12,78	+ 0,44	
III	3035	3035	8,23	8,78	— 0,55	95,1	12,97	13,16	— 0,19	
IV	3633	3633	9,86	7,06	+ 2,80	48,2	6,58	8,44	— 1,86	
V	2250	2250	6,11	5,99	+ 0,12	25,7	3,52	5,75	— 2,23	
VI	2517	2517	6,83	5,12	+ 1,71	17,5	2,37	1,79	+ 0,58	
VII	1861	1861	5,03	5,61	— 0,58	15,5	2,10	—	—	
VIII	2759	2759	7,49	6,78	+ 0,71	12,6	1,72	—	—	
IX	2597	2597	7,04	7,93	— 0,89	19,1	2,62	3,14	— 0,52	
	36859	36859	100,00	100,00		732.9	100,00	100,00		

Zahlentafel 42. Büro- und Krankenhaus Berlinerstr. 137.

Mon.	Stromverbrauch kWh						Wärmeverbrauch t Dampf				Bemerkungen
	Licht	Kraft	Sa.	Ist	Soll	Diff.	t	Ist	Soll	Diff.	
X	3734	1761	5495	8,13 8,22	9,66	— 1,53 — 1,44	295,4 186,7	9,08	6,34	+ 2,74	Der Krankenhausbetrieb mit seinem prozentual hohen Warmwasserbedarf wirkt auf den Gesamtwärmeverbrauch ebnend ein. — Den gleichen Erfolg hat der Kraftstrom auf den Gesamtstrombezug.
XI	5153	1942	7095	11,21 10,62	10,65	+ 0,56 — 0,03	338,8 175,2	10,43	8,30	+ 2,13	
XII	6241	2041	8282	13,58 12,40	11,75	+ 1,83 + 0,65	479,8 191,4	14,76	14,80	— 0,04	
I	5978	2013	7991	13,01 11,96	11,40	+ 1,61 + 0,56	533,7 138,3	16,43	18,24	— 1,81	
II	4698	2286	6984	10,22 10,46	9,27	+ 0,95 + 1,19	611,0 192,0	18,80	20,80	— 2,00	
III	3973	1752	5725	8,64 8,58	8,78	— 0,14 — 0,20	464,7 176,5	14,30	11,63	+ 2,67	
IV	2906	1551	4457	6,32 6,67	7,06	— 0,74 — 0,39	405,3 139,1	12,47	10,21	+ 2,26	
V	2976	1577	4553	6,47 6,81	5,99	+ 0,48 + 0,82	65,2 179,1	2,01	5,06	— 3,05	
VI	2529	1474	4003	5,50 5,99	5,12	+ 0,38 + 0,87	8,3 167,3	0,26	1,81	— 1,55	
VII	2521	1531	4052	5,48 6,06	5,61	— 0,13 + 0,35	3,1 174,7	0,09	—	—	
VIII	2346	1408	3754	5,11 5,62	6,78	— 1,67 — 1,16	6,7 169,7	0,20	—	—	
IX	2908	1510	4418	6,33 6,61	7,93	— 1,60 — 1,32	37,9 163,8	1,17	2,81	— 1,64	
	45963	20846	66809	100,00 100,00	100,00		3249,9 2053,8	100,00 100,00	100,00		

Summe: 5303,7

Zahlentafel 43. Städtische Oper Bismarckstr.

Mon.	Stromverbrauch kWh					Wärmeverbrauch t Dampf				Bemerkungen
	Licht und Kraft	Sa.	Ist	Soll	Diff.	t	Ist	Soll	Diff.	
X	28 002	wie ←	9,71	9,66	+ 0,05	343,8	9,66	8,24	+ 1,42	Aufheizen d. Gebäudes
XI	28 158	„	9,76	10,65	— 0,89	451,0	12,56	10,74	+ 1,82	(auch für Zahlent. 36–42 gültig)
XII	34 116	„	11,83	11,75	+ 0,08	626,7	17,46	16,85	+ 0,61	
I	30 528	„	10,58	11,40	— 0,82	588,0	16,36	15,81	+ 0,55	
II	26 406	„	9,15	9,27	— 0,12	542,8	15,12	15,71	— 0,59	
III	26 790	„	9,29	8,78	+ 0,51	370,3	10,32	10,02	+ 0,30	
IV	24 936	„	8,64	7,06	+ 1,58	305,1	8,49	10,33	— 1,84	Gebäude
V	22 680	„	7,86	5,99	+ 1,87	173,8	4,83	7,03	— 2,20	gibt Wärme ab
VI	20 994	„	7,26	5,12	+ 2,14	39,4	1,09	2,79	— 1,70	Theater-
VII	5 568	„	1,93	5,61	— 3,68	0,5	—	—	—	ferien
VIII	16 476	„	5,71	6,78	— 1,07	10,8	0,29	—	+ 0,29	
IX	23 892	„	8,28	7,93	+ 0,35	137,0	3,82	2,48	+ 1,34	
	288 546		100,00	100,00		3589,2	100,00	100,00		

Wert. Im Wärmeverkauf entstehen zwischen Abnehmer und Lieferwerk öfters Differenzen über die Rechnungshöhe. Mit derartigen Darstellungen läßt sich aber gut nachweisen, wieweit fehlerhafte oder gute Bedienung, Witterungsverlauf usw. an der Gestaltung des Monatsabsatzes ursächlich beteiligt waren. Das Verfahren hat allen sonstigen Kontrollmethoden gegenüber den großen Vorteil der Einfachheit. Nur die amtlich bekanntgegebenen Temperaturen und die auch vom Abnehmer selbst vorzunehmenden Ablesungen am Kondensatmesser liegen ihm zugrunde. Im Charlottenburger Werk ist es daher als Betriebsmittelkontrolle mit bestem Erfolg verwendet worden. Bei der Beurteilung dieser Verbrauchszahlen bleibt zu beachten, daß

bei: Theatern, Schulen, Bürohäusern } Veranstaltungen, Ferien und Feiertage;

bei: Wohnhäusern { Reisezeit, Zahl und Art der eingebauten Läden, Haushaltungs- und Kopfzahl

von Einfluß sind. Als Durchschnittsergebnis für einzelne Gebäude entspringt bei der Auswertung, daß man sowohl bei Strom als auch bei Wärme in einzelnen Wintermonaten einen Zuschlag von 1—3 vH zu den sich nach Dunkelstunden bzw. Gradtagkurven ergebenden Sollwerten, in den Monaten Juli-August etwa einen Abzug in gleicher Höhe machen kann, um eine vorzügliche Übereinstimmung zu erhalten. Die bisher geführte Untersuchung zeigt folgendes Ergebnis:

Die jährlichen Liefermengen von Elektrizitätswerken in Städten wachsen ständig. Auch bei unveränderter Abnehmerzahl ist ein gewisser Mehrverbrauch von Jahr zu Jahr zu verzeichnen, der durch das siegreiche Vordringen der Elektrizität auf allen Gebieten der menschlichen Betätigung erklärlich wird. Solcher Tendenz steht ein praktisch festliegender Höchstwärmebedarf-Jahr im gleichen Gebiet gegenüber.

Die Monatsbeträge einer Jahreslieferung an Strom oder Wärme lassen sich durch Einführung der Dunkelstunden- bzw. Gradtagzahl als Maßstäbe mit großer Annäherung festlegen. Da die Statistik öffentlicher Elektrizitätswerke spezifische Jahresverbräuche bezogen auf den Kopf, das belieferte Gebiet, die Höchstbelastung, den Anschlußwert usw. aufweist, ist der Verlauf von monatlicher Stromerzeugung bzw. mittlerer monatlicher Strombelastung eines Heizkraftwerkes im voraus bestimmbar. Zur Festlegung der entsprechenden Daten seines heiztechnischen Teils kann man gleichfalls von Erfahrungswerten über den Jahresverbrauch ausgehen, der zunächst nach den Gradtagzahlen des Normaljahres aufzuteilen ist. Bei Abstimmung von Strom- und Wärmemengen muß aus Gründen der Versorgungssicherheit beachtet werden, welche Abweichungen von den Normaljahrtemperaturen statistisch möglich sind.

Bei der Stromversorgung von gemischten Verbrauchsgebieten schwanken die einzelnen Monatsproduktionen zwischen 6—7 und 10—11 vH der Jahresmenge. Bei vorwiegendem Lichtstromabsatz wird ein Kraftwerk im Monat der kleinsten Erzeugung 4—5 vH, im Höchsterzeugungsmonat 13—14 vH der Jahresmenge zu liefern haben. Demgegenüber kann der Heizwärmeabsatz in einem Monat auf 20 vH der Gesamtlieferung anwachsen. In 2—3 Sommermonaten ist er regelmäßig = 0. Eine ganzjährige Abfallstromerzeugung ist dem Heizwerk daher nur bei gleichzeitiger Wärmelieferung für Koch- und Gebrauchszwecke möglich. Die unregelmäßigen Schwankungen im monatlichen Heizdampfabsatz können vom Heizkraftwerk mit völliger Energiekupplung nur durch Frischdampflieferung ausgeglichen werden.

d) Tägliche Änderungen von Erzeugung und Belastung.

Der tägliche Verbrauch an Strom und Wärme muß nach Vorstehendem den gleichen Gesetzen unterliegen, obgleich hier die verschiedenen zu Unstetigkeiten Anlaß gebenden Einflüsse am kräftigsten in Erscheinung treten.

1. Regelmäßige Verbrauchsänderung innerhalb der Woche.

Beide Energiearten weisen übereinstimmend eine Einschränkung der Verbrauchsmenge am Ende der Woche auf, die ihre Ursache in bestehenden gesetzlichen und arbeitsrechtlichen Vorschriften hat. Das Werk mit hoher Industrielieferung wird demnach die größten Tagesunterschiede innerhalb der gleichen Woche zeigen. In ausgesprochenen Wohngegenden bleibt der Anteil der Arbeitsstätten (Büro- und Geschäftshäuser, Schulen, Fabriken usw.), am Gesamtabsatz aber geringer; das Strombedürfnis dieser Gebiete verringert sich deshalb auch an Sonn- und Feiertagen den Wochentagen gegenüber weniger stark. Noch kleiner ist die Einbuße, die ihr Heizdampfabsatz erleidet.

Einen Anhalt für die Größe der Schwankungen im Stromabsatz während der Woche gibt Zahlentafel 44, in der wiederum die Verbrauchsgebiete Groß-Berlin und Friedenau erfaßt sind. Die darin ermittelten Faktoren bedeuten:

$$x = \frac{\text{größte Wochentagserzeugung}}{\text{Montagserzeugung}},$$

$$y = \frac{\text{größte Wochentagserzeugung}}{\text{Sonnabenderzeugung}},$$

$$z = \frac{\text{größte Wochentagserzeugung}}{\text{folgende Sonntagserzeugung}}.$$

Zahlentafel 44. x—y—z-Werte wochentäglicher Strommengen.

Monat	Groß-Berlin Mittel aus 1926/29			Wohngebiet Friedenau 1928/29		
	x	y	z	x	y	z
I	1,052	1,108	2,004	1,091	1,070	1,427
II	1,035	1,122	1,962	1,035	1,031	1,335
III	1,045	1,122	1,957	1,089	1,113	1,447
IV	1,040	1,112	1,905	1,045	1,066	1,288
V	1,057	1,120	1,929	1,158	1,163	1,021
VI	1,052	1,125	1,914	1,100	1,099	1,475
VII	1,044	1,115	1,871	1,046	1,174	1,478
VIII	1,055	1,114	1,862	1,096	1,035	1,330
IX	1,061	1,108	1,815	1,149	1,056	1,339
X	1,051	1,111	1,876	1,073	1,057	1,403
XI	1,067	1,122	1,930	1,042	1,032	1,297
XII	1,052	1,109	1,885	1,134	1,111	1,490
Mittelwert	1,050	1,116	1,892	1,088	1,083	1,411

Ziemlich regelmäßig stellt sich die größte Wochentagserzeugung am Donnerstag oder Freitag ein. Im Gesamtgebiet der Berliner Städt. Elektrizitätswerke übersteigt die Stromerzeugung dieses Tages demnach den Montag um rd. 5 vH, den Sonnabend um rd. 12 vH, den Sonntag um rd. 90 vH. Im Wohngebiet Friedenau liegt dagegen die Höchstproduktion etwa 9 vH sowohl über Montag- wie Sonnabendwerten und nur rd. 40 vH über den Sonntagsmengen.

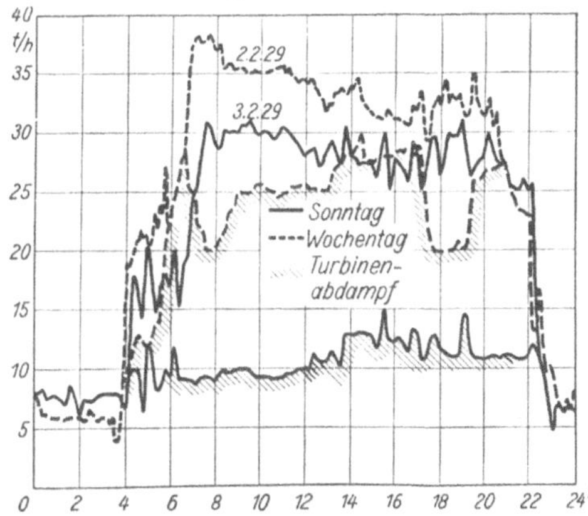

Abb. 87. Sonnabend- und Sonntagslieferung des Städteheizwerkes Charlottenburg bei gleicher Außentemperatur.

Auch die Wärmelieferung des öffentlichen Heizkraftwerkes verringert sich stets am Sonnabend und Sonntag, jedoch lediglich in einem Ausmaß, der durch verkürzte Arbeitszeit oder völlige Arbeitsruhe in den Gebäuden bedingt ist. Diese Einschränkung tritt ferner nur bei Außentemperaturen über 0° in vollem Maße ein. Darunter kann nicht mehr völlig auf Heizung verzichtet werden. Als Beispiel dafür, daß bei Temperaturen unter 0° C sich der Einfluß von unbenutzten Diensträumen auf den Gesamtabsatz verringert, kann Abb. 87 gelten. Die beiden oberen Linien stellen die Gesamtlieferung eines Wochentages und Sonntags bei $t_a = -14{,}1^0$ C dar, zusammengesetzt aus Frisch- und Abdampf. Trotzdem der Wärmeanschlußwert von Dienstgebäuden rd. $^1/_4$ des Gesamtwertes beträgt, verringert sich der Sonntagsverbrauch des Charlottenburger Werkes lediglich um rd. 16 vH. Es bleiben eben alle unbenutzten Räume nicht mehr unbeheizt. Bei Außentemperaturen zwischen — 16° und — 20° unterscheiden sich Wochen- und Sonntagsabsatz nur noch um rd. 6 vH. Der Heizdampfabsatz unterliegt in erster Linie dem Außentemperaturverlauf (s. Abb. 88). Da derselbe ohne irgendwelche Gesetzmäßigkeit veränderlich ist, kann im voraus weder etwas über den Tag der Höchsterzeugung noch über den Umfang der Lieferungsverminderung am Wochenende ausgesprochen werden. Bei großem Temperatursturz weist manchmal ein Sonntag die höchste Tageslieferung der Woche auf.

Allgemein läßt sich sagen, daß Bewölkung, Nebel, Schneefall und Regen am Tage beim Stromverbrauch absatzvermehrend wirken. Der Wärmebedarf wird von ihnen kaum beeinflußt. In der Heizperiode wird viel öfter die Wettervorhersage „bedeckter Himmel" mit Temperaturmilderung übereinstimmen. Umgekehrt erhöhen stärkerer Windanfall und Luftfeuchtigkeitsgehalt nur den Wärmebedarf. Bei längeren, scharfen Frostperioden steigt der Stromabsatz ebenfalls

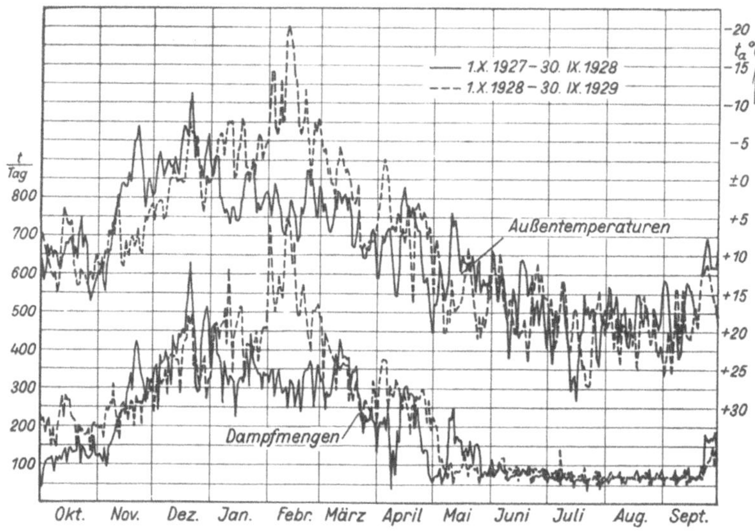

Abb. 88. Außentemperatur und Wärmeliefermengen. Städteheizwerk Charlottenburg.

erheblich, da die manchmal unzureichende Leistung vieler Heizanlagen durch elektrische Heizapparate ergänzt wird. Durch die regelmäßig am Ende der Woche sich einstellende Verminderung der Tagesstromabgabe kann der Heizkraftbetrieb wiederum zur vermehrten Abgabe von Frischdampf gezwungen sein (s. Abb. 87). Vornehmlich bei Temperaturen unter 0° C und hoher Kraftstromlieferung oder großer Zahl von Dienstgebäuden ist dies der Fall. Am geringsten ist der Frischdampfzusatz und damit die Einbuße an Wirtschaftlichkeit im Heizkraftbetriebe, wenn es sich um die Belieferung von Wohngebieten handelt.

2. Der Quotient $b_h : b_m$.

Zur Kennzeichnung der Stromabsatzverhältnisse von Elektrizitätswerken dient allgemein der Belastungsfaktor oder die Benutzungsdauer der Höchstbelastung. Ersterer wird wie folgt ermittelt:

$$\text{Belastungsfaktor } \eta_b = \frac{\text{Gesamterzeugung in bestimmtem Zeitabschnitt}}{\text{aufgetretene Höchstbelastung} \cdot \text{Stundenzahl des Zeitabschnittes}}.$$

Je nachdem als Zeitabschnitt Tag, Monat oder Jahr gewählt und der Zähler durch den einen oder den anderen Faktor des Nenners dividiert wird, erhält man den Belastungsfaktor in 2 Formen:

$$\left.\begin{matrix}\text{Tages-}\\\text{Monats-}\\\text{Jahres-}\end{matrix}\right\}\ \begin{matrix}\text{Belastungs-}\\\text{faktor } \eta_b\end{matrix}\ \left\{= \frac{\text{Benutzungsdauer der Höchstlast } (h)}{\text{Stundenzahl des Zeitabschnittes } (h)} = \frac{\text{mittlere Belastung } (b_m)}{\text{Höchstbelastung } (b_h)}\right..$$

In Jahresberichten, Wirtschaftsbilanzen usw. beschränkt man sich üblicherweise auf die Nennung des Jahresbelastungsfaktors[1]. Für die Charakterisierung der Energielieferung aus Heizkraftbetrieben ist aber die Kenntnis der täglichen Belastungsfaktoren von Strom- und Wärmelieferung gleichfalls erforderlich, da bei Heizwärmelieferung die Kupplung mit der Stromerzeugung ohnehin nur 7—8 Monate dauern kann.

Im folgenden ist der tägliche Belastungsfaktor aber nicht in der Form $\eta_b = b_m/b_h$, sondern als reziproker Wert $1/\eta_b$ wiedergegeben worden. Alle b_h/b_m-Werte sind deshalb > 1. Der Wert $b_h : b_m = 2$ heißt demnach, die Höchstbelastung ist 2mal so groß wie die mittlere Belastung, der Belastungsfaktor also 0,5; mit anderen Worten: würde die Höchstbelastung 24 Stunden lang vorhanden, b_h/b_m also $= 1$ sein, so wäre die Produktion doppelt so groß. Der Verfasser will durch Verwendung dieser Werte mit der Voranstellung von b_h den Leser bewußt auf die Bedeutung der Stromhöchstlast für das Heizkraftproblem hinlenken.

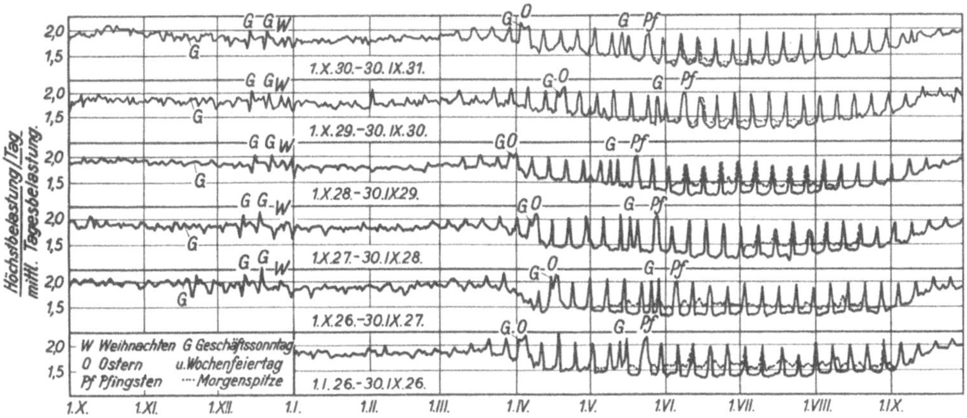

Abb. 89. Werte $b_h : b_m$ des Berliner Stromgebietes.

Im Groß-Berliner Stromabsatzgebiet konnte für den Quotient $b_h : b_m$ je Tag während der 6 Wintermonate ein Wert zwischen 1,75 und 1,95 ermittelt werden (s. Abb. 89). Im Sommer schwankt er alltags zwischen 1,25 und 1,6, ist also günstiger. Winter- und Sommerhalbjahr für sich genommen, haben erstaunlich gleichmäßige Verhältnisse, lediglich die in Abb. 89 besonders hervorgehobenen Sonn- und Feiertage weichen von der Gleichmäßigkeit der benachbarten Tage ab. Die Monate April und September weisen als Übergangszeiten zwischen Sommer und Winter größere Änderungen der b_h/b_m-Werte auf. Im Stadtinnern, vornehmlich Gebieten mit überwiegender Lichtstrombelastung, sind derartig niedrige Werte allerdings nicht erreichbar. Schon die Sonntagswerte in Abb. 89, die immerhin Tageserzeugungen bei stark vermindertem Kraftstromverbrauch entsprechen und trotzdem den Wert 2 erreichen und überschreiten, deuten darauf hin. Als günstigstes Verhältnis von b_h/b_m konnte ich für den Wohnbezirk Friedenau 2,54 feststellen (s. Abb. 147, Tagesbelastung a). Das dürfte für derartige Absatzgebiete nahezu ein Ausnahmewert sein. Werden insbesondere die Tageswerte von b_h/b_m im Dezember und Juli — den Monaten der größten und kleinsten Gesamtlieferung — verglichen, so offenbart sich der Unterschied beider Stromabsatzgebiete sehr deutlich. In Zahlentafel 45 sind aus den Betriebsaufzeichnungen des Umformwerkes Friedenau je 10 Tage dieser Monate ausgewertet. Die mittleren Monatswerte liegen sogar alle höher als 3,3; mit anderen Worten der Monatsbelastungsfaktor erreicht im günstigsten Falle den Wert 0,3.

[1] Siehe hierzu S. 151 f.

Zahlentafel 45. b_h/b_m-Werte von Strom und Wärme im Wohngebiet.

Stromlieferung Friedenau	Tageswerte von $b_h : b_m$									
Dezember 1928	2,89	2,72	3,01	2,98	3,08	2,88	3,04	3,03	3,41	2,65
Juli 1929 . . .	3,45	3,80	3,49	3,45	4,08	4,08	3,60	4,21	4,70	4,01

Wärmelieferung Charlottenburg	bei $t_a =$					
	— 20°	— 10°	± 0°	+ 10°	+ 15°	Schwankung
$b_h : b_m$	1,25	1,50	1,90	2,40	3,0—8,0	± 0,2

Monatswerte von $b_h : b_m$.

Stromlieferung Friedenau	X	XI	XII	I	II	III	IV	V	VI	VII	VIII	IX
Okt. 1928 bis Sept. 1929	3,76	3,37	3,79	3,31	3,64	4,12	4,38	4,56	4,31	4,48	4,16	5,30

Charlottenburg Wärmelieferung	X	XI	XII	I	II	III	IV	V	VI	VII	VIII	IX
Okt. 1928 bis Sept. 1929	3,39	2,65	2,21	1,91	1,69	2,42	2,60	5,32	4,03	2,58	2 32	5 23
t_a in °C . . .	10,4	7,7	— 0,2	— 3,9	— 9,6	4,0	5 2	15,2	15,5	19,3	19,4	17,0
Okt. 1929 bis Sept. 1930	3,22	2,52	2,7	2,04	1,95	2,23	3,30	4,30	2,12	2,58	4,73	4,22
t_a in °C . . .	11,5	6,5	4,4	3,3	1,1	5,5	9,9	14,1	2,0	18,3	17,4	14,2
Okt. 1930 bis Sept. 1931	3,12	2,69	2,06	2,12	2,17	2,30	2,72	5,98	1,96	1,73	2,08	4,47
t_a in °C . . .	10,2	6,6	1,3	0,8	—0,6	3,8	6,6	17,8	17,2	19,5	17,5	12,1

Betrachtet man demgegenüber die $b_h : b_m$-Werte des Städteheizwerkes Charlottenburg, das ebenfalls überwiegend der Wohnhausversorgung dient, so lassen sich die Betrachtungen über den Charakter der täglichen Erzeugung eines Heizkraftwerkes mit der Feststellung abschließen, daß das Belastungsverhältnis seiner Wärmelieferung einen größeren Zahlenbereich als beim Stromabsatz durchläuft, an sich mit der Außentemperatur unregelmäßiger ist, daß aber in Abhängigkeit von der Außentemperatur die Wärmelieferung höhere Belastungsfaktoren als die Stromlieferung hat. Die aufgeführten b_h/b_m-Werte des Städteheizwerkes Charlottenburg, schließen allerdings die Gebrauchswärmelieferung ein. Aber die Zahlen der Stromlieferung Friedenau umfassen ebenfalls den Kleinkraft- und Straßenbahnbedarf. Wie aus den niedrigen Juli- und Augustzahlen ersichtlich ist, hat die Gebrauchswärmelieferung ein verhältnismäßig günstiges Belastungsbild. Das bestätigen auch Abb. 88 u. 102. Schlechtere Belastungsfaktoren als in der Stromlieferung treten beim Heizwärmeabsatz nur in den Monaten mit Außentemperaturen $\geqq + 12^0$ auf. An einzelnen Tagen solcher Monate (s. Mai, September in Abb. 88) wird ganz kurzzeitig, aber unter verhältnismäßig hohem Momentanbedarf Heizwärme benötigt. Tageswerte für b_h/b_m zwischen 3 und 8 sind dann nichts Seltenes.

Das Ergebnis dieses Abschnittes ist dazu angetan, eins der oft zu hörenden Vorurteile über den schlechten Belastungsfaktor bzw. die ausgeprägte Spitzenbelastungsform der Wärmelieferung zu beseitigen.

3. Periodischer Verlauf der täglichen Strom-Höchstlast und Erzeugung.

Im Abschnitt IV A c (S. 112—115) hatten wir festgestellt, daß sich die mittlere monatliche Belastung b_m von Stromabsatzgebieten mit der Dunkelstundenlinie bzw. nach einer harmonischen Funktion ändert[1]. Nach Abb. 89 ist der tägliche Wert von $b_h : b_m$ in den Monaten jeder Jahreshälfte für sich angenähert konstant. Daraus läßt sich folgern, daß in so gestalteten Absatzgebieten auch die tägliche Höchstbelastung b_h mit genügender Annäherung den gleichen periodischen Verlauf haben muß.

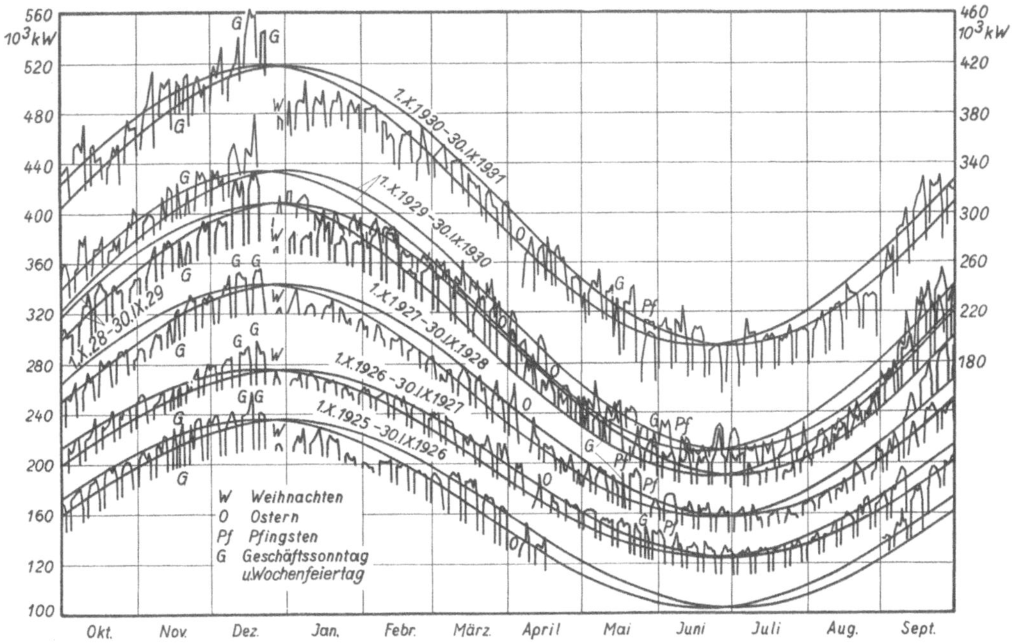

Abb. 90. Tageshöchstlasten der Berliner Stromerzeugung im Vergleich mit Sinusfunktionen.

In der Tat bewegt sich die abendliche Belastungsspitze von großstädtischen Kraftwerken zwischen 2 Sinuskurven von der Form

$$b_h = u \cdot \sin (v\,\tau + w)\,,$$

wobei die einzelnen Funktionen mit verschiedenem w entsprechend der Streuung von b einzusetzen sind (s. Abb. 90). Läßt man die Sinusfunktion am 1. Oktober mit einem Wert beginnen, der etwa dem letzten September- oder ersten Oktober-Wochenmittel entspricht, so fallen die meisten Wochentagsspitzen in diese Kurvenwerte. Die Sonnabend- und Sonntagswerte folgen, wie aus Zahlentafel 44 gefolgert werden kann, den Wochentagswerten mit einer gewissen Regelmäßigkeit. Wettereinflüsse können eine Streuung um 15 vH verursachen. Lediglich die beiden Wochen vor und nach Weihnachten sowie die letzten Septemberwochen zeigen größere Abweichungen, da Geschäftstätigkeit und hauptsächlich die jährliche Konsumzunahme des Liefergebietes sich bemerkbar machen.

Dem Heizkraftwerk in der Stadt wird nur die Speisung gewisser Teilgebiete des Kabelnetzes übertragen werden können. Schon seines Rohrnetzes wegen muß das Werk möglichst dicht am Wärmeabsatzgebiet liegen, also in der Nähe von Wohnhaus-, Geschäfts- und Verwaltungsvierteln. In der Regel sind das

[1] Dissertation d. Verf. T-H. Berlin 1930.

aber Gebiete, in denen überwiegend Niederspannungsstrom (also Licht- und Kleinkraftstrom) abgesetzt wird. Der Heizkraftbetrieb muß daher mit einem Verlauf der Höchstbelastungen seines Kraftwerksteiles rechnen, wie es in solchen Absatzkreisen üblich ist. Das Beispiel Friedenau ergibt, daß dieser Verlauf nicht mehr sinusartig gestaltet ist, aber doch noch durch die Tagesdunkelstundenlinie verglichen werden kann. Für die Heizkraftkupplung bleibt nach Abb. 91 bedeutungsvoll, daß die Höchstbelastungen solcher Gebiete sich in den Monaten November bis März nur um rd. 10 vH unterscheiden. Irregulär sind höchstens

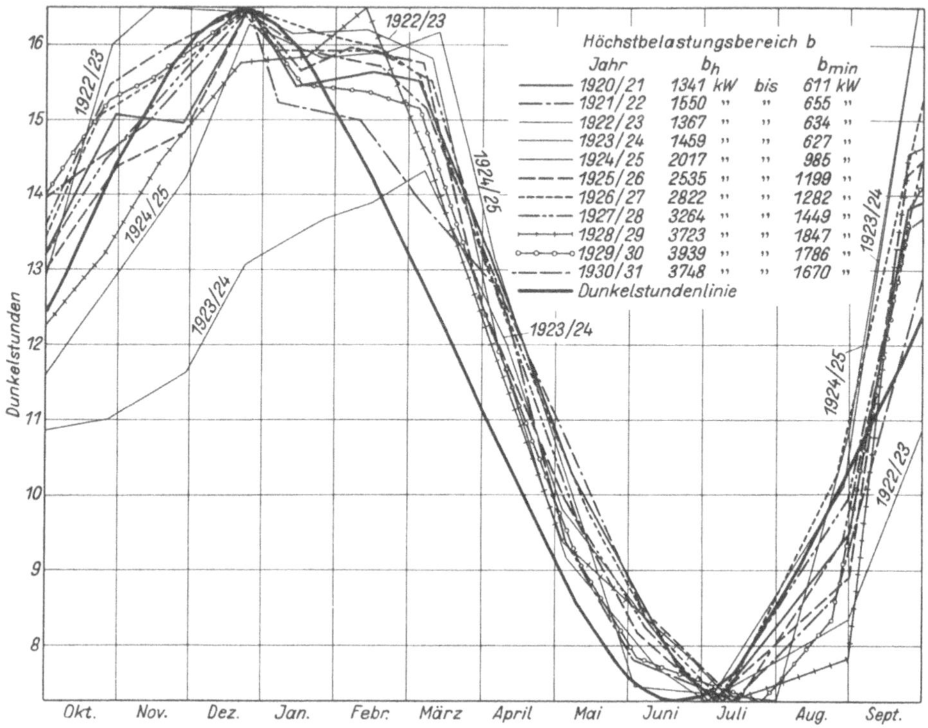

Abb. 91. Verlauf der Monatshöchstbelastungen im Wohngebiet Friedenau.

die Krisenjahre 1922/24. Januar-, Februar- und Märzbelastungen liegen fast regelmäßig noch über denen des November. Besonders stark ist der Höchstbelastungsanstieg zwischen Juli und September, der in jedem Jahr rd. 100 vH beträgt. In Ermangelung weiterer Unterlagen konnte in Abb. 91 nur ein Wert/Monat jeden Jahres verwendet werden. Da jedoch 12 Jahre in die Untersuchung einbezogen sind, kann man erfahrungsgemäß die Streuung der 12 Werte als die mögliche Streuung aller Tageshöchstlasten im einzelnen Monat gelten lassen.

An der Darstellungsweise, bei der die Ordinaten für Dunkelstunden und Belastungsbereich *b* gleichgehalten sind, ist aber interessant, daß die Monatswerte verschiedenster Jahre dicht beieinander liegen. Lediglich die September- und Oktoberpunkte weisen stärkere Unterschiede auf, da der verschieden große Konsumzuwachs bemerkbar wird. Sie kann daher mit gewisser Vorsicht durchaus als Unterlage bei Heizkraftstudien benutzt werden, um die Ungewißheit über den Höchstbelastungsverlauf zu beheben.

Als Kriterium für den Zeitbereich der Heizkraftkupplung sollte nach früheren Ausführungen die Stromversorgungssicherheit gelten, also die Deckung der abendlichen Belastungsspitze an Wochentagen. Eine völlige Heizkraftkupplung in Lichtstromgebieten ist deshalb nur möglich, wenn der Heizwärmeabsatz innerhalb der Wintermonate zu den Spitzenzeiten (18—22 Uhr) noch so groß bleibt, daß die Heizturbinen ausreichend belastet werden können. Die technische Voraussetzung hierfür ist durch richtige Größenbemessung von Heizwerk und Kraftwerk zu schaffen.

Schließlich soll nach der Schilderung des Belastungsverlaufs auch noch der Verlauf der täglichen Erzeugung behandelt werden. In Absatzgebieten von der

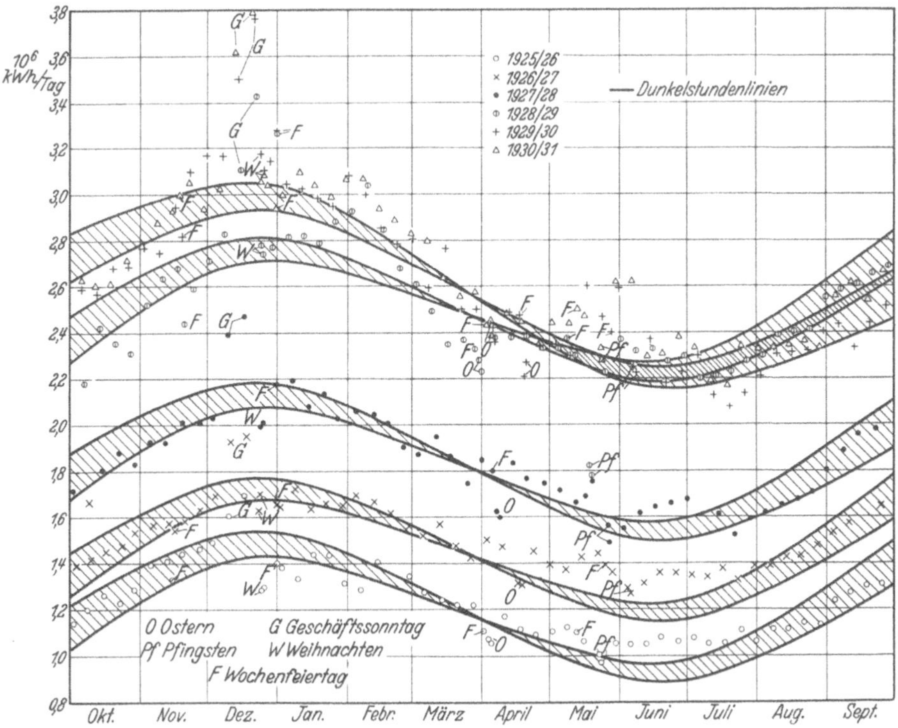

Abb. 92. Vergleich der Berliner Sonntagsstromerzeugung mit Dunkelstundenkurven.

Art Groß-Berlins ergibt die Aufzeichnung der Tagesstrommengen als Ordinaten über der Zeit sinusförmige Begrenzungslinien, was aus dem sinusförmigen Verlauf der Höchstbelastung und der Konstanz der b_h/b_m-Werte (Abb. 89 u. 90) zu folgern naheliegt.

Einen zweiten Absatzgebietstyp mit höherem Lichtstromanteil habe ich dadurch konstruiert, daß ein Bild der einzelnen Berliner Sonntagsstrommengen für sich aufgetragen wurde. Das in Abb. 92 dargestellte Ergebnis zeigt wiederum eine gute, ausgeprägte Übereinstimmung zwischen Anstieg der täglichen Stromabgabe und Dunkelstunden für das dritte und vierte Kalendervierteljahr. Solange die Dunkelstundenzahl je Tag abnimmt (besonders im zweiten Vierteljahr), erscheint die Übereinstimmung im Verlauf beider Werte weniger gewahrt, was aber dadurch erklärlich wird, daß die verbleibenden Kraftstromkonsumenten, insbesondere die Verkehrsunternehmungen, am Sonntagsabsatz höher beteiligt sind. Ihr Verbrauch im Verein mit der Konsumzunahme an sich mildert die fallende Tendenz der einander folgenden Sonntagsbeträge bzw. verursacht das starke Anwachsen im dritten Vierteljahr. Für die Aufzeichnung der

Dunkelstundenlinien in Abb. 92 dienten die absoluten Stundenwerte am jeweiligen Monatsersten, nämlich

X	XI	XII	I	II	III
12 Std. 24 Min.	14 Std. 28 Min.	16 Std. 2 Min.	16 Std. 21 Min.	15 Std. 6 Min.	13 Std. 14 Min.
IV	V	VI	VII	VIII	IX
11 Std. 7 Min.	9 Std. 9 Min.	7 Std. 36 Min.	7 Std. 19 Min.	8 Std. 29 Min.	10 Std. 23 Min.

Trägt man diese als Ordinaten auf und verbindet ihre Endpunkte, so entstehen die in Abb. 92 benutzten, Sinuskurven ähnlichen Vergleichs-Linienzüge (gültig für etwa 52° nördlicher Breite, 15° östlicher Länge).

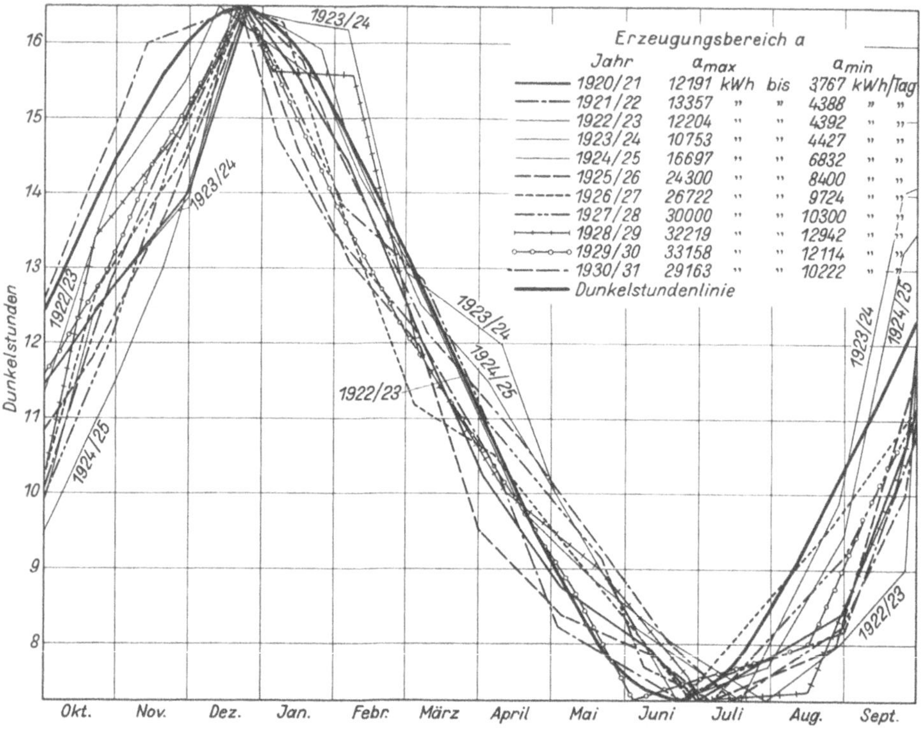

Abb. 93. Tageshöchstlieferung und Dunkelstunden je Monat im Wohnbezirk Friedenau.

Schließlich sei noch an einem 3. Beispiel — nämlich dem Wohngebiet Friedenau — der Verlauf des täglichen Stromabsatzes untersucht (s. Abb. 93). Wie beim Belastungsverlauf ist auch hier keine sinusförmige Absatzgestaltung, wohl aber eine Vergleichsmöglichkeit mit der Dunkelstundenzahl vorhanden. Die Übereinstimmung zwischen Dunkelstundenlinie und Tageslieferung ist recht gut, trotzdem auch diesmal nur wieder die jeweiligen höchsten Tageserzeugungen verwendet wurden. Bezüglich der Streuung aller Einzelwerte und der Verwendbarkeit dieser Kurven kann auf den Text zu Abb. 91 verwiesen werden.

Die Anwendbarkeit der Dunkelstunden als Meßziffer der Erzeugung, wie sie in Abb. 82, 83, 92 u. 93 durchgeführt ist, sagt, daß in jedem Stromabsatzgebiet der Dunkelstunde eine durchschnittliche Arbeitsmenge entspricht. Abb. 93 mit den 11 verschiedenen Maßstäben der Erzeugung drückt dies ganz klar aus. Man kann also die Stromerzeugung A eines beliebigen Zeitabschnittes ausdrücken durch

$$A \text{ in kWh} = \frac{\text{kWh}}{\text{Dunkelstunde}} \cdot \text{Dunkelstundensumme.} \qquad (54)$$

Der erste Faktor auf der rechten Seite der Gleichung ändert sich in jedem Gebiet von Jahr zu Jahr um einen Prozentsatz, der der jährlichen Gesamtzunahme des Absatzes entspricht. Er hat die Dimension kW, stellt also die Leistung N dar. Der zweite Faktor ist die Gesamtzeit T. A läßt sich demnach auch als Summenwert aller Einzelprodukte $N \cdot d\,\tau$ über die Zeit genommen darstellen:

$$A = \int N \cdot d\,\tau. \qquad (55)$$

Begrifflich kommt es deshalb der Wirklichkeit nahe, der Dunkelheit am Anfang Oktober jeden Jahres auch eine bestimmte kW-Belastung zuzuordnen. Die Abb. 91 schildert eigentlich nichts anderes.

Neben den auf S. 111 genannten, der Messung unzugänglichen Einflüssen, richtet sich der Erzeugungs- und Belastungsverlauf in erster Linie nach dem Wachstum des Unternehmens. Die Dunkelstunde ist eine um so zuverlässigere Meßziffer, je geringer oder auch je gleichmäßiger die Größenänderung des Konsums bleibt. Letztere wurde in Abb. 92 zeichnerisch berücksichtigt durch Linksdrehung der Dunkelstundenlinie um den 1. April als Festpunkt. Der Drehwinkel ist so groß, daß der neue Linienverlauf auf der Ordinate „1. Oktober" um den Betrag 2a tiefer einmündet, wobei a der Abstand zwischen dem ersten Oktober-Dunkelstundenwert und der durch den 1. April gehenden Horizontalen in ursprünglicher Auftragung ist. Daher sind für jedes Jahr 2 Dunkelstundenkurven eingezeichnet. Der Umfang dieser Drehung ist je nach Gebiet und jährlichem Zuwachs verschieden. Im übrigen entspricht eine solche zeichnerische Drehung sinngemäß der Voreilung c (Phasenverschiebung) beim Sinusgesetz für die mittlere Belastung. Die Wahl der Maßstäbe ist aus den Abbildungen zu entnehmen.

Zum praktischen Gebrauch vorstehend entwickelter Rechnungs- und Zeichnungsverfahren für die Ermittlung der täglichen Strommenge und Belastung im Heizkraftbetrieb benötigt man 2—3 Erfahrungswerte, die bei jedem größeren Elektrizitätswerk vorhanden sind. Liegen Frischdampf- und Enddruck, Turbinengröße und Wirkungsgrad fest, so sind die in Abhängigkeit von der täglichen Strombelastung dem Rohrnetz zur Verfügung stehenden Wärmemengen durch einfache Rechnungen bzw. graphische Methoden zu ermitteln.

Ist eine Heizkraftplanung bis zu diesem Punkt vorgeschritten, so muß sich ihr eine Prüfung des Wärmeabsatzes anschließen. Zunächst wollen wir uns daher als Parallele zur Tagesstromerzeugung Klarheit über die Änderung des Heizbedarfs/Tag verschaffen.

4. Abhängigkeit des Wärmeverbrauchs von der Gradtagzahl.

Trägt man die täglich gemessenen Wärmeverbräuche verschiedenartigster Gebäude in Abhängigkeit von der Gradtagzahl bzw. der Außentemperatur auf (s. Abb. 94—97), so kann mit großer Annäherung überall ein linearer Verlauf eingezeichnet werden[1]. Besonders gut ist auch die Deckung der Monatsmittelwerte mit der Geraden. Dieses Ergebnis ist verschiedentlich mangels geeigneter Meßmethoden unbekannt geblieben und sollte daher gewisse irrtümliche Ansichten beseitigen. Als Wärmequelle dient bei den untersuchten Gebäuden Dampf von 1,7—1,9 atü, der in Wärmeaustauschern seinen Wärmeinhalt an das Heizwasser überträgt und täglich durch genaue Messung festgestellt wurde. Abgesehen von dem Einfluß des mit der Temperaturdifferenz und der Reinheit der Heizflächen

[1] Building Research Board, London, Jahresbericht 1929 S. 81f.

veränderlichen Wärmedurchgangskoeffizienten schwankt der Wirkungsgrad des Gegenstromapparates gegenüber dem Kokskessel als Wärmelieferquelle sehr wenig. Eine Feuerungsanlage hat insbesondere bei sehr niedriger Belastung stark abfallende Wirkungsgrade. Schon zur Aufrechterhaltung der Verbrennung kann man unter einen bestimmten Brennstoffaufwand nicht heruntergehen. Beim Fernheizbetrieb mit Dampflieferung und Kondensatmessung können die wirklichen Wärmeverbräuche des Hauses, beim Feuerungsbetrieb eigentlich nur der Brennstoffbedarf gemessen werden.

Die einzelnen Meßpunkte liegen um so mehr auf der Geraden, je geschulter und aufmerksamer das Bedienungspersonal der Heizanlagen ist. Gewisse unvermeidliche Verbrauchsunterschiede

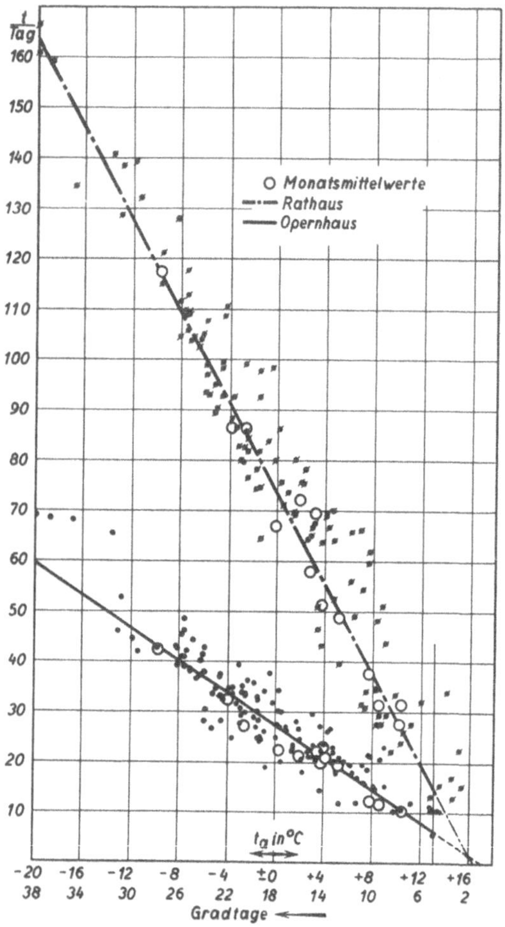

Abb. 94.

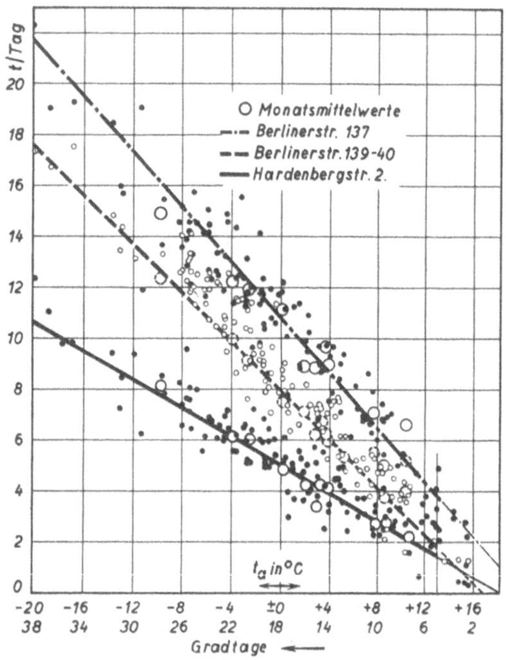

Abb. 95.

Abb. 94—97. Heizwärme-Verbrauchscharakteristik verschiedener Häuserarten[1].

können auf einer Änderung der Benutzungsart beruhen. Dies läßt sich oft bei Schulen, Theatern, Saalgebäuden usw. feststellen. Außerdem spielt der Charakter der Wärme als Speicherenergie eine Rolle, der auch bei sonst völlig gleichen

[1] Die Gebäude haben folgende Anschlußwerte (Hzg.):

Rathaus	$4{,}00 \cdot 10^6$ kcal/h	Schillerstr. 116/17	$0{,}52 \cdot 10^6$ kcal/h
Opernhaus	$1{,}80 \cdot 10^6$ „	Bismarckstr. 12	$0{,}29 \cdot 10^6$ „
Berlinerstr. 137	$0{,}86 \cdot 10^6$ „	Weimarerstr. 2/4	$0{,}19 \cdot 10^6$ „
„ 139/40	$0{,}58 \cdot 10^6$ „	Feuerwache	$0{,}07 \cdot 10^6$ „
Hardenbergstr. 2	$0{,}38 \cdot 10^6$ „	34. Gemeindeschule	$0{,}17 \cdot 10^6$ „
„ 1	$0{,}37 \cdot 10^6$ „	Elisabethschule	$0{,}096 \cdot 10^6$ „
„ 1a	$0{,}48 \cdot 10^6$ „	Berufsschule	$0{,}210 \cdot 10^6$ „
Schillerstr. 120/21	$0{,}41 \cdot 10^6$ „	Villa am Lützow 12	$0{,}085 \cdot 10^6$ „
„ 122/24	$0{,}80 \cdot 10^6$ „		

Verhältnissen zu verschiedenen Verbrauchsziffern/Tag führen kann. Herrschte vor dem Vergleichstag mit z. B. $\pm 0^0$ C eine scharfe Frostperiode, so wird der Gebäudebedarf an ihm geringer sein, als wenn dem Meßtage eine längere Zeitspanne bei etwa $+ 8^0$ unmittelbar vorangegangen ist (s. a. Abb. 85, spezifischer Heizverbrauch). Die Speicherwärme der Mauern und Einrichtungen trägt im ersten Falle zur Raumerwärmung mit bei. Die subjektive Einstellung des

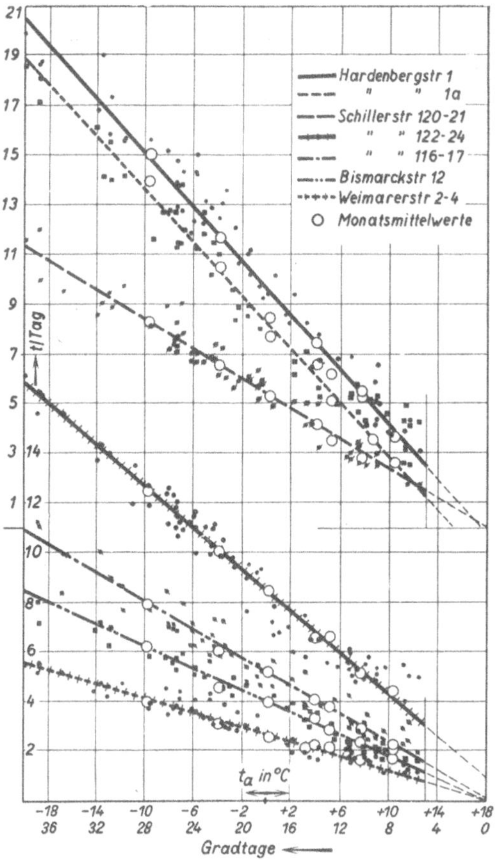

Abb. 96.

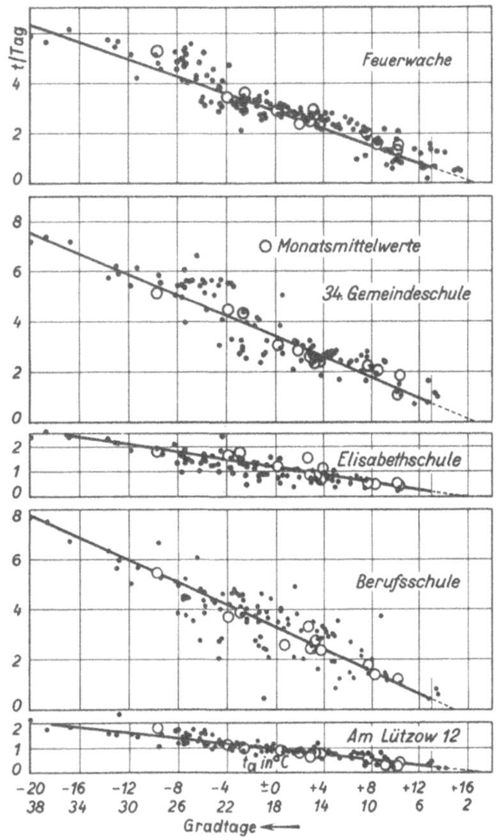

Abb. 97.

Menschen bei Temperaturwechseln ist übrigens auch von Bedeutung, je nachdem der Wechsel an Sonnentagen, bei bedecktem Himmel, bei hoher Luftfeuchtigkeit oder Windanfall auftritt. Alle genannten Gründe haben aber nur vorübergehenden Einfluß auf den Tagesverbrauch, der in erster Hinsicht von der Temperaturdifferenz $(t_i - t_a)$ abhängt. Sie verursachen lediglich die in Abb. 94—97 ersichtliche Streuung der Meßpunkte, die nach meinen Messungen durch exakte Regelung der Dampfzufuhr auf eine Gradtagspanne von 6—7 beschränkt werden kann. Insbesondere ließ sich dies bei Großverbrauchern feststellen, während im normalen Wohnhaus gleiche Tagesmengen bei $t_a = + 8^0$ und $- 8^0$ leider nichts Ungewöhnliches sind. In der Regel liegen dann Bedienungsfehler vor, wozu die eben erwähnten psychologischen Einflüsse oft verleiten.

Die Praxis des öffentlichen Fernheizbetriebes bestätigt, daß die Länge der Heizzeit durch die Zahl der Tage mit Außentemperaturen $\leqq + 13^0$ bestimmt wird. Die Ordinate bei $+ 13^0$ (s. Abb. 94—97) kann deshalb als Mindestverbrauch bzw. bei anderem Ordinatenmaßstab als mittlere Mindestbelastung von Heizanlagen bezeichnet werden.

Die Wärmeverbrauchscharakteristik schneidet die Abszisse beim Krankenhaus (Berlinerstr. 137 in Abb. 95) zwischen + 19 und + 20° C, bei den Wohnhäusern überwiegend bei + 18°, bei Bürohäusern, Theatern und Verwaltungsgebäuden ungefähr zwischen + 15° und + 17°. Sie läßt sich in guter Annäherung durch folgende Gleichungen ausdrücken:

Zahlentafel 46. Gleichung des Wärmeverbrauchs der Häuser in Abb. 94—97.

Abb.	Gebäude		Gleichung des Wärmeverbrauchs A/Tag in Abhängigkeit von t_a in °C	der Gradtagzahl Gt	
14	Rathaus		$A = 73{,}00 - 4{,}48\ t_a$	$A =$ rd. 4,48 Gt	
14	Opernhaus		$A = 27{,}00 - 1{,}59\ t_a$	$A =$ „ 1,59 Gt	
15	Berlinerstr. 137 (Krankenh.)		$A = 10{,}55 - 0{,}54\ t_a$	$A =$ „ 0,54 Gt	
15	W. Berlinerstr. 139/40 . .	Wohnhäuser	$A = 7{,}85 - 0{,}47\ t_a$	$A =$ „ 0,47 Gt	
15	W. Hardenbergstr. 2 . .	Wohnhäuser	$A = 5{,}07 - 0{,}29\ t_a$	$A =$ „ 0,29 Gt	
16	W. Hardenbergstr. 1 . .	Wohnhäuser	$A = 9{,}54 - 0{,}54\ t_a$	$A =$ „ 0,54 Gt	
16	W. Hardenbergstr. 1a . .	Wohnhäuser	$A = 8{,}17 - 0{,}53\ t_a$	$A =$ „ 0,53 Gt	
16	W. Schillerstr. 120/21 . .	Wohnhäuser	$A = 5{,}35 - 0{,}29\ t_a$	$A =$ „ 0,29 Gt	
16	W. Schillerstr. 122/24 . .	Wohnhäuser	$A = 8{,}50 - 0{,}42\ t_a$	$A =$ „ 0,42 Gt	$= \varepsilon \cdot$ Gt
16	W. Schillerstr. 116/17 . .	Wohnhäuser	$A = 5{,}22 - 0{,}28\ t_a$	$A =$ „ 0,28 Gt	
16	W. Bismarckstr. 12 . .	Wohnhäuser	$A = 4{,}06 - 0{,}22\ t_a$	$A =$ „ 0,22 Gt	
16	W. Weimarerstr. 2/4 . .	Wohnhäuser	$A = 2{,}69 - 0{,}14\ t_a$	$A =$ „ 0,14 Gt	
17	Feuerwache		$A = 2{,}80 - 0{,}17\ t_a$	$A =$ „ 0,17 Gt	
17	34. Gemeindeschule		$A = 3{,}40 - 0{,}20\ t_a$	$A =$ „ 0,20 Gt	
17	Elisabethschule		$A = 1{,}19 - 0{,}07\ t_a$	$A =$ „ 0,07 Gt	
17	Berufsschule		$A = 3{,}32 - 0{,}21\ t_a$	$A =$ „ 0,21 Gt	
17	Villa am Lützow 12 . . .		$A = 0{,}99 - 0{,}05\ t_a$	$A =$ „ 0,05 Gt	

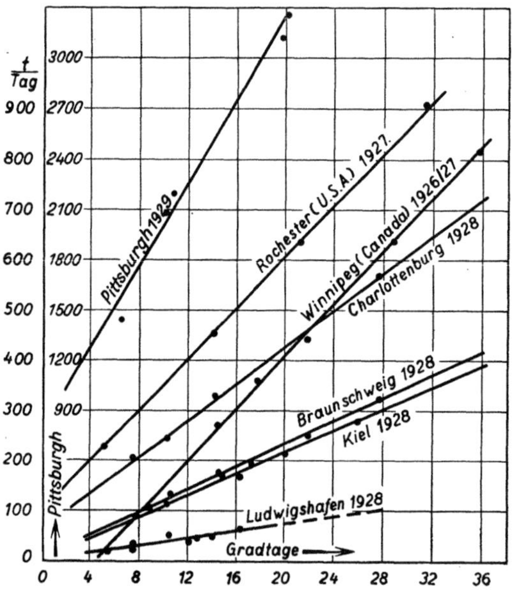

Abb. 98. Liefermengen öffentlicher Heizwerke in Abhängigkeit von Gradtagen.

Die letzte Spalte in Zahlentafel 46 zeigt, daß die Tagesverbräuche sich nur durch den Beiwert ε unterscheiden. ε ist für jedes Gebäude verschieden und $= A/\mathrm{Gt}$. Ist $\varepsilon = 1$, so gibt die Gradtagziffer Gt den Dampfverbrauch des Gebäudes in t/Tag direkt an. Demnach hat ein Gebäude mit $\varepsilon = 1$ einen Verbrauch von 1 t Dampf je 24 Stunden je 1° Temperaturunterschied zwischen 18 und t_a oder je Gradtag.

Für die analytische Behandlung des Problems (s. S. 154f.) soll deshalb dieser Wert als Einheit des Heizwärmeverbrauchs bezeichnet werden. Seine Dimension ist $\mathrm{t} \cdot \mathrm{Tag}^{-1} \cdot \mathrm{Gt}^{-1}$. ε ist sowohl vom Anschlußwert eines Gebäudes wie der Art seiner Verwendung und Bauweise abhängig. Für gleichgeartete Häusertypen muß daher ein mittleres ε zu ermitteln sein. Die mir zur Verfügung stehenden Daten reichen insbesondere wegen der schwer nachprüfbaren Wärmeanschlußwerte alter Häuser vorläufig zur Klärung dieser Abhängigkeit nicht völlig aus.

Je größer die Zahl der gemeinsam belieferten Gebäude, desto weniger weichen die Tagesmengen von der Verbrauchscharakteristik ab. In Abb. 98 sind als Beweis dafür die Linien mehrerer Heizwerke zusammengestellt. Der praktische Wert solcher Verbrauchslinien besteht darin, daß sie Störungen im Netz, Verschlechterung des Wärmeschutzes und fehlerhafte Bedienungsweise usw. erkennen lassen.

Als Ergebnis für unsere Zwecke ist zu vermerken: Die Tagesliefermengen von öffentlichen Dampfheizwerken stehen in linearer Abhängigkeit von der Gradtagzahl. Sie schwanken demnach im gleichen Umfang wie die Außentemperaturen. Es ist aber unmöglich, deren Verlauf im voraus durch ein Datum zu belegen und deshalb auch unzulässig, den heiztechnischen Teil eines Heizkraftwerkes mit ständiger Lieferungsverpflichtung etwa nach den Mitteltemperaturwerten des Normaljahres zu dimensionieren (s. Zahlentafel 47).

Zahlentafel 47. Mittlere Außentemperaturen des Normaljahres.

	X	XI	XII	I	II	III	IV	V	VI	VII	VIII	IX
Berlin . . .	+ 9,5	+ 3,9	+ 1,1	— 0,1	+ 1,1	+ 3,8	+ 8,5	+ 13,7	+ 17,4	+ 18,9	+ 18,0	+ 14,5
Braunschweig	8,9	4,1	1,1	— 0,3	0,9	3,5	7,7	12,9	16,3	17,4	16,5	13,5
Hamburg . .	8,8	4,1	1,3	— 0,3	0,8	3,1	7,3	12,0	15,6	16,9	16,1	13,6
Leipzig . . .	8,8	3,7	0,7	— 0,9	0,6	3,4	8,0	13,3	16,9	18,1	17,3	13,7
Köln	10,3	6,0	2,9	1,9	3,0	5,4	9,4	13,7	16,9	18,2	17,6	14,7
München . .	8,1	2,9	— 0,7	— 2,1	— 0,2	3,2	7,7	12,5	15,9	17,7	16,9	13,3
New York . .	13,5	6,8	— 1,6	— 0,6	— 0,4	3,1	9,7	15,1	20,4	23,2	22,8	19,3
Chicago . . .	12,2	4,5	— 1,8	— 3,5	— 3,1	1,8	4,1	14,1	19,6	22,5	21,9	18,4

Zahlentafel 48. Höchste Tages- (a), Monatsmittel- (b) und niedrigste Tages- (c) Temperaturen von Heizmonaten in Berlin.

Monat	1926			1927			1928		
	°C	°C	°C	°C	°C	°C	°C	°C	°C
	a	b	c	a	b	c	a	b	c
IX	20,9	14,5	8,5	19,4	14,0	9,1	21,2	12,7	6,0
X	15,5	9,0	2,0	16,2	10,3	5,0	15,1	10,4	3,8
XI	13,7	7,6	0,1	14,8	2,9	— 7,0	12,4	7,7	2,2
XII	7,8	2,2	— 3,8	5,6	— 2,6	— 11,3	5,5	0,2	— 7,4
I	7,7	2,3	4,3	7,3	3,2	— 2,6	6,0	2,0	— 3,0
II	7,1	0,7	— 4,9	8,3	1,7	— 3,0	8,4	3,3	— 1,2
III	13,0	7,0	2,9	14,0	8,6	4,0	13,0	3,8	— 4,2
IV	12,8	7,1	4,0	14,8	8,0	5,2	20,2	8,6	1,0
V	19,1	10,8	3,2	19,9	11,3	5,4	16,3	11,8	4,2

Monat	1929			1930			1931		
	°C	°C	°C	°C	°C	°C	°C	°C	°C
	a	b	c	a	b	c	a	b	c
IX	25,9	17,0	11,1	20,2	14,2	11,8	20,8	12,1	7,4
X	18,2	11,5	5,4	14,5	10,2	5,9	18,0	8,9	1,6
XI	10,8	6,5	3,5	11,4	6,6	0,2	12,3	5,3	— 5,2
XII	11,0	4,4	— 5,6	7,0	1,3	— 2,5	9,9	1,7	— 5,0
I	— 8,0	— 3,9	1,4	9,0	3,3	— 1,5	6,0	0,8	— 3,5
II	— 0,2	— 9,6	— 20,2	4,8	1,1	— 1,4	5,4	— 0,6	— 6,2
III	9,4	4,0	0,5	10,8	5,5	— 0,3	9,4	3,8	— 6,5
IV	16,0	5,2	— 2,8	18,2	9,9	3,9	13,7	6,6	2,0
V	20,8	15,2	8,0	19,4	14,1	8,8	25,9	17,8	9,6

Wies doch z. B. Berlin in den letzten 6 Jahren (Zahlentafel 48) Tagestemperaturen innerhalb der einzelnen Monate auf, die von den Normaltemperaturen dieser Stadt außerordentlich stark abwichen. Die Versorgungssicherheit eines Heizkraftwerkes ist nur dann gewahrt, wenn bei seinem Ausbau die nach der amtlichen Wetterstatistik möglichen Höchstwerte bzw. durch Betriebserfahrung erhärtete Auswirkung der Tagestemperaturen Berücksichtigung finden. Im übrigen scheint auch die Häufigkeitskurve zu bestätigen, daß unser Klima im Laufe von Jahrzehnten langsam milder geworden ist, eine auch schon von zuständigerer Stelle aufgeworfene Vermutung.

Für den Inhalt des Abschnittes IV A d bleibt wesentlich:

Die Tageserzeugung des im Stadtgebiet liegenden öffentlichen Heizkraftwerkes weist Schwankungen von gut bestimmbarer Größenordnung auf. Täglicher Lichtstrombedarf und Heizwärmemengen in Wohngebieten haben als gemeinsames Merkmal eine geringere Einbuße an Sonntagen als Absatzgebiete mit Gewerbe-, Industrie- und Geschäftsgebäuden.

Der Quotient Höchstlast : Mittellast weist beim Heizwärmeverbrauch größere Veränderlichkeit als in der Stromlieferung auf. Diese Feststellung gilt lediglich für Dampfverteilungsnetze mit Entnahmeregelung beim Abnehmer. Pumpenheizanlagen haben im Vergleich zum Elektrizitätswerk stets Grundlastcharakter. In den Höchstbelastungszeiten hat die Wärmelieferung immer erheblich bessere Belastungsfaktoren als die Stromlieferung.

Die für Werksplanungen unerläßliche Gewißheit über Tagesverbrauch und Tageshöchstlast kann man sich bezüglich der Stromlieferung durch gewisse zeichnerische und rechnerische Methoden verschaffen. Die Dunkelstunde bildet wiederum ein brauchbares Hilfsmittel. Der Heizbezug steht sogar in direkter Abhängigkeit von der Gradtagzahl. Der Außentemperaturverlauf ist völlig unregelmäßig und nicht im voraus bestimmbar. Daher muß als weiterer allgemeingültiger Planungsgedanke die Bestimmung formuliert werden, das Wärmeverteilungsnetz für einen Anschlußwert auszugestalten, der selbst bei größtmöglichen Temperaturschwankungen die Versorgungssicherheit gewährleistet. Wieweit technische Ausgleichsmittel hierbei von Vorteil sein können, bleibt besonderen Untersuchungen vorbehalten.

B. Die Tagesform der Wärme- und Strombelastung.

Den Ausführungen der vorangehenden Abschnitte lag auch ohne ausdrückliche Erwähnung immer der Zweck zugrunde, Material für die Aufzeichnung des Wärme- und Strombelastungsbildes irgendeines Tages zu gewinnen. Zwei wichtige Werte der Tageslastlinie, nämlich der Verlauf von mittlerer und höchster Stundenbelastung liegen fest. Übrig bleibt noch die Aufgabe, die Tageszeit der Höchstbelastung bei Strom und Wärme, sowie den stündlichen Belastungsverlauf insgesamt zu prüfen.

Vom Tagesbelastungsverlauf der Elektrizitätslieferung soll hier nur der Zeitpunkt der Höchstlast behandelt werden, im übrigen sei auf die Ausführungen S. 160f. verwiesen. Erhöhten Wert legte der Verfasser auf eine Analyse des Wärmebelastungsbildes, da hierüber größere Unkenntnis herrscht.

a) Zeitpunkt der Höchstbelastung.

Das Belastungstal des Elektrizitätswerkes liegt regelmäßig zwischen 3 und 5 Uhr. Die Morgenspitze, deren Zeitpunkt überwiegend vom Berufs- und Geschäftsbeginn beeinflußt wird, zeigt um rd. 8 Uhr noch geringere Abweichungen, wenn auch die erste Frühspitze — bei großem Industriestromanteil — nicht die höchste Vormittagslast zu sein braucht. Ein zweiter Belastungsberg zwischen 10 und 11 Uhr stellt in solchen Netzen sogar oft die Tageshöchstlast dar. Die Höchstlastzeit der Heizdampflieferung fällt demnach praktisch mit der Morgenspitze des Kabelnetzes zusammen. In Abb. 99 sind Zeiten der Morgen- und Abendspitzen des Berliner Netzes für 2 Jahre wiedergegeben. Zur

Unterstützung der Deutlichkeit dienen 6 quer gestellte Belastungsbilder, deren Spitzen schraffiert sind. Als Ergänzung für den in Abschnitt IV A nachgewiesenen Zusammenhang zwischen abendlicher Höchstbelastung und Dunkelstunde kann

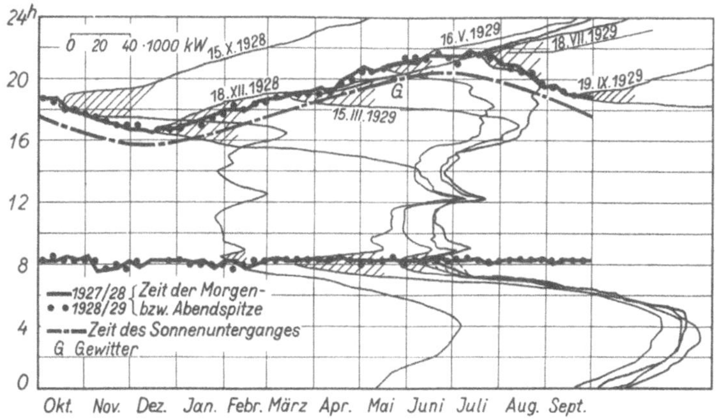

Abb. 99. Zeitpunkt der Morgen- und Abendspitzen bei Stromlieferung.

aus der Darstellung entnommen werden, daß zeitlich eine direkte Anlehnung mit etwa 1 Stunde 20 Minuten Differenz [1] an die Sonnenuntergangszeit gewahrt ist. An Sonntagen und in ausgesprochenen Lichtversorgungsnetzen kann die Zeitspanne bis zu 50 Minuten größer sein.

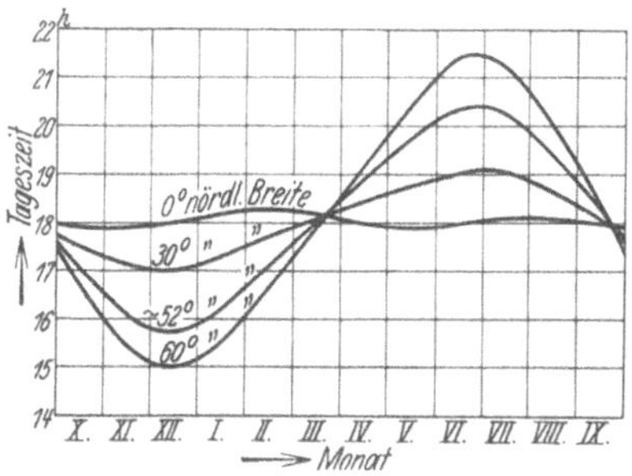

Abb. 100. Sonnenuntergangszeiten in verschiedenen Breitengraden.

Diese Feststellungen lassen sich bei Beachtung der astronomischen Ortsbedingungen durchaus verallgemeinern und sind z. B. für Vergleiche von Tagesbelastungslinien verschiedenster Weltstädte benutzbar. So läßt Abb. 100 auf den ersten Blick erkennen, daß die jahreszeitlichen Belastungsunterschiede in tropischen Ländern — oder in Ländern auf niedrigeren Breitengraden durchweg kleiner, die Belastungsfaktoren der Stromlieferung also durchweg höher als in Ländern unserer geographischen Lage sein müssen, eine Feststellung, deren Inhalt auch für die Wärmelieferung gilt.

b) Die drei Hauptformen der Wärmelieferung.

Im Gegensatz zur Kraftwerksbelastung wird die Heizwerkslieferung nicht vom Momentanbedarf beeinflußt, da der Wärmeverbrauch einem physikalischen Austauschvorgang entspricht, der bei den relativ kleinen Temperaturdifferenzen langsam vor sich geht. Sonnenstrahlung, wie in Wänden und Gegenständen aufgestapelte Wärmemengen u. a. wirken bei stündlichen Temperaturwechseln dämpfend. Einzelne Räume können ohne Schwierigkeit 1—2 Stunden vor ihrer Benutzung auf die benötigte Temperaturhöhe gebracht werden, worin ein weiteres wirksames Mittel zur Bekämpfung der Belastungsspitzen liegt. Insgesamt muß also die Tagesbelastung des öffentlichen Heizwerkes gerade bei Höchstbeanspruchung

[1] Mit Zwielichtdauer etwas veränderlich.

wesentlich ausgeglichenere Belastungsbilder aufweisen als die des öffentlichen Kraftwerks. Das beweisen die Abb. 101—105 und 106—114 sehr instruktiv. Auch die Lastfaktoren der Zahlentafel 49 bestätigen es. Bei der Elektrizitätslieferung werden solche Werte in der Höchstbelastungszeit nicht erreicht.

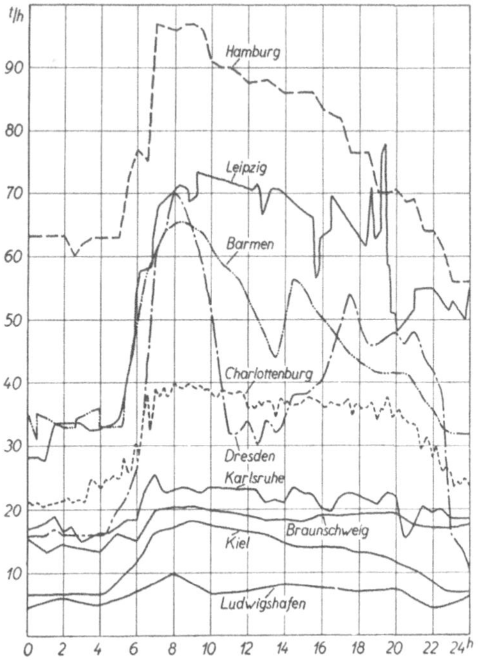

Abb. 101. Höchstbelastungslinien deutscher Heizwerke 1929.

Die Form der Tagesbelastungslinie eines Versorgungsbetriebes wird vom Verbrauchscharakter des Absatzgebietes maßgeblich beeinflußt. So kennt man bei der Stromlieferung im wesentlichen zwei Hauptformen: Die eines Industriegebietes und die der Großstadt. (Allenfalls noch die von landwirtschaftlichen Absatzgebieten.) Ihr Hauptunterschied liegt im Zeitpunkt, in der Form und in der Größenordnung der Stromspitze. Beim Wärmeabsatz sind drei Verbraucherarten klar zu unterscheiden, nämlich Wohngegenden, Stadtviertel mit ausgesprochenem Geschäftscharakter und Industrieabnehmer. Die Schaulinien der Abb. 102 repräsentieren ein überwiegend durch Wohnhausbedarf, in Abb. 103 und 104 ein von Büro- und Geschäftshäusern beeinflußtes Absatzgebiet. Im Wohngebiet nimmt die Tageslastlinie bei tieferen Außentemperaturen einen außerordentlich gleichmäßigen Verlauf an. Das Belastungsbild des Bürohausviertels weist den kontinuierlichen Abfall von der Spitze an auf (s. a. Hamburg in Abb. 101), und ähnelt weitgehendst der Stromlieferkurve in manchen Industriestädten (s. Detroit). Arbeits- und Berufsbedingungen bestimmen überall den morgendlichen Lastanstieg, da 1—3 Stunden vor üblichem Dienstbeginn hochgeheizt wird. Die Kesselhausbelastung eines kombinierten Betriebes wird also günstiger als bei alleiniger Stromerzeugung werden (s. a. Abb. 106—114).

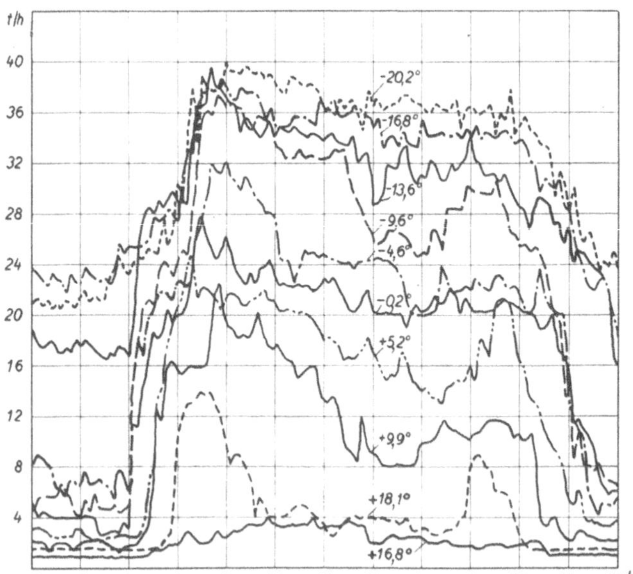

Abb. 102. Berlin-Charlottenburg 1928/29.

Bei der Milderung des schroffen Lastanstieges zwischen 5 Uhr und 7 Uhr kann eine zweckmäßige Tarif- und Absatzgestaltung gute Dienste leisten. Das Charlottenburger Bild zeigt den Erfolg solcher Maßnahmen (s. Abb. 102 zwischen 4—6 Uhr). Allgemein gilt, daß die Belastungsform des Heizwerkteils durch organisatorische Maßnahmen stärker als beim Stromverkauf beeinflußt werden kann.

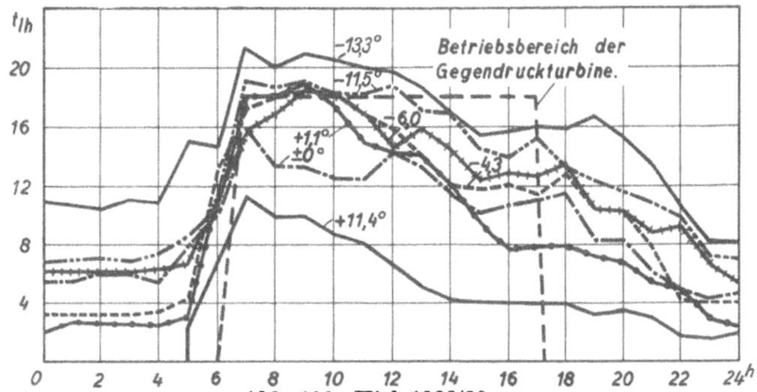

Abb. 103. Kiel 1928/29.

Überhaupt ähnelt das Belastungsbild bei Wohnstättenversorgung dem des Kabelnetzes, da es neben der Morgenspitze öfters einen Nachmittagsanstieg aufweist, durch die Heimkehr der Berufstätigen nach Dienstschluß verursacht. Die Tagesbelastung öffentlicher Heiznetze in Wohngebieten (mit entsprechender Schulen-, Büro-, Läden-, Theaterzahl) hat ausgesprochenen Dauerlastcharakter. Allerdings bleibt zu beachten, daß die Linien der Abb. 102 den Bedarf der Warmwasserbereitung einschließen und vom Erfolg eines langjährigen Aufklärungsdienstes des Lieferwerkes zeugen. Eine sog. Heizspitze ist nur bei milden Außentemperaturen ($t_a \geqq 8^0$ C) bemerkbar.

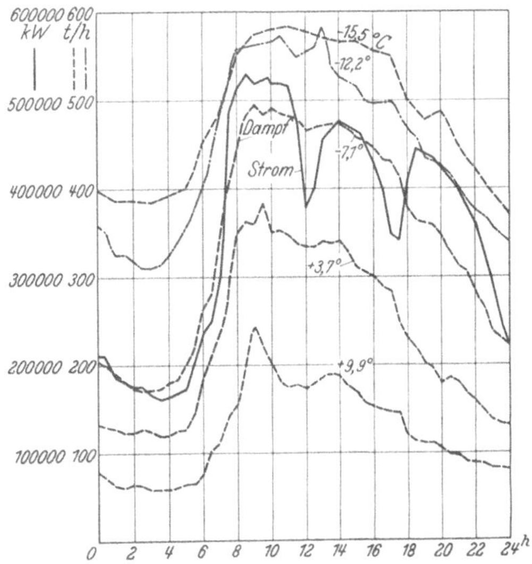

Abb. 104. Detroit 1929.

Aus den Abb. 102—105 geht aber hervor, daß keine Wärmelieferlinie den die durchschnittliche Winternachmittagslast so steil überragenden Belastungsberg wie die Stromkurve aufweist. Die Nachtbelastung wiederum ist beim Wärmeabsatz stärker schwankend als beim Strom, weil jener mit niedrigeren Außentemperaturen anwächst. Abb. 106—114 verdeutlichen dies. Kurzzeitige Belastungswechsel nach Abb. 115 [Geschäftssonntage, Gewitter, Veranstaltungen (Lichtwoche)] sind bei direkter Kupplung von Strom- und Dampflieferung nicht zu verwirklichen. Zu ihrer Bewältigung müssen Kondensationsmaschinen,

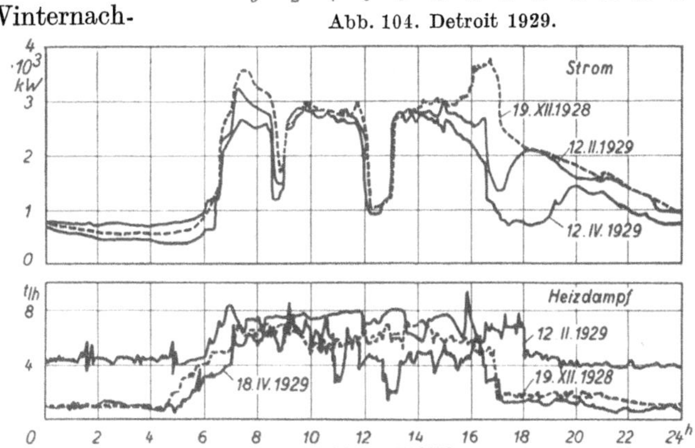

Abb. 105. Meißen 1928/29.

Abb. 101—105. Tagesbelastungslinien deutscher Städteheizwerke.

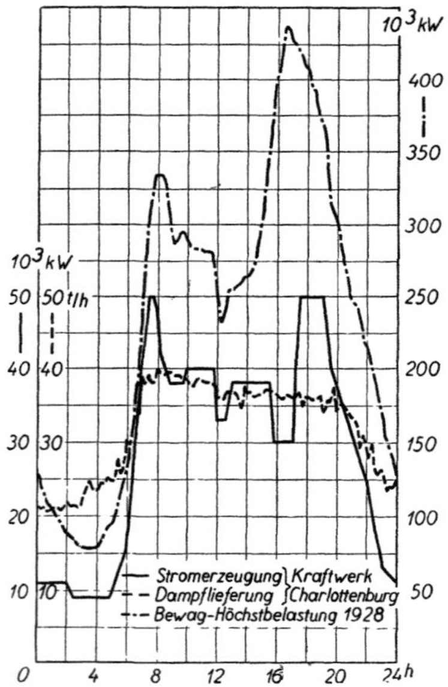

Abb. 106. 11. Febr. 1929. $t_a = -20{,}2^0$.

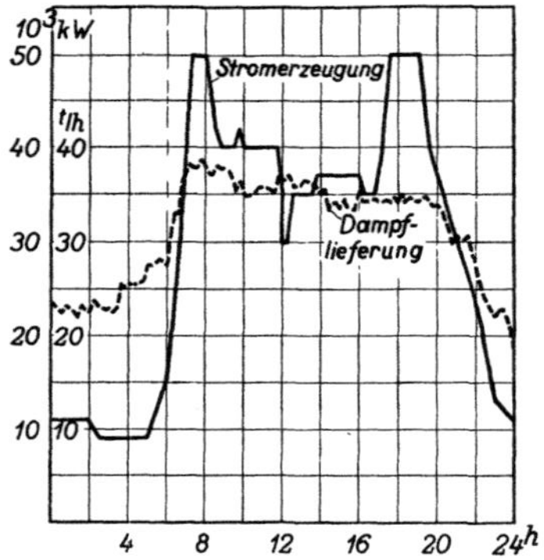

Abb. 107. 13. Febr. 1929. $t_a = -16{,}8^0$.

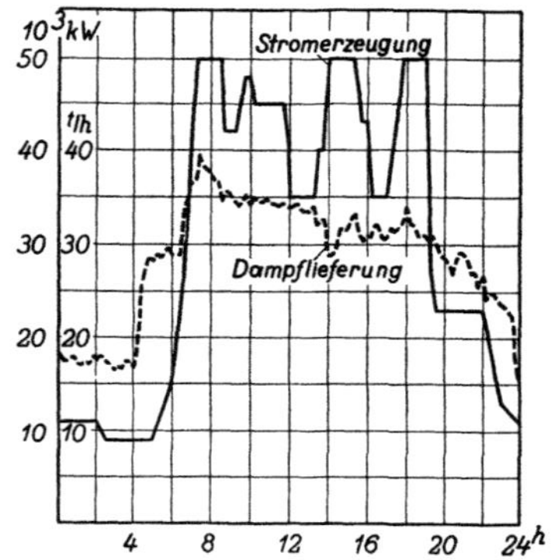

Abb. 108. 14. Febr. 1929. $t_a = -13{,}6^0$.

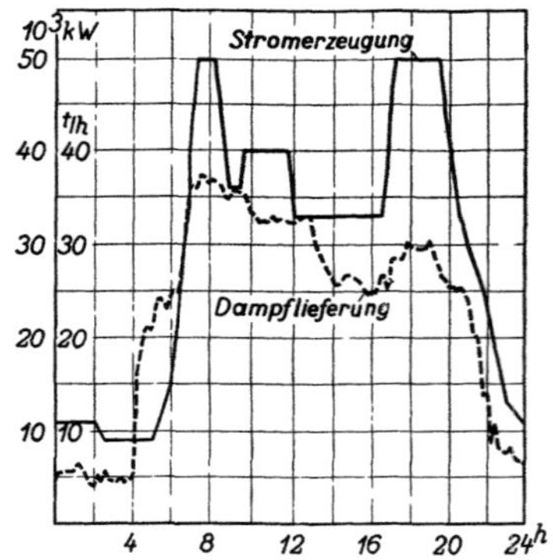

Abb. 109. 1. Febr. 1929. $t_a = -9{,}6^0$.

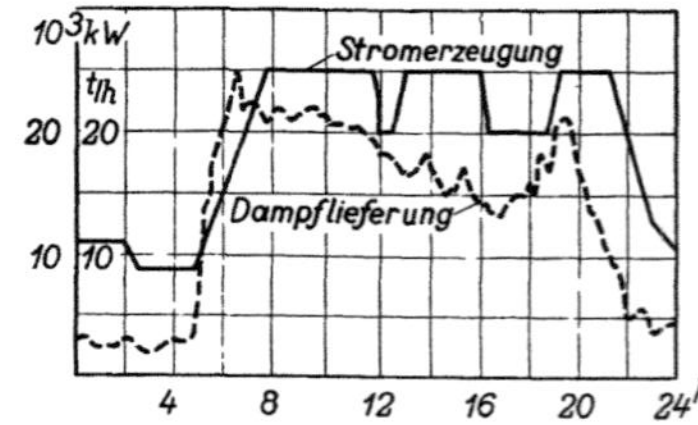

Abb. 112. 12. April 1929. $t_a = +5{,}2^0$.

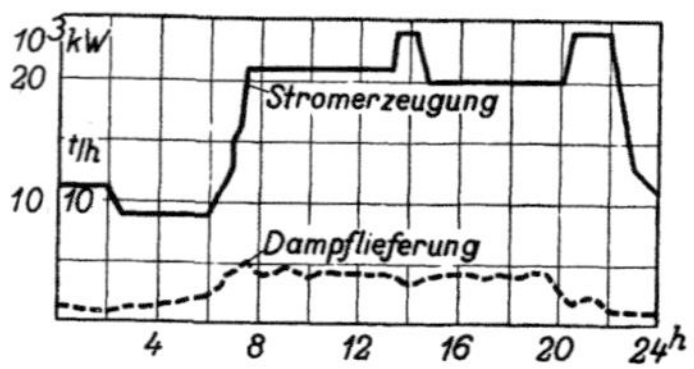

Abb. 114. 14. Aug. 1928. $t_a = +22{,}1^0$.

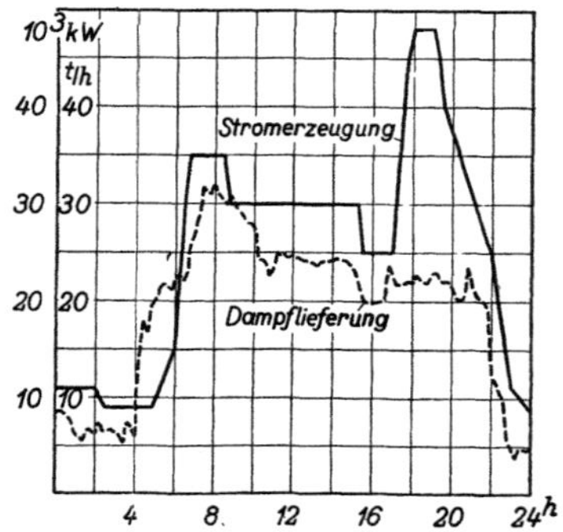

Abb. 110. 22. Febr. 1929. $t_a = -4{,}6^0$.

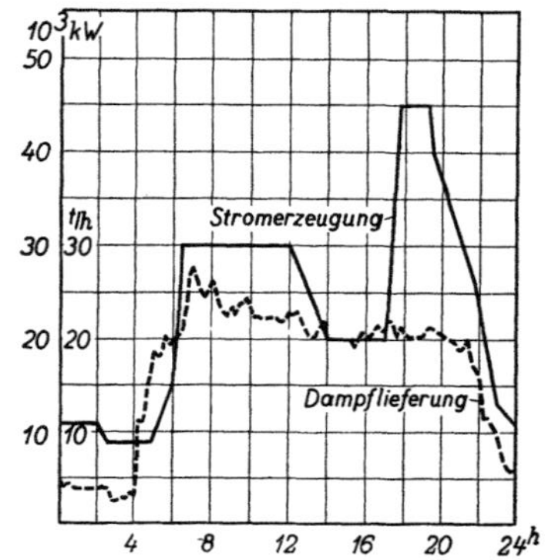

Abb. 111. 23. Febr. 1929. $t_a = -0{,}2^0$.

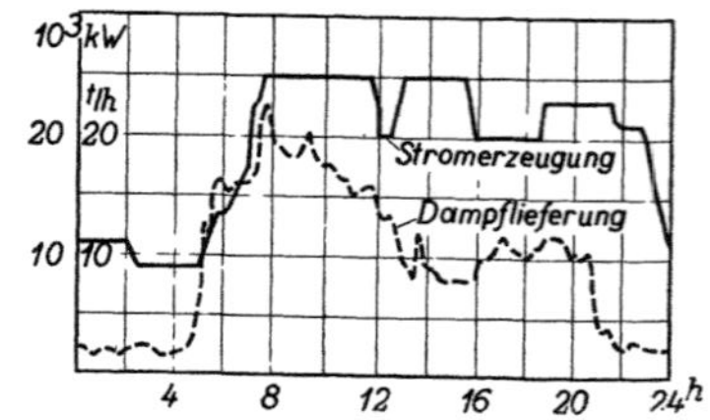

Abb. 113. 18. April 1929. $t_a = +9{,}9^0$.

Abb. 106–114. Wärme- und Strombelastung des Heizkraftwerks Charlottenburg. (Das Kraftwerk hatte im Rahmen der Berliner Stromversorgung Grundlastcharakter.)

Zahlentafel 49. Belastung und Erzeugung deutscher Heizwerke am Höchstbelastungstage 1929.

Nr.	Werk	Datum	Mittel-temp. °C	Höchst-belastung t/h	Liefer-menge t/Tag	Mittlere Belastung t/h	Last-[1] faktor vH
1	2	3	4	5	6	7	8
1	Barmen	12. 2. 29	— 14,5	65,4	1052,4	43,8	66,9
2	Braunschweig	12. 2. 29	— 19,0	20,4	422,0	17,6	86,2
3	Charlottenburg . . .	11. 2. 29	— 20,2	40,0	766,6	31,9	79,8
4	Dresden	13. 2. 29	— 19,0	70,0	892,0	37,2	53,1
5	Hamburg	11. 2. 29	— 17,5	97,0	1840,0	76,6	79,0
6	Karlsruhe	13. 2. 29	— 16,8	25,4	483,0	20,1	79,1
7	Kiel	— 2. 29	--	18,2	278,4	11,6	63,8
8	Leipzig	11. 2. 29	— 19,1	78,0	1364,0	56,8	72,8

Dieselmotoren oder Speicher, also vornehmlich Warmwasserheizungsnetze herangezogen werden.

Die dritte typische Belastungsform entsteht bei einer Energielieferung für Fertigungszwecke (s. Abb. 105). Sowohl die Strom- als auch die Wärmelieferkurven tragen den Stempel des fabrikatorischen Bedarfs. Heizwärmemengen bzw. Lichtbedürfnis verlieren ihren Einfluß auf die Linienform. Charakteristisch für die industriellen Strombelastung bleibt der Schichtbetrieb mit Frühstücks- und Mittagsenken, für die Wärmebelastung ein mit der Industrieart zwar veränderlicher, aber gewöhnlich in der Schicht weniger schwankender Dampfbezug. Wirtschaftsnöte wirken sich sehr stark aus.

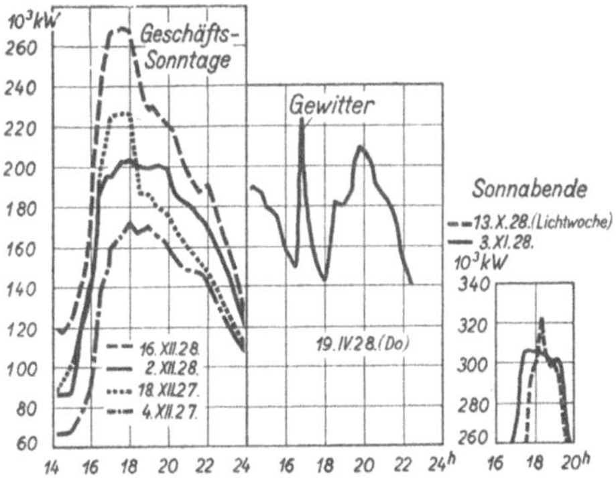

Abb. 115. Formen der Strombelastungsspitze im Berliner Gebiet.

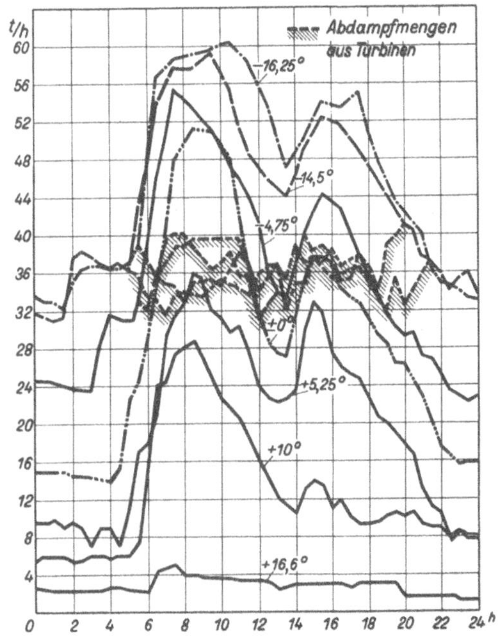

Abb. 116. Tagesbelastungen des Heizwerkes Barmen.

Falls lediglich Fabrikdampf geliefert wird, ist auch die Deckung der Abendspitzen, die in die Zeiten nach Arbeitsschluß fallen, schwieriger. Besonders trifft dies für die Sonnabende und Sonntage zu.

Wärmebelastungslinien von gemischten Absatzgebieten (s. Abb. 116), die neben Wohn-, Geschäfts- und Bürohausvierteln auch Fabrikbetriebe aufweisen, vereinigen einzelne Merkmale dieser oder jener Verbrauchsgattung. So weist das Tagesbelastungsbild des Heizwerkes Barmen die auch bei Geschäfts- und

[1] Lastfaktor = Spalte 7 und 5.

Industrieversorgung (s. Abb. 104—106) auftretende Senke um 13 Uhr auf, eine Folge der Arbeitsunterbrechung zur Mittagszeit. Ein der Abb. 102 ähnelnder Nachmittagsanstieg ist gleichfalls sichtbar. Als weiteren grundsätzlichen Beitrag zur Heizkraftplanung erhalten wir:

Die Spitzenbelastungszeiten von Lichtstrom und Heizdampf sind bekannt. Das Tagesbelastungsbild des Wärmeabsatzes ist tariflich leichter beeinflußbar als beim Strom. Die für Wärmelieferanlagen typischen Belastungsformen lassen sich gegenüber der Stromlieferung als Grundlasterzeugung kennzeichnen. Daher können kurzzeitige Belastungswechsel im Kabelnetz nicht ohne weiteres im vollgekuppelten Betrieb aufgebracht werden; vielmehr müssen hierzu die Vorbedingungen von Seite 136 vorhanden sein.

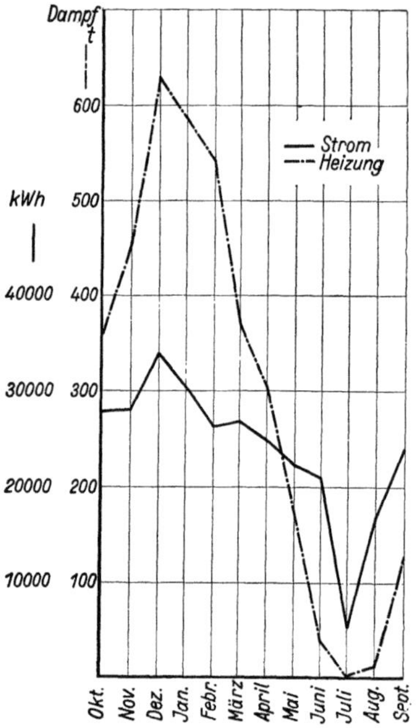

Abb. 117.

c) Wärme- und Strombelastungsformen einzelner Häuser.

Schon die Belastungsbilder 101—116 geben zu erkennen, daß die Hauptstrombelastung der Kraftwerke noch in die Zeit der Heizwärmelieferung fällt. Dieser Umstand ist für unser Problem sehr bedeutungsvoll. Er gewährt Möglichkeit, die abendliche Lichtspitze ganz oder teilweise bei gekuppeltem Betrieb aufzubringen und damit erhöht sich der Wert des Heizkraftwerkes für die städtische Stromwirtschaft außerordentlich. Endlich bietet sich ihr ein Weg, die hohen Strombelastungen der stadtinneren Lichtzentren unter weitgehender Einschränkung der Verteilungskosten aufzubringen, denn das Wärmelieferwerk liegt bereits mitten im Absatzzentrum. Nicht die Tageswärmemenge an sich ist dafür maßgebend, ob die Kupplung gelingt, wenngleich der Umstand günstig ist, daß zur Deckung des Heizbedarfs bei Wohngebieten stets das Mehrfache der Stromwärmemengen

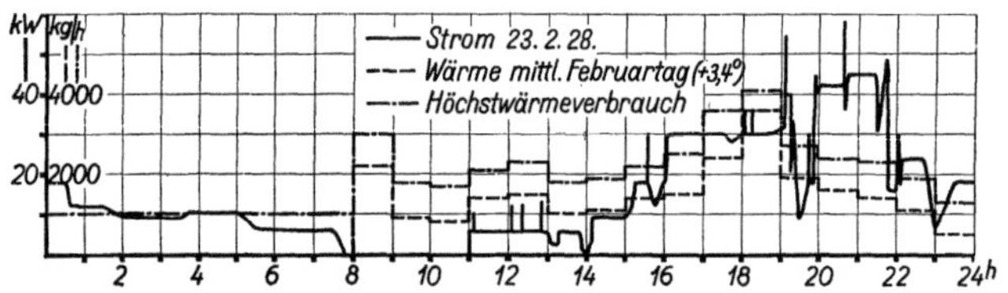

Abb. 118.

Abb. 117 u. 118. Opernhaus (s. Abb. 94 u. Zahlentafel 43). Stromverbrauch: rd. 290000 kWh/Jahr. Wärmeverbrauch: für Heizung und Warmwasserbeheizung rd. 3600 t/Jahr.

Abb. 117—133. Monatliche Energiemengen und Tagesbelastungsbilder verschiedener großstädtischer Hausarten (1236/30).

erforderlich ist[1]. Erfolgentscheidend bleibt allein die absolute Höhe des Wärmebedarfs (kcal/h) zur Zeit der Stromspitze. Wir stehen damit vor der Notwendigkeit, die stündliche Strom- und Wärmebelastung über das Jahr hinweg zu studieren. Bislang fehlten dafür einwandfreie Unterlagen.

Wegen der Bedeutung dieser Frage habe ich sehr umfangreiche Einzeluntersuchungen bei zahlreichen Häuserarten vorgenommen. In Abb. 117—133 ist ein Teilergebnis daraus dargestellt. Strombelastungslinien verschiedenster

[1] E. Schulz: Bericht 12. Kongreß für Heizung und Lüftung, S. 192f. Wiesbaden 1927.

Hausarten wurden ihren Wärmebedarfslinien gegenübergestellt. Vornehmlich sind Tage mit milder Außentemperatur, grundsätzlich $> 0^0$ C gewählt worden. Das endgültige Untersuchungsergebnis (s. S. 172) wird in vieler Beziehung zum Meinungswandel über die Kupplungsfähigkeit von Strom- und Wärmelieferung berechtigen. Hier sei deshalb auf den Inhalt des Abschnitts IV F verwiesen. Bei

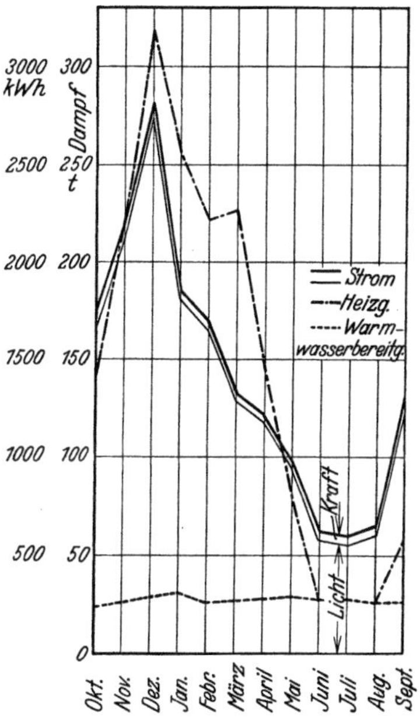

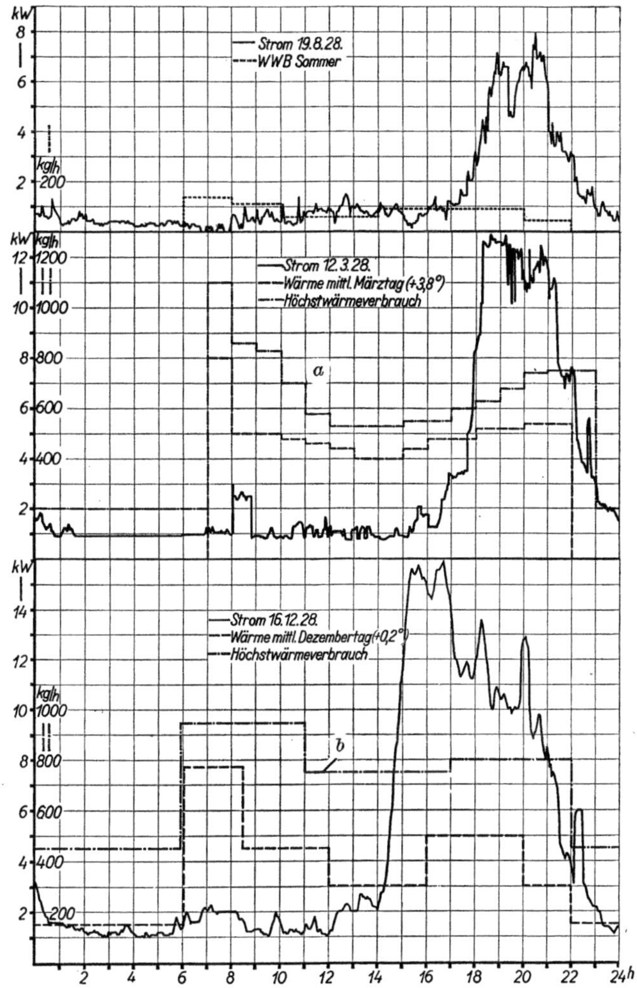

Abb. 119 u. 120. Großes Wohnhaus (s. Abb. 95 u. Zahlentafel 40). Stromverbrauch: rd. 17000 kWh/Jahr. Wärmeverbrauch: für Heizung rd. 1440 t; für Warmwasser rd. 310 t = 1750 t/Jahr. *a* und *b* sind vorkommende Höchstlastformen.

erster Prüfung lassen die Belastungsbilder aber schon erkennen, daß zum mindesten an allen Tagen, an denen die Außentemperatur $\leq$ der des Meßtages ist, die Strombelastung dieser Häuser als Nebenerzeugung ihrer Dampflieferung nahezu völlig gedeckt werden kann. Je nach Dampfdruckbereich der der Turbine werden sogar beträchtliche Mehrstrommengen frei. Zur Vermeidung von Irrtümern sei gleich betont, daß dieses Ergebnis nur bei Fernwärmeversorgung gilt und dem bestehenden Elektrizitätswerk nur dann schmackhaft werden kann, wenn bei Ausdehnung unserer Prüfung über den ganzen Außentemperaturbereich der Heizzeit ein ähnliches Ergebnis entspringt.

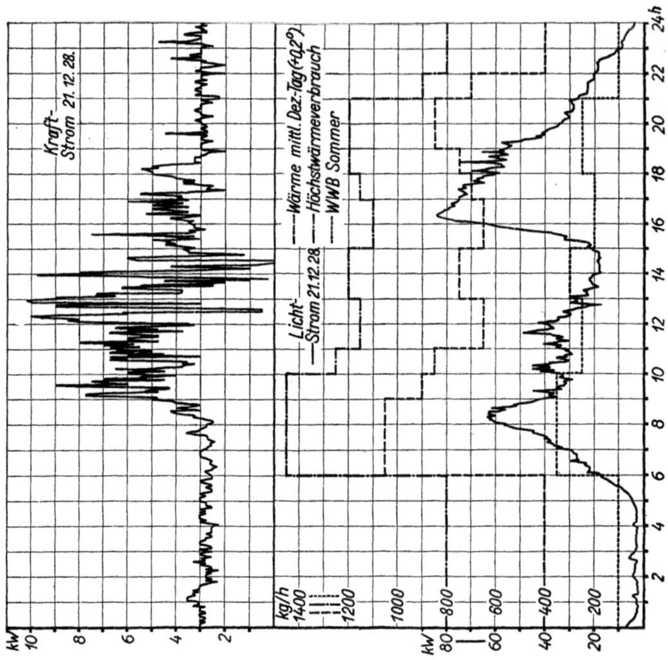

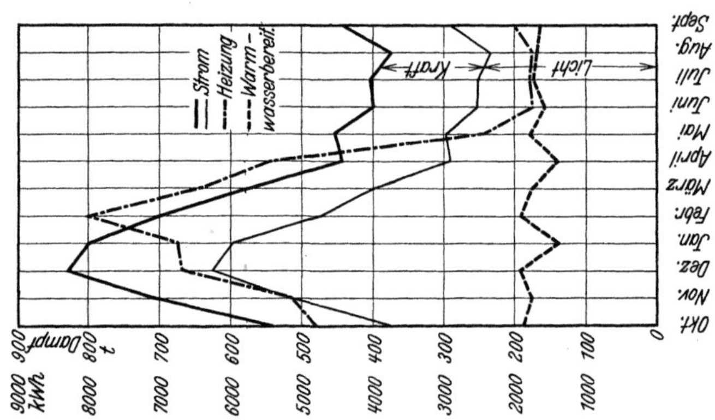

Abb. 121 u. 122. Kranken- und Bürohaus (s. Abb. 95 u. Zahlentafel 42). Stromverbrauch: rd. 66600 kWh/Jahr. Wärmeverbrauch: für Heizung rd. 3250 t, für Warmwasser rd. 2050 t = 5300 t/Jahr.

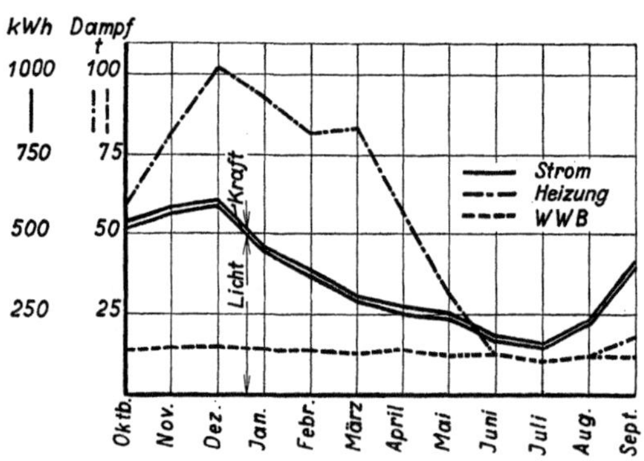

Abb. 123. Wohngebäude (s. Zahlentafel 37). Stromverbrauch: rd. 44000 kWh/Jahr. Wärmeverbrauch: für Heizung rd. 480 t/Jahr, für Warmwasser rd. 170 t/Jahr = 650 t/Jahr.

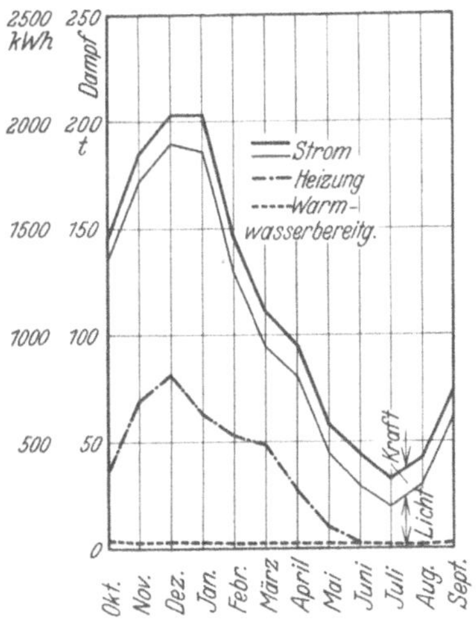

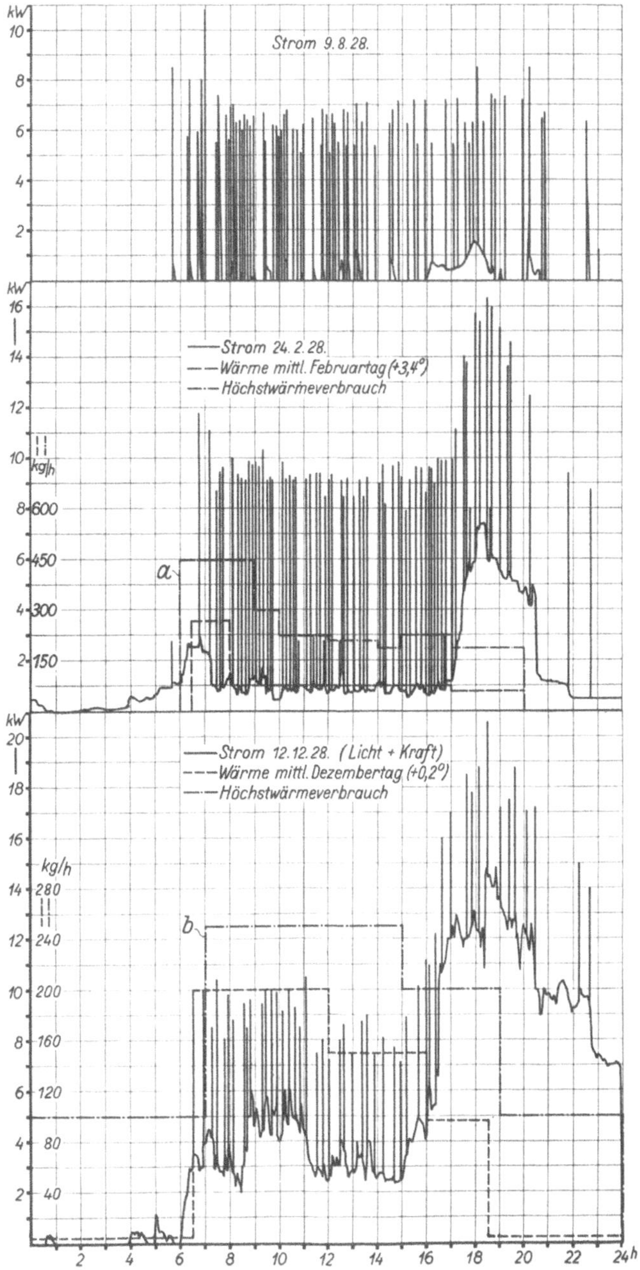

Abb. 124 u. 125. Bürohaus mit Läden (s. Zahlentafel 39). **Gesamter Stromverbrauch: rd. 13500 kWh/Jahr. Wärmeverbrauch: für Heizung rd. 370 t, für Warmwasser rd. 30 t = 400 t/Jahr (Stromstöße durch Fahrstuhlbetrieb.)**

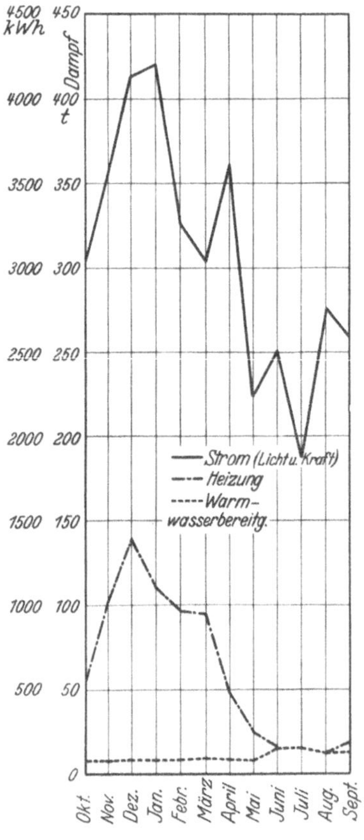

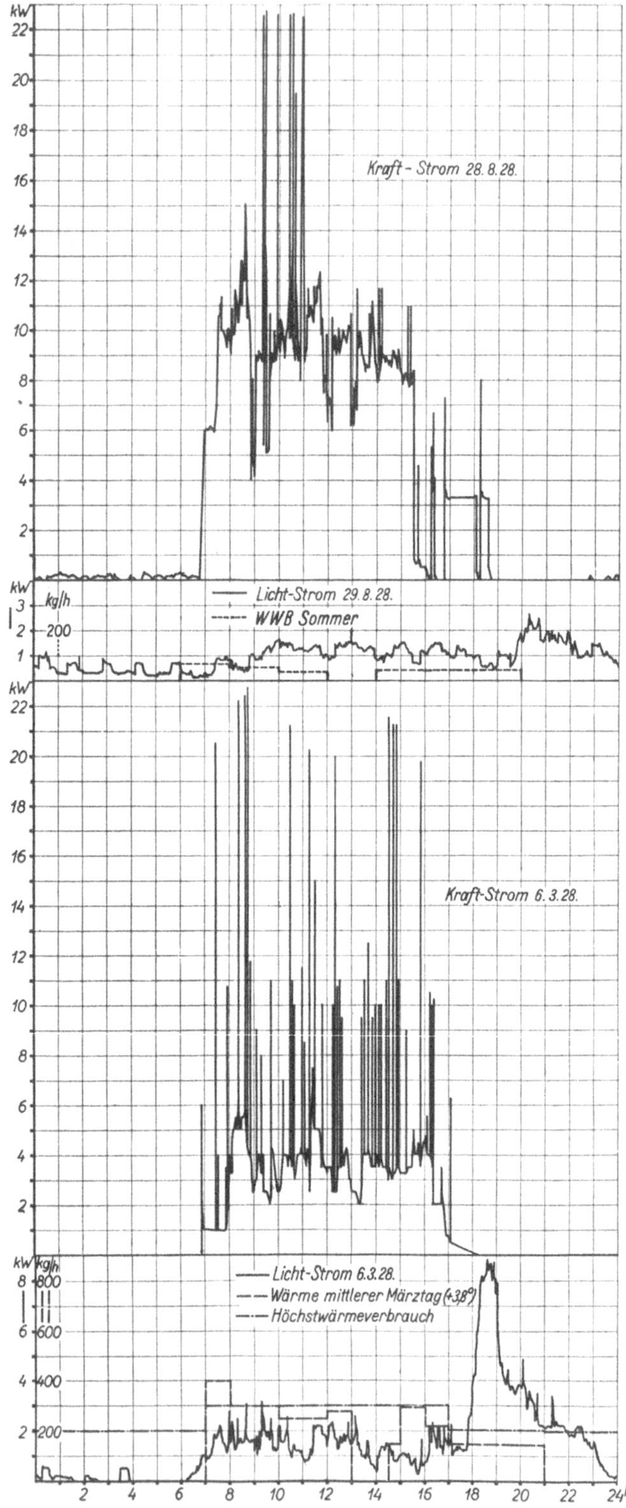

Abb. 126 u. 127. Wohnhaus mit Läden und Industrieanlagen (s. Zahlentafel 41). Stromverbrauch: rd. 37000 kWh/Jahr. Wärmeverbrauch: für Heizung rd. 550 t, für Warmwasser rd. 180 t = 730 t/Jahr.

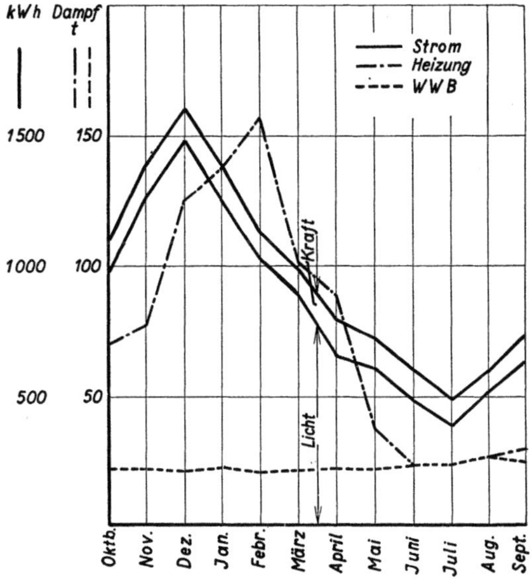

Abb. 128.

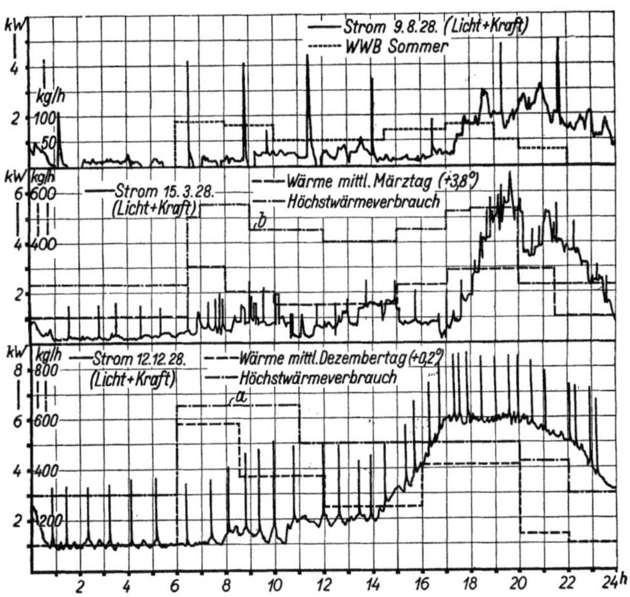

Abb. 129.

Abb. 128 u. 129. Großes Wohngebäude (s. Zahlentafel 38). Stromverbrauch: rd. 11 600 kWh. Wärmeverbrauch: für Heizung rd. 600 t, für Warmwasser rd. 300 t = 900 t/Jahr. *a, b* Höchstlastformen des Wärmebezugs.

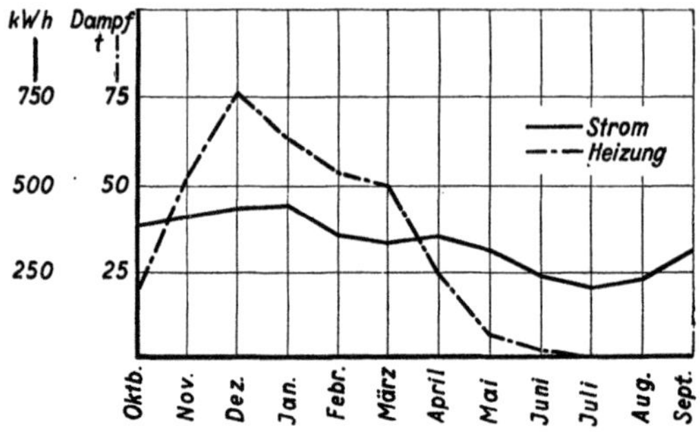

Abb. 130.

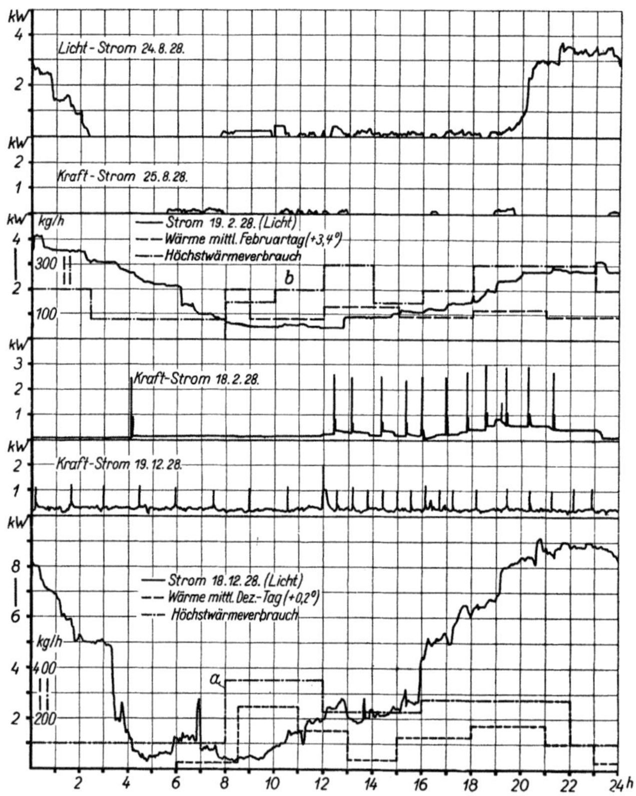

Abb. 131.

Abb. 130 u. 131. Klubhaus mit Schankstättenbetrieb (s. Zahlentafel 36). Stromverbrauch: rd. 4000 kWh/Jahr. Wärmeverbrauch: rd. 350 t/Jahr. *a*, *b* Höchstlastformen des Wärmebezugs.

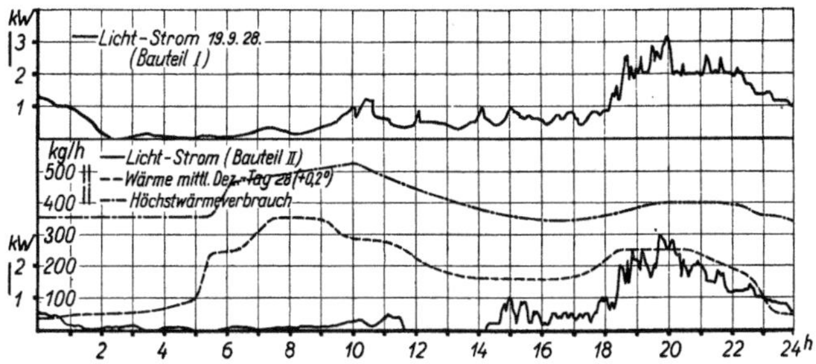

Abb. 132.

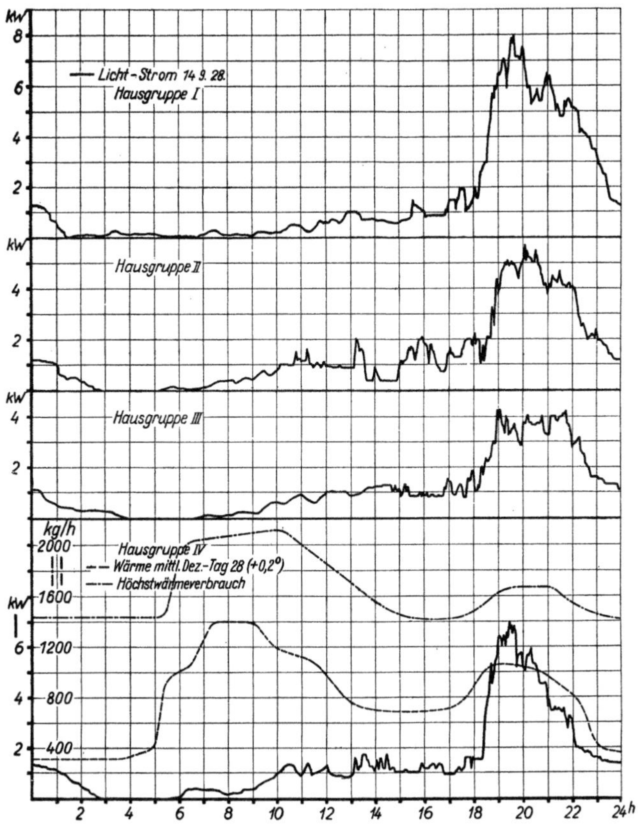

Abb. 133.

Abb. 132 u. 133. 2 Großsiedlungsbauten mit Warmwasser-Pumpenheizung Stromverbrauch: rd. 12 500 + 46 000 kWh/Jahr. Raumheizkosten: 6000 + 29 000 RM./Jahr. Warmwasserbedarf: 4 000 + 14 000 RM./Jahr (s. Abb. 62).

C. Ausgewählte Vergleichswerte von Wärme- und Stromlieferung.

Zur Charakteristik der Belastungsform und Absatzverhältnisse öffentlicher Versorgungsanlagen gehören Daten, die hier für Städteheizwerke erstmalig wiedergegeben seien.

a) Gleichzeitigkeitsfaktor.

Der Gleichzeitigkeitsfaktor η_g sei definiert durch

$$\eta_g = \frac{\text{wirkliche Höchstbelastung}}{\text{Höchstbelastung lt. Anschlußwert}}.$$

Er hat große wirtschaftliche Bedeutung, da er das Ausbaumaß der Werke bestimmt. Bei Heizbetrieben muß er durchschnittlich höher als bei Kraftwerken sein, da in allen Verbrauchsstellen das Wärmebedürfnis am Vormittag zu gleicher Zeit vorhanden ist. Unbenutzte Wohnräume beleuchtet man beispielsweise nicht, aber erwärmt sie. Dieser hohe Wert des Gleichzeitigkeitsfaktors deutet u. a. auch darauf hin, daß Heizkraftwerke umfangreichereFeuerungsanlagen gegenüber Kraftwerken gleicher kW-Leistungsfähigkeit erfordern (s. Zahlentafel 15) (Speicherung ist besonders wichtig!). Der Gleichzeitigkeitsfaktor öffentlicher Heizwerke liegt nach Zahlentafel 50 zwischen 0,9 und 1. Er wird sich der oberen Grenze bei Abnehmern gleichen Verbrauchscharakters nähern. Bürohäuser erhöhen den η_g-Wert, Wohnhäuser und gute Bedienung bringen eine erwünschte Ermäßigung. In Spalte 4 benutzte

Zahlentafel 50.
Gleichzeitigkeitsfaktoren bei Dampflieferung.

Werk	Aufgetretene Höchstbelastung bei t/h	$t_a = {}^0$C	Belastung nach Anschlußwert[1] t/h	Gleichzeitigkeitsfaktor vH
1	2	3	4	5
Barmen	60,4	— 16,2	66,8	0,904
Braunschweig .	20,5	— 19	22,5	0,920
Breslau	30,9	— 16	30,9	1,00
Charlottenburg .	39,8	— 20	41,6	0,955
Dresden	62,1	— 19	67,8	0,916
Kiel.	21	— 11,5	21,6	0,970

Zahlentafel 51. Höchstlastbenutzungsdauer deutscher Heiz- und Kraftwerke.

Werk	Benutzungsdauer der Höchstbelastung: Wärme 1928/29 h	Strom[2] 1926/28 h	Bemerkung
Barmen.	1950	—	—
Berlin-Steglitz 1931 . . .	2400	3363	Warmwassernetz
Braunschweig	2030	—	—
Charlottenburg	2160	2905	zahlreiche Warmwasseranlagen
Dresden	1650	3152	—
Karlsruhe	1030	2630	ausschließlich Heizung
Kiel	1766	3168	keine Wärmelieferung im Sommer
Leipzig	1629	2674	—
Meißen	2100	3182	Industriedampf
München	1450	3130	—

[1] Eingesetzt wurde 600 kcal $\cdot$ h^{-1} = 0,001 t $\cdot$ h^{-1}.
[2] Nach Jahresberichten der einzelnen Werke u. Stat. V.d.E.W.

ich die mir zur Verfügung gestellten Anschlußwerte, bei deren Verwendung eine gewisse Vorsicht walten muß. Ihre genaue Feststellung ist dem öffentlichen Heizwerk oft nicht möglich.

Auf die Wiedergabe der in den Statistiken unserer Elektrizitätswerke geführten Werte für η_g sei hier verzichtet. Sie liegen zwischen 0,4 und 0,6.

Zahlentafel 52.
Höchstlast und Benutzungsdauer amerikanischer Städteheizwerke.

Werk	Höchstlast		Benutzungsstunden der Höchstlast	
	1929 t/h	1930 t/h	1929 h	1930 h
New York	1917	2144	2646	2734
Detroit	585	590	2593	2465
Cleveland	479	513	2733	2656
Milwaukee	272	324	3250	2489
Rochester	231	225	2856	2980
Dayton	221	224	2690	2489
Pittsburgh	302	274	2288	2515
Chicago	148	154	2682	2462
Portland	130	136	2243	2200
Peoria	102	104	2392	2155

b) Benutzungsdauer der Höchstlast.

Durch die Erzeugungsmenge je installiertes kW bzw. m^2 Kesselheizfläche lassen sich Wirtschaftlichkeits- und Belastungsverhältnisse von Kraftwerken kennzeichnen. Die eingebauten Leistungen schließen aber gewöhnlich auch Betriebsreserven ein. Mit der Nennung von Erzeugungsmengen je aufgetretene Belastungseinheit, also der Benutzungsdauer, werden solche Vergleiche zutreffender.

In Zahlentafel 51 wurden erzeugte, nicht abgerechnete Mengen verwendet, da nur sie den gemeinsamen Werksbetrieb berühren. Die Benutzungsdauer öffentlicher Heizbetriebe lag 1928/29 bei 40 bis 70 vH heutiger Stromerzeugungswerke. Mit Hilfe der Gradtagwerte, wie sie z. B. Zahlentafel 34 u. 35 enthält, kann die Umrechnung auf das Normaljahr vorgenommen werden. Die Elektrizitätswerke haben eine 30—40jährige Entwicklung hinter sich. Man begeht keinen Fehler mit der Voraussage, daß bei ernsthaftem Betreiben des Wärmeverkaufs auch die Benutzungsstundenzahl stark erhöht werden kann.

Die Zahlen aus der amerikanischen Wärmeverkaufsstatistik unterstützen diese Ansicht.

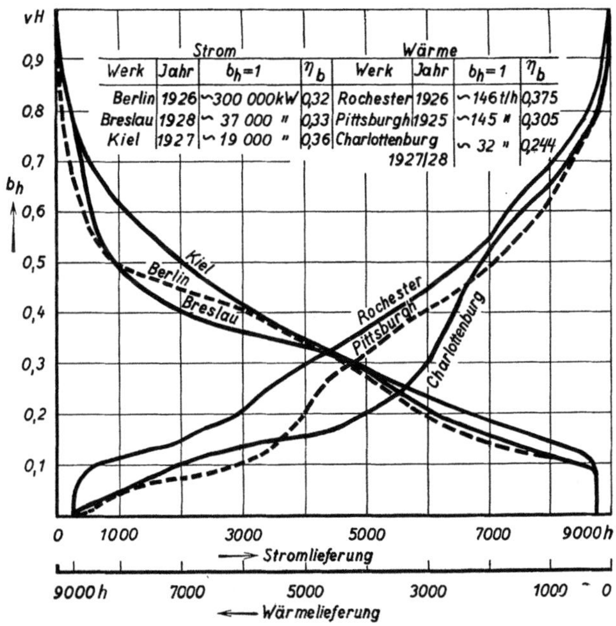

Abb. 134. Belastungsdauerlinien von Heiz- und Kraftwerken.

c) Belastungsdauerlinien.

Die Belastungsdauerlinie oder geordnete Belastungslinie von Energieversorgungsbetrieben gibt an, wie lange irgendeine der aufgetretenen Belastungen innerhalb des betrachteten Zeitraumes vorhanden war. Die Belastungsdauer der Höchstbelastung ist beispielsweise sofort aus dem Tagesdiagramm des

Höchstbelastungstages abzulesen. Die Belastungsdauer irgendeiner Teillast erhält man durch Auswertung der einzelnen Tagesdiagramme und Addition aller für diese Teillast in dem Zeitraum ermittelten Stundenwerte. Ordnet man dann die Teilbelastungen nach der Größenordnung ihrer Belastungsdauer, so erhält man eine über der Gesamtzeit in Stunden sich erstreckende Belastungslinie, die alle Tagesdiagramme in sich vereint, die Belastungsdauerlinie. In der Regel wird mit der Jahresbelastungslinie gearbeitet (s. Abb. 134). Die zwischen Koordinaten und Kurve liegende Fläche stellt die Gesamtlieferung/Jahr dar. Das Verhältnis dieser Teilfläche zur Gesamtfläche, also zu dem aus Höchstbelastung × Gesamtzeit gebildeten Rechteck, ist nach früheren Ausführungen gleich dem Belastungsfaktor[1].

In Abb. 134 ist bemerkenswert, daß die für Heizwerke ermittelten Jahresbelastungsfaktoren von 0,375, 0,305 und 0,244 von denen beliebig gewählter Kraftwerke nicht zu stark abweichen. Lediglich das Städteheizwerk Charlottenburg, dessen Belastungsfaktor für die Heizzeit 1928/29 allein 0,397 betrug, weist einen ziemlich niedrigen Wert auf. In Pittsburgh und verstärkt für Rochester ist der günstige Einfluß der Industriedampflieferung bemerkbar. Jedenfalls geben die Liniengruppen zu erkennen, daß die These vom schlechten Belastungsfaktor der Städteheizwerke hinfällig wird, insbesondere dann, wenn die Lichtstrom- den Heizwärmemengen und der (Licht- + Kraft)-Stromerzeugung die (Raumheiz- + Industrie)-Dampflieferung als vergleichbare Energiemengen gegenübergestellt werden.

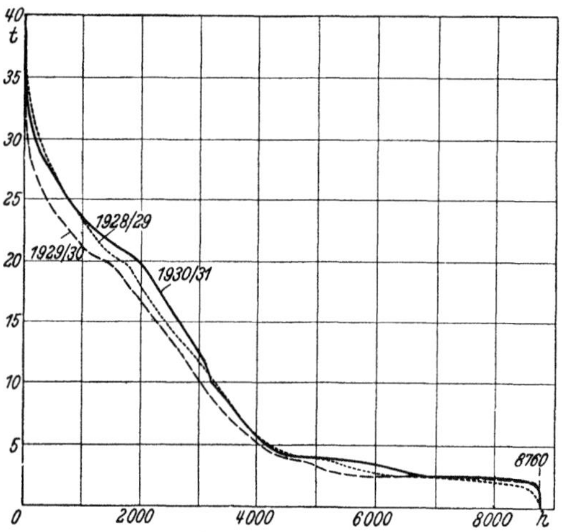

Abb. 135. Belastungsdauerlinien Städteheizwerk Charlottenburg.

Die Gebrauchswärmelieferung, die hier nur gelegentlich erwähnt wurde, hat den nämlichen Einfluß auf den heiztechnischen Teil des Heizkraftwerkes wie die Kraftstromentnahme auf seine Elektrizitätslieferung.

Die Belastungsdauerlinie wird ganz allgemein als wichtiges Hilfsmittel in der Werksplanung benutzt. Dies ist um so mehr berechtigt, als sie sich innerhalb eines Verbrauchsgebietes von Jahr zu Jahr nicht wesentlich ändert. Hat man sie einmal ermittelt, so genügen einige Kontrollwerte, um ihren gültigen Verlauf nachzuprüfen. Lediglich bei Anschluß sehr großer und Grundlast beziehender Konsumenten können umfangreichere Änderungen ihrer Form auftreten.

Verfasser hat erstmalig die Jahresbelastungslinie einer deutschen Wärmelieferungsanlage 1927 veröffentlicht, die aber kein vollständiges Bild gewährte[2]. Dagegen beruhen die Kurven der Abb. 135 auf genauen Ermittlungen; sie beziehen sich auf nahezu völlig gleiche Anschlußwerte[3] und geben somit die durch Witterungsänderung möglichen Belastungsverschiebungen an. Für Abb. 135 gelten folgende η_b-Werte: 1928/29 0,246; 1929/30 0,230; 1930/31 0,250.

Da die Belastungsdauerlinie die Durchführung einer Reihe wichtiger, sonst nicht möglicher Rechnungen gestattet, habe ich sie eingehender analytisch untersucht.

[1] Adolph: II. Weltkr.-Konf. Ber. 42. — Rückwardt: Komm. El.W. 1930 Heft 12 S. 302.
[2] Siehe Bericht 12. Kongreß f. Heizg. u. Lüftg., S. 185. [3] Siehe Abb. 85.

d) Die Gleichung der Belastungsdauerlinien.

1. Wärme.

Auf S. 132f. wurde nachgewiesen, daß der Tagesverbrauch bzw. die mittlere Tagesbelastung durch eine gradlinige Abhängigkeit von der Gradtagzahl Gt genügend genau wiedergegeben werden kann. Daraus ergab sich ferner, daß der Gesamtverbrauch bzw. die mittlere Heizzeitbelastung dem Summenwert der Gradtage proportional ist. Auf Grund dieses Zusammenhanges ist es möglich, die Belastungsdauerlinie der Heizwärmelieferung aufzuzeichnen. Das Verfahren ist das gleiche wie bei der Konstruktion der Belastungsdauerlinie von Elektrizitätswerken usw. Nur wählen wir als Abszissenmaßstab diesmal statt der Stunde den Tag. Auf der Ordinate werden statt der mittleren Stundenbelastung mittlere Tagesbelastungen, also Tagesgradtagziffern aufgetragen. Die Abszisse weist demnach alle Tage auf, die während der Heizperiode eine niedrigere Außentemperatur als $+18^0$ C gehabt haben, während in der Ordinate die Gradtagzahl des Höchstbelastungstages, also des Tages mit der niedrigsten Außentemperatur erscheint. Sind unter Zuhilfenahme der amtlichen Wetterberichte sämtliche Tage mit $< +18^0$ ermittelt, werden sie nach der Größe ihrer Gt-Werte geordnet auf der Abszisse aufgetragen. Es entsteht die Belastungsdauerlinie der Raumheizung. Sie gilt nur für die Dauer der Heizzeit, nicht für ein Jahr. Abb. 136 zeigt die Form der bei solchem Verfahren entstehenden Gesamtlinie, die wir aber zur Vermeidung von Irrtümern vorläufig geordnete oder fortgesetzte Gradtaglinie nennen wollen. Sie gilt für Berlin und den Zeitraum 1. Mai 1928 bis 30. April 1929. Man kann ihr z. B. entnehmen, daß an 324 Tagen die Außentemperatur $t_a \leqq +18^0$ C war usw. Bei Gt = 26 entsprechend $t_a = +18 - 26 = -8$ ist eine größere Abweichung vom sonst stetigen Verlauf ersichtlich, was auf die ungewöhnlich niedrigen Außentemperaturen vom Februar 1929 zurückzuführen ist. Ich wählte absichtlich eine Zeitspanne mit dieser Unregelmäßigkeit und nicht etwa die Normaljahrtemperaturen, weil die Zuverlässigkeit der folgenden analytischen Behandlung von Belastungsdauerlinien besonders betont wird.

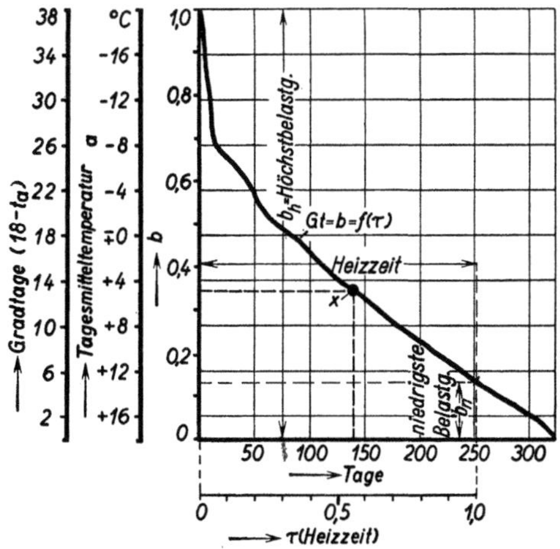

Abb. 136. Fortgesetzte Gradtaglinie für Berlin (Mai 1928 bis April 1929).

Bei der Besprechung der Wärmeverbrauchs-Charakteristik (s. S. 133 u. 134) war ferner festgestellt worden, daß der Heizdampfbezug — also die Heizzeit — sich auf die Anzahl der Tage mit $t_a \leqq +13^0$ C erstreckt. Laut Abb. 136 ergibt das eine Heizzeitlänge von $\tau = 252$ Tagen. Die an diesem Abszissenpunkt bis zum Schnittpunkt mit der fortgesetzten Gradtaglinie gezogene Ordinate entspricht wiederum der in Abb. 94—97 schon eingezeichneten mittleren Mindestbelastung von Heizanlagen[1].

Nach vorstehenden Erläuterungen entspricht die von der Gradtaglinie, der Ordinate Gt, der Abszisse τ und der Ordinate bei $\tau = 252$ Tagen eingeschlossene Fläche dem Gesamtwärmeverbrauch einer Heizanlage, deren Wärmeverbrauchs-

[1] Die Diagrammfläche rechts von der b_n = Ordinate stellt die aus anderen Wärmequellen (Sonne usw.) stammenden Wärmemenge dar, die neben dem Dampfbezug zur Raumerwärmung beiträgt.

einheit $\varepsilon = 1$ ist. Das von den beiden Ordinaten abgegrenzte Stück der geordneten Gradtaglinie soll nunmehr als Belastungsdauerlinie gelten. Der Maßstab t/Tag wurde verständlicherweise hier nur gewählt, weil die Verbräuche im Städteheizwerk in t-Einheiten gemessen wurde. Jede andere Dimension (kcal, Kohlenmenge usw.) ist ebenfalls zulässig.

Um eine allgemein gültige Rechnungsbasis[1] zu schaffen, wird sowohl die Höchstbelastung Gt $= b_h = 1$ und die Heizzeit $\tau = 1$ gesetzt (s. Abb. 137). Sämtliche Werte werden damit dimensionslos. Aus der Belastungsdauerlinie ist dann zu lesen, daß z. B. im Punkt $x = 0{,}552$

an $\tau = 0{,}552 \cdot 252 = 139$ Tagen

eine Heizbelastung von $b = 0{,}342$

und eine Außentemperatur von

$$t_a = 18 - (0{,}342 \cdot 38) = +\,5^0\ \mathrm{C}$$

vorhanden war u. a. m.

Für die analytische Behandlung sei angenommen, daß die Gradtag- oder Belastungsdauerlinie sich durch eine Funktion folgender Art darstellen lasse:

$$\mathrm{Gt} = b = f(\tau)\,. \tag{56a}$$

Dann entspricht der Gesamtverbrauch A in der Heizzeit dem Integral

$$A = \int f(\tau) \cdot d\tau\,. \tag{57 a}$$

Es sei

A die Gesamterzeugung in der Zeit $\tau = 1$
a die Erzeugung in einem Teilabschnitt
b die Belastung
b_h die Höchstbelastung
b_m die mittlere Belastung
b_n die niedrigste Belastung
b_1, b_2, b_3 usw., Teilbelastungen
$\xi_m = \frac{b_m}{b_h} = \frac{A}{b_h \cdot \tau}$
$\xi_n = \frac{b_n}{b_h}$

} sämtliche Werte sind dimensionslos.

Dem Verlauf der Belastungsdauerlinie entspricht am besten eine Gleichung von der allgemeinen Form:

$$b = f(\tau) = u + v \cdot \tau^w\,. \tag{56}$$

Ihr Integral ist dann: $$A = \int_0^1 f(\tau) = \tau + \frac{v \cdot \tau^{w+1}}{w+1}\,. \tag{57}$$

Zur Bestimmung der Festwerte u, v, w gelten folgende 3 Beziehungen:

$$\text{für } \tau = 0 \text{ ist } b = 1\,, \tag{a}$$

$$\text{für } \tau = 1 \text{ ist } b = \xi_n\,, \tag{b}$$

$$\int_{\tau=0}^{\tau=1} b \cdot d\tau = \xi_m\,. \tag{c}$$

Nach (a) ergibt sich: $u = 1\,.$

Nach (b) ergibt sich: $v = \xi_n - 1\,.$

Nach (c) ergibt sich: $\int_0^1 f(\tau) = 1 - \frac{\xi_n - 1}{w+1} = \xi_m$

---

[1] Rossander: Elektrotechn. Z. 1913 Heft 18 S. 489. — Lundberg: Eine symbolische Temperaturkurve für Schweden und ihre Verwertung. Stockholm: A.-B. Gunnar Tissels 1924.

In Abb. 137 sind die Belastungsdauerlinien (Kurve I) und ihre Integrallinie (Kurve II) aufgetragen. Für $\tau = 1$ erreicht letztere den Wert 0,3975. Für b_n läßt sich der Wert 0,1316 ablesen.

Nach (c) ist:

$$\xi_m = \int_0^1 f(\tau) \cdot d\tau = 0{,}3975\,.$$

Ferner gilt auch:

$$\xi_n = b_n = 0{,}1316\,.$$

Damit ist w bestimmt zu:

$$w = \frac{\xi_m - \xi_n}{1 - \xi_m} = 0{,}4412\,.$$

Unter Einsetzung dieser Werte ergibt sich die Gleichung der Belastungsdauerlinien:

$$b = 1 + (\xi_n - 1) \cdot \tau^{\frac{\xi_m - \xi_n}{1 - \xi_m}} \quad (58\text{a})$$

in Zahlen für 1928/29:

$$b = 1 - 0{,}8684 \cdot \tau^{0{,}4412}. \quad (58)$$

Die Gleichung der Integralkurve lautet dann:

$$A = \tau - 0{,}6025 \cdot \tau^{1{,}4412}. \quad (59)$$

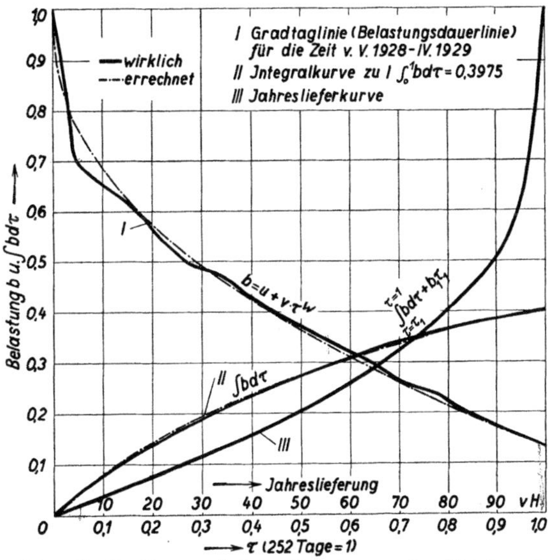

Abb. 137. Gradtag- und Jahreslieferkurven der Heizdampflieferung Berlin 1928/29.

Die gute Übereinstimmung der rechnerischen Werte mit der Wirklichkeit ist ersichtlich. Schon bei der Integralkurve verschwindet praktisch die im Linienverlauf bei $b = 0{,}7$ ersichtliche Abweichung von der errechneten Gradtaglinie, für das Normaljahr ist mit dieser Gleichungsform nahezu völlige Deckung zu erreichen.

In solcher mathematischen Fassung ermöglicht die Gradtaglinie eine Ermittlung von Werten, die bei Projekten ständig benötigt werden. Hierfür sollen 2 Beispiele angeführt werden:

1. Bestimmung des Heizdampfbedarfs eines Gebäudes im Heizjahr Mai 1928 bis April 1929, wenn bei $t_a = -3^0$ C $a = 9{,}36$ t/Tag nötig gewesen sind (s. Abb. 96, Haus Schillerstr. 122/124).

Lösung: Der Gesamtverbrauch im Jahr läßt sich nach Abb. 137 gleichsetzen dem Wert:

$$A = \int_0^1 b \cdot d\tau = 0{,}3975\,.$$

Unter Berücksichtigung der Maßstäbe ist:

$$A = 0{,}3975 \cdot 252 \cdot 38 = 3806 \text{ t/Jahr}.$$

Diesen Verbrauch hätte ein Gebäude mit einem $\varepsilon = 1$. Im vorliegenden Beispiel hat der Verbrauchstag ein Gt = 21, also ist lt. Zahlentafel 46

$$\varepsilon = \frac{a}{\text{Gt}} = \frac{9{,}36}{21} = 0{,}4458\,,$$

also

$$A = 3806 \cdot 0{,}4458 = 1696{,}7 \text{ t/Jahr}.$$

Die durch monatliche Zählerablesungen belegte Verbrauchsmenge an Heizdampf betrug 1670 t. Differenz: 1,6 vH.

2. Welche Verbrauchsmenge a in vH des Gesamtverbrauchs ist mit der Belastung $b_5 = 0{,}5\, b_h$ zu decken? b_5 entspricht $t_a = 18 - 0{,}5 \cdot 38 = -1^0$. Die Frage heißt mit anderen Worten auch: Welcher Anteil vom Gesamtheizverbrauch wurde 1928/29 in dem Temperaturbereich zwischen -1^0 und -20^0 verbraucht?

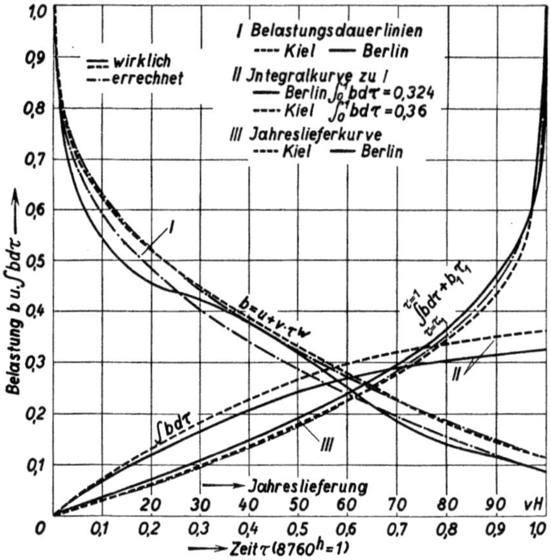

Abb. 138. Belastungsdauerlinie und Jahreslieferkurve der Stromlieferung in Kiel und Berlin.

Lösung (s. Abb. 137): Die Verbrauchsmenge a ist der Fläche proportional, die unterhalb der Horizontalen durch $b_5 = 0{,}5\, b_h$ und der Belastungsdauerlinie im Abschnitt τ_5 und $\tau = 1$ liegt. In mathematischer Form läßt sich diese Fläche ausdrücken durch

$$\left.\begin{aligned} &\text{Verbrauchsmenge } a = \\ &= \int_0^1 b \cdot d\tau - \int_0^{\tau=\tau_5} b \cdot d\tau + b_5 \cdot \tau_5 \end{aligned}\right\} \quad (60)$$

worin τ_5 die zur Belastung b_5 gehörende Zeit ist. Diese Gleichung ist in Abb. 137 für alle Werte von b als Jahreslieferkurve (III) eingetragen. Mit $b_5 = 0{,}5\, b_h$ können also 89,3 vH des gesamten Heizbedarfs gedeckt werden. Nur 10,7 vH des Jahresverbrauchs entfiel auf die kälteste Zeit mit Außentemperaturen $t_a \leqq -1^0$ C.

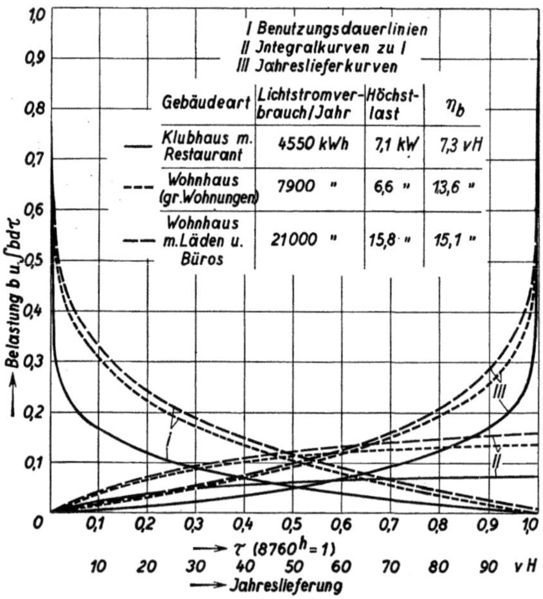

Abb. 139. Belastungsdauerlinie und Jahreslieferkurve von einzelnen Häusern.

Eine noch ausführlichere Würdigung der Belastungsdauergleichung soll in weiteren Arbeiten des Verfassers erfolgen. Sie ist beispielsweise mit Erfolg bei der Festlegung der wirtschaftlichen Heiz-Turbinengröße benutzbar, gestattet eine Entscheidung darüber, wieweit Frischdampfzusatz bei Abdampfheizwerken in Betracht zu ziehen ist und wirtschaftlich sein kann u. a. m.

2. Strom.

In gleicher Weise lassen sich Belastung und Erzeugung der Stromlieferung behandeln. Nur ist für $\tau = 1 = 8760$ Stunden zu setzen. Für Berlin und Kiel ist die Rechnung durchgeführt und ihr Ergebnis in Abb. 138 niedergelegt. Dabei wurde wiederum die allgemeine Form der Gleichung einer Belastungsdauerlinie $b = u + v \cdot \tau^w$

benutzt. Setzt man die entsprechenden Werte ein, so ergeben sich

für Berlin:
$$b = 1 - 0{,}9139 \cdot \tau^{0{,}3519}, \quad (61)$$
$$A = \tau - 0{,}676 \cdot \tau^{1{,}3519}; \quad (62)$$

für Kiel:
$$b = 1 - 0{,}8848 \cdot \tau^{0{,}3824}, \quad (63)$$
$$A = \tau - 0{,}64 \cdot \tau^{1{,}3824}. \quad (64)$$

Die errechnete und wirkliche Belastungsdauerlinie Kiels decken sich weitgehend, diejenigen Berlins differieren etwas. Für Stromabsatzgebiete sog. großstädtischen Spitzencharakters ist dies Rechnungsverfahren daher mit einer gewissen Vorsicht anzuwenden. Aber schon bei den Integral- und Jahreslieferkurven ist es hinreichend genau. Abb. 138 zeigt, daß die oberen 50 vH der Höchstbelastung nur noch etwa 5—8 vH der elektrischen Jahresarbeit erzeugen. Beim Wärmeabsatz sind es 10 vH und mehr, wodurch erneut sein schon früher erwähnter günstiger Lieferungsverlauf hervortritt.

Schließlich sind auch einzelne Häuser in ihrer Form untersucht worden. Bei ihnen kommt der Spitzencharakter des Lichtstromverbrauchs dadurch zum Ausdruck, daß fast überall weniger als 1 vH des Jahreskonsums durch die oberen 50 vH von b_h erzeugt werden. Dabei zeigt Abb. 139 schon recht günstige Stromverbraucher mit 640—1330 Benutzungsstunden. Dieses krasse Mißverhältnis von Leistungsaufwand und Ertrag rechtfertigt ein Studium der Heizkraftkupplung besonders eindringlich, zumal der Jahresbelastungsfaktor einer Wärmelieferung in Wohngebieten bis zum dreifachen Wert desjenigen ihrer Stromversorgung ansteigt.

D. Verluste im Wärmeverteilungsnetz.

Den Unterschied zwischen ins Netz geschickter und abgerechneter Wärmemenge nennen wir Netzverlust. Aus der Statistik der Elektrizitäts- und Gasverteilung ist dieser Verlustfaktor längst bekannt, für Heizwerkskreise bildete sein Vorhandensein gelegentlich unliebsame Überraschungen[1]. In Wirklichkeit kann der Wärmenetzverlust nur dann ungebührlich hoch werden, wenn Planungs- oder Ausführungsfehler bzw. vorliegen.

Zur Bildung des Netzverlustes tragen bei:

1. Die konstruktive Gestaltung des Netzes.
   a) Netzausdehnung und lichte Rohrweite,
   b) Technik der Rohrverlegung.
2. Die physikalischen Verhältnisse beim Wärmetransport.
   a) Wärmeverlust durch die Isolierung,
   b) Wärmeverlust von Heizkanal an Erdreich,
   c) Kondenswasserbildung in der Rohrleitung.
3. Die Betriebsführung.
   a) Belastung,
   b) Belastungsverteilung bei mehreren Werken,
   c) Meßverfahren,
   d) Undichtigkeiten und unvermeidliche Verluste.

Die unter 1. und 2. aufgezählten Einflußfaktoren werden im wesentlichen von der Planung und Bauausführung abhängen. Mit der Festlegung von Temperatur, Isolierstärke und Isolieroberfläche ist der physikalische Wärmeverlust bestimmt. Er ändert sich höchstens noch infolge Veränderung des Leitwertes, vielleicht auch mit dem Feuchtigkeitsgehalt des Erdreiches. Von ähnlichem, ab Inbetriebnahme unveränderlich großem Einfluß auf den Netzverlust ist das Netzsystem.

Bei weiterer Ergründung der Netzverlustursachen nach der Betriebsseite hin wird der überragende Einfluß des physikalischen Wärmeverlustes auf den Netzverlust immer deutlicher. Zum Belastungsfaktor steht er entgegen öfters vertretenen Ansichten in nur sehr

[1] Haustechn. Rdsch. 1931.

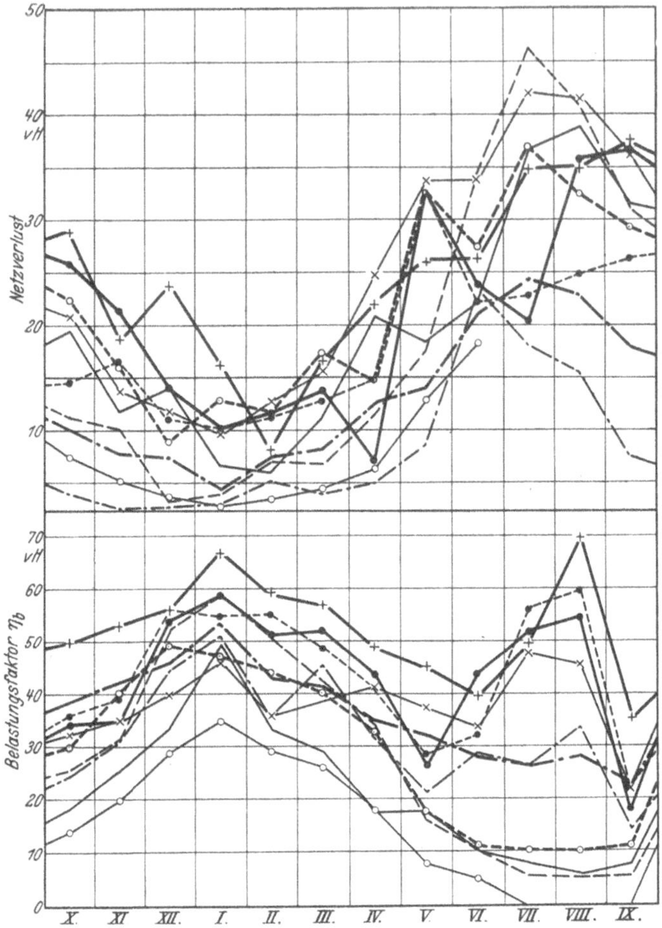

Abb. 140. Monatlicher Belastungsfaktor und Netzverlust 10 amerikanischer Städteheiznetze.

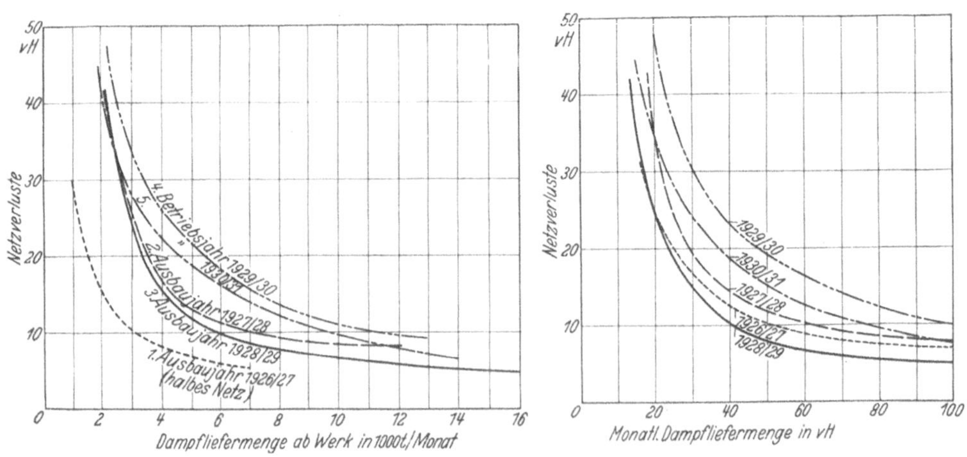

Abb. 141 u. 142. Netzverlust während 5 Betriebsjahren. Städteheizwerk Charlottenburg.

unbestimmter Abhängigkeit (s. Abb. 140). Höchstens läßt sich die Feststellung machen, daß hohen monatlichen Belastungsfaktoren im Winterhalbjahr durchweg niedrigere Netzverluste als im Sommer gegenüberstehen. Ferner können direkte Wasserverluste durch Undichtigkeiten, bei Neuanschluß von Gebäuden, auch bestimmte Netzschaltungen und Ungenauigkeit der Meßeinrichtungen usw. den Umfang des Netzverlustes gelegentlich verändern.

Auf die Dauer muß sich aber zwischen Messung im Lieferwerk und Messung beim Abnehmer immer wieder rd. der gleiche absolute Unterschied herausstellen. Sonst ist irgendein Anlageteil nicht in Ordnung. Abb. 141 u. 142 läßt das gut erkennen. Im Charlottenburger Dampfnetz bewegt sich der mittlere monatliche Netzverlust zwischen 700 und 800 t, beträgt pro Betriebsstunde also rd. 1/t. Er blieb durch 5 Betriebsjahre hindurch praktisch gleich, schwankte während dieser Zeit natürlich etwas mit dem Ausbaustadium und Betriebszustand des Netzes. Der jährliche Netzverlust war:

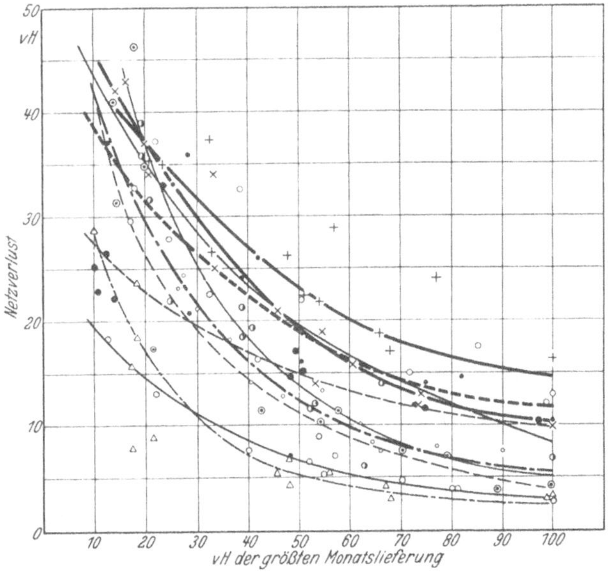

Abb. 143. Netzverlust amerikanischer Dampfnetze in Abhängigkeit von der Liefermenge.

1926/27	10,5 vH	bei 36083 t	Absatz	1929/30	16,4 vH	bei 78626 t	Absatz
1927/28	13,7 „	„ 70960 t	„	1930/31	12,9 „	„ 87423 t	„
1928/29	10,2 „	„ 85601 t	„	1931/32	15,04 „	„ 84596 t	„

Infolge Konstanz seines Absolutwertes ergibt die Auftragung des Netzverlustes über seiner Monatsliefermenge (diese als vH-Wert der Monatshöchstlieferung dargestellt) bei Raumheizversorgung zwar gewisse Streuungen, aber die einheitliche Abhängigkeitstendenz ist klar erkennbar. In Abb. 141—143 habe ich solche Kurvenscharen zusammengetragen. Für die amerikanischen Werke gelten folgende Jahresverlustwerte:

Werk 1 . . . 19,0 vH		Werk 6 . . . 6,6 vH
„ 2 . . . 21,9 „		„ 7 . . . 22,1 „
„ 3 . . . 16,3 „		„ 8 . . . 12,9 „
„ 4 . . . 17,3 „		„ 9 . . . 15,4 „
„ 5 . . . 13,4 „		„ 10 . . . 7,3 „

Sie beweisen, daß gut gebaute und richtig angelegte Dampfnetze keine höheren jährlichen Netzverlustziffern als 12—16 vH aufweisen dürfen, wobei Vollastwerte von 6—8 vH erreicht werden müssen. In Warmwassernetzen haben die entsprechenden Ziffern den 0,6—0,7fachen Wert. Demnach kann festgestellt werden, daß Kabel- und Rohrleitungsnetze gleich große Verteilungsverluste haben. Die Aufstellung und ständige Handhabung der Netzverlustkurven ist ein brauchbares Betriebskontrollmittel.

E. Belastungsgebirge und Stundenbelastungslinien für Strom und Wärme.

Die Elektrizitäts- und Gaswirtschaft benutzt seit einigen Jahren das Belastungsgebirge als brauchbares Mittel für eine gerichtete Werbung und Tarifgestaltung[1].

[1] Adolph: Elektrotechn. Z. 1927 S. 5. — Schneider: Diskussionsbeitrag Sektion 15 der 2. Weltkraftkonferenz 1930.

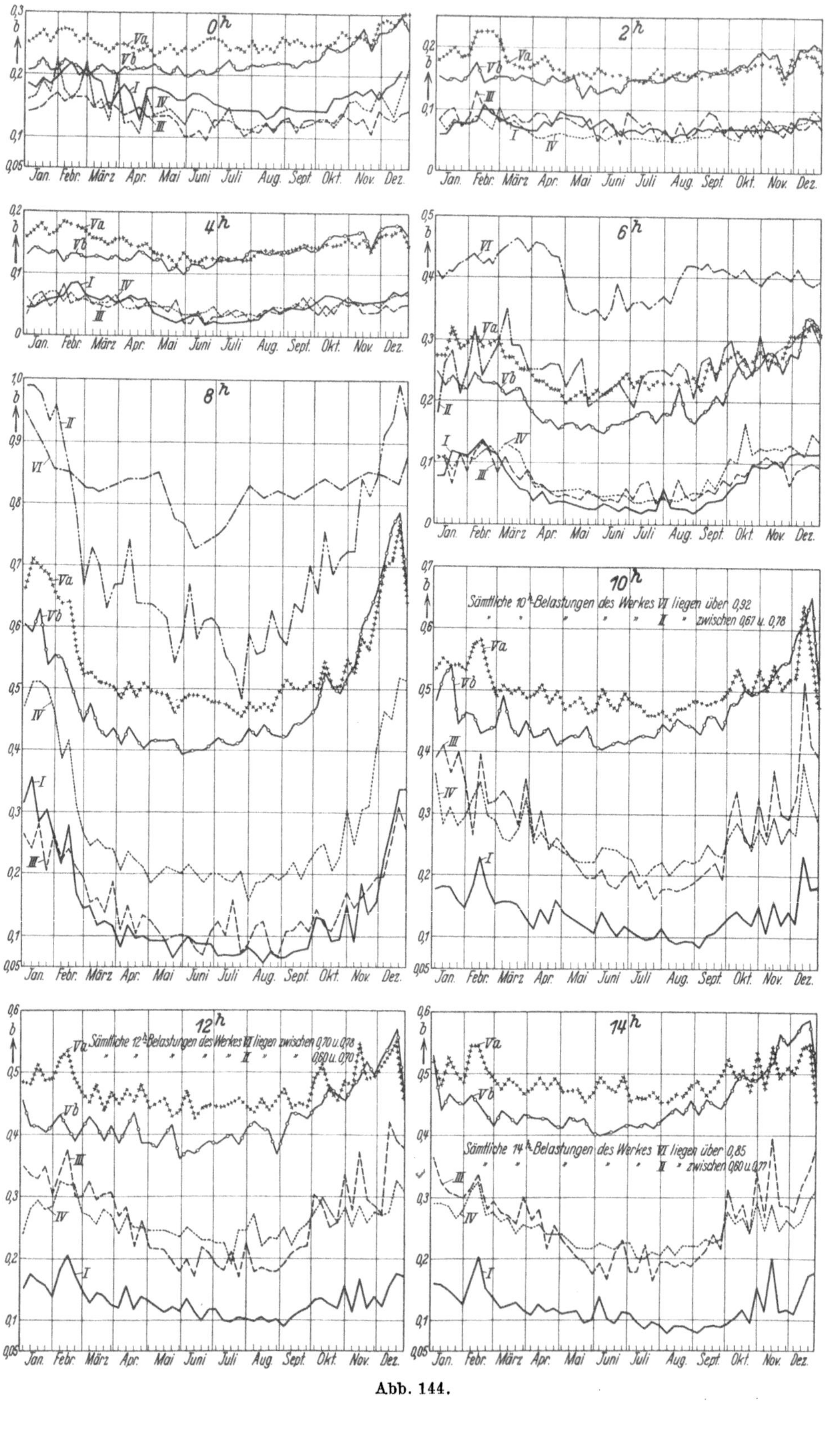
0h
2h
4h
6h
8h
10h
12h
14h
Sämtliche 10h-Belastungen des Werkes VI liegen über 0,92
" " " " " II " zwischen 0,67 u. 0,78
Sämtliche 12h-Belastungen des Werkes VI liegen zwischen 0,70 u. 0,78
" " " " " II " " 0,60 u. 0,70
Sämtliche 14h-Belastungen des Werkes VI liegen über 0,85
" " " " " II " zwischen 0,60 u. 0,77
Va
Vb
I
II
III
IV
VI
b
Jan. Febr. März Apr. Mai Juni Juli Aug. Sept. Okt. Nov. Dez.

Abb. 144.

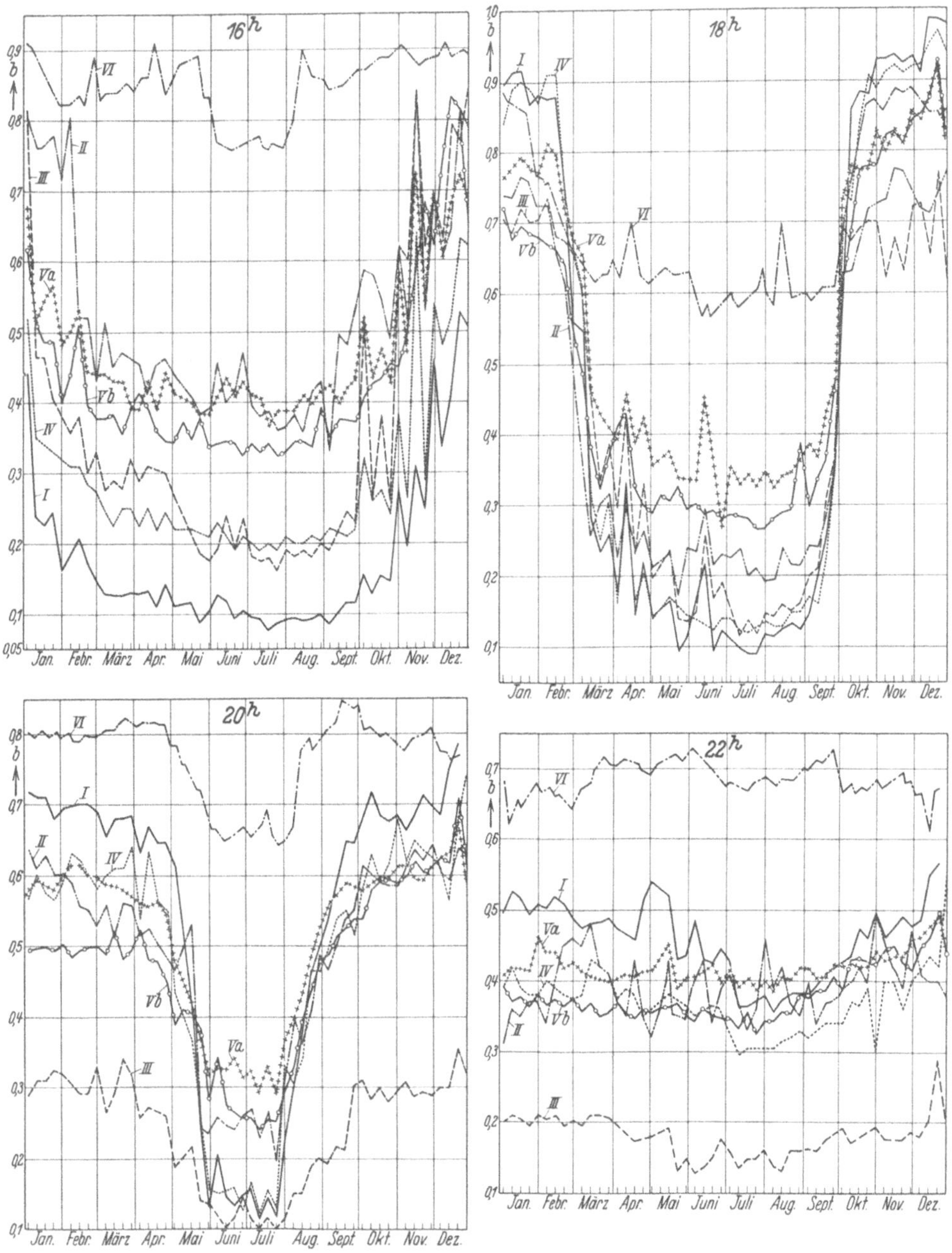

Abb. 144. Stundenbelastungslinien großstädtischer Elektrizitätswerke.

Beim Vergleich der Belastungsgebirge einer öffentlichen Strom- und Wärmelieferanlage (s. Abb. 145 u. 146) tritt der Wesensunterschied beider Energieformen klar zutage. Die Ausführungen unter Abschnitt IV B b werden nochmals plastisch bestätigt, die Wärmelieferung hat gegenüber der Stromerzeugung — gerade in höheren Laststufen — durchaus Grundlastcharakter.

Die Unhandlichkeit der Belastungsgebirge[1] ist für den allgemeineren Gebrauch störend. Man wollte dies gelegentlich durch topographische Darstellweise beheben. Trotzdem glaube ich keine Fehlfeststellung zu machen, wenn eine zunehmende Beliebtheit des Belastungsgebirges bestritten wird.

Für unsere Heizkraftspannung soll es in neuartiger Weise benutzt werden. Die früher gegebenen zeichnerischen und rechnerischen Methoden zur Bestimmung des Stromverlaufs müssen notwendigerweise durch ein Verfahren ergänzt werden, das die Bestimmung der Belastungshöhe zu irgendeiner Stundenzeit im Jahre gestattet. Dazu sind die Stundenbelastungslinien geeignet. Sie stellen Schnitte

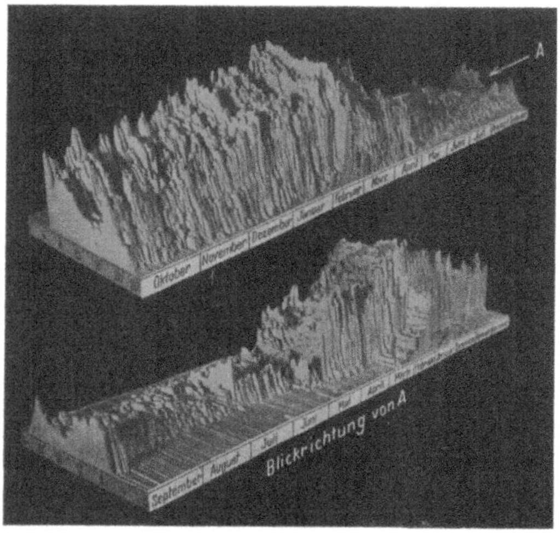

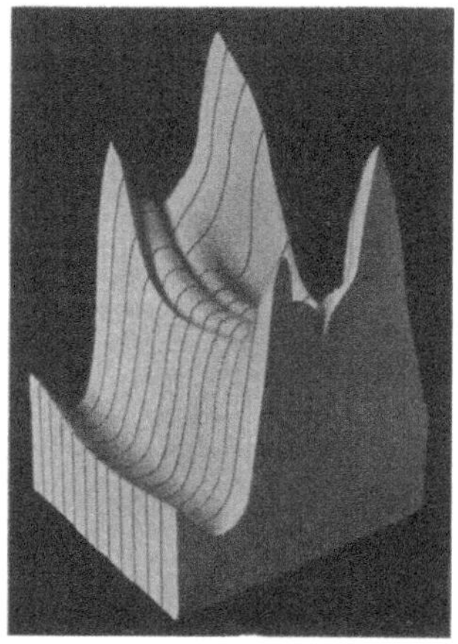

Abb. 145 u. 146. Belastungsgebirge einer Wärme- und Stromlieferung (Städteheizwerk Charlottenburg 1928/29 und Bewag 1927).

zu den entsprechenden Stundenzeiten durch das Belastungsgebirge dar — senkrecht zur Tageszeitachse (s. Abb. 146). Aus dem Bestreben nach Vollständigkeit heraus legte ich sie durch 6 verschiedene Belastungsgebirge, deren Gebiete sich beschreiben lassen als

I =	reines Wohngebiet mit einer Winterspitze . .	b_h = 3900 kW	Aus dem Berliner Stadtgebiet ausgewählt. I—VI entspricht a—f in Abb. 147.
II =	Wohngebiet mit großer Industrie mit	b_h = 5200 „	
III =	Büro- und Geschäftsviertel (City) mit	b_h = 6500 „	
IV =	gemischtes Gebiet aus Industrie-, Geschäfts- und Wohnvierteln mit	b_h = 11500 „	
Va =	deutsche Großstadt (Berlin) 1929 mit	b_h = 478000 „	
Vb =	deutsche Großstadt (Berlin) 1928 mit	b_h = 438000 „	
VI =	amerikanische Industriegroßstadt (Detroit) mit	b_h = 504000 „	

In Abb. 147 sind ihre Tagesbelastungsbilder mit b_h jeweilig = 1 gesetzt, wiedergegeben. Zu ihrer Kennzeichnung seien noch genannt: Spitzenbenutzungsstunden im Gebiet $I = 1670$ Std., $II = 3100$ Std., $III = 1590$ Std., $IV = 2740$ Std., $Va = 2715$ Std., $Vb = 2424$ Std., $VI = 3850$ Std.

Die Stundenbelastungslinie des Stromes gestattet beispielsweise, die 8 Uhr-Last am 10. 10. oder 16 Uhr-Belastung des 18. 12. usw. ausreichend genau anzugeben (in vH der Höchstlast). Die Linienwerte wurden absichtlich nicht gemittelt, um die vorkommende Streuung darzutun und Interpolation zwischen einzelnen Absatzgebietsziffern zu ermöglichen. Für die Heizkraftplanung

---

[1] Ascher: Elektrotechn. Z. 1931 S. 12. — Schneider-Wolf: Elektrotechn. Z. 1931 S. 235. — Pflugmacher: Elektr.-Wirtsch. 1931 S. 106.

benötigten wir nunmehr lediglich noch den Stundenbelastungsverlauf der Wärme über das Jahr hinweg. Sofort tritt die alte Ungewißheit über den Witterungs- und

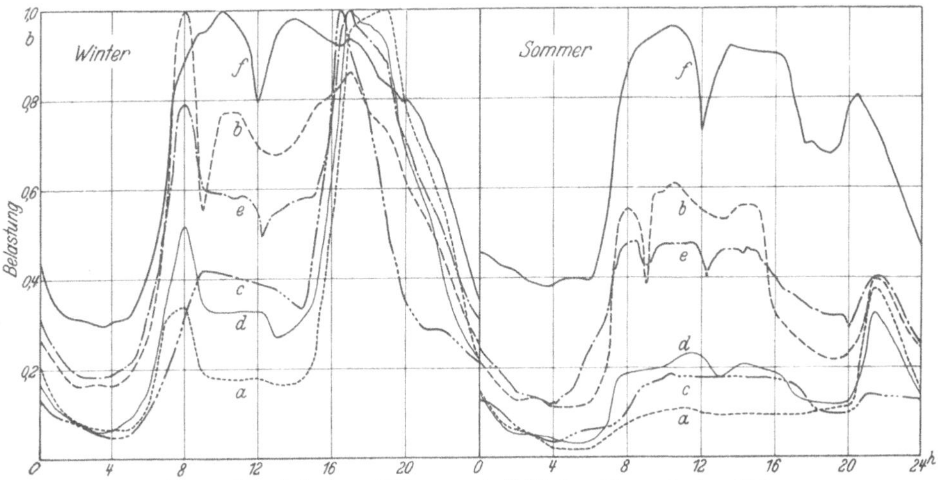

Abb. 147. Tagesbelastungsbilder von 6 städtischen Stromabsatzgebieten.

Außentemperaturverlauf störend auf. Es gibt deshalb keine ähnliche Stundenbelastungslinie für die Wärme. Diesen Mangel können wir nur indirekt abstellen.

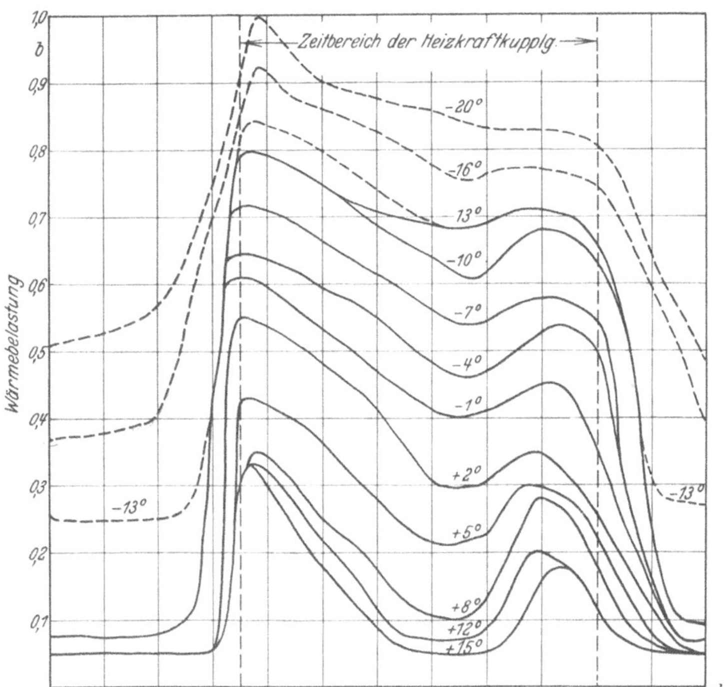

Abb. 148. Mindestbelastungslinien eines Städteheizwerkes.

Durch die Kurvenschar der Abb. 148 gewinnen wir zunächst einen Anhalt für die niedrigste Wärmebelastung, die in einem Absatznetz (Form nach Abb. 102) bei Dampfverteilung überhaupt auftreten kann. Die Linien sind durch sorgfältige Großzahlbestimmung vieler

Tausender Stundenwerte während 5 Betriebsjahren entstanden und verdienen völliges Zutrauen. Sie sagen aus, daß bei bestimmter Außentemperatur der abzulesende Belastungswert nie unterschritten wird, wobei $b = 1 = b_h$ die Stundenbelastung bei -20^0 darstellt. Die stündliche Wärmeabnahme wird oft sogar bis zu 35 vH größer als angegeben sein. Für eine Warmwasserpumpenheizung in ähnlichen Absatzgebieten sind sie erst recht zu ungünstig, da das Werk die Belastung selbst regelt und kurzfristige Belastungsänderungen von $\pm$ 15 vH stets möglich sind; bei ihr kann man die Abbildungswerte mit einem Zuschlag von durchweg 15 vH versehen und sie mit genügender Verläßlichkeit gleichfalls benutzen. Die Mindestbelastungslinien räumen somit das Hauptstück der Ungewißheit einer Heizkraftkupplung, die stündliche Wärmeabsatzschwankung, aus. Es verbleibt lediglich noch die Unkenntnis des Temperaturverlaufs, die durch Planungsmaßnahmen behoben werden kann.

Damit sind uns alle Mittel an Hand gegeben, die Heizkraftdauer zu bestimmen. Hierzu folgt ein Beispiel.

F. Prüfung der Heizkraftdauer bei verschiedenen elektrischen Belastungen.

Unter Heizkraftdauer sei die Zeit verstanden, während der eine bestimmte Strombelastung im Heizkraftverfahren sicher aufgebracht wird. Man kann also von täglicher, monatlicher und jährlicher Heizkraftdauer sprechen. Der folgend beschrittene Weg zu ihrer Ermittlung beansprucht Allgemeingültigkeit, wenn auch hier und da Abkürzungen erlaubt sein werden.

Angenommen: 4 Absatzgebiete nach Abb. 147a—d, *I—IV*,
Heizturbinen arbeiten mit $p_1 = 36$ ata/430^0
$p_2 = 3$ ata.

Ferner sei: Leistung je Turbine $N = 2000$ kW
$\eta_{\text{thdyn}} = 77$ vH.
$\eta_{\text{gen}} = 94$ vH.

Dann ist: λ ausnutzbar $= \lambda\,\text{ad.}\,\eta_{\text{thdyn}} = 109{,}6$ kcal/kg
Dampfendzustand $i_2 = 672{,}7$ (3 ata/177^0 C).

$$\text{Bei Vollast ist } d = \frac{860}{109{,}6 \cdot \eta_{\text{gen}}} = 8{,}35 \text{ kg/kWh}.$$

Generatorwirkungsgrad	1/1	3/4	1/2	1/4	Last
	94	93,7	92,6	87,9	vH

Das Studium über die Zeitdauer des gekuppelten Betriebes soll mit folgenden Daten durchgeführt werden. Jedes Stromabsatzgebiet habe eine Höchstbelastung von 3800 kW. Diese Dezemberhöchstspitze ergab sich übrigens in einem Berliner Umformwerk, das zur Stromversorgung einer Wohngegend mit rd. 50000 Einwohnern dient. Von drei weiteren Gebieten mit anderem Verbrauchscharakter, aber nicht allzu verschiedener Belastungshöhe, lagen ebenfalls so vollständige Aufzeichnungen vor, daß nach dem auf S. 160f. geschilderten Verfahren von allen 4 Werken Höchstbelastungslinien gezeichnet werden konnten (s. Abb. 149, unten).

Aus der Strombelastung im Quadranten 2 ist über die Linie des Turbinendampfverbrauchs hinweg die jeweilig zur Verfügung stehende 3 ata Dampfmenge ermittelt worden (s. gestrichelte Pfeillinie). Die gesamte Schluckmenge beider erforderlicher 2000 kW-Turbinen ist 33400 kg/h. Jede Heizkraftturbine arbeitet demnach mit folgenden Dampfverbrauchsziffern:

bei 1/1 Last	= 2000 kW:	8,35 kg/kWh	
„ 3/4 „	= 1500 „ :	9,11	„
„ 1/2 „	= 1000 „ :	10,7	„
„ 1/4 „	= 500 „ :	15,9	„

In allen 4 Fällen wurde die Turbinendampfmenge mit der Dampfbelastung eines Heizrohrnetzes verglichen, dessen Bedarf gerade groß genug sein sollte, die Stromspitze von 3800 kW im Gegendruckverfahren aufzubringen. Da die

Stromkurven vom 19. 12. 1929 herrühren, ist die Außentemperatur dieses Tages von — 1,1° C zugrunde gelegt worden, um mit Hilfe von Abb. 148 den Heizwerkbelastungsverlauf festzulegen, der einen Anschlußwert von $45 \cdot 10^6$ kcal/h ergab. Die Gegenüberstellung der Dampfentnahmelinie des Heizwerkes mit der Kurve des anfallenden Turbinendampfes ist zu folgenden Feststellungen geeignet:

a) Die elektrische Belastung kann aus Heizdampf gedeckt werden:

Bei 2/2000 kW-Turbinen	voll	teilweise
Im Gebiet *I* .	von 6—20 Uhr = 14 Stunden	0—6 Uhr und 20—24 Uhr = 10 Stunden
„ „ *II* .	„ 6—20 „ = 14 „	0—6 „ „ 20—24 „ = 10 „
„ „ *III* .	„ 6—21 „ = 15 „	0—6 „ „ 21—24 „ = 9 „
„ „ *IV* .	„ 6—20 „ = 14 „	0—6 „ „ 20—24 „ = 10 „

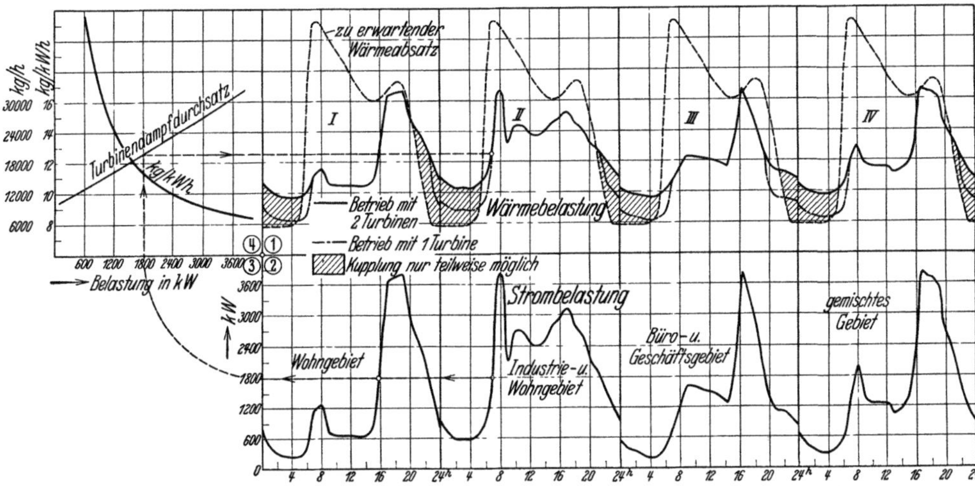

Abb. 149. Prüfung der Heizkraftdauer in 4 verschiedenartigen Stromabsatzgebieten.

Die größte Sicherheit für das ungehinderte Abströmen des Turbinenenddampfes ins Heizrohrnetz ist im Gebiet *II*, dem Industriebelastungsgebiet, vorhanden. Beim Wohngebiet um 20 Uhr und in den Gebieten *III* und *IV* scheint die notwendige Differenz zwischen Turbinendampflieferung und Heiznetzbelastung zur Höchstbelastungszeit nicht mehr vorhanden zu sein. Doch sei stets bedacht, daß die Heizdampfabsatzlinie den wirklichen Verbrauch mit starker Reserve darstellt, die besonders zur Zeit der elektrischen Höchstbelastung vorhanden ist. Der schroffe Abfall der Lichtspitze im Geschäftsviertel *III* verlängert die Zeitdauer der Heizkraftkupplung. Generell ist feststellbar, daß der Dampfbezug in beachtenswertem Ausmaß noch über den Zeitpunkt der elektrischen Höchstlast hinaus vorhanden ist. Dagegen kommen die Zeiten 0—6 Uhr und 20—24 Uhr für eine Stromerzeugung aus Wärmelieferung kaum in Frage. Im vorliegenden Beispiel ist der Leerlaufverbrauch des Heiznetzes nur wenig größer als die Leerlaufschluckmenge einer 2000 kW-Turbine. Hier soll nicht untersucht werden, welche Gesamtwerksleistung im Heizkraftwerk vorhanden und wie sie aufgeteilt sein müßte. Die Turbinendampfverbrauchslinien sind für den Betrieb von zwei 2000 kW-Turbinen bei gleichem Lastanteil gezeichnet. Die große Differenz zwischen der Turbinendampfmenge und dem Heiznetzbedarf wird erheblich geringer, wenn im Strombelastungstal nur 1 Aggregat eingesetzt wird (s. gestrichelte Linie). Im Ausführungsfalle dürfte sogar ein 750—1000 kW-Aggregat

Zahlentafel 53. Heizkraftdauer

Stromlieferung					
Gebiet	Tagesstrommenge kWh	Turbinen Zahl/Größe kW	Betriebszeit Uhr	Heizkraftstrom insgesamt kWh	 in vH der Tagesmenge vH
I	32700	2/2000	6—20	22550	69,0
II	47500	2/2000	6—20	37140	78,1
III	31160	2/2000	6—20	25090	80,5
IV	35890	2/2000	6—20	26910	74,9
I	32700	1/2000 2/2000	0— 6 23—24 6—23	22870	69,9
II	47500	1/2000 2/2000	0— 6 22—24 6—22	37140	78,1
III	31160	1/2000 2/2000	0— 6 20—24 6—20	27440	88,1
IV	35890	1/2000 2/2000	0— 6 22—24 6—22	27350	76,2

noch zweckdienlicher sein. Aber schon bei Verwendung nur einer der beiden 2000 kW-Gegendruckmaschinen von etwa 1500 kW Belastung abends an bis morgends 6 Uhr ist in den Gebieten *I*, *III* und *IV* eine 1—3stündige längere volle Heizkraftkupplung möglich. Von 6 Uhr ab spielt ein höherer Dampfverbrauch keine Rolle, da die volle Kupplung sicher gewahrt ist. Um so eher wäre dies Ziel erreichbar, je ausgedehnter das Wärmeverteilungsnetz bei gleichem Anschlußwert ist. Denn damit stiege der Kondensationsverlust des Netzes (Leerlaufbedarf), und zur Nachtzeit kann normalerweise nur mit einer ihm entsprechenden Abnahme gerechnet werden. In fast allen Projekten wird die Wirtschaftlichkeitsrechnung aber ergeben, daß von der Heizkraftkupplung unter solchen Umständen Abstand zu nehmen ist. Bei Zusammenarbeit von Kondensations- und Heizkraftwerken gehört die Belastung zwischen 20 Uhr und 6 Uhr dem Kondensationswerk. Die Leerlaufdampfmenge des Heiznetzes soll nur soweit aus Turbinendampf gedeckt werden, als Dampf bei der Eigenstromerzeugung für das Heizkraftwerk abfällt. Der weitere Bedarf muß durch gedrosselten Frischdampf befriedigt werden. In der Änderung der Abdampfqualität durch Drucksenkung liegt ein weiteres Mittel, zu Nachtzeiten die Dauer der Heizkraftkupplung zu erhöhen.

b) Mengenmäßig ergeben sich folgende Verhältnisse. Bei 14stündiger Turbinenbetriebszeit erzeugt das Heizkraftwerk zwischen 69 und 80 vH der einzelnen kWh-Mengen (s. Zahlentafel 53). Durch geeignete Betriebsschaltung und Wahl der Turbinenleistungen kann die Stromausbeute bis auf rd. 70—88 vH der Tagesmenge erhöht werden, wobei auch die Belastung während der Erzeugungszeit voll gedeckt ist. Anteilmäßig wird im Gebiet *III*, dem Büro- und Geschäftsviertel, die höchste Ausbeute erreicht. Gesamtwirtschaftlich gehört wiederum dem Gebiet *II* der Vorrang, da bei seinem Strombelastungsverlauf aus der gleichen Heizdampfmenge rd. 30—60 vH höhere kWh-Mengen herauszuholen sind.

c) Die Wärmebelastungslinien zeigen, daß die Kesselhausleistung des Heizkraftwerkes ausschließlich vom Heizwerksbedarf bestimmt wird. Zwischen dem bei Betrieb nach Abb. 149.

Wärmelieferung					Bemerkungen
Tagesmenge	davon als				
	Turbinenenddampf		Frischdampf		
t	t	vH	t	vH	
600	264	44,0	336	56,0	Die Stromerzeugung gilt nur für die Stunden, zu denen die volle Belastung im Gegendruckverfahren erzielt wird. Auch die Turbinenenddampfmengen beziehen sich nur auf diese Zeiten.
600	347	57,8	253	42,2	
600	281	46,8	319	53,2	
600	289	48,2	311	51,8	
600	268	44,7	332	55,3	
600	345	57,5	255	42,5	
600	304	50,7	296	49,3	
600	295	49,2	305	50,8	

Maximum des Wärmeflusses für Raumheizzwecke (b_{hW}) und der Stromerzeugung ($b_{h str}$) besteht ein 12stündiger Zeitunterschied. Während der täglichen Heizkraftdauer ist der Anteil der Turbinenenddampflieferung am Netzbedarf erheblich

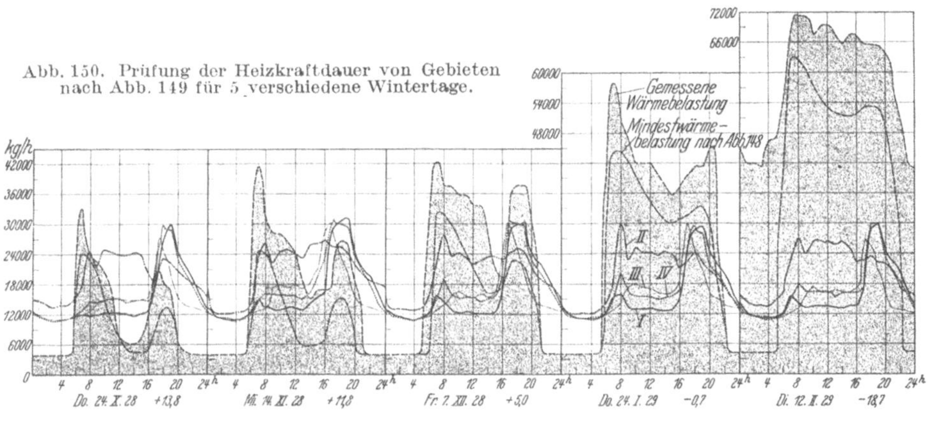

Abb. 150. Prüfung der Heizkraftdauer von Gebieten nach Abb. 149 für 5 verschiedene Wintertage.

kleiner als das Verhältnis von Heizkraftstrom : Tagesstrommenge. Beträgt doch selbst bei Industriestromabsatz, wo sich Wärme und Strombelastungsverlauf am besten ähneln, die als Turbinenenddampf gewonnene Wärmemenge nur 57 vH des Tagesbedarfes (s. Zahlentafel 53), während der Rest Frischdampf sein muß[1]. Jede als Frischdampfwärme gelieferte Energiemenge verschlechtert aber den finanziellen Wirkungsgrad der Anlage. Mit aller Sorgfalt muß das Heizkraftprojekt deshalb auf die richtige Abgleichung des Strom- und Wärmebezirks hin geprüft werden.

[1] Zum Teil daraus herrührend, daß nur von 6—20 Uhr Turbinenbetrieb vorgesehen ist.

d) Wir haben nunmehr die Frage zu beantworten, ob denn die ziemlich willkürlich gewählte Heiznetzgröße ausreicht, die Heizkrafterzeugung an allen Tagen von 6 Uhr bis 20 Uhr sicherzustellen. In den 4 Belastungsbildern der Abb. 149 wurde sie lediglich danach bestimmt, die Dampfentnahme zwischen 17 Uhr und 19 Uhr in Einklang mit der Enddampfmenge der Turbinen zu bringen. Das ergab einen Anschlußwert für das Städteheizwerk von rd. $45 \cdot 10^6$ kcal/h bzw. eine Höchstdampfmenge (b_{hw}) von 75 t/h bei -20^0 Außentemperatur. Mit dieser Willkür im Projektplan verbanden wir jedoch die weitergehende Absicht, ein systematisch aufgebautes und in der Hintereinanderreihung der Arbeiten stets notwendiges Prüfverfahren der Heizkraftdauer vorzubereiten, das in den Abb. 150—155 wiedergegeben ist.

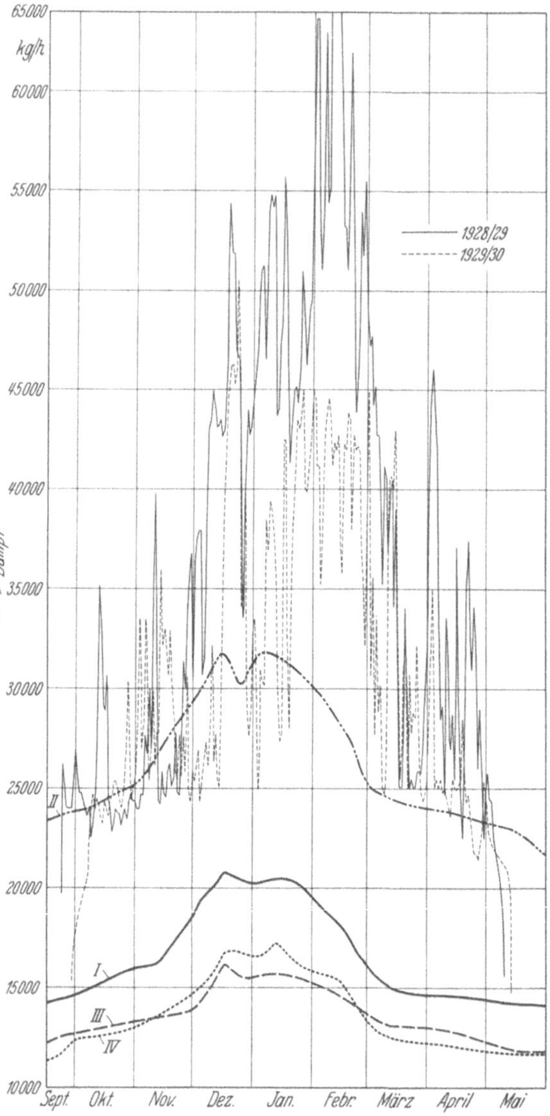

Abb. 151. 8 Uhr-Belastung.

Abb. 151—156. Stundenbelastungsbilder eines Heizkraftwerkes 1927/30 (8, 16, 18 und 20 Uhr). (Absatzgebiete *I*—*IV* siehe Abb. 149.)

Die 5 Stichproben der Abb. 150 genügen zur Beantwortung nicht, obgleich schon aus den Tageskurven des 24. 10. und 14. 11. hervorgeht, daß das Wärmenetz für eine volle Heizkraftkupplung zu klein ist. Das könnte ein besonders ungünstiger Zufall sein, um dessen willen man vielleicht eine kleine Dieselmaschine kaufen, aber keinen Netzausbau betreiben würde. Es bleibt daher nur übrig, Tag für Tag dergestalt zu prüfen. Fraglos zeigen die Liniengruppen der Abb. 150 aber, daß man sich auf die Gegenüberstellung von Turbinenabdampf und Heizwerksbelastung an den kritischen Tageszeiten wie 8 bis 10 Uhr und besonders 16 Uhr, 18 Uhr und 20 Uhr beschränken kann. Hierfür können wir nun unsere Stundenbelastungslinien heranziehen und erhalten Stundenbelastungsdiagramme des ganzen Heizkraftwerkes. In den Abb. 151—156 sind sie für die 8 Uhr-, 16 Uhr-, 18 Uhr- und 20 Uhr-Zeiten dargestellt.

Die 8 Uhr-Strombelastung (s. Abb. 151) könnte nur an Tagen mit $t_a \geqq +8^0$ C Schwierigkeiten geben, sobald sie nämlich Werte über $0{,}6 \cdot b_{h_{str}} = 2280$ kW erreicht. Einer Strombelastung von 0,6 $b_{h_{str}}$ entspricht eine Abdampfliefermenge von 22,5 t/h $= 0{,}3\ b_{h_w}$. Nach Abb. 148 liegt die 8 Uhr-Heizwerksbelastung bei den genannten Außentemperaturen zwischen 0,3 und 0,35 b_{h_w}, also zwischen

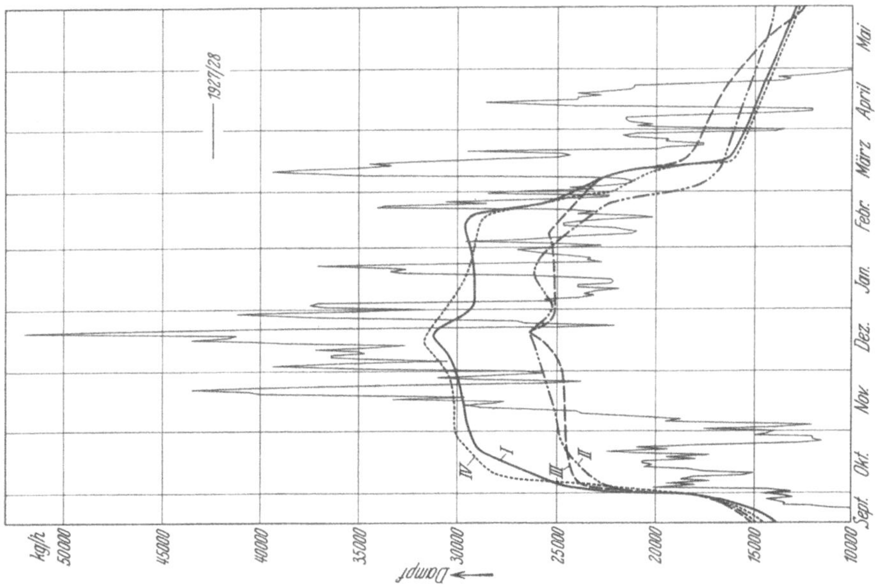

Abb. 153. 18 Uhr-Belastung.

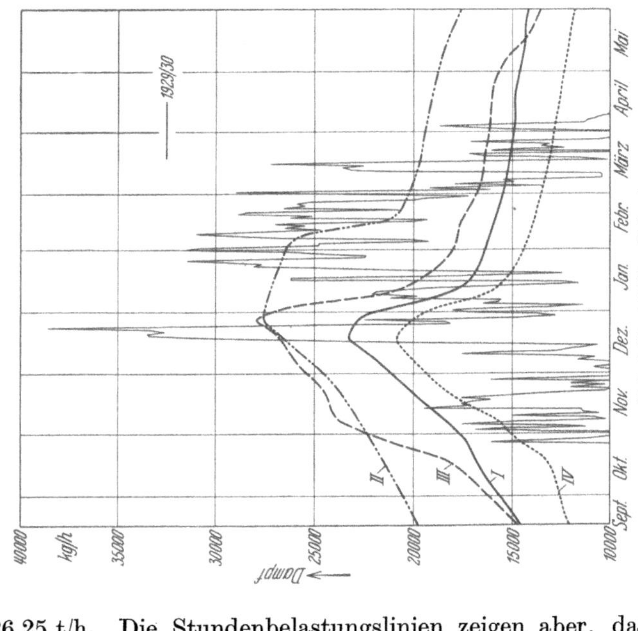

Abb. 152. 16 Uhr-Belastung.

22,5 und 26,25 t/h. Die Stundenbelastungslinien zeigen aber, daß die 8 Uhr-Lichtspitze nur im Industriebezirk *II* derartige Werte annimmt, nicht aber in den übrigen Gebieten *I*, *III* und *IV*. Für die 9 Uhr-Stunde gilt ohne Einschränkung, daß sie immer dann volle Kupplung ermöglicht, wenn die 8 Uhr-Belastung möglich war. Die Aufbringung der sonstigen Vormittagsstromlast würde auch nur an Tagen mit $t_a \geqq +8^0$ C zu Erzeugungsschwierigkeiten Anlaß geben.

Der Hauptwert unserer Prüfung liegt in einer Klärung des Strom- und Heizwärmeverlaufs während der Abendstunden 16 bis 20 Uhr. Die 18 Uhr-Stunde der Jahre 1927/28, 1928/29 und 1929/30 ist in den Abb. 153—155 als Muster für derartige Projektarbeiten ausgewählt. Bezüglich der Turbinendampfmengen sind sich die Gebiete *I* und *IV* einerseits und *II* und *III* andererseits etwa gleich, was aus der von Oktober bis Februar sich annähernd gleichbleibenden Abendlast erkenntlich ist. Das vielleicht auf Grund der Abb. 151 erhoffte günstige Ergebnis über die Heizkraftdauer ist leider weitgehendst zu revidieren. So kann zwischen dem 1. 11. 1927 und 1. 3. 1928 die Turbinendampflieferung vom Heiznetz *II* oder *III* an 44 Tagen nur teilweise aufgenommen werden, mit anderen Worten wird damit die Turbinenleistung an 44 Winterabenden niedriger als verlangt. Der Wärmeanschlußwert der Netze *I* und *IV* reicht noch weniger häufig für die volle Heizkraftkupplung aus. Hier müßte das Werk gar an 67 Tagen einen Teil der 18 Uhr-Strombelastung anderweitig beziehen. Im Diagramm der Stundenbelastungslinien 1928/29 (Abb. 154) ist zwecks Anschaulichkeit neben der Mindestdampflinie die wirklich aufgetretene Dampfbelastung angegeben. Mit ersterer gerechnet, hätte unser gedachtes Heizkraftwerk bei Versorgung von Gebieten nach *I* und *IV* 37mal, in Stadtgebieten *II* und *III* rd. 50mal auf volle Abendlast verzichten müssen. Die tatsächliche Aufnahmefähigkeit des Heiznetzes war aber so groß, daß man bis auf 2 bzw. 11 Tage auf jene fremde Stromquelle verzichten konnte. Wegen der längeren Kälteperiode zeigt das Heizjahr 1928/29 beträchtlich längere Heizkraftdauerzeiten als sein anderes Extrem das Jahr 1929/30, das am Anfang der Heizzeit sehr milde blieb und deshalb an 74 bzw. 95 Tagen nur Teilbelastungen erlaubt hätte. Noch kürzer ist die Heizkraftdauer an den Zeiten 16 Uhr und 20 Uhr (Abb. 152—156). Jedenfalls ist

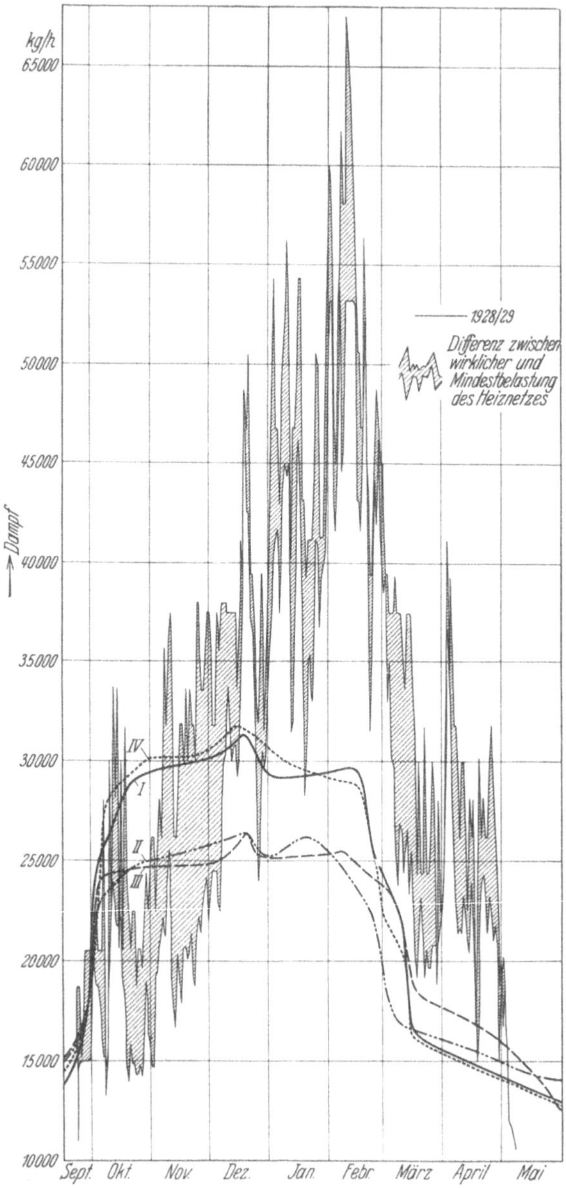

Abb. 154. 18 Uhr-Belastung.

das angenommene Wärmenetz von $45 \cdot 10^6$ kcal/h Anschlußwert für volle Kupplung bei 3800 kW Stromspitze zu klein. Es dürfte höchstens für 60 vH der Strombelastung ausreichen.

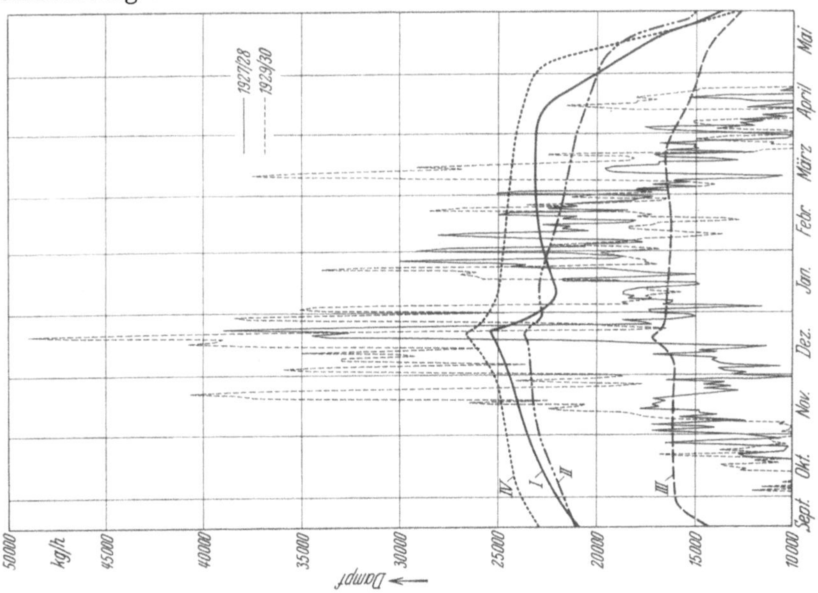

Abb. 156. 20 Uhr-Belastung.

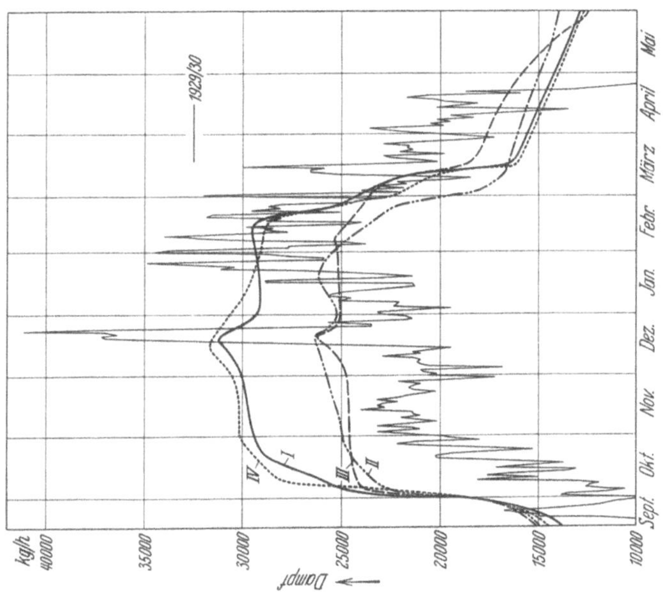

Abb. 155. 18 Uhr-Belastung.

e) Sehr ungünstige Verhältnisse zeigt das Diagramm 153 für 1927/28. Am 27. 10. 1927 war mit $+ 16{,}2^0$ Außentemperatur das Wärmebedürfnis sehr gering, die Lichtspitze betrug aber schon 90 vH des Höchstwertes[1]. Will man das Rohrnetz für solche Extremfälle dimensionieren, wird es gewöhnlich recht hohe

[1] Vor dem gelegentlich bei Heizkraftplanungen vorkommenden Irrtum, daß bei $t_a = + 10^0$ oder $+ 15^0$ auch die Lichtspitze noch niedrig sei, sei ausdrücklich gewarnt.

Anlagekosten erfordern und damit die finanziellen Aussichten schmälern. Im vorliegenden Fall müßte es nämlich statt $45 \cdot 10^6$ kcal einen Anschlußwert von rd. $92 \cdot 10^6$ bzw. $110 \cdot 10^6$ kcal/h[1] für die eine oder andere der beiden Elektrizitätswerksgruppen erhalten. Nur bei sehr großer Wärmedichte kann man dann zur völligen Kupplung raten, meistens ist ein Teilverzicht richtiger.

Bei verantwortlicher Planung wird einem die Prüfung der Heizkraftkupplungsdauer für etwa 7—8 Monate nicht erspart. Man muß Klarheit über alle Stundenbelastungen im Monat oder Halbjahr, über Netzgröße, Anteil der Heizkraft- und Kondensationsturbinen an der Spitze usw. herausarbeiten. Ob die Aufgabe von vornherein lautet, den Netzanschlußwert für $^1/_1$, $^1/_2$ oder $^1/_4$ Stromhöchstlast zu bestimmen, ändert am Verfahren nichts. Erstmalig tut sich ein Weg auf, Heizkraftkupplungsdauer und Netzgröße für jeden Werkstyp zu bestimmen.

f) Wir wollen nochmals zur Darstellung in Abschnitt IV B c zurückkehren und die Belastungsbilder der Einzelhäuser (als typisch für Heizkraftgegenden) angesichts der eben gemachten Ausführungen erneut prüfen. Nur die 5 Wohnhäuser (Abb. 120, 127, 129, 132, 133) seien herangezogen, die laut Registrierwattmeter eine Winterhöchstspitze von rd. 60 kW aufwiesen. Bei einer Außentemperatur zwischen $+ 8^0$ und $+ 10^0$ C haben sie laut Abb. 148 gegen 18 Uhr abends noch ein Wärmebedürfnis von 1 1—1,2 t/h Dampf. Das ergibt ein für übliche Gegendruckturbinen völlig befriedigendes kW/kcal-Verhältnis. Selbst, unter Einbezug des Kranken- und des Bürohauses (Abb. 122, 125) in unsere Betrachtung bleiben die beiden Zahlen noch annehmbar. Stehen doch dann der Lichtstromspitze von 150 kW um 17 Uhr ein Dampfabsatz von 1,43 t/h, um 18 Uhr einer von 1,63 t/h gegenüber. Laut Zahlentafel 16 genügt dieses Energiemengenverhältnis aber für die Kupplung vollkommen. Unter Zuhilfenahme von Speichern werden sogar Außentemperaturen bis $+ 15^0$ C zu meistern sein. Im übrigen stehen einem solchen Stromverbraucher im Heizkraftgebiet nicht 5 sondern 50—100 Wohngebäude gegenüber. Für großstädtische Wohnbezirke kann dieses Ergebnis durchaus verallgemeinert werden: die Heizkraftkupplung ist energetisch möglich.

G. Wärmeverbrauchsmenge.

a) Raumheizung.

Die Entscheidung zum Bau eines Städteheizwerkes bzw. der späteren Heizkraftanlage wird durch den wirtschaftlichen Erfolg des Wärmeverkaufs erzwungen. Es kommt deshalb sehr darauf an, seine Jahresabsatzmengen und spezifischen Verbräuche genau zu erforschen, um sie in berechtigtem Ausmaß bei der Wirtschaftlichkeitsrechnung in Ansatz zu bringen. Hierüber enthalten schon die Abschnitte III, D und IV reichliches Material. Da das Wärmeliefergeschäft sich auf dem Werbeerfolg aufbaut und dieser nur durch beweisbare Gegenüberstellung der Wärmekosten bei Eigenbetrieb und Fremdlieferung erzielt werden kann, sind Anhaltspunkte für die Bestimmung der Eigenerzeugungskosten in Häusern notwendig. Leider verfügt die Heiztechnik nur über Rechnungsverfahren, die auf mittleren Erfahrungswerten aufgebaut sind. Der Mangel an Wärmemessern, die Vorbildung des Personals, Unterschiede in Unterhaltung und Wartung der Anlagen, in Außentemperaturverlauf und Heizzeitdauer werden in den folgenden Formeln nicht berücksichtigt, ihre Genauigkeit ist daher nicht voll befriedigend.

Es sei:

W = Wärmebedarf nach Dinorm 4701 in kcal/h,
W' = Wärmebedarf im Jahr in kcal/h,
z = Zahl der täglichen Benutzungsstunden,
Z = Zahl der Heiztage im Jahr,
H = Heizwert des Brennstoffes in kcal/kg,
η = Kesselwirkungsgrad,
B = Brennstoffverbrauch im Jahr in kg/Jahr,
t_m = mittlere Außentemperatur in der Heizzeit in ^{0} C,
t_i = mittlere Zimmertemperatur in ^{0} C,
t_a = niedrigste Außentemperatur für W in ^{0} C.

[1] Als Warmwasserpumpenheizung rd. $75 - 90 \cdot 10^6$ kcal/h; durch Speichereinbau noch zu verkleinern.

Recknagel[1] schuf die einfachste und deshalb gebräuchlichste Formel zur Bestimmung des Raumheizbedarfs

$$B = 0{,}4 \cdot W \text{ kg/Jahr.} \tag{65}$$

Die gleiche hinreichend bewährte Fassung schlägt de Grahl[2] vor

$$B = 0{,}4\ W \text{ bzw. } 0{,}45 \cdot W \text{ kg/Jahr.}$$

Im Faktor 0,4 sind Durchschnittswerte für Heizdauer, Brennstoffausnutzung und Belastung zusammengefaßt. Er hat öfters eine Differenzierung erfahren, so z. B.

$$\left.\begin{array}{l} B = \dfrac{z \cdot Z \cdot W}{2 \cdot H \cdot \eta} \text{ kg/Jahr} \\ \text{oder} \\ B = \dfrac{20 - t_m}{40} \cdot \dfrac{z \cdot Z \cdot W}{H \cdot \eta} \text{ kg/Jahr} \end{array}\right\} \text{ungebräuchlich.}$$

Der letzten Form ist auch die Heizverbrauchsformel der Arbeitsgemeinschaft für Brennstoffersparnis E. V. angepaßt, die lediglich $t_{a_{\max}} = -15^0$ (nach Dinorm 4701) festlegt.

$$W' = z \cdot Z \frac{t_i - t_m}{t_i - t_a} \cdot W \text{ kcal/Jahr.} \tag{66}$$

Für den kleinstmöglichen Brennstoffbedarf hat Schultze[3] die Beziehung entwickelt:

$$W'_{\min} = 0{,}81 \cdot W \cdot \frac{17{,}5 - t_m}{39} \cdot 24 \cdot Z \text{ kcal/Jahr} \tag{67}$$

bzw.

$$B_{\min} = 0{,}5 \cdot \frac{17{,}5 - t_m}{H \cdot \eta} \cdot Z \cdot W \text{ kg/Jahr}^{4} \tag{67a}$$

und mit $\eta = 0{,}6$ und $H = 6700$

$$B_{\min} = 0{,}38\ W \text{ kg/Jahr.}$$

Daraus ist der Höchstwärmebedarf für Berlin z. B.

$$W' = 1520 \cdot W \text{ kcal/Jahr},$$

mit anderen Worten die Benutzungszeit des Maximums erreicht 1520 Stunden. Das ist zu hoch. Man vergleiche hierzu die Ausführungen S. 151 u. 152.

Hottinger[5] empfiehlt die Vorausbestimmung des Heizverbrauchs nach der Formel:

$$B = \frac{W}{1000} \cdot Z \cdot a,$$

wobei der Faktor a einen Erfahrungswert darstellt.

Die Formeln zeigen, daß für die Bestimmung des Wärmeverbrauchs die Kenntnis des Anschlußwertes und einzelner Temperaturen genügen. Ersterer kann überschläglich bestimmt werden aus dem Wärmebedarf je m³ beheizten Raumes, so z. B. für Berlin:

große Vorkriegsmiethäuser . . .	22—26 kcal/m³
moderne Siedlungshäuser	28—34 ,,

b) Warmwasser.

Der Warmwasserverbrauch in Wohn- und Geschäftshäusern gibt dem Heizkraftbetrieb die erwünschte Grund- und Sommerbelastung (s. Abb. 119—128). In Ergänzung zu Zahlentafel 28, die Warmwasserverbrauchszahlen von Wohnhäusern in Beziehung zu Heiz- und Strommengen setzt, liefert die Zahlentafel 54

[1] Krell, O.: Gesundh.-Ing. 1909 Festnummer S. 27.

[2] de Grahl: Wirtschaftlichkeit von Zentralheizungen. München u. Berlin: Oldenburg 1911.

[3] Schultze: Der kleinstmögliche Brennstoffverbrauch ausgeführter Zentralheizungen. Gesundh.-Ing. 1929 Heft 35 S. 612f.

[4] Der Hausverbrauch wird oft als Brennstoffverbrauch je m² beheizter Fläche (im Mittel 50 kg/m²) angegeben. Dieser Wert schwankt begreiflich sehr stark, nach Schultze in typischen Berliner Miethäusern zwischen 0,77 und 1,72 Ztr. Dampfbeheizte Häuser haben die höheren Werte. Gesundh.-Ing. 1929 S. 642.

[5] Hottinger, H.: Heizg. u. Lüftg. S. 91f. München u. Berlin: Oldenburg.

weitere Verbrauchsangaben aus Berliner Wohnbauten (überwiegend 2—3½ Zimmerwohnungen).

Vor dem Kriege galt in sog. guten Häusern des Berliner Westens (4—6 Zimmerwohnungen) ein Gesamtwasserverbrauch von 120 l/Kopf und Tag als Durchschnitt,

Zahlentafel 54. Warmwasserverbrauch in verschiedenen Hausgattungen. (Mittel aus rd. 500 Einzelwerten.)

Hausart	Anschlußwert Hzg. u. WWB. 10^6 kcal/h	Zahl der Bäder	Kopfzahl		1927/28	1928/29	1929/30	1930/31	Mittel aus 4 Jahren
Moderne Siedlungs-Reihenbauten	1,116 + 0,410	25	75	1	2154,6	2479,6	2825,9	2487,2	2483,0
				2	78,5	90,5	103,1	91,0	90,8
		33	88	1	3043,7	2749,7	3157,4	2909,0	2965,0
				2	94,7	85,6	98,2	90,6	92,4
		24	71	1	2862,8	3113,7	3101,1	3008,3	3020,0
				2	110,0	120,1	119,4	116,0	116,3
		32	101	1	2614,4	3884,4	4292,1	3532,5	3580,0
				2	84,7	105,3	116,6	95,7	100,6
		34	85	1	2146,2	3461,9	3609,5	3230,6	3112,5
				2	92,2	111,5	116,2	104,1	106,0
		24	56	1	1544,9	2827,0	2878,1	3024,6	2570,9
				2	128,7	138,5	141,3	147,7	139,1
	0,245 + 0,124	52	125	1	4553,1	4787,2	5272,1	4616,8	4807,3
				2	99,5	105,0	115,4	101,1	105,2
Durchschnitt	0,194 + 0,076	32	86	1	2700,8	3330,0	3593,0	3257,0	3220,0
				2	98,4	108,1	116,0	106,7	107,3
Große Vorkriegs-Wohnhäuser	0,154 + 0,076	32	97	1	1669,1	2252,7	2426,8	2389,1	2184,4
				2	56,4	63,5	68,4	67,5	64,0
	— 0,048	20	69	1	1282,3	1703,4	1866,2	1809,7	1665,4
				2	67,7	67,6	74,0	71,7	70,3
	0,076 + 0,021	9	34	1	902,3	1022,8	1179,3	1123,6	1057,0
				2	79,0	82,4	95,0	90,2	86,7
Durchschnitt	0,115 + 0,048	20	67	1	1284,6	1659,6	1824,1	1774,1	1635,6
				2	67,7	71,2	79,1	76,5	73,6
26 ältere Einfamilienhäuser	0,357 + 0,062	26	120	1	—	2053,4	2508,7	2156,7	2239,9
				2	—	56,1	57,2	58,8	57,4

50 vH davon entfielen auf 60grädiges Wasser[3]. Spitzenwerte von doppelter Höhe waren in einzelnen Straßen gleichfalls vertreten. Die Verhältniszahlen dürften auch heute noch gelten, wenngleich mit der Wohnungsgröße oder der Gewöhnung an die Tag und Nacht gebrauchsfertige Fernversorgung der Warmwasserverbrauch durchweg ansteigt. Nach Zahlentafel 54 weisen Vorkriegshäuser heute Kopfverbrauchsziffern zwischen 70—90 l pro Tag auf. In der Nachkriegszeit wuchs der Warmwasserverbrauch ganz allgemein an. In modernen Wohnungsbauten sind Kopfverbrauchsziffern von 100—160 l/Tag nichts Ungewöhnliches.

[1] Gesamtverbrauch in m³/Jahr.
[2] Verbrauch in l/Kopf und Tag.
[3] Marx, A.: Über Warmwasserversorgungsanlagen. Ver. dtsch. Heiz.-Ing. Mbl. Berlin 1928 Nr. 10; ferner Heepke: Warmwasser: Erzeugung und Verteilung. München u. Berlin: Oldenburg.

Wenn auch die Warmwasserlieferung Grundlastcharakter hat, so ist ihr Wirkungsgrad[1] verhältnismäßig schlecht. Man achte deshalb vornehmlich bei Neubauten auf ausreichende Isolierung der Zirkulationsleitungen.

c) Verbrauchsziffern amerikanischer und deutscher Städteheizwerke.

Es ist immer nützlich, selbst sorgfältigst aufgestellte Projektdaten mit Wirklichkeitswerten zu vergleichen und jedes Bauvorhaben gewissermaßen einer statistischen Prüfung der Ausführungswürdigkeit zu unterwerfen. Die hohen amerikanischen Verbrauchsziffern (s. Zahlentafel 55) werden in europäischen Städten kaum erreicht werden, da die Hochhäuser fehlen. Sie repräsentieren zudem 30—40jährige Entwicklung, sollten aber allen Projektbearbeitern als Vorbild vorschweben. Denn das andere Extrem, durch die 3 erstgenannten deutschen Werke dargestellt, zeigt offensichtlich wirtschaftliche Fehllösungen. Solange weniger als 15 t/m Dampf jährlich absetzbar sind, sollte man kein öffentliches Heiznetz bauen, an einen Heizkraftbetrieb schon gar nicht denken. Der Kapitaldienst solcher Rohrnetze in RM./t ist allein fast höher als die zulässigen Wärmeverkaufskosten. In Wohn- und Geschäftsvierteln muß die Wärmedichte für den Absatz von 16—20 t/m und Jahr (Mindestwert!) ausreichen, sonst ist das Heizkraftprojekt unbrauchbar. Ich halte beim deutschen Preismarkt auch diese Verbrauchsziffer nur dann für ausreichend, wenn die erzeugbare Strommenge voll absetzbar ist.

Zahlentafel 55. Kennziffern der Wärmelieferung in deutschen und amerikanischen Heizwerken.

Werk	Je Abnehmer		Jahreswärmeabsatz	
	Rohrnetzlänge m	Anschlußwert 10^6 kcal h^{-1}	je Abnehmer t	je m Netz t/m
	in amerikanischen Heizwerken			
1	46,5	0,58	1670	35,9
2	45	0,62	2121	47,2
3	37	0,21	613	16,5
4	36,6	0,14	478	13,0
5	28,3	0,17	447	15,8
Mittelwert aus 15—38 Werken	∼45	0,239	807	∼18,0
	in deutschen Heizwerken			
1	202,6	0,30	483	2,38
2	142,0	0,61	983	6,96
3	131,8	0,12	177	1,35
4	114,5	0,92	2100	18,35
5	82,5	0,46	1350	16,40
6	59,4	0,28	520	8,75
Mittelwert	122,1	0,44	935	9,03

H. Anlagekosten.

In erster Hinsicht interessiert hier der heiztechnische Teil des Heizkraftwerkes, also die Anlagekosten des Rohrnetzes, der Hausanschlüsse und der sonstigen Nebenkosten beim Bau von Wärmeverteilungsnetzen.

Die Anlagekosten des Kraftwerkes selbst dürften sich kaum von denen üblicher Kondensationswerke unterscheiden. Man beachte bei Kostenschätzungen nur, daß im Kesselhaus ungleich größere Heizflächen als bei Kondensation erforderlich sind. Insofern erhöht sich naturgemäß der kW-Anlagepreis. In Wirtschaftlichkeitsrechnungen darf dieser Wert aber nur mit gewisser Einschränkung benutzt

[1] Hottinger: Vom Einfluß der Wärmeverluste bei Warmwasserversorgungen. Gesundh.-Ing. 1931 Heft 47 S. 689f. — Schultze: Wirkungsgrad und Brennstoffverbrauch von Warmwasserversorgungen. Haustechn. Rdsch. 1930 Heft 14 S. 455f.

werden. Der in Fortfall kommenden Kühlwasseranlage steht ein erhöhter Grundstückspreis (Stadtinneres!) gegenüber. Das Turbinenhaus wird dagegen je Leistungseinheit meistens kleiner und billiger.

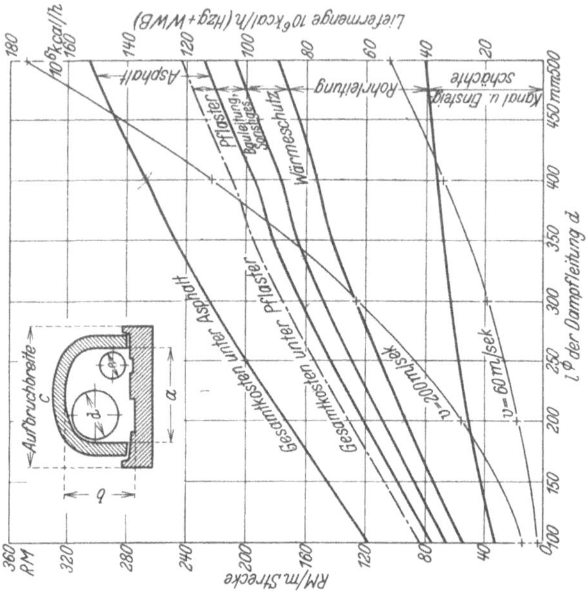

Abb. 158. Dampfrohrleitung, 2—4 ata (s. a. Zahlentafel 58).

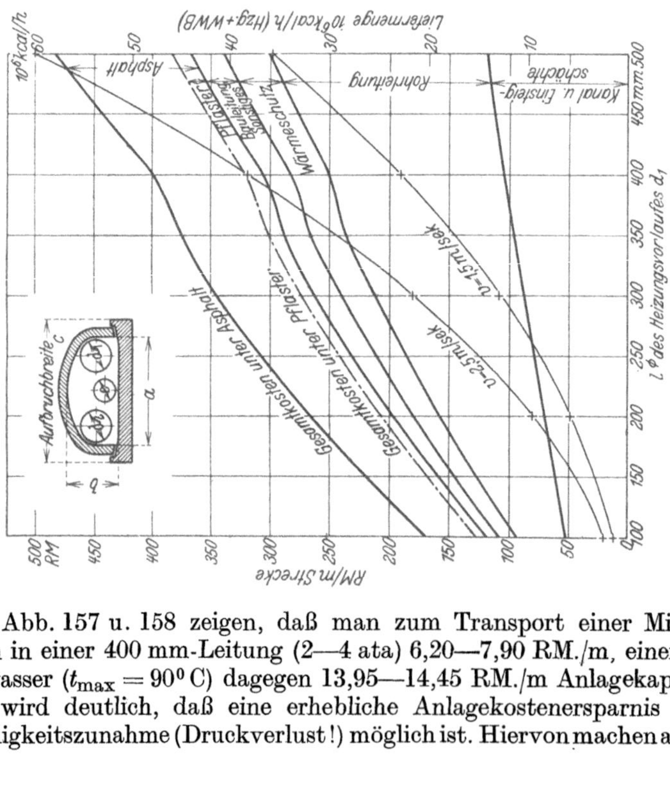

Abb. 157. 3-Rohr-Pumpennetz (90°/70°) (s. a. Zahlentafel 57).

Abb. 157 u. 158. Anlagekosten von Städteheiznetzen 1932.

Die Abb. 157 u. 158 zeigen, daß man zum Transport einer Million Dampfkalorien in einer 400 mm-Leitung (2—4 ata) 6,20—7,90 RM./m, einer Million kcal Warmwasser ($t_{\max} = 90^0$ C) dagegen 13,95—14,45 RM./m Anlagekapital benötigt. Ferner wird deutlich, daß eine erhebliche Anlagekostenersparnis mit der Geschwindigkeitszunahme (Druckverlust!) möglich ist. Hiervon machen amerikanische

Werke bei Dampftransport bekanntlich oft Gebrauch (s. S. 101). Auffallend ist die große Verteuerung von 25—35 vH durch Asphaltstraßen, an deren Benutzung der Wärmetransport leider gebunden ist. Bei früheren Erhebungen[1] von mir ergeben sich 1929 folgende Anlagewerte für ganze Städteheiznetze. Die Preise beziehen sich durchweg auf mittlere und kleinere Netze im Ausbaustadium und gelten einschließlich der Hausanschlüsse. Mehrere von ihnen liegen in schlecht geeigneten Stadtgegenden. Dort erhalten die Kosten der Stichleitungen und Hausanlagen (Heizkeller), die zu den Anlagekosten der Hauptleitung nach Abb. 157 u. 158 hinzutreten, eine empfindliche Bedeutung. Nach Zahlentafel 59 können allein die Stichleitungen zwischen 2605 und 43114 RM. je 10^6 kcal Anschlußwert schwanken. Im genannten Fall unterscheiden sich die wahren Anlagekosten zwar nur um etwa 730 RM. (3074 bzw. 3807 RM.). Wirtschaftlich muß das aber anders gedeutet werden: Das Lieferwerk kann durch den Anschluß des erstgenannten Werkes 13mal so viel Wärme absetzen und hat trotzdem 19 vH geringere Ausbaukosten als im 2. Fall. Mit diesem kleinen Zahlenbeispiel sei nur der Hinweis verknüpft: Weise Beschränkung bei der Abnehmerwerbung

Zahlentafel 56. Anlagekosten von Städteheizrohrnetzen, 1927/29.

Werk	Wärmeträger	RM./10^6 kcal Anschlußwert	
1	W	75400	
2	W	87500	$\sim$ 70800 (1–3)
3	W	49500	
4	D	36500	
5	D	40600	
6	D	63600	
7	D	71700	$\sim$ 55000 (4–9)
8	D	53500	
9	D	64200	

Zahlentafel 57 (zu Abb. 157).

	Abmessungen in mm								
Heizltg. d_1 d_2	100	150	200	250	300	350	400	450	500
Vorlauf WWB	70	119	125	125	150	192	225	250	250
Maß *a*	775	950	1060	1190	1310	1450	1650	1850	2000
Maß *b*	390	450	570	620	680	720	800	880	900
Maß *c*	2150	1500	1600	1750	1900	2000	2200	2500	2700

Zahlentafel 58 (zu Abb. 158).

	Abmessungen in mm								
Dampfltg. *d*	100	150	200	250	300	350	400	450	500
Kond.-Ltg. *e*	40	50	80	100	100	125	150	150	175
Maß *a*	420	520	650	730	800	910	950	1050	1100
Maß *b*	350	400	500	560	620	680	700	760	800
Maß *c*	750	870	1050	1170	1250	1400	1400	1550	1600

ist notwendig, die Vielzahl der beheizten Häuser macht es nicht. Die Zahlentafel 60 läßt ferner erkennen, daß die Anschlußkosten mit zunehmendem Anschlußwert, und die Gesamtnetzkosten kräftig mit der Abnehmerzahl und Streckenbelastung (10^6 kcal/km) sinken. Die wiedergegebenen, genauen Erhebungen entstammenden Zahlenwerte beziehen sich auf die Heiznetze der Abb. 51 u. 68 (Strom-Wärmedichte der betreffenden Stadtteile s. S. 193).

Wir entnehmen den Kostenangaben die Feststellung, daß großstädtische Wärmeverteilungsnetze — in dem hier vorgeschlagenen Rahmen — mit 30 bis 50000 RM. je 10^6 kcal Anschlußwert (17000—30000 RM. Anlagekosten je t Dampf) erstellt werden können, je nachdem Dampf oder Warmwasser als Wärmeträger gewählt wird.

[1] Schulz, E.: Betriebs- und Wirtschaftsergebnisse von Städteheizungen. Ber. Kongr. Heizg. u. Lüftg. S. 134. München u. Berlin: Oldenburg 1930.

Zahlentafel 59. Baukosten von

Dampfnetz

Wärmebedarf des Grundstücks	Länge des Stichkanals	Rohrdurchmesser (s. Abb. 157 u. 158)	Stichkanal			
			Kanal	Rohrleitung	Isolierung	Straßendecke
kcal/h	m	mm	RM.	RM.	RM.	RM.
		d / e				
119200	11,0	106/40	319,0	139,0	94,0	80,0
195200	51,5	106/40	1490,0	650,0	442,0	380,0
297000	6,0	94/50	180,0	83,0	49,0	94,0
327200	81,0	156/57	3710,0	1755,0	856,0	680,0
350000	50,5	82/50	3929,0	1310,0	835,0	1030,0
411000	87,5	119/50	2730,0	1263,0	783,0	650,0
670000	40,0	119/50	1110,0	613,0	383,0	290,0
903000	43,0	156/57	180,80	940,0	457,0	365,0
1533000	72,0	192/70	4045,0	2218,0	841,0	1474,0
					Warmwasser-Pumpen-	
		d_1 / e / d_2				
88300	49,2	94/50/82	2050,0	862,0	485,0	170,0
122000	18,6	64/32/50	831,0	258,0	196,0	309,0
187500	17,8	64/32/50	766,0	340,0	170,0	130,0
270000	55,0	106/50/94	2805,0	1255,0	625,0	500,0
365000	28,0	82/40/70	1203,0	499,0	268,0	76,0
454500	16,5	82/50/70	910,0	287,0	168,0	149,0
524000	21,8	106/64/94	1200,0	568,0	255,0	230,0
1180000	23,5	143/82/143	1385,0	860,0	330,0	245,0

Zahlentafel 60. Baukosten von Städteheiznetzen[1].

	Mittlere Wärmedichte	Große Wärmedichte	
1. Wärmeverteilungsnetz	Charlottenburg	Berlin-Mitte	Kurfürstendamm
2. Wärmeträger atü	Dampf/2	Dampf/4	WW/3
Max. Temperatur des Heizmittels ° C	150	etwa 170	90/70
Länge der untersten Strecke m	1145	2245	2990
Heizkanalabmessungen (s. Abb. 157 u. 158)			
d_1 bzw. d_2 . . . mm l. W.	350 → 300	300 → 100	650 → 200
e . . . mm l. W.	150 → 125	150 → 50	200 → 75
3. Zahl der anschlußfähigen Grundstücke	44	57	126
4. Anschlußwert kcal/h			
Heizung	$14{,}897 \cdot 10^6$	$39{,}180 \cdot 10^6$	$48{,}494 \cdot 10^6$
WWB.	$1{,}238 \cdot 10^6$	—	$4{,}250 \cdot 10^6$
Gesamt:	$16{,}135 \cdot 10^6$	$39{,}180 \cdot 10^6$	$52{,}744 \cdot 10^6$
5. Anschlußwert je km Hauptleitung 10^6 kcal/h			
Heizung	13000	17500	16200
WWB.	1080	—	1420
Gesamt:	14080	17500	17620
Durchschnittliche Anschlußwertung je Grundstück kcal/h	$0{,}367 \cdot 10^6$	$0{,}689 \cdot 10^6$	$0{,}419 \cdot 10^6$

[1] Seit 1932 rd. 10 vH niedriger.

Städteheiz-Hausanschlüssen.

(2 atü)

Stichkanal				Heizkeller		Bemerkungen
Diverses RM.	Gesamt RM.	RM./m	RM. 10⁶/kcal	Gesamtkosten RM.	Kosten je 10^6 kcal/h RM.	
87,0	719,0	65,35	6030,0	3307,0	27750,0	
189,0	3151,0	61,18	16120,0	4104,0	21020,0	
86,0	492,0	82,00	1656,0	5379,0	18120,0	
456,0	7457,0	92,06	22800,0	5700,0	17420,0	
385,0	7489,0	148,29	21400,0	6815,0	19480,0	Asphalt/Kreuzung der U-Bahn
379,0	5805,0	66,34	14120,0	8909,0	21650,0	
185,0	2581,0	64,52	3855,0	5799,0	18650,0	
234,0	3876,0	90,14	4290,0	6664,0	7380,0	Dampfheizung
521,0	9099,0	126,37	5930,0	22591,0	14720,0	

heizung (90⁰/70⁰)

240,0	3807,0	77,38	43114,0	—	—	
111,0	1705,0	91,66	13975,0	4303,0	35300,0	2 Häuser
99,0	1505,0	84,55	8026,0	2975,0	15870,0	
384,0	5569,0	101,25	20626,0	—	—	
136,0	2182,0	77,92	5978,0	5072,0	13900,0	Unter Rasen
143,0	1657,0	100,42	3645,0	—	—	
188,0	2441,0	111,97	4658,0	—	—	
254,0	3074,0	130,81	2605,0	—	—	

Zahlentafel 60 (Fortsetzung).

	Mittlere Wärmedichte	Große Wärmedichte	
6. Baukosten			
Hauptleitung . . . . RM	340000,0	505000,0	1340000,0
Stichleitungen . . . . „	140000,0	108000,0	700000,0
Hausanschlüsse¹ . . . . „	350000,0	586000,0	630000,0
Gesamt: RM.	830000,0	1199000,0	2670000,0
7. Kosten je m Hauptleitung . . RM.	724,0	535,0	895,0
8. Kosten je 10^6 kcal/h Anschlußwert			
Hauptleitung . . . . RM.	21100,0	12850,0	25500,0
Stichleitungen . . . . „	8700,0	2750,0	13250,0
Hausanschlüsse¹ . . . . „	21700,0	14900,0	11950,0
Gesamt: RM.	51500,0	30500,0	50700,0

J. Eignung von Stadtgebieten zur Heizkraftplanung.

Den Elektrizitätswerken wird die Heizkrafterzeugung im großen erst dann Anreiz gewähren, wenn sie selbst zur Prüfung aller Einzelfragen befähigt sind. Unter diesen ist die Auswahl des Errichtungsplatzes besonders bedeutungsvoll.

Wie untersucht man nun ein Stadtgebiet auf seine Eignung zum Heizkraftbetrieb? Antwort: Durch Feststellung der Wärme- und Stromdichte. Sie sei für die Stadt Berlin durchgeführt. 4 Gesichtspunkte unterlegen wir den folgenden Ausführungen. Die Eignung des Stadtteiles hängt ab oder wird mitbeeinflußt von:

[1] Rd. 30 vH der Hausanschlußkosten können erfahrungsgemäß durch Anliegerbeiträge (bei Neubauten 100 vH) gedeckt werden.

1. der Bau- und Siedlungsdichte und Baubewegung,
2. der technischen Ausstattung der Häuser, dem Gebietscharakter,
3. den Transportmöglichkeiten,
4. dem vorhandenen Kabelnetz.

Man betrachte die folgenden Abschnitte mehr als 1. Anregung und grundsätzliche Information über die Anwendbarkeit der Heizkraftwirtschaft im Stadtinnern. Insgesamt wäre dem hier entwickelten Verfahren zur Auswahl von Wärme-

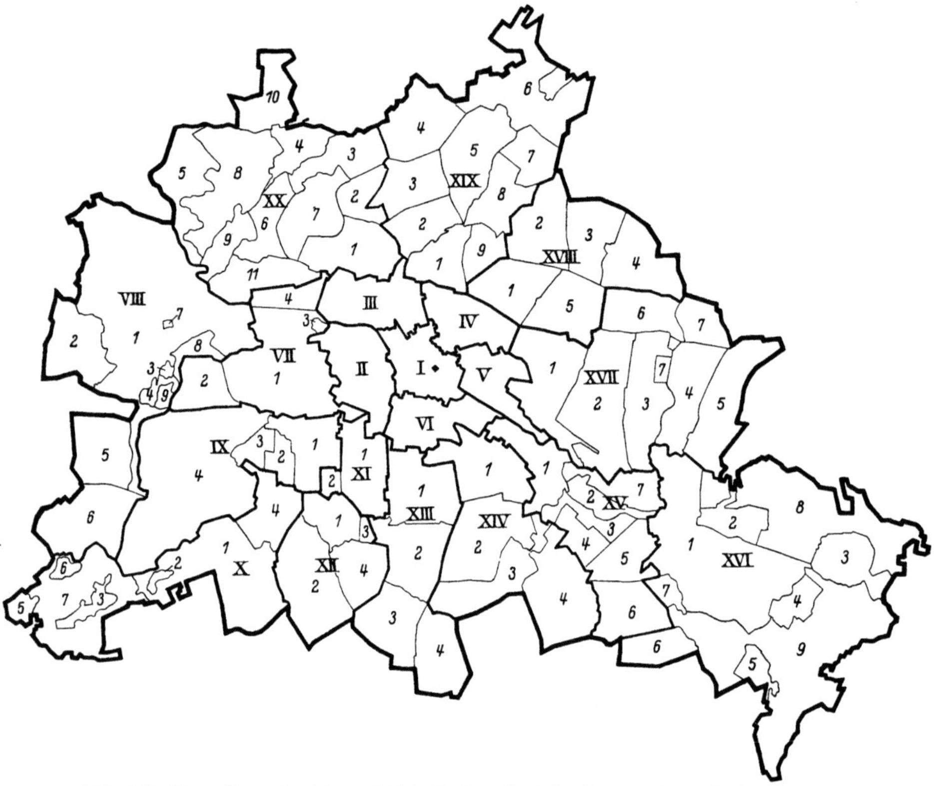

Abb. 159. Verwaltungsbezirke und Ortschaften Groß-Berlins (s. hierzu Zahlentafel 61).

liefergebieten zuzuerkennen, daß es nicht nur die Gegenden höchster Wärmedichte an sich und damit die entscheidende Grundlage für Städteheizprojekte liefert, sondern auch Entwicklungstendenzen der Stadtplanung aufdeckt und somit für jeden Versorgungsbetrieb brauchbar sein kann.

Die deutsche Reichshauptstadt ist für die generelle Behandlung der Heizkraftfrage deshalb ein geeignetes Beispiel, weil das jetzige Groß-Berlin eine Zusammenfassung von früheren Groß-, Mittel- und Kleinstädten mit Dorf- und Landgemeinden darstellt (Abb. 159). Da praktisch alle Ortstypen vertreten sind, wird mit anderen deutschen Städten leicht ein Vergleich möglich. Das heutige Berlin weist neben ausgesprochenen Industrieorten und -gegenden rein landwirtschaftlichen Charakters typische Wohn- und Geschäftsviertel (Citybildung) auf. Es stellt als Stromversorgungsgebiet an die örtliche Elektrizitätswirtschaft außerordentlich schwierige Aufgaben. Die starke Verbrauchszunahme der letzten Jahre führte zwangläufig zur Wahl höherer Verteilungsspannungen, zu dauernder Vermehrung der Erzeugungsmittel. Die sich immer stärker ausbildende Entwicklung Berlins zur politischen, geistigen und wirtschaftlichen Metropole hatte eine lebhafte Bevölkerungszunahme, eine starke Verkehrsentwicklung, das Entstehen völliger neuer Wohn- und Vergnügungsviertel (Lichtreklame) und im Verein mit der großen Industrieversorgung eine hohe Spitzenbelastungszunahme gebracht. Diese von starkem Leben durchpulste Stadt gibt deshalb volle Gelegenheit, alle Varianten des Heizkraftproblems zu behandeln, das ja nach früheren Ausführungen seinen Wert dann erhält, wenn es auch eine Spitzenstromerzeugung gestattet.

Des besseren Verständnisses halber gehen einige allgemeine Zahlen voraus:

Zahlentafel 61. Aufteilung des Flächeninhalts von Groß-Berlin.

Lfd. Nr.	Nr.	Verwaltungsbezirk Name	Gesamte Größe in ha	Davon 1925 bebaut ha	Davon 1925 bebaut vH	Siedlungsland vH	Plätze usw. vH	Sonstiges[1] vH	Bevölkerung Ende 1928
1	I	Mitte	1043	678	65,0	1,3	25,2	8,5	311342
2	II	Tiergarten . .	1355	592	43,7	3,9	18,4	34,0	289707
3	III	Wedding . .	1306	463	35,5	23,3	23,1	18,1	361814
4	IV	Prenzl. Berg .	1013	342	33,8	28,2	31,5	5,5	339330
5	V	Friedrichshain	877	441	50,2	5,0	19,5	25,3	338188
6	VI	Kreuzberg . .	1065	600	56,3	1,6	24,9	17,2	388207
7	VII	Charlottenburg	3366	855	25,4	28,6	19,8	26,2	352871
8	VIII	Spandau. . .	8960	985	11,0	45,9	6,4	36,7	125418
9	IX	Wilmersdorf .	5125	620	12,1	7,9	8,5	71,5	195487
10	X	Zehlendorf .	5275	770	14,6	40,1	9,4	35,9	54722
11	XI	Schöneberg .	1103	465	42,2	23,8	20,8	13,2	245391
12	XII	Steglitz . . .	2772	828	29,9	50,5	13,5	6,1	184304
13	XIII	Tempelhof . .	4044	724	17,9	62,6	11,0	8,5	83774
14	XIV	Neukölln . .	4884	571	11,7	75,3	rd. 13,0[2]		311583
15	XV	Treptow . .	4073	648	15,9	45,3	6,7	32,1	107390
16	XVI	Köpenick . .	12387	620	5,0	22,7	2,1	70,2	77413
17	XVII	Lichtenberg .	7897	1288	16,3	59,4	8,6	15,7	218082
18	XVIII	Weißensee . .	4637	329	7,1	32,8	6,3	53,8	65565
19	XIX	Pankow . . .	7742	581	7,5	51,8	5,0	35,7	113164
20	XX	Reinickendorf	8858	833	9,4	58,0	3,4	29,2	133408
Sa.	20	Berlin[3] . .	87782	13233	15,1	41,3	8,3	35,3	4297160

Groß-Berlin ist heute in 20 Verwaltungsbezirke aufgeteilt. Am 1. 1. 1929 hatten davon 4 Bezirke weniger als 100000 Einwohner, 6 Bezirke zwischen 100000 und 200000 Einwohner, 3 weitere Bezirke 200000—300000 Einwohner und 7 sogar zwischen 300000—400000 Einwohner. Da aber fast alle 20 Verwaltungsbezirke 1920 durch Vereinigung aneinandergrenzender Einzelorte entstanden — die Bezirke I—VI stellen übrigens das frühere Berlin dar —, und dementsprechend teilweise sehr große Flächenausdehnung haben, wird die Zahlentafel 62 eine notwendige Ergänzung sein. In ihr ist auch der ehemalige Ortscharakter aller 92 Einzelortschaften angegeben.

Beide Zahlentafeln bringen uns schon einige wichtige Aufklärungen. Selbstverständlich brauchen isolierte Guts- und Landgemeinden nicht weiter untersucht werden. Nach der Einwohnerzahl wird sie der Leser sofort ausfindig machen können. Lediglich diejenigen Landgemeinden, die baulich mit der eigentlichen Stadt schon zusammenhingen, verdienen weitere Beachtung. Zwecks besseren Verständnisses sei hier erwähnt, daß die in unmittelbarer Nähe des früheren Berlins emporgeblühten Ortschaften trotz kommunalpolitischer Selbständigkeit oder verwaltungstechnischer Trennung schon lange das eigentliche Wohnreservoir der Reichshauptstadt darstellten.

Ähnliches wird von Vororten einer Reihe anderer deutscher Großstädte feststellbar sein, insbesondere Wirtschaftszentren, bei denen sich immer größere Entfernungen zwischen Arbeitstelle und Wohngegend herausbilden.

[1] Wie Bahnanlagen, Wasserflächen, Dauerwald, Rieselland, Parkanlagen, Friedhöfe u. a.
[2] Rd. 300 eingesetzt in Endsumme.
[3] Berlin. Wirtsch.-Ber. 1926—1929; Veröff. d. Stat. Amt der Stadt Berlin.

Zahlentafel 62.

Bebauung, Siedlungsdichte, Grundstückszahl in Groß-Berliner Ortschaften.

Verwaltungsbezirk Nr.	Verwaltungsbezirk Name	Darin Ortschaften Name	Art[1]	Bevölkerungsverteilung 1919	Größe 1. 4. 1920 ha	Bebaute Fl. in vH d. Gesamtfläche vH	Siedlungsdichtigkeit 1925 je ha beb. Fl. Einw./ha beb. Fl.	Zahl der bewohnten Grundstücke 1925 Gesamt	davon mit Z.-Hzg.	davon mit vH	Gesamter Wärmebedarf 1929 (errechnet) 10^6 kcal/h
I	Mitte . . .	—	St	292779	1043	65	439	6289	1148	18,2	914,3
II	Tiergarten .	—	St	273502	1355	44	482	4401	892	20,2	693,4
III	Wedding. .	—	St	337193	1306	36	757	3741	212	5,2	498,1
IV	Prenzl. Berg	—	St	311631	1013	34	953	3396	159	4,6	405,8
V	Friedrichshain . . .	—	St	326062	877	50	766	3897	264	6,6	592,8
VI	Kreuzberg .	—	St	366299	1065	56	629	5812	732	12,6	838,5
VII	Charlottenburg . .	1. Charlottenbg.	St	322792	2344	31	483	5100	1800	35,3	870,5
		2. Heerstraße .	G	464	623	15	20				
		3. Plötzensee. .	G	1601	52	12	48	439	25	5,7	
		4. Jungfernheide	G A	227	353	12					
VIII	Spandau (8960 ha)	1. Spandau . .	St	95513	4925	16	129	3053	132	4,3	401,[illegible]
		2. Staaken. . .	L	5537	1106	9	57	723	7	0,9	
		3. Tiefwerder .	L	804	30	25	108	47	1	0,2	
		4. Pichelsdorf .	L	399	123	11	37	34	6	17,6	
		5. Gatow . . .	L	609	1238	1	29	68	4	5,9	
		6. Cladow . . .	L	928	1298	2	39	137	22	16,0	
		7. Spandau Citadelle . .	G	234	23	2	126	in 1. enthalten			
		8. Heerstr. n. .	G	309	180	9	37				
		9. Pichelswerder	G	27	76	5	11				
IX	Wilmersdorf	1. Wilmersdorf	St	139406	833	37	490	2573	1288	50,0	454,[illegible]
		2. Schmargendorf	L	11583	272	26	172	456	186	40,8	
		3. Grunewald .	L	6448	259	55	58	1099	645	58,7	
		4. Grwld-Forst	G	507	3770	2	16	in 3. enthalten			
X	Zehlendorf (5275 ha)	1. Zehlendorf .	L	20561	2156	18	67	2154	1048	48,6	155,[illegible]
		2. Nikolassee. .	L	1980	99	55	51	303	255	84,1	
		3. Wannsee . .	L	3979	696	14	55	551	195	35,4	
		4. Dahlem. . .	G	6244	817	27	46	1042	789	75,7	
		5. Kl. Glienicke	G	79	173	1	34	in 3. enthalten			
		6. Pfaueninsel.	G	45	98	1	44				
		7. Potsd. Forst	G	25	1216	1	2				
XI	Schöneberg (1103 ha)	1. Schöneberg .	St	175093	936	37	511	2982	753	25,2	495,[illegible]
		2. Friedenau. .	L	43833	144	71	463	962	234	24,3	
XII	Steglitz (2772 ha)	1. Steglitz. . .	L	83366	577	39	378	2601	585	22,5	328,[illegible]
		2. Lichterfelde	L	47213	1404	31	123	3025	987	32,6	
		3. Südende . .	L A	3690	95	36	125	249	125	50,1	
		4. Lankwitz . .	L	12397	701	19	105	718	211	29,4	
XIII	Tempelhof (4044 ha)	1. Tempelhof .	L	34365	1153	35	102	1272	159	12,5	216,[illegible]
		2. Mariendorf .	L A	17009	1026	18	98	682	37	5,42	
		3. Marienfelde	L	3849	951	5	77	234	41	17,5	
		4. Lichtenrade	L	4837	901	10	68	716	54	7,5	
XIV	Neukölln (4884 ha)	1. Neukölln . .	St	262128	1170	32	722	3408	216	6,3	403,[illegible]
		2. Britz	L	13477	1332	9	115	668	29	4,3	
		3. Bukow . . .	L A	2395	937	3	63	159	3	1,9	
		4. Rudow . . .	L	1447	1440	3	50	148	7	4,7	
XV	Treptow (4073 ha)	1. Treptow . .	L	30704	778	16	255	626	69	11,0	s. Fort[illegible] 4–7
		2. Oberschöneweide. . . .	L	25612	283	48	206	481	45	9,3	
		3. Niederschöneweide. . .	L	9611	388	21	120	240	26	10,8	

[1] St Stadt. L Landgemeinde. G Gutsbezirk. L A u. G A Anteil an früheren L- bzw. G-Bezirk[illegible]

Zahlentafel 62 (Fortsetzung).

valtungsbezirk		Darin Ortschaften		Bevölkerungsverteilung 1919	Größe 1. 4. 1920	Bebaute Fl. in vH d. Gesamtfläche	Siedlungsdichtigkeit 1925 je ha beb. Fl.	Zahl der bewohnten Grundstücke 1925			Gesamter Wärmebedarf 1929 (errechnet)
	Name	Name	Art[1]					Gesamt	davon mit Z.-Hzg.	vH	
					ha	vH	Einw. / ha beb. Fl.				10^6 kcal/h
V	Treptow (4073 ha)	4. Johannistal	L	5474	397	22	79	413	29	7,0	315,2
		5. Adlershof . .	L	12655	669	19	115	535	10	1,8	
		6. Alt Glienicke	L	5028	924	9	79	503	17	3,4	
		7. Wuhlheide .	G	54	610	2	7	in 2. enthalten			
I	Köpenick (12387 ha)	1. Köpenick . .	St	32586	3104	8	139	1778	93	5,2	194,2
		2. Friedrichshagen . . .	L	14847	503	26	115	1044	69	6,6	
		3. Rahnsdorf .	L	2801	657	13	39	507	43	8,5	
		4. Müggelheim	L	186	422	3	19	45	—	—	
		5. Schmöckwitz	L	576	345	7	34	275	22	8,0	
		6. Bohnsdorf .	L	2026	550	12	43	318	6	1,9	
		7. Grünau . .	L	3550	248	14	100	228	18	7,9	
		8. Köpenick-Forst . . .	G	211	2589	1	8	in 3. enthalten			
		9. Grünau-Dahme-Forst . .	G	127	4109	1	4	in 7. enthalten			
I	Lichtenberg (7897 ha)	1. Lichtenberg	St	144662	1444	34	385	2285	126	5,5	603,2
		2. Friedrichsfelde. . . .	L	24404	1726	9	65	1206	111	9,2	
		3. Biesdorf . .	L G	3071	931+198	13	36	461	15	3,2	
		4. Kaulsdorf . .	L	3375	988	17	31	590	10	1,7	
		5. Mahlsdorf . .	L	6118	1310	21	27	1089	27	2,5	
		6. Marzahn . .	L	745	728	4	28	109	3	2,7	
		7. Hellersdorf	G	1331	572	3	13	in 3. enthalten			
I	Weissensee (4637 ha)	1. Weißensee .	L	45880	840	24	236	1467	123	8,4	141,7
		2. Malchow . .	L G	844	471+573	1	58	51	2	3,9	
		3. Wartenberg	L G	397	348+474	1	66	36	—	—	
		4. Falkenberg .	L G	699	286+741	1	63	47	—	—	
		5. Hohenschönhausen . . .	L	6733	905	10	78	541	46	8,5	
X	Pankow (7742 ha)	1. Pankow . .	L	57935	629	28	389	1259	85	6,7	249,5
		2. Niederschönhausen . . .	L G	19271	551+ 66	19	181	965	53	5,5	
		3. Rosental ö.	LA+G	1749	479+341	4	65	117	2	1,7	
		4. Blankenfelde	L G	909	547+519	1	66	68	—	—	
		5. Buchholz . .	L	4906	1155	4	93	326	9	2,7	
		6. Buch	L G	6359	284+1612	4	81	263	12	4,5	
		7. Karow . . .	L	949	533	6	39	187	8	4,3	
		8. Blankenburg	L G	1316	400+282	8	30	203	1	0,5	
		9. Heinersdorf	L	1005	394	7	52	149	13	8,7	
X	Reinickendorf (8858 ha)	1. Reinickendorf	L	41264	1021	18	238	1421	55	3,9	282,3
		2. Rosental w.	L A	4433	412	8	122	212	6	2,8	
		3. Lübars . .	L	4239	726	10	73	500	23	4,6	
		4. Hermsdorf	L	7664	526	18	91	732	64	8,7	
		5. Heiligensee	L	2045	865	7	45	375	13	3,5	
		6. Tegel . . .	L	20950	576	27	149	687	42	6,1	
		7. Wittenau .	L	10203	892	15	96	705	20	2,8	
		8. Tegel Forst	G	77	1535	1	38	in 6. enthalten			
		9. Tegel Schloß	G	727	511	2	40	in 6. enthalten			
		10. Frohnau . .	G	1190	773	5	41	276	155	5,6	
		11. Jungfernheide n. . .	G A	44	837	1	38	in 6. enthalten			
ne: Groß-Berlin (92 Ortschaften)			—	3804084	87776	15,1	287	86459	14722	17,02	9096,3

[1] St Stadt. L Landgemeinde. G Gutsbezirk. LA u. GA Anteil an früheren L- bzw. G-Bezirk.

a) Bebauungsdichte.

Die bebaute Fläche — also nach statistischer Handhabung Gebäudefläche + Hofräume + Hausgärten — ist in vH der Gesamtfläche für die Einzelortschaften und für die größeren Verwaltungsbezirke wiedergegeben. Außerdem enthält die Aufstellung noch das besiedelbare Land und den Anteil von Straßen, Plätzen usw. an der Geamtfläche. Oft ist wegen der vorgeschriebenen geringeren Bauhöhe und dementsprechend schmäleren Straßen, wegen des Fehlens großer Plätze usw. der Anteil des bebauten Landes an der Gesamtfläche auch in manchen Außenbezirken hoch. Die dichteste Bebauung in Berlin hatte der Ortsteil Friedenau mit rd. 71 vH; unter den Großstädten gleichzuachtenden 20 Verwaltungsbezirken steht der Bezirk I mit 65 vH an der Spitze.

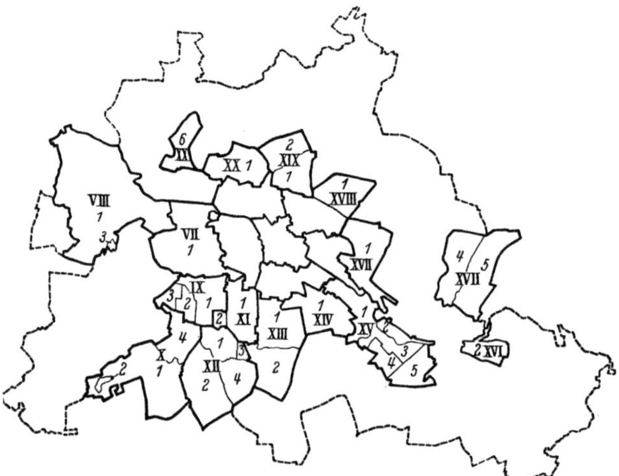

Abb. 160. Heizkraftplanungskarte I von Groß-Berlin. (Auswahl nach Bebauungsdichte.)

Große Baudichte deutet allgemein auf hohe Belastung und Absatzmengen hin, viel freies Siedlungsland auf die Möglichkeit stärkerer Entwicklung. Dieser grundsätzliche, durch Erfahrung bestätigte Schluß bedarf natürlich durchaus einer individuellen Handhabung je nach Ortscharakter. Wohn- und Industriegegenden werden bei gleicher Baudichte selbstverständlich grundverschieden als Verbraucher zu werten sein. Das Villenviertel — also die Wohngegend mit vorherrschend landhausmäßiger Bebauung — ist als Absatzgebiet trotz höherer Baudichte dem Wohngebiet mit Mietskasernensystem immer unterlegen. Auch wird man das Siedlungsland nicht seiner absoluten Größe nach einzuschätzen haben, sondern mehr hinsichtlich seiner direkten Angrenzung an ausgebaute Teile. Denn über den zu erwartenden Neuabsatz ist tatsächlich nicht das Vorhandensein von Bauland an sich, sondern mehr seine verkehrstechnische Lage, der Wohnungsmangel in den einzelnen Bezirken, ferner Grundstückspreise, Bauordnung und allgemein natürlich der Kapitalmarkt von Einfluß. Diese Erwägungen haben im übrigen für Wärme, Strom und Gas gleichermaßen Bedeutung.

Es ist von vornherein ergiebiger, alle die Ortsteile aus der Heizkraftplanung herauszulassen, in denen der Anteil der bebauten Fläche an der Ortsteilgesamtfläche nur bis zu 15 vH beträgt. Diese Zahl wird nämlich nur in Orten mit typisch ländlicher oder überwiegend gartenstadtähnlicher Bebauung unterschritten, für welche Heizkraftanlagen nicht in Frage kommen. Damit sieht die Planungskarte von Groß-Berlin so aus wie Abb. 160 zeigt.

b) Siedlungsdichte.

Zu praktisch noch brauchbarerem Ergebnis gelangt man, wenn das Berliner Stadtgebiet hinsichtlich der Siedlungsdichte, für die man allgemein als unteren Grenzbereich 150 Personen je ha bebauter Fläche wählen sollte, prüft. In Wohnvierteln ist die Zahl noch zu niedrig angenommen. Die weiter unten besprochenen Richtlinien hinsichtlich Bebauungsordnung und Zentralheizungssättigung bilden hier die ausschlaggebendere Rolle. Aber sie wird hier und da bei Industriesiedlungen eine Projektbearbeitung rechtfertigen.

Die Heizkraft-Planungskarte Berlins vereinfacht sich bei Auslassung aller Orte unter 150 Einwohnern je ha bebauter Fläche gegenüber der Abb. 160, die noch 38 Ortsteile aufweist auf 21 Ortsteile (s. Abb. 161). In ihr sind 2 ausgesprochene Industrieortschaften wie Tegel (XX/6) und Oberschöneweide (XV/2) durch Strichelung angedeutet. Sie sollen aber zunächst nicht weiter berücksichtigt werden, da die hier vorgeschlagenen Planungswege mehr für Gebiete gelten, in denen Wärme und Strom vorwiegend zu anderen als Fabrikationszwecken benötigt werden. Das Heizkraftwerk für Industrielieferung bedarf immer einer gesonderten Untersuchung, da voraussichtlich der Strom- und Wärmeabsatz in jedem Falle anders geartet ist.

Abb. 161. Heizkraftplanungskarte II von Groß-Berlin. (Gebietsauswahl nach Siedlungsdichte.)

Die 19 im Kern Groß-Berlins verbleibenden Ortsteile, die baulich übrigens völlig zusammenhängen, stellen als Projektgebiet eine Stadt für sich dar. Die beiden vorstehend besprochenen Aussonderungsmethoden hatten verständlicherweise nur das Ziel, unser Gebiet nur so einzugrenzen, daß der verbleibende Rest als Stadt selbst angesehen werden kann.

c) Bauklassen.

Durch Herauslassen der Stadtviertel mit niedrigen Bauklassen tritt eine weitere Auslese ein. Bezirke von einer gewissen Mindestwärmedichte bleiben übrig. Die Aussonderung erfolgt nach der vorherrschenden und vorgeschriebenen Bebauungsweise[1].

Die zentrale Wärmelieferung wird immer auf die Häuser der geschlossenen Bauweise von Bauklasse III a an beschränkt bleiben. Dafür sprechen wirtschaftliche Gründe. Die größte Bauflächenausnutzung und damit auch die größten Absatzziffern weisen die Hochbauten (Bauklasse IV und V) auf. Es muß angeraten werden, vorläufig Städteheizprojekte nur für derartig bebaute Gebiete in Arbeit zu nehmen. Das schließt vernünftigerweise nicht aus, hier und da einzelne Gebäudegruppen geringerer Bauklasse mitzubeliefern.

Zahlentafel 63. Einteilung der Bauklassen.

Bauklasse	Bauweise	Geschoßzahl	Gebäudehöhe (Traufhöhe) m	Vom Grundstück bebaubare Fläche vH
I	offen	2	10	10
II	,,	2	10	20
IIa	geschlossen	2	10	30
III	,,	3	12	30
IIIa	,,	3	12	40
IV	,,	4	16	40
IVa	,,	4	16	50
V	,,	5	20	50
Va	,,	5	20	60[2]

Die Abb. 162 grenzt daher das für Heizkraftplanungen aussichtsreiche Gebiet erneut ein. Von dem gesamten Stadtgebiet Berlins bleiben nur noch 18,7 vH übrig. Davon entfallen auf die

Bauklasse V: rd. 6000 ha, Bauklasse IV: rd. 2000 ha, Bauklasse III: 8500 ha.

[1] Bauordnung der Stadt Berlin. Berlin: W. Ernst & Sohn 1925.

[2] Für Hotel-, Geschäfts- und Bürohäuser innerhalb Alt-Berlins 70 vH zugelassen.

Wesen und Ziel des heutigen Städtebaues ist Auflockerung der zusammengeballten Wohnmassen. Für jedes Verkehrsunternehmen und die öffentliche Versorgung, sei es Strom, Gas, Wasser, Wärme usw. kann daraus als Zukunftslehre aber eine Verteuerung der Verteilung gefolgert werden. Denn zweifellos wird die sog. Auflockerung der Stadt eine Verminderung der Bevölkerungsziffer je ha und damit eine Erniedrigung der durchschnittlich je ha oder qkm abgesetzten Strom-, Gas- oder Wärmemengen zur Folge haben. Auch darüber sollen sich unsere Versorgungsbetriebe klar bleiben, daß diese Auflockerung des Verbrauchs von einer Streckung des Verteilungsnetzes, also Anlagekostenerhöhung begleitet sein muß. Insgesamt werden sich die Bestrebungen unserer modernen Stadtplanung (s. Abb. 163) — Trabanten-Gartenstädte an der Peripherie des Berufszentrums,

Abb. 162. Heizkraftplanungskarte III von Groß-Berlin. (Gebietsauswahl nach Bauklassen.)

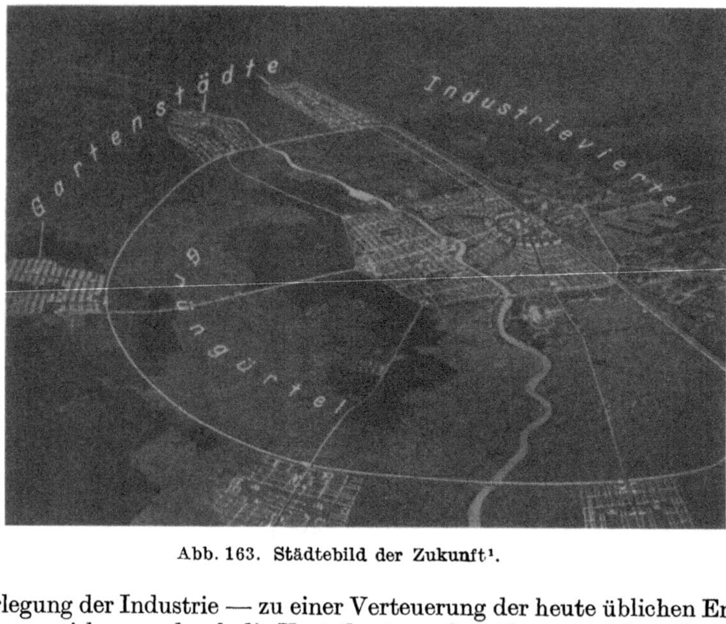

Abb. 163. Städtebild der Zukunft[1].

Hinausverlegung der Industrie — zu einer Verteuerung der heute üblichen Energieversorgung auswirken, wodurch die Vorteile einer oft mühsam erzielten Steigerung des Verbrauchs je Kopf hinfällig werden könnten. Mir will dieser vielfach unbeachtet gebliebene Umstand immer als wesentliche Unterstützung des Heizkraftgedankens erscheinen.

[1] Aus dem Film: „Die Stadt von morgen". Atelier Svend Nolden, Berlin W 62.

d) Verbreitung der Zentralheizung.

Das Wärmeabsatzgebiet wird jedoch nur von denjenigen Gebäuden repräsentiert, die bereits Zentralheizungen bzw. Warmwasserverbrauchsanlagen aufweisen. Entgegen allen Erwartungen ist der Anteil dieser Gebäude an der Gesamtzahl aller Gebäude recht bescheiden. Wiesen doch nach Zahlentafel 62 von den 86459 im Jahre 1925 in Berlin vorhandenen bewohnten Gebäuden nur rd. 17 vH Zentralheizungsanlagen auf, wobei die 20 Verwaltungsbezirke Unterschiede von 4 bis 56 vH hatten.

Gerade über die Verbreitung von Zentralheizungen gab ich die Zahlen aus allen 92 Einzelortschaften Groß-Berlins wieder, da es mir darauf ankam, der Zusammenstellung allgemeinen Wert zu verleihen. Es ist schwerlich anzunehmen, daß die Häuser dieser Berliner Ortsteile hinsichtlich ihrer inneren Ausstattung denjenigen gleichartiger oder gleichgroßer Orte in Deutschland nachstehen. Der Reichsdurchschnitt wird eher tiefer liegen, wie nach einer älteren Zusammenstellung aus dem Jahre 1915 geschlossen werden kann (s. Zahlentafel 64).

Zahlentafel 64. Verbreitung der Zentralheizungen[1].

Stadt	Jahr	Bebaute Grundstücke überhaupt	Die Zentralheizungs-Grundstücke betragen in der bebauten vH	Stadt	Jahr	Bebaute Grundstücke überhaupt	Die Zentralheizungs-Grundstücke betragen in der bebauten vH
Berlin	1905	27628	4,5	Görlitz	1900	2883	5,9
	1910	28373	12,1		1905	3094	7,3
Breslau	1890	6542	2,3		1910	3309	7,4
	1905	6930	4,2	Hannover	1910	12795	9,8
	1910	10306	8,7	Königsberg	1910	6990	4,3
Charlottenburg	1905	56269	6,25	Lübeck	1905	21912	1,1
	1908	63315	12,36		1910	9837	4,9
	1910	4634	23,2	Magdeburg	1908	7550	6,9
Köln	1910	30862	5,4	Straßburg	1905	10819	2,2
Düsseldorf	1905	15789	3,4		1910	10192	3,4
	1910	18662	8,0	Wilmersdorf	1910	1839	38,7

In Orten bis zu 100000 Einwohnern erreicht der Anteil von zentralbeheizten Häusern an der Gesamthäuserzahl den Wert 10 vH allem Anschein nach nur selten. Sie bieten aber auch dann noch ein genügend großes Wärmeabsatzfeld, wenn die Gebäude so massiert stehen, daß auf der von ihnen bedeckten Grundfläche Anteilwerte zwischen 40 und 60 vH zu errechnen sind. Das erscheint mir in Städten mit ausgeprägter wirtschaftlicher Bedeutung, Handelszentren u. a. möglich, wo sich mit der Zeit stets ein Geschäftszentrum oder ein bevorzugtes Wohngebiet herausbildet.

Von den nach Abb. 162 verbleibenden Hochbaugebieten hat der Bezirk Wilmersdorf (IX) mit seinen beiden Ortsteilen Wilmersdorf und Schmargendorf die größte Eignung, da 1925 ungefähr jedes zweite Haus zentralbeheizt war. In diesem westlichen Stadtteil Berlins ist daher ein vorzüglich geeignetes Gebiet für Wärmekraftplanungen zu erblicken. Schon weiter oben ist bemerkt worden, daß es teilweise der Form hier verarbeiteter statistischer Erhebungen zuzuschieben ist, wenn die Zahlen über die Häufigkeit der Zentralheizanlagen in benachbarten Gebieten stärker differieren. Trotzdem beispielsweise für Charlottenburg nur eine Häufigkeitsziffer von 35 vH zu ermitteln war, hat auch dieser Stadtteil die für Wärmeverteilungsanlagen notwendige Wärmedichte. Die Statistik ist nach Verwaltungsbezirken getrennt

[1] Mitteilungen für die öffentlichen Feuerversicherungsanstalten vom 20. Juli 1915.

durchgeführt worden, die Qualität der Wohngebiete macht an deren Grenzen verständlicherweise nicht Halt. So hat der an Wilmersdorf angrenzende südliche Teil Charlottenburgs mindestens die gleichen Sättigungsziffern aufzuweisen, ja in einem ausgesuchten Teilgebiet, das sich auf beide Verwaltungsbezirke ausdehnt, sind rd. 85 vH der dort stehenden Gebäude zentralbeheizt (s. Abb. 68). Ferner darf ohne weiteres angenommen werden, daß alle in solcher Gegend stehenden Neubauten mit der gleichen Ausstattung versehen werden. Die im Westen vorhandenen Zentralheizungsviertel wachsen noch stark an.

Die gleiche Entwicklung muß man den Ortsteilen Mitte (I), Tiergarten (II), Schöneberg (XI/1), Friedenau (XI/2) zuerkennen, deren Häufigkeitsziffern von 1925 schon Berechtigung gäben, im Bedarfsfalle detaillierte Heizkraft-Untersuchungen vorzunehmen. Der erstgenannte Bezirk stellt zudem die sich immer mehr herausbildende City der Reichshauptstadt dar, in der heute, — was sicherlich verallgemeinert werden kann —, kein Verwaltungs-, Geschäfts- oder Bürohaus mehr ohne Zentralheizung entsteht.

Sicher zwingen Jahre wie 1930/32 zu stärkster Einfachheit im Wohnungsanspruch. In der inneren Ausstattung werden aber neue Häuser den schon vorhandenen benachbarten nicht nachstehen wollen. Es bilden sich ganz allmählich Wärmenester heraus. Man darf folglich die jetzt in den verschiedensten Stadtteilen neu entstehenden Einzelhäuser bzw. die geschlossen durchgeführten Großsiedlungsbauten in der Mehrzahl als Keimzellen der zukünftigen großen Wärmeabsatzgebiete betrachten (Abb. 49). Diese sich anbahnende Entwicklung sollte verfolgt werden. Dann sieht in 5—10 Jahren die örtliche Planungskarte der Städte ganz anders aus.

Daß die Voraussage über kommende Wärmeabsatzgebiete berechtigt ist, soll Zahlentafel 65 aufdecken, die in Verbindung mit Zahlentafel 66 gewertet werden muß.

Der Anteil der mit Zentralheizungs- und Warmwasserbereitungsanlagen versehenen Neubauten an der Gesamtneubauzahl ist im Abschnitt 1927 bis 1929 von 17,7 auf 27,9 gestiegen. Rd. 50 vH aller errichteten Wohngebäude sind mit einer oder beiden der genannten Einrichtungen versehen. Selbst der allein für Zentralheizungsgebäude gültige Satz von rd. 40 vH liegt weit über dem Durchschnitt derjenigen Ortsteile, die nach Abb. 162 als geeignetes Wärmeabsatzgebiet angesehen wurden. Auch der oben getane Hinweis, daß Neubauten sich hinsichtlich des Wohnungskomforts durchaus den vorhandenen Ortsverhältnissen anpassen, bestätigt sich (s. Zahlentafel 66). Die Neubauten der als Wärmeabsatzgebiet für geeignet bezeichneten 6 Ortsteile weisen eine außerordentlich viel höhere Zahl von Zentralheizungsanlagen (in vH) als in den übrigen 14 Bezirken auf. Rd. 60 vH aller Gebäude haben dort schon Zentralheizungs- und Warmwasserbereitungsanlagen.

Nunmehr muß die weitere Wertigkeitsbestimmung von Stadtbezirken durch eine eingehende Ortserkundung vervollständigt werden. In ihr Programm gehört in jedem Falle eine genaue Feststellung über Anschlußwerte, Heizungsart und Benutzungsform der Gebäude. Die Geländeunterschiede, Grundwasser- und Bodenverhältnisse, Kreuzungsmöglichkeiten von Wasserläufen, Bahndämmen, Untergrundbahnen, sowie erstrangigen Verkehrsstraßen sind genau zu prüfen.

Insgesamt läuft das auf eine Aufstellung von Straßenplänen hinaus, in der die Berohrung und Bekabelung der Geh- und Fahrwege enthalten ist. Diese Erforschung ist zeitraubend und bei Großprojekten teuer. Trotzdem muß dringend zu ihrer Durchführung geraten werden. Man bedenke stets, daß der Bau von Wärmeverteilungsnetzen vorläufig dem Ingenieur eine größere technische Verantwortung auflädt als es die Verlegung von Kabeln oder kalten Rohrleitungen mit sich bringt. Zudem kommt dem Heizungsnetz auch eine lebenswichtigere Bedeutung zu, da man in Frostperioden wohl für Strom und Gas Ersatz schaffen, niemals aber ohne schwere Gesundheitsstörungen in kalten Räumen leben kann.

Durch die Einzelprüfung der Gebäude wird sich vielleicht eine andere Gebietsabgrenzung notwendig erweisen, als man sie auf Grund der ersten Erhebungen im großen Verwaltungsbezirk erwartet hätte. Das ist nur natürlich. Insofern liefert die bislang abgehandelte Feststellungsmethode keine absoluten Ergebnisse. Sie klärt nur die Örtlichkeit der jetzt vor-

Zahlentafel 65. Anteil der mit Sammelheizung versehenen Gebäude an der Neubauzahl in Berlin.

		1926		1927		1928		1929	
		Zahl	vH	Zahl	vH	Zahl	vH	Zahl	vH
A. Gesamtzahlen.									
1. Neubauten		4481	—	5502	—	4857	—	—	—
2. Davon Wohngebäude		3612	100,0	4630	100,0	3933	100,0	4692	100,0
3. Darin Wohnungen		14576	100,0	19571	100,0	19457	100,0	—	—
B. Ausstattung.									
Zentralheizung allein	2	—	—	359	7,8	454	11,5	565	12,3
	3	—	—	854	4,4	739	3,8	—	—
Warmwasserbereitung allein	2	—	—	227	4,9	369	9,4	447	9,8
	3	—	—	1893	9,7	2820	14,9	—	—
Zentralheizung und Warmwasserbereitung	2	—	—	819	17,7	1267	32,2	1284	27,9
	3	—	—	4378	22,5	6790	34,9	—	—
Zentralheizung, insgesamt	2	—	—	1178	25,4	1721	43,8	1849	40,2
	3	—	—	5232	26,9	7526	38,7	—	—
Warmwasserbereitung, insgesamt	2	—	—	1046	22,6	1636	41,6	1731	37,0
	3	—	—	6271	32,2	9606	49,4	—	—
Ohne Zentralheizung u. Warmwasserbereitung	2	—	—	3225	69,6	1843	46,9	2296	50,0
	3	—	—	12446	63,4	9108	46,8	—	—

Zahlentafel 66. Anteil der Zentralheizungen in Berliner Neubauten.

Nr.	Wärmeabsatzgebiete nach Abb. 162	Zahl der Wohngebäude-Neubauten			Von den erstellten Wohngebäuden wiesen auf:								
					1927			1928			1929		
					Z.-Hzg. allein	WWB. allein	Z.-Hzg. u. WWB.	Z.-Hzg. allein	WWB. allein	Z.-Hzg. u. WWB.	Z.-Hzg. allein	WWB. allein	Z.-Hzg. u. WWB.
	Name	1927	1928	1929	vH	vH	vH	vH	vH	vH	vH	vH	vH
I	Mitte	—[1]	4	29	—	—	—	—	—	100,5	0,0[2]	0,0	96,5
II	Tiergarten	—	8	8	—	—	—	0,0	43,7	50,0	0,0	0,0	0,0
VII	Charlottenburg	110	128	207	8,2	7,2	50,0	18,7	11,7	53,9	19,3	7,2	42,5
VIII	Wilmersdorf	227	269	230	2,2	8,3	48,9	8,5	3,7	75,8	2,6	0,8	83,0
IX	Schöneberg	108	27	46	0,9	0,0	53,7	0,0	0,0	66,7	0,0	0,0	95,5
XII	Steglitz	282	383	367	8,9	12,4	53,9	3,6	13,5	61,9	3,8	8,4	76,0
	Mittelwerte:	—	—	—	—	—	51,6	—	—	68,0	—	—	65,6
Sonstige Berliner Verwaltungsbezirke													
III	Wedding	79	154	146	5,1	22,8	10,1	0,6	0,6	25,3	0,0	15,0	21,2
IV	Prenzl. Berg	63	129	159	0,0	1,6	15,9	13,9	0,0	58,1	1,9	30,8	13,2
V	Friedrichshain	7	—	—	0,0	0,0	0,0	—	—	—	—	—	—
VI	Kreuzberg	1	—	—	0,0	100,0	0,0	—	—	—	—	—	—
VIII	Spandau	245	125	249	3,2	0,4	6,9	8,0	0,0	16,0	12,0	1,6	14,0
X	Zehlendorf	652	533	400	11,6	1,5	25,0	9,5	0,2	67,0	11,7	0,0	65,0
XIII	Tempelhof	391	288	427	16,6	1,8	41,7	29,5	14,2	27,8	46,2	7,7	13,3
XIV	Neukölln	574	196	215	0,8	7,1	2,2	2,6	27,5	19,4	10,7	14,9	23,7
XV	Treptow	70	138	203	10,0	15,7	1,4	1,4	45,0	8,7	2,9	32,0	10,3
XVI	Köpenick	325	233	193	8,9	0,3	12,3	24,5	0,0	14,1	21,2	6,7	2,1
XVII	Lichtenberg	357	422	521	3,9	2,2	1,7	10,4	7,3	10,6	8,2	9,2	10,5
XVIII	Weißensee	194	126	285	0,0	2,1	0,0	2,4	12,7	2,4	4,3	8,9	10,9
XIX	Pankow	298	248	336	4,0	9,4	3,3	16,1	16,1	5,6	3,6	29,5	7,1
XX	Reinickendorf	647	514	600	15,3	5,3	1,8	15,0	5,4	2,1	15,3	1,8	11,1
	Mittelwerte:	—	—	—	—	—	8,7	—	—	21,4	—	—	16,8

[1] — bedeutet: „keine Bauten".
[2] 0 „ „keine der Einrichtungen ist in den Neubauten vorhanden".

zunehmenden Projektierungsarbeit und vermeidet eine unnötige Verzettlung, worauf nochmals hingewiesen sei. Der Verfasser hat bewußt hier und da auf ausführliche Darstellung Wert gelegt, da schon zu viele Fehler beim Bau von Wärmeverteilungsnetzen vorgekommen sind, die durch eingehendere Vorplanung erkannt worden wären. Es kam ihm darauf an, ein methodisch richtiges Planungsverfahren zu schildern.

e) Wärme- und Stromdichte.

Wenn derartige statistische Erhebungen zweckmäßig eingeleitet und systematisch betrieben werden, ist bald ein sicherer Anhalt für die Projektumrisse vorhanden. Aber nicht nur das Heizkraftproblem hätte davon Nutzen. Beispielsweise wird aus den Einwohnerzahlen bzw. der Siedlungsdichteziffer verschiedener Wohngebiete auch ein Schluß auf die darin abgesetzten Strom- und Gasmengen möglich sein, sobald die Ausstattung der Gebäude oder Haushaltungen mit Elektrizität oder Gas (Sättigungsziffer) bekannt sind. Vergleicht

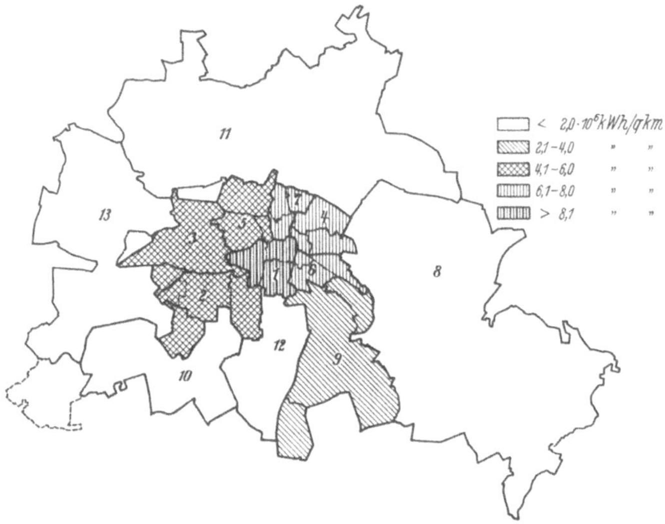

Abb. 164. Heizkraftplanungskarte IV von Groß-Berlin (Gebietsauswahl nach Stromdichte).

man unter diesem Gesichtspunkt die Abb. 164, in der die gesamte Berliner Stadtfläche nach Niederspannungs-Stromverrechnungsgebieten aufgeteilt ist, mit der Karte der Siedlungsdichte oder den Daten der Baudichte (s. Abb. 160 u. 161), so ist auch die Brauchbarkeit unseres Verfahrens zur Ermittlung von Stadtflächen hoher Wärme- und Stromdichte nicht zu verneinen. In der Tat tritt der höchste Niederspannungsstromverbrauch vielfach in den Gebieten höchster Wärmedichte auf. Das ist nichts Auffallendes mehr, weil Siedlungsdichte, Bauweise, Gebietscharakter usw. recht kräftige Impulse auf die Energieversorgung ausüben. Das Zusammentreffen von hoher Wärme- und Stromdichte ist bisher zu wenig beachtet worden.

In den als Wärmeabsatzgebieten ausgewiesenen Stadtteilen ist der Niederspannungsstromverbrauch mit 120—140 kWh/Kopf (300—450 kWh je Wohnung) zu beziffern. Er hängt mit von der Zahl der elektrifizierten Haushalte ab. Hierin ist aber die gleiche Entwicklung wie auf dem Zentralheizungsgebiet zu verzeichnen. Alle neuen Häuser der letzten Jahre haben elektrischen Anschluß. Die elektrische Beleuchtung gehört heute durchaus zur üblichen Wohnungsausstattung und hat das Gas daraus völlig verdrängt. Auch die elektrische Küche gewinnt Verbreitung. Da wir aber weiter oben schon feststellten, daß die gut ausgestatteten Wohnhausbauten, in denen das elektrische Licht schon längst obligatorisch war, durchweg

Zahlentafel 67. Niederspannungsstromdichte in Berlin 1929.

Strom-lieferbezirk (s. Abb. 164)	Abgerechnete Niederspannungsstrommenge 1929	Bezirksgröße	Davon bebaute Fläche		Ungefähre Einwohnerzahlen (geschätzt)	Verbrauchsdichte[1]	
						kWh je qkm beb. Fläche und Jahr	kWh je Kopf und Jahr
	rd. 10^6 kWh	qkm	rd. qkm	vH		10^6	
1	93,3	14,70	8,52	58,0	420 000	11,00	222
2	56,0	46,00	13,03	28,2	404 000	4,30	139
3	52,2	31,70	9,70	30,0	372 000	5,38	140
4	46,8	13,10	6,90	52,0	416 000	6,80	113
5	41,8	19,90	7,00	35,0	461 000	5,97	91
6	38,1	10,30	5,96	53,5	376 000	6,39	101
7	33,9	9,50	4,80	50,0	342 000	6,98	99
8	26,8	247,50	26,60	10,5	378 000	1,00	71
9	26,7	67,40	9,10	13,5	347 000	2,88	77
10	25,1	62,40	13,15	21,0	244 000	1,90	103
11	21,8	204,70	20,20	9,9	302 000	1,08	72
12	12,5	39,40	8,92	22,6	98 000	1,4	127
13	9,6	91,50	11,00	9,9	127 000	0,87	76
Insges.:	485,0	858,10	144,94	16,8	$4{,}29 \cdot 10^6$	3,35	113

Zentralheizung und Warmwasserbereitungsanlagen aufwiesen, wird die Übereinstimmung zwischen den Gebieten hoher Niederspannungsstromdichte und Wärmeabsatzgebieten erneut bekundet. Für die Häuser des ausgesprochenen Geschäftsviertels des Stadtinnern gilt das nämliche.

Die summarische Statistik über große Stadtgebiete hinweg gewährt uns aber noch keinen genügenden Einblick in das Strom-Wärmemengenverhältnis des Heizkraftgebiets. Eher sind dazu schon Daten nach Zahlentafel 68 geeignet, da sie direkten Erhebungen aus Berlin entstammen und erneut verdeutlichen, daß der Strom nicht nur energetisch, sondern auch finanziell der Wärme gegenüber eine schwache Rolle spielt.

Wir wollen uns daher einen Überblick über Wärme- und Stromdichte in verschiedenartigen kleineren Stadtgebieten verschaffen und wählen hierzu Straßenblocks aus der Innenstadt (Geschäftsviertel) und dem Westen Berlins (Wohngegend) (s. Zahlentafel 69 und Abb. 165 u. 166). Wie zunächst aus Zahlentafel 69

[1] Die in Zahlentafel 67 errechneten Verbrauchsdichten geben Veranlassung, auf den Wert der allgemein in Literatur und Statistik anzutreffenden Verbrauchs- und Belastungsdichten je qkm oder je Kopf kurz einzugehen. Sie beziehen sich gewöhnlich auf das gesamte Liefergebiet eines Versorgungsunternehmens bzw. auf die darin wohnende Gesamteinwohnerzahl. Das erscheint unzweckmäßig. Schon die mittlere Niederspannungs-Verbrauchsdichte Berlins von $3{,}3 \cdot 10^6$ kWh/qkm, die im einzelnen bei den gewählten 13 Gebietsteilen zwischen 0,8 und $11 \cdot 10^6$ schwankt, läßt erkennen, daß mit ihr niemals der wahre örtliche Elektrifizierungsgrad gekennzeichnet wird. Sie täuscht nichtvorhandene Qualitäten einzelner Verbrauchsgebiete vor. Die Verbrauchsdichten der Abrechnungsbezirke 3 und 6 (s. Zahlentafel 67) stehen meines Erachtens nicht im Verhältnis 1 : 2,26 (1,64 : 3,7), sondern von 1 : 1,19 (5,38 : 6,39). Noch irreführender wäre ein Vergleich der Verbrauchsdichten in den Bezirken 8 und 1. Sie verhalten sich nicht wie 1 : 58 sondern 1 : 11. Geographische Stromdichteziffern (kWh/qkm, kW/qkm) haben nur dann vollen Wert, wenn sie sich auf das Verbrauchsgebiet, also das bebaute und bewohnte Gebiet beziehen.

In gleicher Weise sollte sich die Dichteziffer kWh/Kopf auf die ortsansässige Bevölkerung beziehen. Als ihr Normalwert kann der in typischen Wohngebieten errechenbare gelten. Nach Zahlentafel 67 wären dies in Berlin diejenigen der Bezirke 2, 3, 10 und 12. Erst diese Verbrauchsdichten sind vergleichbar. Aus ihnen spricht wiederum der Einfluß von Bauweise und Siedlungsdichte und gestattet damit eine angepaßtere Beurteilung des Einflusses, den ein hoher Prozentsatz elektrisch versorgter Haushaltungen hat. Sie erlauben dem Elektrizitätswirtschaftler dann auch die Beurteilung anderer Gebiete. So weisen die Kopfzahlen 222, 139, 140 der Bezirke 1, 2 und 3 darauf hin, daß die Wohnbevölkerung des ersten Bezirkes kleiner sein muß, als die Zahl der tagsüber im Gebiet lebenden Menschen. Im Bezirk 1 der Mitte Berlins liegen in der Tat die Arbeitsstätten vieler Tausender, die nach Arbeitsschluß wieder in ihre Wohnbezirke zurückströmen und deshalb nicht in der Verbrauchsdichte je Kopf erfaßbar sind.

Zahlentafel 68. Verhältnis der Strom- und Wärmeeinnahmen im Absatzgebiet (Wohngebiet) von Heizkraftwerken.

	Zahl der Stromzähler	Jährlicher Stromabsatz	I	II	III	Verhältnis I : II : III
			Einnahme aus Strom	Einnahme aus Wärmelieferung		
				Heizung Pauschaltarif	Warmwasser	
		kWh	RM.	RM.	RM.	
Wohnhäuser ohne Läden	520	136145	37845	87700	34630	1 : 2,32 : 0,91
Wohnhäuser mit Läden	695	169740	47440	92195	50910	1 : 1,94 : 1,07
Moderne Wohnblocks mit Läden, Kino und Garagen	200	96775	27570	38495	24735	1 : 1,40 : 0,90
Große Reihenbauten mit Läden und Garagen	750	182335	50335	99140	46555	1 : 1,97 : 0,93
Wohnhäuser mit Warmwasseranlagen	280	71830	19280	—	16775	1 : — : 0,87
1 Wohnhaus mit Gewerbebetrieb	10	6830	1590	1180	275	1 : 0,74 : 0,17
1 Kino	1	30805	5500	2620	—	1 : 0,48 : —
1 Garagenanlage	1	490	161	440	—	1 : 2,72 : —
1 Kirche mit Nebengebäuden	3	1100	323	2350	435	1 : 7,25 : 1,35
Sonstige Einnahmen	—	—	—	24650	13000	—
Insgesamt:	2509	736029[1]	196070[1]	328100[1]	173750[1]	1 : 1,68 : 0,89

Zahlentafel 69. Wärmedichte von Berliner Stadtgebieten.

	Block	Gebäudezahl	Gesamte Fläche einschließlich Straßenland	Gesamte Grundstücksfläche	Grundstücksfläche zur Gesamtfläche	Annahmen f. rechn. Ermittlg. d. Wärmebed.						Spez. Wärmedichte pro 1 km²	
						beh. Grdfl. zur ges. Grdfl. der beh. Gebäude	Höhe des Gebäudes	beh. zum beh. Raum	spez. Wärmebedarf	Wärmebedarf nach Rechnung	W/h je Grundstück	Gesamtfläche	Grundstücksfläche
			m²	m²	%	%	m	%	kcal/m³	10⁶·kcal/h	10⁶·kcal/h	10⁶·kcal/km²	10⁶·kcal/km²
Wohngebiete (s. Abb. 165)	Sybel-, Leibnitz-, Giesebrechtstr.	14	25230	15440	61,2	67,0	20,0	65,0	24	3,23	0,231	127,9	209,0
	Giesebrechtstr., Kurfürstendamm, Clausewitzstr.	12	21320	11120	52,2	67,0	20,0	65,0	24	2,32	0,194	108,8	209,0
	Sybel-, Clausewitzstr., Kurfürstendamm, Wilmersdorf	15	27770	18180	65,5	67,0	20,0	65,0	24	3,80	0,253	137,0	209,0
	Kurfürstendamm, Xantenerstr.	26	50700	32080	63,3	65,0	20,0	65,0	24	6,50	0,250	128,1	206,0
	Xantener-, Duisburgerstr.	26	36880	52280	68,5	66,0	20,0	65,0	24	5,20	0,200	141,0	205,5
Büro- u. Geschäftsviertel (s. Abb. 166)	Behren-, Friedrich-, Französische Str., Kanonierstr.	22	20060	14080	70,2	78,9	20,0	65,0	24	2,19	0,100	172,8	246,0
	Burg-, König-, Poststr., Mühlendamm	16	22690	16920	74,6	77,0	20,0	65,0	24	2,60	0,163	179,0	240,0

[1] Im Berichtsjahr wurden 90 Häuser (175000 m² beheizte Grundfläche) mit Wärme beliefert. Die Heizturbinen erzeugten (rd. 7 Monate Heizbetrieb) 6,8 Millionen kWh, die mögliche Erzeugung bei Durchschnittstemperaturen kann auf über 8 Millionen beziffert werden. Der mittlere Stromverbrauch in den 5 Wohnhausgruppen betrug 297,9 kWh je Zähler und rd. 85kWh je Kopf und Jahr.

Abb. 165. Heizkraftdichte im Westen Berlins.

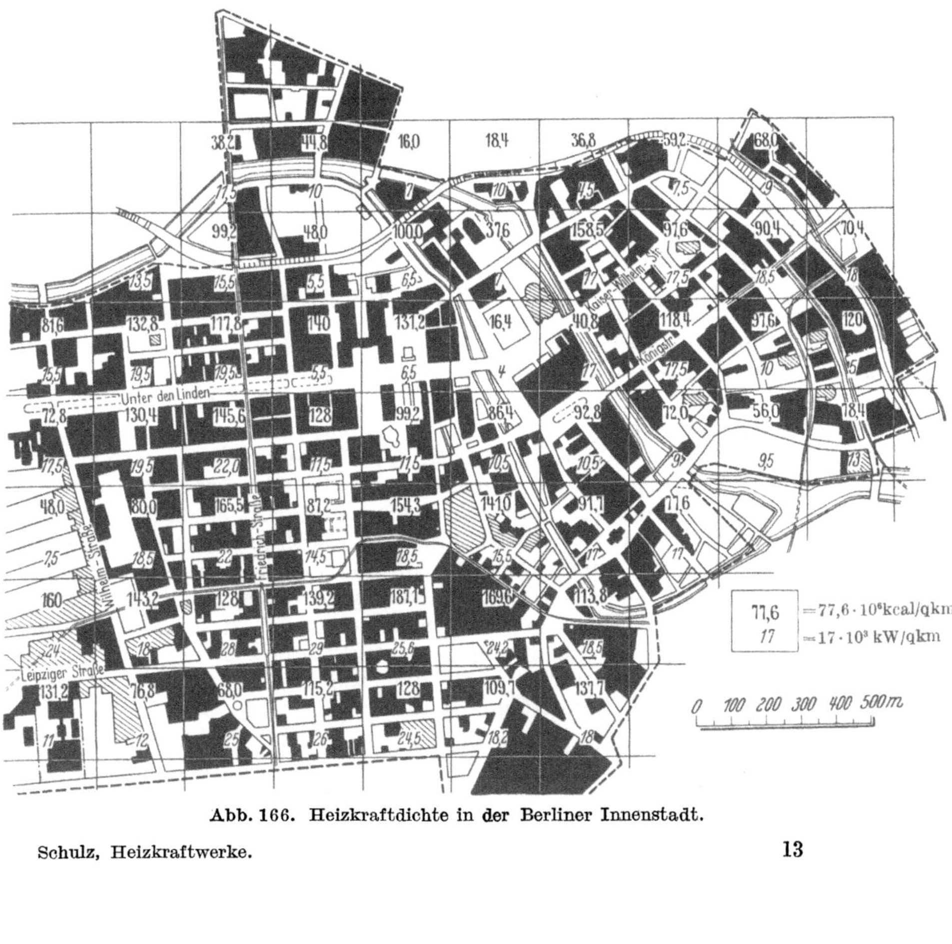

Abb. 166. Heizkraftdichte in der Berliner Innenstadt.

herauszulesen ist, ergeben sich Wärmedichteziffern von rd. 130—240 Millionen kcal/km², je nach Gebietscharakter und je nach Einbeziehung der gesamten oder nur bebauten Stadtfläche in die Betrachtung (s. hierzu Ausführung auf S. 101). Ganz wie beim Strom ist die Wärmebelastungsdichte im Wohngebiet niedriger als in der City, umgekehrt dazu aber die Benutzungsstundenzahl der Wärmespitze bei Wohnversorgung durchschnittlich höher als in der City. Das Wohngebiet ist ein schlechter Stromkonsument, gibt aber einen vorzüglichen Wärmebezieher ab.

Im Wohngebiet steht einer Wärmedichte von rd. $130 \cdot 10^6$ kcal eine Strombelastungsdichte von 2000—7000 kW/qkm Gesamtfläche gegenüber, wobei die höheren Werte von den Geschäfts-, Hotel- und Vergnügungsviertel des westlichen Berlins beeinflußt sind. Für die Innenstadt sind Strombelastungsdichteziffern von 10000—25000 kW/qkm[1] nichts Seltenes. Die Wärmedichte dagegen, physikalisch nahezu zwangsläufig bedingt, erhebt sich mit $170—180 \cdot 10^6$ kcal nicht so weit über die entsprechende Wohngebietsziffer.

Die Wärmebelastungsdichte ist verständlicherweise durchaus von der vorherrschenden Bauweise abhängig. Die erste Schätzung in Projekten wird durch den Gebrauch nachstehender Angaben erleichtert:

Die Wärmedichte beträgt:

bei Bauklasse	Va	rd.	$137 \cdot 10^6$ kcal/qkm	bei Bauklasse	IIIa	rd.	$54 \cdot 10^6$	kcal/qkm
„ „	V	„	$114 \cdot 10^6$ „	„ „	III	„	$41 \cdot 10^6$	„
„ „	IVa	„	$92 \cdot 10^6$ „	„ „	IIa	„	$33 \cdot 10^6$	„
„ „	IV	„	$73 \cdot 10^6$ „					

Betrachtet man die Verbrauchsdichten, ändert sich das Bild weiterhin zugunsten des Wärmeabsatzes. Schon früher wurde festgestellt (s. S. 156), daß je kW Lichtspitze etwa 500—900 kWh im Wohnhaus verkäuflich sind. Beträgt doch der Niederspannungsstromabsatz in Berlin je 1 kW Verrechnungswert (also etwas ungünstig betrachtet) nur 600—700 kWh jährlich[2]. Dagegen sind Benutzungsstunden von 1000—1400 Stunden für den Anschlußwert der Heizung und 1400—1800 Stunden für den gesamten Wärmeabsatz (einschließlich WWB.) bei mitteleuropäischem Klima üblich (s. auch Zahlentafel 51 u. 52). Ist die Strom-Wärmedichte eines Heizkraftgebietes bekannt, läßt sich an Hand des Abschnitt IV E u. F auch die Heizkraftdauer, also das Kriterium der Kupplungseignung ermitteln.

An dieser Stelle sei ein Appell an alle in Frage kommenden Kreise eingefügt. Jeder vorausschauende Elektrizitätswirtschaftler wird angesichts der hier niedergelegten Ergebnisse die Bedeutung der Heizkraftkupplung für die Stromversorgung schlecht verneinen können. Zugegeben, daß in zahlreichen Städten heute keine Möglichkeit vorhanden ist, sie durchzuführen. Sei es, daß bestehende Stromlieferungsverträge oder das gänzliche Fehlen von geschlossenen Zentralheizungsvierteln dies verhindere. Auch Orte, denen durch politische und wirtschaftliche Einflüsse der Nachkriegszeit der Lebensimpuls abgeschnitten ist, Orte ohne Bevölkerungszuwachs und abseits der Hauptverkehrsadern des Landes gehören dazu. Wer aber kühl abwägend die zukünftige Entwicklung unserer Großstädte beurteilt, die trotz allem einer Dauerperiode der Bautätigkeit entgegengehen, wer weiterhin die leider immer noch anhaltende Entvölkerung des flachen Landes, die im Verein mit natürlichem Bevölkerungszuwachs teilweise starke Einwohnerzahlvermehrung der Städte brachte, und das deutlich erkennbare Streben nach gut ausgestatteten Wohngelegenheiten gebührend beachtet, wird eine Wandlung in der Energieversorgung herbeiführen können.

---

[1] Rehmer-Krohne: Entwicklung der Stromversorgung der Bewag. Elektr.-Wirtsch. 1930 Nr. 499/500. — Nach Adolph: Elektr. Z. 1929 Heft 40 S. 1429f.; in New York bis 40000 kW/qkm.

[2] Veröffentlichungen der Bewag, Reihe II, Bd. 11.

Überblick.

Zur Prüfung eines Stadtgebietes auf Heizkrafteignung müssen sich demnach folgende Arbeitsetappen aneinanderreihen:

1. Gebietswahl mit Rücksicht auf Bebauung, Siedlungsdichte, Zahl der Sammelheizungen, Transportmöglichkeiten und Kabelnetz.
2. Aufstellung des Strombelastungsplanes, den das Heizkraftwerk erfüllen muß; Eingliederung in die Reihe der parallel arbeitenden Werke.
3. Erste Bemessung von Größe und Form des Werkes, Wärmeabsatzgebietes und Rohrnetzes.
4. Aufstellung der Stundenbelastungsdiagramme für Wärme und Strom nach gewählter technischer Auslegung des Werkes. Ermittlung des Wärmeanschlußwertes.
5. Erneute Prüfung der Werksdaten (Druck, Speicherung usw.) und Belastungsplanes auf Grund der Heizkraftdauer.
6. Endgültige Bestimmung der Netzform und Tracen, unter Beachtung der wirtschaftlichsten Bauweisen.
7. Endgültige Festlegung der elektrischen Leistung und Ausrüstung.
8. Aufstellung von Werbeplänen für mehrere Jahre.
9. Anlagekostenermittlung; Bautermine und Bauzeiten.
10. Wirtschaftlichkeitsprüfung. Unter Benutzung von Stromvergütungssätzen, die dem Elektrizitätswerk einen Vorteil gegenüber anderen Erzeugungsarten bringen, soll eine Erfolgsrechnung stets für mehrere Jahre durchgeführt werden. Sie kann rückwärts evtl. eine Budgetierung der Bauausgaben, Änderung des Bautempos usw. zur Folge haben.

K. Eingliederung von Heizkraftwerken in die bestehende Stromerzeugung der Städte.

Als Zweck der öffentlichen Heizkraftwirtschaft wurde neben Anpassung an volkswirtschaftliche, städtebauliche und hygienische Bestrebungen die verbilligte Energieversorgung der großstädtischen Bezirke erkannt, und zwar durch Erzeugung der elektrischen Energie möglichst nahe am Verbrauchsort und Ersatz vieler kleiner Einzelheiz- und Kraftanlagen durch das große Verteilungsnetz. Städteheizung, Wohnungsbau und Elektrizitätswirtschaft sind am Endziel gleichmäßig stark interessiert, die größere organisatorische Arbeit haben aber die Elektrizitätswerke zu leisten.

a) Belastungsverteilung.

1. Jahresstrommenge.

Das Heizkraftwerk hat als Elektrizitätswerk Saisoncharakter, 4—5 Sommermonate lang ruht seine Stromabgabe nahezu völlig. Insofern erfüllt es die Anforderungen an elektrische Spitzenkraftdeckung im umfangreichsten Maße. Nach S. 112f. verbleibt den bestehenden Versorgungsquellen also rd. 35 vH des möglichen Gesamtabsatzes in den Heizkraftgebieten, der als Strom außerhalb der Spitzenzeit doppelt erwünscht ist.

2. Tageserzeugung.

Ob die ferner vorgeschlagene Belastungsaufteilung für die Tageszeit (Heizkraftstrom lediglich zwischen 6—20 Uhr, s. S. 165) für alle Gebietsarten richtig sein wird, bleibt dahingestellt. Sie entspricht mehr betriebstechnischen als energetischen Erwägungen. Eine Kupplung zwischen Kondensations- und Heizkraftwerk-Schaltanlagen ist aus erstgenanntem Grunde ohnehin vorhanden. Es liegt deshalb nahe, die Nachtbelastung grundsätzlich der bestehenden Stromerzeugung zu überlassen. Im übrigen wird sich die Entscheidung hierüber mit darnach zu richten haben, wieweit die Heizkraftkupplung im Gebiet gediehen ist.

Die Jahresbelastungslinien der Stromlieferung europäischer Großstädte (mit Benutzungsstundenzahlen des Maximums zwischen 2500—3500, Ausnutzungsfaktoren der Gesamtleistung zwischen 23 und 32 vH) zeigen ziemlich übereinstimmend, daß rd. 50 vH der eingesetzten Spitzenleistung nur 1000—1200 Std., Jahr benötigt werden und während dieser Zeit weniger als 10 vH der Gesamtstrommenge liefern. Die meisten Durchrechnungen führen nun zu dem Ergebnis, daß dem gekuppelten Betrieb bei Übernahme dieser unwirtschaftlichen Hälfte rd. 25—30 vH der Gesamtstrommenge zugebilligt werden muß. Erst dann lohnt es, Heizkraftwirtschaft zu treiben. Die Benutzungsstundenziffern der verbleibenden Kondensationswerke steigen bei dieser Verteilung allmählich auf 3750—5250 an, erreichen also diejenigen heutiger Fernstrom-Grundlastwerke.

Mit 1000 und 1400 Jahresbenutzungsstunden folgen die Heizkraftturbinen. Diese Ziffern sind durch Einbeziehung der ausgeprägten Lichtstromgebiete in die Heizkraftwirtschaft ohne weiteres möglich. Sie werden um so eher erreicht, je geschlossener und größer das Zentralheizungsgebiet und damit die Liefermöglichkeit des Heizkraftwerkes über den Rahmen der ursprünglich gebietsbegrenzten Abmachung hinweg ist.

Die vorstehenden Richtlinien gelten sinngemäß auch dann, wenn kein besonderes Heizkraftwerk vorhanden, sondern das Kondensationswerk um einen solchen Werksteil ergänzt wurde. Das wird in Mittelstädten häufiger der Fall sein, wo die Entfernung zwischen Stromerzeugung und -verbrauch ohnehin begrenzt ist, wo das Elektrizitätswerk aber mitten im Wärmeverbrauchsgebiet liegt.

3. Überschußstrommenge.

Im Hinblick auf Abb. 149 wird das Elektrizitätswerk beim Übergang zum Wärmeabsatz ständig vor folgende Entscheidung gestellt. Die Gegendruck-Turbinenleistung bzw. Wärmenetzgröße richtet sich darnach, ob eine bestimmte kW-Belastung während 5—7 Monaten sicher zu decken ist. Die aus Heizdampf an sich erzeugbare Strommenge wird aber in vielen Tagen beträchtlich größer sein können als dieser Normalbelastung entspricht. Soll diese Mehrstrommenge unter entsprechender Zurücksetzung der Kondensationserzeugung aufgenommen werden? Als Ersparnis tritt lediglich der kcal-Unterschied zwischen Kondensations- und Gegendruckgefälle vermindert um den Mehraufwand je Kondensations-kWh infolge schlechteren Ausnutzungsfaktors ein. Bisher verweigerten die Elektrizitätswerke die Hereinnahme solcher oft kleinen Strommengen, die z. B. aus industriellen Heizkraftwerken angeboten wurden, oder wollten sie nur zu Preisen annehmen, die den Lieferanten eine Erzeugung unmöglich machten. Meistens geschah das zu Recht, da die Gleichmäßigkeit des Fremdstroms fehlte. Mit Vereinigung der Heiz- und Kraftlieferung wird die Geneigtheit zur Verwertung solcher Überschußstrommengen wachsen. Sie müssen lediglich bei der Verteilung der inneren Werkskosten verschieden von der übrigen Erzeugung bewertet werden.

4. Schaltung von Heizkraftanlagen und Kondensationswerken.

Der Inhalt verschiedener Abschnitte wird hier und da optimistischer als gewollt klingen. Bei ihrer Behandlung wurde stillschweigend das Bestehen großer Wärmeverteilungsnetze in einzelnen Stadtteilen vorausgesetzt, obgleich deren Schaffung den größten Zeitteil in der Entwicklung der Heizkraftwirtschaft beanspruchen wird. Die heutige Kondensationsstromversorgung läßt sich nur bei folgendem Vorgehen langsam ergänzen bzw. in Einzelgebieten voll ersetzen.

Unerläßliche Vorbedingung für die Durchführung des Heizkraftplanes ist die Erschließung des Wärmeabsatzfeldes. Man beschränke sich vorläufig auf Gebiete mit Wärmedichten über $50 \cdot 10^6$ kcal/qkm, in denen es sich bei einigermaßen geschickter Werbung auch zu Beginn schon lohnen kann, ein neues Kesselhaus als ersten Werksteil zu bauen. Auf Stromerzeugung verzichte man zunächst. In den ersten 3 Jahren gibt es eigentlich nur eine einzige Aufgabe: Werbung von Wärmeabnehmern, sachgemäße, erweiterungsfähige Netzgestaltung.

Die Standortwahl des Wärmewerkes selbst ist sowohl hinsichtlich der Netzkosten als auch der Erzeugungsmengen höchst bedeutsam. Vorbildlich bleibt das zentral ins Absatzgebiet gestellte Heizkraftwerk. Im Stadtinnern wird ein Werksplatz mit Bahn- oder Wasseranschluß oft schwer oder sehr teuer erhältlich sein. In erster Linie ist der Bahnanschluß wegen des Kohlen- und Aschentransports erwünscht. Hier gilt es wiederum zu wählen zwischen Kauf des teuren Bauplatzes oder Ferntransport der Wärme über mehrere km hinweg. Dies ist eine der wichtigsten Entscheidungen, die weitgehend von der Lage des Ortes beeinflußt wird, an der die Stromerzeugung erwünscht ist.

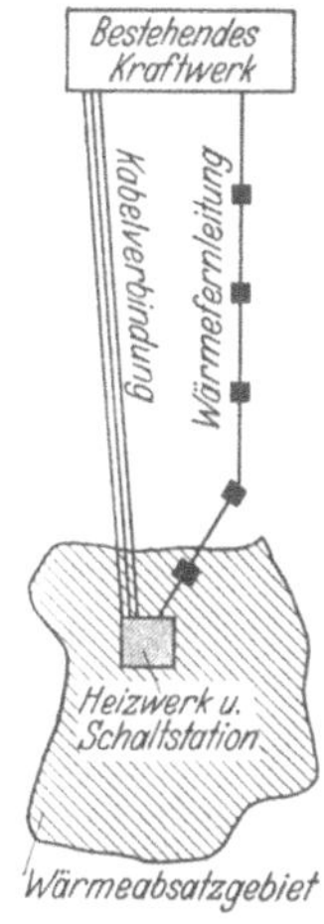

Abb. 167. Heizkraftgebiet und bestehendes Elektrizitätswerk.

Die Möglichkeit, vom mäßig entfernten, vorhandenen Elektrizitätswerk Wärme abzugeben, soll für die ersten Jahre unbedingt ausgenutzt werden. Der Neubau des Heizkraftwerks mitten im Versorgungsgebiet wird hinausgeschoben, an seine Stelle tritt vorläufig die eventuell erforderliche Umform- und Verteilstation. Dieses Wärme-Unterwerk wird zweckmäßig mit einer im Kabelnetz ohnehin benötigten Schaltstation zusammengelegt, die dann sowohl strom- als auch wärmeseitig mit dem Kraftwerk verbunden ist (Abb. 167). Das von ihr gespeiste Niederspannungsnetz braucht natürlich nicht mit dem Wärmenetz identisch zu sein.

Trennt man in dieser Weise Wärmeerzeugung und -verbrauch, so fällt mit der Wahl des Wärmeträgers in der Fernleitung auch die grundsätzliche Entscheidung über den Erzeugungsort der elektrischen Spitzenkraft. Wird für die Wasserfernleitung entschieden, begibt man sich der Möglichkeit, eine Heizkraftschaltung nach Abb. 168 auszunutzen, also die Erzeugung von Spitzenstrom in größter Nähe des Verbrauchsorts vorzunehmen. Das Dampfschaltbild des Unterwerks ist dem organischen Wachstum des Heizkraftwerks angepaßt. Zunächst ist nur der Wärmeaustauscher *c* vorhanden, der über die Fernleitung hinweg 12—15 atm Dampf erhält. Wenn nach 2 bis 3 Werbejahren der Netzanschlußwert für den Einbau des Wasserspeichers *d* groß genug wird, kann man durch gleichzeitige Aufstellung von Gefällespeicher *e* und Spitzenturbine *a* zur Spitzenkrafterzeugung schreiten. Der Wasserspeicher soll ausreichen, die aus *a* während der Spitzenzeit ($t_{sp} \sim 3$ Stunden) anfallende Wärmemenge aufzunehmen. Tagsüber — in der Wärmelieferzeit — wird er entladen, der Gefällespeicher *e* gleichzeitig während (24—3) Stunden geladen. Wächst das Wärmenetz weiterhin an, kann durch zusätzlichen Einbau von Gegendruckturbinen (*b*) die Heizkraftkupplung auf die übrige Tagesbelastung ausgedehnt werden.

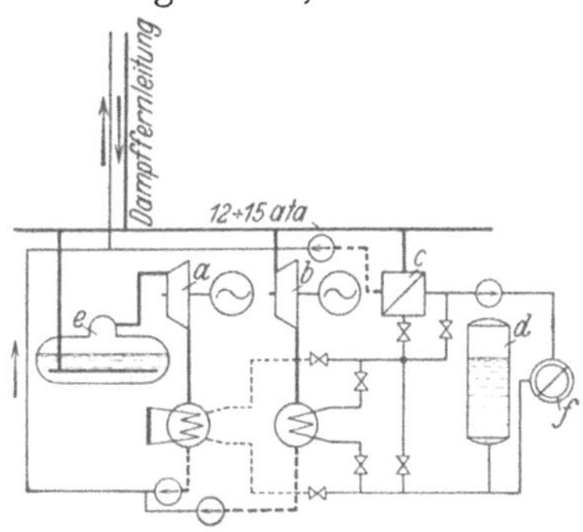

Abb. 168. Regelschaltung von Heizkraftunterwerken. *a* Spitzenturbine mit Turmkühlung bzw. Heizwasserkondensation, *b* normale Gegendruckturbine, *c* Wärmeaustauscher, *d* Heizwasserspeicher, *e* Gefällespeicher, *f* Heiznetz.

Ähnlich ist die Schaltung des Unterwerks nach Abb. 169, nur ist hier mehr an die Großstromerzeugung ohne direkten Spitzeneinsatz gedacht: Hochdruck- und Mitteldruck-Turbosätze im bestehenden Kondensationswerk, Niederdruckturbinen mit großer Schluckfähigkeit im Heizwerk. Bei der räumlichen

Aufteilung von großen Turbinenleistungen zwingt die Gefälleeinbuße des Wärmetransportes zu hohen Kesseldrücken. Davon ist in einem von mir durchgearbeiteten Heizkraftplan für die Wärmeversorgung des Berliner Westens (s. Abb. 68) Gebrauch gemacht, dessen Leistungsdaten in Abb. 169 mitverzeichnet sind. Durch Erstellung von rd. 75000 kW-Gegendruckturbinen sind rd. 170 Millionen kWh zu erzeugen, wobei das Wärmenetz rd. 300 Millionen kcal/h Anschlußwert haben muß.

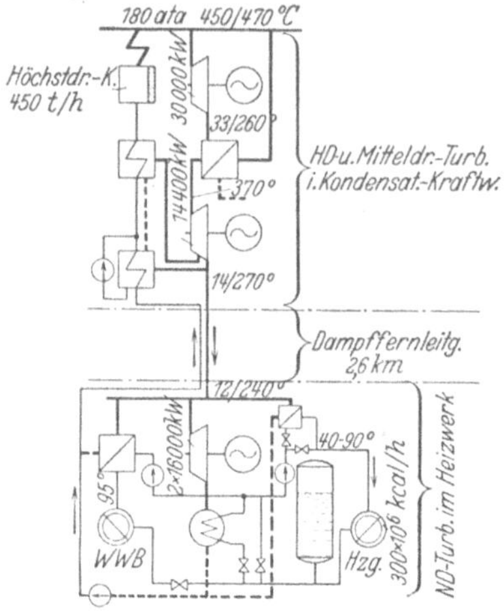

Abb. 169. Wärmeschaltplan eines Hochdruck-Heizkraftwerkes.

Den soeben besprochenen Prinzipschaltungen ähneln alle sonstigen Vorschläge, mögen sie auf örtliche Trennung oder Vereinigung von Heizkraft- und Kondensationswerken, synchrone oder asynchrone Fahrweise, auf einen Parallelbetrieb von Dampf- und Wassernetzen, oder sonst irgendwie auf die Eingliederung von Heizkraftbetrieben in die jetzige Stromversorgung abzielen. Berücksichtigt man die heutige Entwicklung und Tendenz in der Stromversorgung unserer Städte, kommen für die allmähliche Eingliederung von Heizkraftbetrieben nur 3 Werksformen in Frage:

1. Bei geringer Entfernung zwischen Kondensationskraftwerk und Wärmenetz (1—3 km).

Wärmelieferung (niedriges Temperaturniveau) vom bestehenden Elektrizitätswerk aus; mit zunehmendem Wärmeabsatz Vorschaltung der Kraftstufe.

2. Bei größerem Abstande des Wärmeverbrauchers vom Dampfkraftwerk (> 3 km).

a) Schaffung von Unterwerken und Belieferung mit Wärme höheren Temperaturniveaus, um später Stromerzeugung im Verbrauchsgebiet zu ermöglichen; Hochdruck-Heizkraftstufe im Kondensationswerk.

b) Errichtung zentral gelegener Heizkraftwerke mit voller Gegendruckschaltung in Neubaugebieten.

c) Belieferung von Industriebetrieben großen Strom- und Wärmebedarfs mit höher gespanntem Dampf und Umformung desselben durch örtlich aufgestellte Asynchron-Turbosätze.

3. Bei Zusammenarbeit von Wasserkraftwerk und Heizbetrieben.

Organisationsformen wie bei 1. und 2., meistens kleineren Umfangs, aber unabhängiger von Entfernungen.

b) Kostenverteilung im Heizkraftbetrieb[1].

Über den Unkostenanteil, den die „kWh" oder „kcal" im Heizkraftbetrieb übernehmen muß, herrscht beträchtliche Uneinigkeit. In den 42 Heizkraftbetrieben, die ich durch Besuch kennen lernte, waren 16 verschiedene Verrechnungsarten im Gebrauch, die sich mehr nach der örtlichen Bedeutung, die man jeder der beiden Energiearten zollte, als der inneren Berechtigung durchgesetzt hatten. Hinsichtlich der Kapitalkostenverrechnung herrschen die wenigsten Meinungsverschiedenheiten. Nur bei dem Hauptteil der Betriebskosten, den Brennstoffkosten, wird regelmäßig gegen den Grundgedanken der Heizkraftkupplung verstoßen.

[1] Pölitz, G.: Die Aufteilung der Kosten bei Heizkraftwerken. Wärme 1931 Nr. 42 S. 773. — Ferner Anderson, Cl.: Power Bd. 75 (1932) Heft 21 S. 753.

1. Verteilung der Betriebskosten.

Aus der allgemein gültigen Erwägung heraus, daß Strom- und Wärmenetz gleichermaßen wichtig sind für das Zustandekommen irgendwelcher Ersparnisse und in dieser Beziehung keines der beiden ausgezeichnet ist, sollten alle Veränderungen der Betriebskosten geteilt werden.

Die Aufteilung der Brennstoffkosten wird bei Heizkraftschaltung gewöhnlich nach der Gefälleausnutzung vorgenommen; das ist unberechtigt. In üblichen Stadtkraftwerken sind 55—70 vH aller Betriebskosten Kohlenkosten. Durch die Heizkupplung sinkt die je kg Dampf zur Stromerzeugung verwertete Wärmemenge auf etwa 12—16 vH der bisherigen herunter, ohne daß die Stromerzeugung selbst etwas dazu getan hätte. Legt man also die der Turbinendampfmenge entsprechende Kohlenmenge K etwa mit 0,16 K auf den Strom und 0,84 K auf die Wärme um, erhält man höchstens eine die Thermodynamik wiederspiegelnde Kostenverteilung, die einseitig zugunsten des Partners Strom ausgenützt wurde. Andererseits kann auch die Methode, die Wärmelieferung lediglich mit den Brennstoffmehrkosten zu belasten, die sich im Gegendruckbetrieb gegenüber dem Kondensationsbetrieb einstellen, keine Zustimmung erwarten, da Leistung und Erfolg nicht im Einklang stehen. Auch die Brennstoffkostenverteilungsart, die das Städteheizwerk mit den vollen Frischdampfgestehungskosten in RM./t (das sind zu 90 vH Kohlenkosten) belasten, ausgleichend dafür mit einem kWh-Verrechnungspreis erkennen will, der dem Produkt aus Gestehungskosten je Grundlast-kWh × Kilowattstundenzahl je t Heizdampf entspricht, vermag auf die Dauer nicht voll zu befriedigen. Immerhin ist sie einfach, deshalb beliebt und kommt der hier vorgeschlagenen Kohlenkostenverteilung näher. Diese sei an Hand der Abb. 170 geschildert. Sie stützt sich darauf ab, zunächst die Kohlenersparnis so genau wie möglich festzulegen. Man ermittle zu diesem Zweck die stündlichen (je nach Erfordernis auch andere Zeiten benutzbar!) Kohlenkosten für ein technisch gleichwertiges Kondensationswerk a' bzw. ein isoliertes Heizwerk b' in Abhängigkeit von der kW- bzw. t Dampf-Belastung. a' und b' können an Hand von Lieferer-Garantien, Versuchen und Ergebnissen aus der Praxis recht genau bestimmt werden. Bei der gewählten Werksleistung von 4000 kW bzw. 24 t/h Dampf ergeben sich Gesamtkohlenkosten von $a' + b'$ RM./h. Aus den Betriebsbüchern des Heizkraftwerks erhalten wir für die gleich große, vereinigte Energielieferung Kohlenkosten in Höhe von c' RM./h. Die Ersparnis von $e = (a' + b') - c'$ .... RM./h soll gleichmäßig Strom und Wärme zugute kommen. Es ist also zu belasten:

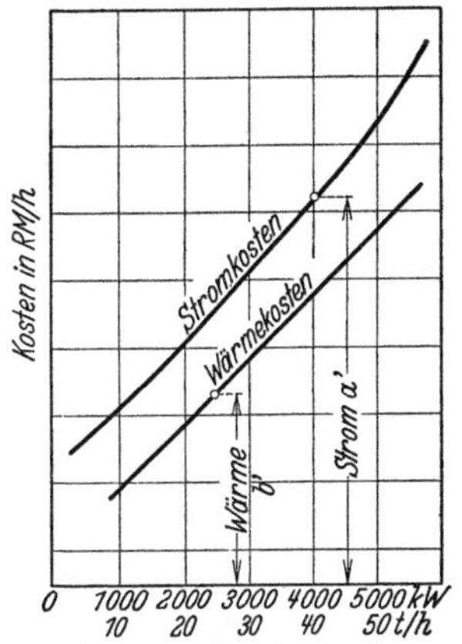

Abb. 170. Betriebskostenaufteilung.

der Kraftwerksteil bei 4500 kW mit $a = a' - \frac{e}{2}$ RM./h

der Heizwerksteil bei 24 t/h mit $b = b' - \frac{e}{2}$ RM./h.

Gleiche Rechnungen sind für alle im Heizkraftwerk auftretenden Belastungsverteilungen durchgeführt, womit die praktische Kohlenkostenverrechnung auch der theoretischen Forderung aus Gleichung 16f. angepaßt ist. Aus dem stündlichen Wert $a : b$ erhält man schnell und leicht ganze Tages- und Monatsresultate.

Die Personalkosten des Turbinenbetriebes und der elektrischen Anlage sind voll auf den Strom umzulegen, da sie sich durch die Kupplung nicht ändern.

Dagegen teilen sich Gehälter und Löhne des Kesselhauses, des Kohlen- und Aschentransportes nach dem Verhältnis $a : b$ auf Strom und Wärme auf.

Die Reparatur-, Unterhaltungs- und Werkstattkosten werden in Kesselhaus, Kohlenförder-, Aschentransport-, Rohrleitungs- und Speisewasseranlage gleichfalls nach dem Verhältnis $a : b$ aufgeteilt; in Turbinenhaus und elektrischer Anlage wird nur die „kWh“ belastet.

2. Verteilung von Kapitalkosten.

Hinsichtlich der Umlegung von festen (leistungsabhängigen) Kosten im Strom- und Wärmeverteilungsnetz bestehen keine Unklarheiten, in hohem Maße strittig ist sie dagegen im Werk selbst.

Im neuerbauten Heizkraftwerk ist folgendes Verfahren billig. Da die Kapitalkosten der Kesselanlage (einschließlich Kohlen- und Aschenförder-, Rohrleitungs-, Speisewasseranlage) nur von der Gesamtenergiemenge — von der Leistung — abhängig sind, sollen sie je nach dem Anteil von Strom und Wärme in der Spitzenzeit verteilt werden. Die kWh darf dabei höchstens mit einem gleich großen Kapitalkostenanteil wie im Kondensationsbetrieb belastet werden. Die festen Kosten der Turbinen- und Schaltanlage gehören wie üblich unter die Stromerzeugungskosten; da 1 kW Gegendruckleistung billiger ist als 1 kW Kondensationsleistung, wird die kWh sogar etwas entlastet. Wird dagegen sog. Überschußstrom aus Heizwärme erzeugt, ist auch die Belastung des Heizdampfes mit einem Teil der Turbinenkapitalkosten vertretbar.

Verhältnismäßig einfach ist die korrekte Kapitalkostenaufteilung in dem Falle des Altwerkes, wenn z. B. das bestehende Kondensationswerk um einen Heizkraftteil erweitert wurde. Alle durch Heizkraftbetrieb entstehenden Baukosten sollen der kcal zugeschrieben und von der Wärmelieferung verzinst und amortisiert werden. Für das Kesselhaus mit Nebenanlagen gilt das immer, in Turbinen- und Schaltanlagen aber nur soweit, als die neuinstallierte Heizkraftleistung nicht in Form von Kondensationsleistung ohnehin benötigt worden wäre.

c) Wirtschaftlichkeit des Heizkraftverfahrens und Einfluß auf Stromkosten.

Alle Erkenntnisse über thermische und wirtschaftliche Vorteile der Heizkraftwirtschaft bedürfen des finanziellen Beweises. Die Unterlagen zu seiner Durchführung sind vorstehend gesammelt. Erfahrungsgemäß leidet die Beweiskraft üblicher Wirtschaftlichkeitsberechnungen oft am Überfluß und dem örtlich wie zeitlich begrenzten Geltungsbereich der Zahlengruppe. Insbesondere könnte das bei der hier vorliegenden Materie der Fall sein, die sich vielfach auf erstmalig mitgeteilte Werte abstützen muß. Der Leser wird meine Bemühungen, dieser Einseitigkeit möglichst zu entgehen, sicherlich empfunden haben. Die zwecks größter Klarheit in Beweisgruppen unterteilten Wirtschaftlichkeitsbetrachtungen werden hoffentlich zu sachlicher und interessierter Diskussion Anlaß geben. Zur Aufstellung einzelner Beweisgruppen gelangte ich aus praktischen Erwägungen heraus in Anlehnung an das Entwicklungsbild, das auf S. 195f. gezeichnet wurde. Die Beweisführung selbst ist von 2 Leitgedanken durchsetzt: Aufdeckung der wirtschaftlichen Möglichkeiten des Wärmeverkaufs und Darstellung der Wettbewerbsgrenzen von Strom- und Wärmetransport.

1. Wirtschaftlichkeit der an ein Kondensationswerk angegliederten Wärmelieferung.

Beispiel 1. Pumpenheiznetz (90/70°), mit Anschlußwert von $80 \cdot 10^6$ kcal/h, davon Heizung $70{,}8 \cdot 10^6$ kcal/h, davon WWB. $9{,}2 \cdot 10^6$ kcal/h.

Gegendruckturbinenleistung 12000 kW, Stromerzeugung rd. $18 \cdot 10^6$ kWh (bei 15 ata 390° Anfangszustand).

Mittlere Absatzmenge/Jahr:

insgesamt	295000 t	— rd. $144000 \cdot 10^6$ kcal,
davon Heizung	187000 t	— „ 105000 „
WWB.	72000 t	— „ 39000 „

dazu im Jahresdurchschnitt rd. 11 vH Zuschlag für Verluste.

Anlagekosten:

Rohrnetz bei 48000 M/10^6 kcal	3840000,—	RM.
Sonstiges	160000,—	„
Summa:	4000000,—	RM.
Kapitaldienst 12 vH (Zinsen und Abschreibung)[1]	480000,—	RM./Jahr

Erzeugungskosten der Wärme (Jahresdurchschnitt):

Kohlenpreis frei Bunker 21,— RM./t,
Verdampfungsziffer 7,8.

Kohlenkosten	2,69	RM./t
Gehälter, Löhne im Werk	0,44	„
Reparaturen, Material	0,18	„
Sonstiges	0,09	„
Insgesamt:	3,40	RM./t
	= 5,90	RM./10^6 kcal.

Jahresbezugskosten der Wärme (einschließlich Verluste)	977000,—	RM.
Verteilkosten der Wärme:		
Material	16000,—	„
Gehälter und Löhne, Verwaltung	29000,—	„
Summe von Kapital-, Erzeugungs- und Betriebskosten	1502000,—	„

Jährliche Einnahme aus Wärme, mittlerer Tarifpreis:

für Heizung: 11,50 RM./10^6 kcal bzw. 6,39 RM./t
„ WWB.: 12,50 „ „ „ 6,94 „

Raumheizung rd.	1195000,—	„
Warmwasserbereitung rd.	487500,—	„
Summa:	1682500,—	RM.
Einnahmeüberschuß	180500,—	„

Unberücksichtigt soll bleiben, daß erfahrungsgemäß 30 vH der Hausanschlußkosten durch Anliegerbeiträge, Vorhaltungsgebühren usw. hereinkommen. Die Kapitalkosten verringern sich bzw. der Einnahmeüberschuß wächst demnach um 25000,— RM. bis 30000,— RM. Von dem Einnahmeüberschuß sind die Steuern und Abgaben zu decken.

Steuern:

Umsatz-, Körperschafts- und Gewerbesteuer, Abgaben	312400,—	„
Ausgabenüberschuß	131900,—	RM.

Der Posten „Ausgabenüberschuß" stellt nichts anderes als die Erzeugungskosten der aus Heizdampf anfallenden Stromes dar. In unserem Beispiel also:

Stromerzeugungskosten (frei Generatorklemme) 0,73Pfg./kWh.

Kein Kondensationswerk mit gleichen technischen Daten wird auch nur annähernd so niedrige Erzeugungskosten melden; sie liegen hier zwischen 3,8 und 4,1 Pfg./kWh. Selbst wenn wir durch Erhöhung des Anlagekapitals um 20,0 vH auf rd. 4,8 Millionen RM. ausdrücken wollen, daß die Netzkosten sich aus unvorhergesehenen Gründen erhöhten und auch im Werk selbst Anlageerweiterungen zu Lasten des Heizwerks notwendig waren, also so vorsichtig wie irgend möglich bilanzieren, steigen die Stromerzeugungskosten erst auf 1,26 Pfg./kWh an. Beziehen wir den Preis zum besseren Vergleich auf die Werkssammelschiene, erhalten wir Stromerzeugungskosten von 0,88 bzw. 1,41 Pfg./kWh. Absichtlich unberück-

[1] Warmwasser-Rohrnetze haben mit Sicherheit mehr als 20 Jahre Lebensdauer.

sichtigt lassen wir die Beweisvariante, durch höheren Anfangsdruck die Stromausbeute (bei 30 ata/425° C werden es schon $21{,}0 \cdot 10^6$ kWh) und damit die Wirtschaftlichkeit zu steigern.

Beispiel 2. Soeben bezog sich die Beweisführung auf ein großes, vorzüglich geeignetes Wärmeabsatzgebiet. Es fragt sich, ob auch bei kleinerem Ausmaß und geringerer Wärmedichte ähnliche Produktionsmöglichkeiten vorliegen. Dafür stehen mir Betriebsdaten aus einem gut geleiteten Heizkraftwerk zur Verfügung, einem früheren Kondensationswerk, das sich als Heizkraftwerk — entsprechend der Neubautätigkeit seiner Stadtgegend — im Ausbaustadium befindet. Es arbeitet daher noch mit etwas zu hohen Wärmeabsatzmengen (Pauschaltarif!) und zu niedriger Stromproduktion. Seine Ziffern sind also besonders instruktiv, zumal die Wärmelieferung auch bei der Unkostenverteilung stärker herangezogen ist.

Betriebsdaten des Werks:

Umgebautes Kondensationswerk 6000 kW-Turbinenleistung
2400 m² Kessel
12 ata/260° Eintrittsdampf
Pumpenheizung (Δ t — 90°/70°) } ohne Speicherung
Warmwasserlieferung (Δ t — 90°/50°) } ohne Speicherung
Anschlußwert: Heizung — $20{,}6 \cdot 10^6$ kcal/h } $29{,}1 \cdot 10^6$ kcal/h.
WWB. — $8{,}5 \cdot 10^6$ „ }

Absatzmengen:

an Dampfnetz	11214 t	rd. $6840 \cdot 10^6$ kcal
„ Wassernetz	122087 t	$68982 \cdot 10^6$ „
Summa:	133301 t	rd. $75822 \cdot 10^6$ kcal
Sonstiger Werksverbrauch	16342 t	
Gesamte Dampferzeugung:	149643 t	

Stromerzeugung: 8,999 Millionen kWh.

Kapitaldienst des Rohrnetzes (14,3 vH)			216000,— RM.
Erzeugungskosten der Wärme (je t Dampf):			
Kohlen u. Kohlenunkosten [Kohlenpreis (20,59 + 4,09) RM./t]	3,46 RM./t	rd. 518595,— RM./Jahr	
Gehälter und Löhne	0,52 „	rd. 78345,— „	
Reparaturen, Instandsetzung, Lagerkosten, Versicherung usw.	0,38 „	rd. 56760,— „	
Verwaltung	0,31 „	rd. 46139,— „	
Insgesamt:	4,67 RM./t	rd. 699839,— RM./Jahr	
Davon entfällt auf Stromproduktion			695800,— RM.
Verteilkosten der Wärme:			
Material	7580,— RM.		
Gehälter und Löhne	18360,— „		25940,— „
Summe der Kapital-, Erzeugungs- und Verteilkosten.			937740,— RM.
Steuern und Abgaben für Wärmeverkauf			31750,— „
Ausgabensumme:			969490,— RM.
Einnahme aus Wärmeverkauf			733120,— „
Ausgabenüberschuß:			236370,— RM.

Wie im Beispiel 1 stellt dieser Betrag die Erzeugungskosten des Stromes dar. Zu bemerken ist, daß von den 8,99 Millionen kWh nur 6,81 Millionen auf Heizkraftstrom entfielen, der Rest wurde im Berichtsjahr noch im Kondensationsbetrieb gewonnen. Trotzdem ergeben sich insgesamt nur

Stromerzeugungskosten (frei 6 kV-Sammelschiene) . . . . 2,63 Pfg./kWh.

Nach vollem Ausbau werden die Erzeugungskosten dieses Werks mit Sicherheit unter 2 Pfg./kWh sinken und damit diejenigen der des wirtschaftlichsten HDr-Kondensationswerke erreichen, wenn nicht unterschreiten. Kondensationskraftwerke von gleicher technischer Ausstattung, Leistung und Belastungsform

(1500 Benutzungsstunden) weisen dagegen mindestens Erzeugungskosten zwischen 5 und 7 Pfg./kWh auf. Die eingangs gestellte Frage ist beantwortet. Ersichtlich stellt die anteilige Stromkostenverbilligung sich auch bei kleinen Werken in gleichem Ausmaß ein.

Aus den beiden Wirtschaftlichkeitsnachweisen für Warmwasser-Heizkraftwerke geht eins hervor: Sie können zur Verbilligung der Stromproduktion soweit beitragen, daß Unterschiede im Erzeugungspreis von Klein- und Großelektrizitätswerken nahezu verschwinden und selbst mittlere Kraftwerke mit überwiegendem Beleuchtungskonsum die Erzeugungskosten unserer heutigen Großkraftwerke erreichen. Auf einen Wirtschaftlichkeitsnachweis für Niederdruckdampf-Heizkraftanlagen sei hier verzichtet. Ihr wirtschaftlicher Einfluß ist erheblich geringer, trotzdem sie niedrigere Netzanlagekosten haben. Ihnen müssen die Gebiete mit überwiegend industriellem Absatzcharakter überlassen bleiben.

Beispiel 3. Vom Heizkraftwerk aus Beispiel 2 wurden rd. 90 Gebäude mit Wärme beliefert, darin wohnten 3375 Stromabnehmer. Sie verbrauchten 1002500 kWh/Jahr, davon in der Heizzeit rd. 710000 kWh, bei einer Höchstbeanspruchung von rd. 850 kW. Das Werk erzeugte aus der gleichzeitig hinausgeschickten Wärmemenge aber $6{,}81 \cdot 10^6$ kWh. Man erkennt, daß der Wärmebedarf unserer Häuser ausreicht, das 6—10fache ihres Strombedarfs zu erzeugen. Um den ganzen Wohnungsstrombedarf der Stadt zu decken, genügt es an sich rd. $^1/_9$ aller Häuser zu beheizen. Das Wärmeverteilungsnetz im Beispiel 2 ließe sich verkleinern und damit die Erzeugungskosten nochmals beträchtlich senken, wenn auch zur sicheren Aufbringung der Lichtstromspitze mehr Häuser, nämlich etwa 40 vH aller mit Wärme belieferten notwendig sind (ohne Speicher!). Wir entnehmen diesem Beispiel weiter, daß aus der Wärmeversorgung von Wohnhäusern erhebliche „Überschußstrommengen" ins allgemeine Netz abfließen können. Werden die bestehenden Kondensationsbetriebe von der unrentablen Versorgung der Lichtstromgebiete entlastet, müssen sie andererseits das Mehrfache dieser Energiemengen, allerdings zu außerordentlich niedrigem Einheitssatz, in ihr Netz aufnehmen.

2. Wettbewerb zwischen Strom- und Wärme-Energietransport.

Beispiel 4. Mit der alleinigen Verbilligung der örtlichen Werkserzeugung ist die finanzielle Seite der Heizkraftwirtschaft nicht gekennzeichnet. Zur vollendeten Kritik ihrer kWh-Erzeugungspreise gehört die Ortskenntnis, das Wissen um die sonstmögliche Versorgungsweise. Oft werden die Heizkraftgebiete viele km weit von den bestehenden Kondensationswerken entfernt sein. Typisch hierfür ist das Beispiel von S. 90. Das vor der Bildung Groß-Berlins selbständige Steglitz hatte sein eigenes, gut gelegenes Elektrizitätswerk. Mit Verschmelzung der Stromwirtschaft ging die Versorgung recht bald an die 10—20 km entfernten Berliner Großwerke über, wodurch natürlich Kabel und Transformatorenleistungen entsprechenden Ausmaßes nötig wurden. Solange nur Kondensationswerke konkurrieren, ist hiergegen nichts einzuwenden. Es entspricht der in aller Welt geübten Praxis. Nun sollen sich aber Heizkraftwerk und Großkraftwerk gegenüber stehen.

Selbst bei gleichen Erzeugungskosten wie im Heizkraftwerk erhöht sich der Großkraftwerksstrompreis zum mindesten um die Transportkosten bis zum Verbrauchsgebiet. Angesichts der geringen Benutzungsdauer wirken sich die Fortleitungskosten besonders stark aus, weil das gesamte Netz für die örtlich auftretende Höchstbelastung (b_h), die Kraftquelle sogar für ein um die Verlustleistung größeren Wert ($b_h + b_v$) auszubauen ist. Um 1 KW-Leistung an die 6 kV-Sammelschiene Steglitz heranzubringen, ist nach Krohne[1] bei mittleren Großstadtentfernungen je nach Netzart folgendes Anlagekapital erforderlich:

im Mittelspannungsnetz (6 kV)	:	$34{,}80$	RM./kW — 34,80 RM./kW
„ Umspannwerk (30/6 kV)	:	$\dfrac{80}{\eta_{6\,\text{kV-Netz}}}$	„ — 82,60 „
„ Hochvoltnetz (30 kV)	:	$\dfrac{38{,}50}{\eta_{6\,\text{kV-Netz}} \cdot \eta_{\text{Umsp.}}}$	„ — 40,60 „
		Insgesamt im Großstadtnetz erforderlich:	158,00 RM./kW.

[1] Krohne: a. a. O.

Bringt man nur 125 RM./kW in Ansatz, so würde die Stillegung von 6000 kW Kondensationsleistung auch heute noch ein Anlagekapital von 750000 RM. absorbieren, womit sich Stromtransportkosten von 1,1 Pfg./kWh ergeben.

Dabei verfängt der sonst richtige Einwand nicht, daß derartige kleine Leistungen im großen Netz ohne zusätzliches Anlagekapital oder in vorliegendem Fall höchstens durch den Aufwand von 34,80 RM./kW (6 kV-Kabelverbindung) übernommen werden könnte. Berechtigt bleibt er nur, wenn der Gleichzeitigkeitsfaktor beider Netze verschieden und wesentlich kleiner als 1 ist. Der Belastungsausgleich kann dann Ersparnisse an Großkraftwerksleistung in Ausmaßen bringen, die den Mehraufwand im Netz wettmachen. Für die Lichtstrombelastung der Wohn- und Geschäftsgegenden trifft das aber niemals zu. Selbst wenn dem Augenschein nach keine Neuinstallation im Netz erforderlich ist, muß die Wirtschaftlichkeitsrechnung eine äquivalente Summe einsetzen, da der Anschluß zum mindesten die Reserveleistung verringert.

Die Wettbewerbsfähigkeit der Heizkraft wird durch die höheren Transportkosten bzw. Ersparnisse im Netzanlagekapital gegenüber der Kondensationskraft weiterhin gestärkt. Hiervon wird die Spitzenkraftdeckung einmal Nutzen ziehen. Ungefähr gleichzeitig mit meinen Arbeiten wiesen Münzinger[1], Musil[2] und Plebst[3] auf die Vorteile hin, die ein Energietransport in Form hochgespannten Dampfes gegenüber der entfernt vom Verbrauchsort erzeugten und in Kabeln transportierten elektrischen Energie haben kann. In der Kombination von Dampffernleitung, örtlicher Spitzenkrafterzeugung und Städteheizung liegt ein Hauptanreiz für die Fortentwicklung der Heizkraftgedanken, die für bestimmte Leistungs- und Entfernungsbereiche konkurrenzlos ist. Das folgende Beispiel ruht auf solchen Gedankengängen.

Beispiel 5. Die Wirtschaftlichkeitsziffern beziehen sich auf ein neu zu schaffendes Großheizwerk, dessen Netz- und Schaltplan schon durch Abb. 169 wiedergegeben war. Über eine 2,6 km lange, 800 mm starke Leitung wird 14 atm Dampf (300—500 t/h) von der Hochdruckstufe ins Unterwerk gefördert. Die Leistungsaufteilung nach Abb. 169 entspricht weniger dem Optimum als dem Bestreben, sich dem gegebenen Kabelnetz am besten einzugliedern.

Installierte Leistung: 72400 kW. 6 Bensonkessel — 450 t/h Dampf.
Wärmeverteilnetz: Anschlußwert rd. 300 Mill. kcal/h.
Gesamtstrommenge: 170 Mill. kWh.

Anlagekapital (Preise von 1929):

A. Im Kraftwerk:		
Kessel- und Bekohlungsanlage	9,77 Mill. RM.	
Turbinenanlage (Hochdruck- und Mitteldruckturbine)	4,89 „ „	
Elektrische Anlage	2,01 „ „	
Sonstiges	0,30 „ „	16,97 Mill. RM.
B. Ferndampfleitung:		
Rohrleitung	1,15 Mill. RM.	
Kanal- und Erdarbeiten	0,95 „ „	2,10 „ „
C. Unterwerk:		
Grundstück und Bauten	0,64 Mill. RM.	
Maschinenanlage (Niederdruckturbine und Heizzentrale)	3,14 „ „	
Elektrische Anlage	1,18 „ „	4,96 „ „
D. Warmwasserpumpennetz:		
Kanäle	8,31 Mill. RM.	
Rohrleitung und Hausanschlüsse	6,74 „ „	15,05 „ „
	Insgesamt:	39,08 Mill. RM.

[1] Münzinger: Neue Wege zur Spitzendeckung. Elektr.-Wirtsch. 1930 Nr. 511.
[2] Musil: Die Speicherung in Heizkraftwerken. Wärme 1931 Nr. 43 S. 795f.
[3] Plebst: Aus der Entwicklung des städtischen Elektrizitätswerks Stuttgart. Öffentl. Elektr.-Werk 1931 S. 79.

Um die finanzielle Auswirkung der Heizkraftwirtschaft besonders prägnant herauszuarbeiten, stellte ich einen Vergleich zwischen den Erzeugungskosten des wirtschaftlichsten Berliner Grundlast-Großkraftwerk Klingenberg (270000 kW installierte Leistung) und des Heizkraftwerks an. Die Rechnung wurde bis zum 11. Betriebsjahr nach Erstellung beider Anlagen durchgeführt, da zu diesem Termin der Hauptteil der Kapitalkosten für Kessel und Turbinen in Fortfall kommt, was sich in Abb. 171 auch deutlich ausprägt. Sie gilt im übrigen für einen Wärmeverkaufspreis von nur 11,— RM. je 10^6 kcal. Es zeigt sich, daß die Heizkraft-kWh rd. 50 vH billiger als die Kondensations-kWh werden kann, ab 11. Betriebsjahr tritt sogar eine Preissenkung auf $^1/_5$ der Kondensationsstrompreise ein.

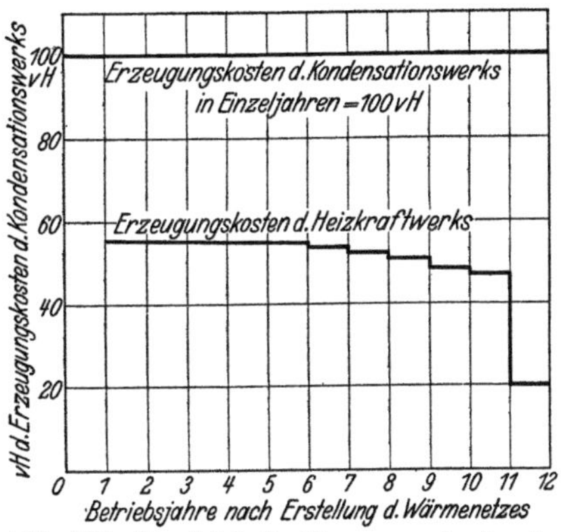

Abb. 171. Vergleich der Erzeugungskosten je kWh zwischen Kondensations- und Heizkraftwerk.

Es seien hier keine unnötigen Hoffnungen erweckt. Wohl glaube ich den Beweis geführt zu haben, daß Heizkraftwirtschaft jeder sonstigen Stromerzeugung hoch überlegen ist. Die Rechnungen stützen sich aber, das sei erneut betont, auf das Vorhandensein großer Rohrleitungsnetze ab. In Dimensionen nach Beispiel 5 erfordert ihre Schaffung sehr viel Zeit. Ich bin deshalb der Ansicht, daß sich das Heizkraftverfahren in kleineren Ausmaßen leichter durchsetzen wird, da sich Wärmenetze von 25—60 Millionen kcal/h Anschlußwert auch in mittelgroßen Städten schaffen lassen. Gelingt es gar, Stadtplanung, Wohnungsbau und Elektrizitätswerke zusammen zu kuppeln, scheint mir das Ziel, Ortschaften oder Stadtgebiete bis zu 200000 Einwohnern zentral mit Licht und Wärme zu beliefern, nahe zu sein. Alle drei werden aus einer kombinierten Energiewirtschaft Nutzen ziehen.

Zusammenfassung.

Hier wird erstmalig versucht, die Grundlagen für eine öffentliche Heizkraftwirtschaft in Großstädten zu schaffen. Als Hauptgedanken sind behandelt:

1. Die Heizkraftschaltung kommt einer Carnotisierung der allgemeinen Energieversorgung gleich. Nur sie erfüllt alle Lehren der Thermodynamik und paßt sich wie kein anderes Verfahren den heute üblichen Stromerzeugungsverfahren an. Ihre öffentliche Verwirklichung wäre nichts anderes als der Mut zur Großanwendung der im Industriewerk längst bewiesenen, bei der Eigenerzeugung der Elektrizitätswerke vielfach erprobten Hintereinanderschaltung von Kraft- und Wärmeverbrauchern.

2. Die energetische Basis für die Schaffung von öffentlichen Werken, aus denen ganze Stadtteile mit Licht, Kraft und Wärme versorgt werden, ist günstig. Der kcal-Bedarf zu kalorischen Zwecken ist stets ein Vielfaches der zur Stromerzeugung erforderlichen Wärmemenge.

3. Mit dem Heizkraftwerk kehrt die Elektrizitätswirtschaft wieder zur ältesten und gesündesten aller ihrer Produktionsmethoden zurück: Der Stromerzeugung am Verbrauchsort. Der neue Werkstyp soll nur in dem Belastungsbereich eingesetzt werden, bei dessen Übernahme eine wirksame Entlastung der bestehenden Stromwirtschaft herausspringt. Fern- und Ortsstromwerke können sich daher seine Förderung gleichermaßen angelegen sein lassen.

Gleichzeitige Lieferung von Strom und Wärme sollte — auch ohne besondere Errichtung von Heizkraftwerken — als Werbe- oder Abwehrmittel in der Stromwirtschaft viel häufiger aufgegriffen werden, da ein Angebot auf Gesamtenergielieferung erfahrungsgemäß die höchste Werbekraft aufweist. Durch Übergang zur Strom-Wärmeabgabe bleibt das Elektrizitätswerk leichter vor dem finanziellen Risiko verschont, in das eine stark forcierte Stromabsatzwerbung hineinführen kann.

4. Als Standort des öffentlichen Heizkraftwerkes ist die Stadtgegend hoher Strombelastungs- und großer Wärmeverbrauchsdichte anzusprechen, in der die Mehrzahl aller Gebäude mit Sammelheizanlage versehen ist. Für die Auswahl des Absatzgebietes werden Richtlinien entwickelt.

5. Das Haupthindernis des Heizkraftgedankens, die Unsicherheit über Belastungsformen, zeitlichen Belastungsverlauf und Absatzmengen von Strom und Wärme, ist beseitigt.

6. Vorbedingung für den Erfolg der Heizkraftwirtschaft bleibt das sorgfältig geplante Wärmeverteilungsnetz. Ein Wärmetransport über 6 km Rohrlänge hinweg ist ohne weiteres möglich. Zusammenhängende Stadtgebiete mit rund 200 000 Einwohnern können zentral versorgt werden.

8. Zum Träger der Heizkraftidee ist in erster Linie das bestehende Elektrizitätswerk ausersehen. Mit ihm müssen sich Stadtverwaltungen und öffentliche Hygiene, Städtebau, Wohnungswesen, Bauwirtschaft, Architekt und Heizungsindustrie vereinigen, um die Heranbildung von geeigneten Wärmeabsatzgebieten zu fördern.

Dem Vorhaben, gewisse Stadtteile für die Heizkraftwirtschaft in der jetzigen Zeit zu gewinnen, können natürlich sofort die völlige Leistungssättigung, das Bestehen des Kabelnetzes, der Verbrauchsrückgang usw. als gewichtige Argumente entgegengehalten werden. Hierüber braucht man nicht zu diskutieren. Eine Ersparnis wird sich da kaum oder nur in kleinem Umfang einstellen. Die heutige Stagnation im Stromabsatz der Werke ist der Durchführung von Heizkraftprojekten insofern nicht ungünstig, als die Wärmelieferung 1—3 Jahre der Stromerzeugung voreilen muß. Das Bestreben, der Elektrizitätswerke den Wärmestromabsatz (Haushaltstrom) zu fördern, wird den Zeitpunkt der Aufnahme und Verbundwirtschaft sogar beschleunigen. Insgesamt kann vom Heizkraftbetrieb nur beim Neukonsum ein volles Ergebnis erwartet werden oder dann, wenn Leistungsmittel ersetzt oder neu gebaut werden müssen.

Der bestehenden kapitalintensiven Elektrizitätswirtschaft sollte das Heizkraftgebiet aber deshalb besonders wertvoll sein, weil es weitgehend krisenfest ist. Die im Winter ganz oder überwiegend heizkraftversorgte, zu sonstigen Zeiten aus üblichen Anlagen belieferte Stadt wird bald einen öffentlichen Unternehmertyp abgeben, den auch jede staatliche oder private Neugliederung der Energiewirtschaft in Rechnung zu stellen hat. Die Hauptaufgaben der Stromversorgung sind bisher überwiegend durch Wissenschaft und Industrie gemeistert worden; aus der Praxis stammte meistens nur die Formulierung und natürlich die Erfahrung. Mit der Heizkraftwirtschaft kann endlich das öffentliche Werk eine gleich bedeutsame Leistung beisteuern.

Sachverzeichnis.

***Kraft- und Wärmewirtschaft in der Industrie.** In zwei Bänden.

Erster Band: Allgemeine Grundlagen der Kraft- und Wärmewirtschaft in der Industrie. Von Dr.-Ing. **Ernst Reutlinger,** Vorstand der Ingenieurgesellschaft für Wärmewirtschaft A.-G., Köln, unter Mitwirkung von Oberbaurat Ing. **M. Gerbel,** beh. aut. Zivilingenieur für Maschinenbau und Elektrotechnik, Wien. Gleichzeitig dritte, vollständig erneuerte und erweiterte Auflage von Urbahn-Reutlinger, Ermittlung der billigsten Betriebskraft für Fabriken. Mit 109 Textabbildungen und 53 Zahlentafeln. V, 264 Seiten. 1927. Gebunden RM 16.50

Zweiter Band: Spezielle Kraft- und Wärmewirtschaft in den einzelnen Industrien. Von Oberbaurat Ing. **M. Gerbel,** beh. aut. Zivilingenieur für Maschinenbau und Elektrotechnik, Wien, unter Mitwirkung von Dr.-Ing. **Ernst Reutlinger,** Vorstand der Ingenieurgesellschaft für Wärmewirtschaft A.-G., Köln. Gleichzeitig dritte, vollständig erneuerte und erweiterte Auflage von Gerbel, Kraft- und Wärmewirtschaft in der Industrie (Abfallenergie-Verwertung). Mit 102 Textabbildungen und 33 Zahlentafeln. VII, 338 Seiten. 1930. Gebunden RM 20.—

Dampfspeicheranlagen. Elemente, Prinzip, Aufbau und Berechnung der Gefälle- und Gleichdruckspeicher sowie Anwendung und Wirtschaftlichkeit. Von Dipl.-Ing. **Walter Goldstern.** Mit 115 Textabbildungen. IV, 150 Seiten. 1933. Gebunden RM 18.—

***Wahl, Projektierung und Betrieb von Kraftanlagen.** Ein Hilfsbuch für Ingenieure, Betriebsleiter, Fabrikbesitzer. Von Dipl.-Ing. **Friedrich Barth,** Nürnberg. Vierte, umgearbeitete und erweiterte Auflage. Mit 161 Figuren im Text und auf 3 Tafeln. XII, 525 Seiten. 1925. Gebunden RM 18.—

***Bau großer Elektrizitätswerke.** Von Professor Dr.-Ing. h. c., Dr. phil. **G. Klingenberg,** Geh. Baurat. Zweite, vermehrte und verbesserte Auflage. Mit 770 Textabbildungen und 13 Tafeln. VIII, 608 Seiten. 1924. Berichtigter Neudruck 1926. Gebunden RM 45.—

***Die Wirtschaftlichkeit der Energiespeicherung für Elektrizitätswerke.** Eine energiewirtschaftliche Studie von Dr.-Ing. **Ludwig Musil.** Mit 89 Textabbildungen. X, 143 Seiten. 1930. RM 18.—

Energiewirtschaft. Eine Studie über kalorische und hydraulische Energieerzeugung. Von Priv.-Doz. Dr.-Ing. **Michael Seidner,** Budapest. Mit 55 Textabbildungen. VI, 133 Seiten. 1930. RM 9.—

(Verlag von Julius Springer/Wien.)

Elektrisches Kochen. Von Dipl.-Ing. **Fr. Mörtzsch,** Leiter der Technisch-Wirtschaftlichen Abteilung der Vereinigung der Elektrizitätswerke E.V., Berlin. Mit 167 Abbildungen, vielen Zahlentafeln und Berechnungsbeispielen. VI, 172 Seiten. 1932. RM 7.50; gebunden RM 8.50

* Auf die Preise der vor dem 1. Juli 1931 erschienenen Bücher des Verlages Julius Springer-Berlin wird ein Notnachlaß von 10% gewährt.

GPSR Compliance

The European Union's (EU) General Product Safety Regulation (GPSR) is a set of rules that requires consumer products to be safe and our obligations to ensure this.

If you have any concerns about our products, you can contact us on ProductSafety@springernature.com

In case Publisher is established outside the EU, the EU authorized representative is:

Springer Nature Customer Service Center GmbH
Europaplatz 3
69115 Heidelberg, Germany

Batch number: 10683525

Printed by Printforce, the Netherlands